Linux
就该这么学

刘遄 著

人民邮电出版社

北京

图书在版编目（ＣＩＰ）数据

Linux就该这么学 / 刘遄著. -- 北京：人民邮电出
版社，2017.12
ISBN 978-7-115-47031-7

Ⅰ．①L… Ⅱ．①刘… Ⅲ．①Linux操作系统 Ⅳ.
①TP316.85

中国版本图书馆CIP数据核字(2017)第250710号

内 容 提 要

本书源自日均阅读量近万次火爆的线上同名课程，口碑与影响力俱佳，旨在打造简单易学且实用性强的轻量级 Linux 入门教程。

本书基于最新的红帽 RHEL 系统编写，且内容通用于 CentOS、Fedora 等系统。本书共分为 20 章，内容涵盖了部署虚拟环境、安装 Linux 系统；常用的 Linux 命令；与文件读写操作有关的技术；使用 Vim 编辑器编写和修改配置文件；用户身份与文件权限的设置；硬盘设备分区、格式化以及挂载等操作；部署 RAID 磁盘阵列和 LVM；firewalld 防火墙与 iptables 防火墙的区别和配置；使用 ssh 服务管理远程主机；使用 Apache 服务部署静态网站；使用 vsftpd 服务传输文件；使用 Samba 或 NFS 实现文件共享；使用 BIND 提供域名解析服务；使用 DHCP 动态管理主机地址；使用 Postfix 与 Dovecot 部署邮件系统；使用 Squid 部署代理缓存服务；使用 iSCSI 服务部署网络存储；使用 MariaDB 数据库管理系统；使用 PXE+Kickstart 无人值守安装服务；使用 LNMP 架构部署动态网站环境等。此外，本书还深度点评了红帽 RHCSA、RHCE、RHCA 认证，方便读者备考。

本书适合打算系统、全面学习 Linux 技术的初学人员阅读，具有一定 Linux 使用经验的用户也可以通过本书来温习自己的 Linux 知识。

◆ 著　　　　　刘　遄

　　责任编辑　傅道坤
　　责任印制　焦志炜

◆ 人民邮电出版社出版发行　　北京市丰台区成寿寺路 11 号
　　邮编　100164　　电子邮件　315@ptpress.com.cn
　　网址　http://www.ptpress.com.cn
　　北京市艺辉印刷有限公司印刷

◆ 开本：787×1092　1/16
　　印张：25.5
　　字数：637 千字　　　　　　　2017 年 12 月第 1 版
　　印数：1 – 10 000 册　　　　　2017 年 12 月北京第 1 次印刷

定价：79.00 元
读者服务热线：(010)81055410　印装质量热线：(010)81055316
反盗版热线：(010)81055315
广告经营许可证：京东工商广登字 20170147 号

编辑手记

与刘遄老师初次相识是在 2016 年。当时因为自身的工作性质使然,每天都在网络上四处瞎逛,寻求一些可以拿来进行纸质出版的资源,并时刻幻想着哪一天也能捡到个宝,让我有机会打造一本有爆款潜力的高质量精品图书。

直到有一天,偶然闯入刘遄老师运营的 www.linuxprobe.com 网站,看到他精心编写的本书同名线上教程以及真实用户的全五星好评,不由地心中暗喜"天不负我"!于是,马不停蹄地给刘遄老师发邮件、加 QQ,商讨合作事宜。终于,在不亚于"求职面试"难度的多轮沟通之后,我们在与兄弟出版社的竞争中脱颖而出,赢得了刘老师的"芳心"。然后才有了大家现在看到的这本打着"异步社区"LOGO 的《Linux 就该这么学》。

在本书写作出版期间,我经常会与刘遄老师进行交流,讨论稿件本身的问题、封面设计事宜,以及后期的营销计划,刘老师所具备的专业、严谨、细心和执行力让我深感折服。

沟通多了之后,话题也慢慢地从图书本身向外扩展,工作、生活、家庭、课业都是我们谈论的话题。慢慢地,我也得知,刘遄老师早在高中时期便因为兴趣驱使而接触到 Linux 系统并开始学习运维技术,还先后获得了红帽认证管理员、红帽认证工程师以及最顶级的红帽认证架构师等证书。刘遄老师对 Linux 技术发自肺腑的热爱和痴迷,是他多年以来一直从事 Linux 系统运维培训以及红帽认证课程培训的源动力。在这个行业的长期浸淫,也让他成长为国内开源行业颇具影响力的技术大 V。

刘遄老师针对 Linux 系统培训的教学思想相当具有前瞻性和独特性。他始终认为,一名优秀的 IT 技术培训讲师应该将技术知识进行提炼总结之后再传授给学生,而不能仅仅是一名技术知识的搬运工。这也是《Linux 就该这么学》的写作原则。在本书写作过程中,刘遄老师真正做到了断舍离,他从真正贴近于新人学习特点的角度出发,抛弃了不重要、不实用的内容,着重将笔墨用在了"重点、难点知识的讲解,以及与理论基础的结合、实践"方面,由此写就了一本最适合 Linux 新手入门的教程。

刘遄老师花费了近 3 年时间写作的这本《Linux 就该这么学》,前后修订 1500 余次,在出版之前又拿出半年时间再次修正、校对,这也从源头保障了图书的品质。当前,本书电子版的日均访问量近 10000 次,累计在线阅读人数已达到百万级别,是国内当之无愧的高质量 Linux 系统自学图书。

本书基于最新的红帽系统 RHEL 7 编写,但是其内容也通用于 CentOS、Fedora 等常见的 Linux 衍生版本。难能可贵的是,刘遄老师还在书中讲解了红帽认证考试体系以及考试要求,如果您有志于考取红帽认证,也可以与刘老师进一步交流。

为了降低各位读者的学习门槛,保持学习热情,提高学习效率,刘老师对本书的内容编排也是煞费苦心。书中的章节内容会保持适度的关联性，读者在按照章节顺序学习之时，可以通过"学新"而起到"温故"的效果。

无论读者学习 Linux 系统的目的是出于兴趣，还是为了谋求一份高薪工作，这本高品质、高颜值的《Linux 就该这么学》都是您入门 Linux 系统的首选教程。

Choose it! Buy it! Read it!

傅道坤

本书责任编辑

前　言

本书作者刘遄（Liu Chuán）从事于 Linux 运维技术行业，高中时期便因兴趣的驱使而较早地接触到了 Linux 系统并开始学习运维技术，并且在 2012 年获得红帽工程师 RHCE 6 版本证书，在 2015 年初又分别获得红帽工程师 RHCE 7 版本证书与红帽架构师认证 RHCA 顶级证书。

尽管如此，但依然深知水平有限且技术一般，若不是得益于良师益友的无私帮助，肯定不能如此顺利地取得上述成绩。并且，作为一名普通的技术人，我亲身经历过半夜还在培训班的心酸，体验过拥堵 6 小时车程的无奈，也翻看过市面上十几本如同嚼蜡般的 Linux 技术书籍，这让我更加坚定了写作本书的信念。此刻，我正是怀揣着一颗忐忑的心，尽自己最大的努力把有用的知识分享给读者，希望你们能够少走一些弯路，更快地入门 Linux 系统。

窃以为，一名技术高超的导师不应该仅仅是技术的搬运工，而应该是优质知识的提炼者，所以在写作本书的过程中，我不希望也不会将自己了解掌握的所有技术知识都写到书里，借此来炫技，而是从真正贴近于新人学习特点的角度出发，主动摒弃了不实用的部分，并把重点、难点反复实践，以加深读者对理论基础的理解，并彻底掌握生产环境中用到的技术内容。

本书基于最新的 Linux 系统 RHEL 7 编写而成，而且配套软件及资料完全免费，课程面向 Linux 新手。本书会从零基础带领读者入门 Linux 系统，然后渐进式地提高内容难度，使其匹配生产环境对运维人员的要求。而且，本书每章都配套有大量的图、表、命令示例以及课后习题，以达到增强读者学习兴趣与加深记忆的效果。最后，本书以及配套资源相较于当前的 RHCE 培训，至少要多出 40% 的内容，只要您能每天坚持学习，相信这绝对是您体验最佳、进步最快的一次学习经历。

最后想说的是，我的写作初心其实并不高雅，只是在还债，还十几年来中国有如此多的培训机构赚了那么多钱，但却没有培训机构真正给学员提供一本好教材的债，而这应该是我们的学员早就应该享受的服务，不能再选择性失明了。而到了 2017 年，我的写作初衷也融入了一点小私心，除了运营好《Linux 就该这么学》图书的在线学习网站 http://www.linuxprobe.com/，服务更多的学员和读者之外，还要把我们的免费开源图书做到远超其他培训机构收费教材的水平，并坚持做中国开源站点的道德典范，不欺骗，不作恶，保持最纯净的技术交流环境，而我们想要得到的也很简单——如果您认可了刘遄老师的付出并满意我们的服务，还请把本书告诉身边的朋友，让更多的人知道我们在做的这件很酷的事。

学习是件苦差事

我不想回避这个问题——学习是件痛苦的事情。如果说学习 Linux 真的很简单，那必是骗子的谎言，起码这不能给您带来高薪。在每次起床后的几分钟时间里，大脑都会陷入斗争状态——是该聊会天呢，还是要追个美剧呢，还是打一局英雄联盟呢，还是看一下那该死的刘遄写的那本可怕的 Linux 教材呢？这个时候，请不要忘记自己最初的梦想。十年后的你，一定会感激现在拼命努力学习的自己。身为作者，我的使命就是让本书对得起你为此花费的时间、精力和金钱，让你每学完一个章节都是一次进步。

稻盛和夫先生在《活法》中有段一直激励着我的话，现在转送给正在阅读本书的你：

"工作马马虎虎，只想在兴趣和游戏中寻觅快活，充其量只能获得一时的快感，绝不能尝到从心底涌出的惊喜和快乐，但来自工作的喜悦并不像糖果那样——放进嘴里就甜味十足，而是需要从苦劳与艰辛中渗出，因此当我们聚精会神，孜孜不倦，克服艰辛后的成就感，世上没有哪种喜悦可以类比"。

"更何况人类生活中工作占据了较大的比重，如果不能从劳动中、工作中获得充实感，那么即使从别的地方找到快乐，最终我们仍然会感到空虚和缺憾"。

开源共享精神

简单来说，开源软件的特点就是把软件程序与源代码文件一起打包提供给用户，让用户在不受限制地使用某个软件功能的基础上还可以按需进行修改，或编制成衍生产品再发布出去。用户具有使用自由、修改自由、重新发布自由以及创建衍生品的自由。这也正好符合了黑客和极客对自由的追求，因此国内外开源社区的根基都很庞大，人气也相当高。

坦白来讲，每位投身于 Linux 行业的技术人或者程序员只要听到开源项目就会由衷地感到自豪，这是一种从骨子里带有的独特情怀。开源的企业不单纯是为了利益，而是互相扶持，努力服务好更多的用户。开源软件最重要的特性有下面这些。

➢ **低风险**：使用闭源软件无疑把命运交付给他人，一旦封闭的源代码没有人来维护，你将进退维谷；而且相较于商业软件公司，开源社区很少存在倒闭的问题。

➢ **高品质**：相较于闭源软件产品，开源项目通常是由开源社区来研发及维护的，参与编写、维护、测试的用户量众多，一般的 bug 还没有等爆发就已经被修补。

➢ **低成本**：开源工作者都是在幕后默默且无偿地付出劳动成果，为美好的世界贡献一份力量，因此使用开源社区推动的软件项目可以节省大量的人力、物力和财力。

➢ **更透明**：没有哪个笨蛋会把木马、后门等放到开放的源代码中，这样无疑是把自己的罪行暴露在阳光之下。

但是，如果开源软件为了单纯追求"自由"而牺牲程序员的利益，这将会影响程序员的创造激情，因此世界上现在有 60 多种被开源促进组织（Open Source Initiative）认可的开源许可协议来保证开源工作者的权益。对于那些只知道一味抄袭、篡改、破解或者盗版他人作品的不法之徒，终归会在某一天收到法院的传票。对于准备编写一款开源软件的开发人员，也非常建议先了解一下当前最热门的开源许可协议，选择一个合适的开源许可协议来最大限度保护自己的软件权益。

➢ **GNU GPL**（**GNU General Public License**，**GNU 通用公共许可证**）：只要软件中包含了遵循 GPL 协议的产品或代码，该软件就必须也遵循 GPL 许可协议且开源、免费，因此这个协议并不适合商用软件。遵循该协议的开源软件数量极其庞大，包括 Linux 系统在内的大多数的开源软件都是基于这个协议的。GPL 开源许可协议最大的 4 个特点如下所示。

- ◆ **复制自由**：允许把软件复制到任何人的电脑中，并且不限制复制的数量。
- ◆ **传播自由**：允许软件以各种形式进行传播。
- ◆ **收费传播**：允许在各种媒介上出售该软件，但必须提前让买家知道这个软件是可以免费获得的；因此，一般来讲，开源软件都是通过为用户提供有偿服务的形式来盈利的。
- ◆ **修改自由**：允许开发人员增加或删除软件的功能，但软件修改后必须依然基于 GPL 许可协议授权。

➢ **BSD（Berkeley Software Distribution，伯克利软件发布版）许可协议**：用户可以使用、修改和重新发布遵循该许可的软件，并且可以将软件作为商业软件发布和销售，前提是需要满足下面 3 个条件。

- ◆ 如果再发布的软件中包含源代码，则源代码必须继续遵循 BSD 许可协议。
- ◆ 如果再发布的软件中只有二进制程序，则需要在相关文档或版权文件中声明原始代码遵循了 BSD 协议。
- ◆ 不允许用原始软件的名字、作者名字或机构名称进行市场推广。

➢ **Apache 许可证版本（Apache License Version）许可协议**：在为开发人员提供版权及专利许可的同时，允许用户拥有修改代码及再发布的自由。该许可协议适用于商业软件，现在热门的 Hadoop、Apache HTTP Server、MongoDB 等项目都是基于该许可协议研发的，程序开发人员在开发遵循该协议的软件时，要严格遵守下面的 4 个条件。

- ◆ 该软件及其衍生品必须继续使用 Apache 许可协议。
- ◆ 如果修改了程序源代码，需要在文档中进行声明。

◆ 若软件是基于他人的源代码编写而成的，则需要保留原始代码的协议、商标、专利声明及其他原作者声明的内容信息。

◆ 如果再发布的软件中有声明文件，则需在此文件中标注 Apache 许可协议及其他许可协议。

➢ **MPL（Mozilla Public License，Mozilla 公共许可）许可协议**：相较于 GPL 许可协议，MPL 更加注重对开发者的源代码需求和收益之间的平衡。

➢ **MIT（Massachusetts Institute of Technology）许可协议**：目前限制最少的开源许可协议之一，只要程序的开发者在修改后的源代码中保留原作者的许可信息即可，因此普遍被商业软件所使用。

为什么学习 Linux 系统

早在 20 世纪 70 年代，UNIX 系统是开源而且免费的。但是在 1979 年时，AT&T 公司宣布了对 UNIX 系统的商业化计划，随之开源软件业转变成了版权式软件产业，源代码被当作商业机密，成为专利产品，人们再也不能自由地享受科技成果。

于是在 1984 年，Richard Stallman 面对于如此封闭的软件创作环境，发起了 GNU 源代码开放计划并制定了著名的 GPL 许可协议。1987 年时，GNU 计划获得了一项重大突破——gcc 编译器发布，这使得程序员可以基于该编译器编写出属于自己的开源软件。随之，在 1991 年 10 月，芬兰赫尔辛基大学的在校生 Linus Torvalds 编写了一款名为 Linux 的操作系统。该系统因其较高的代码质量且基于 GNU GPL 许可协议的开放源代码特性，迅速得到了 GNU 计划和一大批黑客程序员的支持。随后 Linux 系统便进入了如火如荼的发展阶段。

1994 年 1 月，Bob Young 在 Linux 系统内核的基础之上，集成了众多的源代码和程序软件，发布了红帽系统并开始出售技术服务，这进一步推动了 Linux 系统的普及。1998 年以后，随着 GNU 源代码开放计划和 Linux 系统的继续火热，以 IBM 和 Intel 为首的多家 IT 企业巨头开始大力推动开放源代码软件的发展。到了 2017 年年底，Linux 内核已经发展到了 4.13 版本，并且 Linux 系统版本也有数百个之多，但它们依然都使用 Linus Torvalds 开发、维护的 Linux 系统内核。RedHat 公司也成为了开源行业及 Linux 系统的带头公司。

在讲课时，我经常会问同学们一个问题："为什么学习 Linux 系统？"很多学生为了让我高兴，直接就说"因为 Linux 系统是开源的，所以要去学习"。其实这个想法是完全错误的！开源的操作系统少说有 100 个，开源的软件至少也有十万个，为什么不去逐个学习？所以上面谈到的开源特性只是一部分优势，并不足以成为您付出精力去努力学习的理由。

对于用户来讲，开源精神仅具备锦上添花的效果，因此正确的学习动力应该源自于：Linux 系统是一款优秀的软件产品，具有类似 UNIX 的程序界面，而且继承了 UNIX 的稳定性，能够较好地满足工作需求。

大多数读者应该都是从微软的 Windows 系统开始了解计算机和网络的，因此肯定会有这样的想法"Windows 系统很好用啊，而且也可足以满足日常工作需求呀"。客观来讲，Windows 系统确实很优秀，但是在安全性、高可用性与高性能方面却难以让人满意。您应该见过下面这张图片。

```
A problem has been detected and windows has been shut down to
prevent damage to your computer.

IRQL_NOT_LESS_OR_EQUAL

If this is the first time you've seen this Stop error screen,
restart your computer. If this screen appears again, follow
these steps:

Check to make sure any new hardware or software is properly installed.
If this is a new installation, ask your hardware or software
manufacturer for any windows updates you might need.

If problems continue, disable or remove any newly installed hardware
or software. Disable BIOS memory options such as caching or shadowing.
If you need to use Safe Mode to remove or disable components, restart
your computer, press F8 to select Advanced Startup Options, and then
select Safe Mode.

Technical information:

*** STOP: 0x0000000A (0x00000000, 0xD0000002, 0x00000001, 0x8082C582)
```

想必读者现在已经能猜到，为什么要在需要长期稳定运行的网站服务器上、在处理大数据的集群系统中以及需要协同工作的环境中采用 Linux 系统了。通过下图也可以看出 Linux 系统相较于 Windows 系统的具体优势。

Linux **PK** Windows

稳定且有效率

免费或少许费用

漏洞少且快速修补

多任务多用户

更加安全的用户及文件权限策略

适合小内核程序的嵌入系统

相对不耗资源

常见的 Linux 系统版本

在介绍常见的 Linux 系统版本之前，首先需要区分 Linux 系统内核与 Linux 发行套件系统的不同。

➢ Linux 系统内核指的是一个由 Linus Torvalds 负责维护，提供硬件抽象层、硬盘及文件系统控制及多任务功能的系统核心程序。

➢ Linux 发行套件系统是我们常说的 Linux 操作系统，也即是由 Linux 内核与各种常用软件的集合产品。

全球大约有数百款的 Linux 系统版本，每个系统版本都有自己的特性和目标人群，下面将可以从用户的角度选出最热门的几款进行介绍。

> **注：**
>
> 本书全篇将以"Linux 系统"来替代"Linux 发行套件系统"这个词。

➢ **红帽企业版 Linux（RedHat Enterprise Linux，RHEL）：**
红帽公司是全球最大的开源技术厂商，RHEL 是全世界内使用最广泛的 Linux 系统。RHEL 系统具有极强的性能与稳定性，并且在全球范围内拥有完善的技术支持。RHEL 系统也是本书、红帽认证以及众多生产环境中使用的系统。

> 社区企业操作系统（**Community Enterprise Operating System，CentOS**）：通过把 RHEL 系统重新编译并发布给用户免费使用的 Linux 系统，具有广泛的使用人群。CentOS 当前已被红帽公司"收编"。

> **Fedora**：由红帽公司发布的桌面版系统套件（目前已经不限于桌面版）。用户可免费体验到最新的技术或工具，这些技术或工具在成熟后会被加入到 RHEL 系统中，因此 Fedora 也称为 RHEL 系统的"试验田"。运维人员如果想时刻保持自己的技术领先，就应该多关注此类 Linux 系统的发展变化及新特性，不断改变自己的学习方向。

> **openSUSE**：源自德国的一款著名的 Linux 系统，在全球范围内有着不错的声誉及市场占有率。

> **Gentoo**：具有极高的自定制性，操作复杂，因此适合有经验的人员使用。读者可以在学习完本书后尝试一下该系统。

> **Debian**：稳定性、安全性强，提供了免费的基础支持，可以良好地支持各种硬件架构，以及提供近十万种不同的开源软件，在国外拥有很高的认可度和使用率。

> **Ubuntu**：是一款派生自 Debian 的操作系统，对新款硬件具有极强的兼容能力。Ubuntu 与 Fedora 都是极其出色的 Linux 桌面系统，而且 Ubuntu 也可用于服务器领域。

　　现在国内大多数 Linux 相关的图书都是围绕 CentOS 系统编写的，作者大多也会给出围绕 CentOS 进行写作的一系列理由，但是很多理由都站不住脚，根本没有剖析到 CentOS 系统与 RHEL 系统的本质关系。CentOS 系统是通过把 RHEL 系统释放出的程序源代码经过二次编译之后生成的一种 Linux 系统，其命令操作和服务配置方法与 RHEL 完全相同，但是去掉了很多收费的服务套件功能，而且还不提供任何形式的技术支持，出现问题后只能由运维人员自己解决。经过这般分析基本上可以判断出，选择 CentOS 的理由只剩下——免费！当人们大举免费、开源、正义的旗帜来宣扬 CentOS 系统的时候，殊不知 CentOS 系统其实早在 2014 年年初就已经被红帽公司"收编"，当前只是战略性的免费而已。再者说，根据 GNU GPL 许可协议，我们同样也可以免费使用 RHEL 系统，甚至是修改其代码创建衍生产品。开源系统在自由程度上没有任何差异，更无关道德问题。

本书是基于最新的 RHEL 7 系统编写的，书中内容及实验完全通用于 CentOS、Fedora 等系统。也就是说，当您学完本书后，即便公司内的生产环境部署的是 CentOS 系统，也照样可以搞得定。更重要的是，本书配套资料中的 ISO 镜像与红帽 RHCSA 及 RHCE 考试基本保持一致，因此更适合备考红帽认证的考生使用。

> 随书配备的 ISO 镜像文件下载地址：http://www.linuxprobe.com/tools
> 深度评解红帽 RHCSA、RHCE、RHCA 认证：http://www.linuxprobe.com/redhat-certificate

优秀的 RHEL 7 系统

注：

　　本小节的内容是我在 2015 年写给学员的一篇文章，现在 RHEL 7 系统已经经过近三年的迭代更新，此时再回看这篇文章，发现我的预测还是很准确吧。当前，国内大多数机房都已经部署了 RHEL 7 系统，国内外多家银行机构、保险公司系统也纷纷上线 CentOS 7 或 RHEL 7 系统，但我依然想引用这篇文章来帮助读者了解 RHEL 7 系统，而且我也深信这篇文章同样也会适用于未来的 RHEL 8 系统。

　　2014 年年末，RedHat 公司推出了当前最新的企业版 Linux 系统——RHEL 7，彼时国内外各大媒体都给了不少特写镜头，行业也给予了硕大的期待。但是，时至今日 RHEL 7 系统的市场占有率却一直不温不火，于是有人开始对 RHEL 7 系统的未来表示担心，甚至有人还拿出各种论调来唱衰 Linux 系统，觉得开源厂商已经过了事业最高点，要在服务器领域让步于 Windows 系统了。这些话其实并没必要去反驳，任何一个产品都会有其拥趸和黑粉，时间会向所有人证明一切。我们现在只是来单纯地聊一聊这个 RHEL 7 系统。

　　在正式开聊之前，希望读者对 Linux 系统特性和运维领域有基本的了解，知道 Linux 系统在服务器领域中占据着不可小觑的市场份额，认识到 RedHat 厂商对 Linux 系统及整个开源行业的重要影响，更知道 CentOS 系统其实是 RHEL 系统的衍生品。如果以前使用过一段时间的 RHEL 7 系统，我们就更能顺畅地讨论"红帽 Linux 系统是否是一个失败的产品"这个问题。

　　我们先来看一个烫手的热议问题："为什么半年过去了，RHEL 7 系统的市场份额依然不温不火？要不要返回去学习老版本的 Linux 系统？"甚至有阴谋论说美国在使用新版本的 Linux 系统来搜集全球信息，告诫我们千万不要去碰。这个问题必须要回应，否则更多的阴谋论会层出不穷，甚至会让国内某些认知能力欠缺的媒体对开源行业产生误解甚至曲解。

　　基于前面提到的与读者共有的经验共识和篇幅限制，下面的论证速度会比较快，也会很有意思。首先，RHEL 是企业版的服务器系统而不是用来玩耍折腾的桌面机系统，更何况作为桌面操作系统的 Windows 7 在 2009 年 7 月 14 日发布之后，整整用了 3 年才开始真正普及，难道在 2009 年到 2013 年间，Windows 7 就是失败的产品吗？再者，RHEL 7 系统创新式地集成了 Docker 虚拟化技术，支持 XFS 文件系统，兼容微软的身份管理，并采用 systemd 作为系统初始化进程，其性能和兼容性相较于之前版本都有了很大的改善，很明显是一款非常优秀的操作系统。最后，其实单从纳入 OpenStack 和 Docker 的决策上来讲，就应该相信红帽的开发团队不是在闭门造车。因此应该重新考虑到底是哪里出了问题。

　　运维人员在心里经常会想："现在的环境跑得好好的，为什么要换呢？"重新部署生产环境不是说装上操作系统万事大吉，也不是把软件随便安装上就能拍屁股走人的，还要考虑升级带来的风险。

➢ 日后的生产环境出了问题，谁来负责？

➢ 旧的软件依然能否与新系统兼容？

➢ 新的系统或软件是否有 bug？

➢ 安全性如何，审计怎么做？

➢ 之前购买的第三方技术支持是否可以具备相应的能力？

➢ 升级后是否会影响到某些软件的版权，是否需要重新付费？

➢ 不习惯新系统带来的变化怎么办？

➢ 费力升级后对自己有什么好处？

……

客观来讲，这次 RHEL 7 系统的改变实在太大，最重要的是它采用了 systemd 作为初始化进程。这样一来，几乎之前所有的运维自动化脚本都需要修改。那么，到底还要不要升级到 RHEL 7？当然，也不是说服务器机房中的生产环境从不更新换代，当工作需求超过了当前版本的能力范围时，就必须要进行升级。比如，rsyslogd 日志记录服务在 RHEL 6 系统中的版本是 5.8，而现在最新的版本已经是 8.1。这两个版本之间差了 3 个大的主版本号，其功能就有了很大的差距，您觉得会一直用旧的版本吗？

早在 2014 年年初，Fedora 系统首次采用了 systemd 系统初始化进程，当时我就断言 RHEL 7 系统也会使用 systemd，所以当即更新了自己的培训课程。这也让身在其他培训机构还在学习 init 参数的用户新生艳羡。所以，不论是学习 Linux 还是编程语言，都应该选择当前稳定且最新的版本作为学习环境。

➢ **稳定**：无论是进行开发还是运维，稳定压到一切。

➢ **最新**：老版本可能会有更大的概率存在安全漏洞或者功能缺陷，而新版本不仅出现漏洞的概率小，而且即便出现漏洞，也会快速得到众多开源社区和企业的响应并更快地修复。

我每次在公开场合讲座时都会表达这样一个观点："我们并不是因为开源而喜欢 Linux，而是因为 Linux 系统真的非常优秀，开源精神仅仅是锦上添花而已。"我们在前文中已经狠狠地肯定了 Linux 系统对运维行业甚至是对世界的影响。大家要做的就是去相信我对运维行业未来发展的判断，然后放手来学习吧。

了解红帽认证

红帽公司成立于 1993 年，是全球首家收入超 10 亿美元的开源公司，总部位于美国，分支机构遍布全球。红帽公司作为全球领先的开源和 Linux 系统提供商，其产品已被业界广泛认可并使用，尤其是 RHEL 系统在业内拥有超高的 Linux 系统市场占有率。红帽公司除了提供操作系统之外，还提供了虚拟化、中间件、应用程序、管理和面向服务架构的解决方案。

红帽认证是由红帽公司推出的 Linux 认证，该认证被认为是 Linux 行业乃至整个 IT 领域价值最高的认证之一。红帽认证考试全部采用上机形式，在考察学生基础理论能力的同时还考察了实践动手操作以及排错能力。红帽公司针对红帽认证制定了完善的专业评估与认证标准，其认证主要包括红帽认证系统管理员（RHCSA）、红帽认证工程师（RHCE）与红帽认证架构师（RHCA）。

2014 年 6 月 10 日，红帽公司在发布新版红帽企业版系统（RHEL 7）的当天即在红帽英文官网更新了其对 RHCSA 与 RHCE 培训政策的调整，考生只有先通过红帽 RHCSA 认证后才能考取红帽 RHCE 认证。

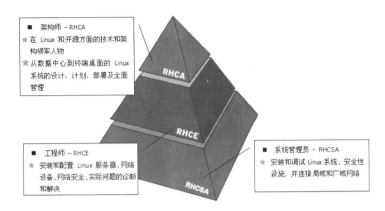

红帽认证进阶等级图

红帽认证系统管理员（Red Hat Certified System Administrator，RHCSA）属于 Linux 系统的初级认证，比较适合 Linux 爱好者。该认证要求考生对 Linux 系统有一定的了解，并且能够熟练使用 Linux 命令来完成以下任务：

> ➢ 管理文件、目录、文档以及命令行环境；
> ➢ 使用分区、LVM 逻辑卷管理本地存储；
> ➢ 安装、更新、维护、配置系统与核心服务；
> ➢ 熟练创建、修改、删除用户与用户组，并使用 LDAP 进行集中目录身份认证；
> ➢ 熟练配置防火墙以及 SELinux 来保障系统安全。

红帽认证管理员（RHCSA）证书示例

红帽认证工程师（Red Hat Certified Engineer，RHCE）属于 Linux 系统的中级水平认证，难度相对 RHCSA 认证来讲更大，而且要求考生必须已获得 RHCSA 认证。该认证适合有基础的 Linux 运维管理员，主要考察对下列服务的管理与配置能力：

> ➢ 熟练配置防火墙规则链与 SELinux 安全上下文；
> ➢ 配置 iSCSI（互联网小型计算机系统接口）服务；
> ➢ 编写 Shell 脚本来批量创建用户、自动完成系统的维护任务；
> ➢ 配置 HTTP/HTTPS 网络服务；

- ➢ 配置 FTP 服务；
- ➢ 配置 NFS 服务；
- ➢ 配置 SMB 服务；
- ➢ 配置 SMTP 服务；
- ➢ 配置 SSH 服务；
- ➢ 配置 NTP 服务。

红帽认证工程师（RHCE）证书示例

红帽认证架构师（Red Hat Certified Architect，RHCA）属于 Linux 系统的最高级别认证，是公认的 Linux 操作系统顶级认证，目前中国仅有不到 1000 人（2017 年更新数据）持有该认证。考生需要在获得 RHCSA 与 RHCE 认证后再完成 5 门课程的考试才能获得 RHCA 认证，因此难度最大，备考时间最长，费用也最高（考试费约在 1.8 万元～2.1 万元人民币）。该认证考察的是考生对红帽卫星服务、红帽系统集群、红帽虚拟化、系统性能调优以及红帽云系统的安装搭建与维护能力。

红帽认证架构师（RHCA）证书示例

RHCA 高分技巧

红帽 RHEL 7 版本的 RHCA 认证需要完成至少 5 门考试。这 5 门考试的时间不同，但均为 210 分合格（70%）。而且红帽公司非常注重 RHCA 架构师认证的实用性，所以课程总是在随行业趋势而不断调整。

下表为 2017 年最新版的考试课程。欲取得红帽 RHCA 认证，您必须通过以下任意 5 门认证考试。

考试代码	认证名称
EX210	红帽 OpenStack 认证系统管理员考试
EX220	红帽混合云管理专业技能证书考试
EX236	红帽混合云存储专业技能证书考试
EX248	红帽认证 JBoss 管理员考试
EX280	红帽平台即服务专业技能证书考试
EX318	红帽认证虚拟化管理员考试
EX401	红帽部署和系统管理专业技能证书考试
EX413	红帽服务器固化专业技能证书考试
EX436	红帽集群和存储管理专业技能证书考试
EX442	红帽性能调优专业技能证书考试

本书组织结构

> **第 1 章，部署虚拟环境安装 Linux 系统**：从零基础详细讲解了虚拟机软件与红帽 Linux 系统，完整演示了 VM 虚拟机的安装与配置过程，以及红帽 RHEL 7 系统的安装、配置过程和初始化方法。此外，本章还涵盖了在 Linux 系统中找回 root 管理员密码、RPM 与 Yum 软件仓库的知识，以及 RHEL 7 系统中 systemd 初始化进程的特色与使用方法。

> **第 2 章，新手必须掌握的 Linux 命令**：本章首先介绍系统内核和 Shell 终端的关系与作用，然后介绍 bash 解释器的 4 大优势并学习 Linux 命令的执行方法。本章还精挑细选了数十个 Linux 命令，它们与系统工作、系统状态、工作目录、文件、目录、打包压缩与搜索等主题相关。学习这些最基础的 Linux 命令，可以为今后学习更复杂的命令和服务做好必备知识铺垫。

> **第 3 章，管道符、重定向与环境变量**：本章讲解了与文件读写操作有关的重定向技术的 5 种模式，让读者通过实验切实理解每个重定向模式的作用，解决输出信息的保存问题；然后深入讲解了管道命令符，帮助读者掌握命令之间的搭配使用方法，进一步提高命令输出值的处理效率；随后通过讲解 Linux 系统命令行中的通配符和常见转义符，让您输入的 Linux 命令具有更准确的意义，为下一章学习编写 Shell 脚本打好功底。

> **第 4 章，Vim 编辑器与 Shell 命令脚本**：本章讲解了如何使用 Vim 编辑器来编写、修改文档，然后通过逐个配置主机名称、系统网卡以及 Yum 软件仓库参数文件等实验，帮助读者加深 Vim 编辑器中诸多命令、快捷键、模式切换方法的理解；然后把前面

章节中讲解的 Linux 命令、命令语法与 Shell 脚本中的各种流程控制语句通过 Vim 编辑器写到 Shell 脚本中结合到一起，实现最终能够自动化工作的脚本文件；本章最后演示了怎样通过 at 命令与 crond 计划任务服务来分别实现一次性的系统任务设置和长期性的系统任务设置，从而让日常的工作更加高效，更自动化。

➤ **第 5 章，用户身份与文件权限**：本章详细讲解了文件的所有者、所属组以及其他人可对文件进行的读（r）写（w）执行（x）等操作，以及如何在 Linux 系统中添加、删除、修改用户账户信息。我们还可以使用 SUID、SGID 与 SBIT 特殊权限更加灵活地设置系统权限功能，来弥补对文件设置一般操作权限时所带来的不足。隐藏权限能够给系统增加一层隐形的防护层，让黑客最多只能查看关键日志信息，而不能进行修改或删除。而文件的访问控制列表（Access Control List，ACL）可以进一步让单一用户、用户组对单一文件或目录进行特殊的权限设置，让文件具有能满足工作需求的最小权限吧。本章最后还将讲解如何使用 su 命令与 sudo 服务让普通用户具备超级管理员的权限，不仅可以满足日常的工作需求，还可以确保系统的安全性。

➤ **第 6 章，存储结构与磁盘划分**：本章详细地分析了 Linux 系统中最常见的 Ext3、Ext4 与 XFS 文件系统的不同之处，并带领各位读者着重练习硬盘设备分区、格式化以及挂载等常用的硬盘管理操作，以便熟练掌握文件系统的使用方法。在打下坚实的理论基础与完成一些相关的实践练习后，我们还将进一步完整地部署 SWAP（交换）分区、配置 quota 磁盘配额服务，以及掌握 ln 命令带来的软硬链接。

➤ **第 7 章，使用 RAID 与 LVM 磁盘阵列技术**：本章深入讲解了各个常用 RAID 技术方案的特性，并通过实际部署 RAID 10、RAID 5+备份盘等方案来更直观地查看 RAID 的强大效果，以便进一步满足生产环境对硬盘设备的 I/O 读写速度和数据冗余备份机制的需求。同时，考虑到用户可能会动态调整存储资源，本章还将介绍 LVM（Logical Volume Manager，逻辑卷管理器）的部署、扩容、缩小、快照以及卸载删除的相关知识。

➤ **第 8 章，iptables 与 firewalld 防火墙**：本章讲解了 RHEL 7 中新增的 firewalld 防火墙与先前版本中 iptables 防火墙之间的区别，并分别使用 iptables、firewall-cmd、firewall-config 和 TCP Wrappers 等防火墙策略配置服务来完成数十个根据真实工作需求而设计的防火墙策略配置实验。在学习完这些实验之后，各位读者不仅可以熟练地过滤请求的流量，还可以基于服务程序的名称对流量进行允许和拒绝操作，确保 Linux 系统的安全性万无一失。

➤ **第 9 章，使用 ssh 服务管理远程主机**：本章讲解了如何使用 nmtui 命令配置网络参数，以及通过 nmcli 命令查看网络信息并管理网络会话服务，从而让您能够在不同工作场景中快速地切换网络运行参数；还讲解了如何手工绑定 mode6 模式双网卡，实现网络的负载均衡。本章还深入介绍了 SSH 协议与 sshd 服务程序的理论知识、Linux 系统的远程管理方法以及在系统中配置服务程序的方法，并采用实验的形式演示了使用基于密钥验证的 sshd 服务程序进行远程登录，以及使用 screen 服务程序远程管理 Linux 系统的不间断会话等技术。

➤ **第 10 章，使用 Apache 服务部署静态网站**：本章通过对比当前主流的 Web 服务程序来使读者更好地理解各自的优势及特点，并真正掌握在 Linux 系统中配置服务的技巧。本章还详细讲解了 SELinux 服务的作用、三种工作模式以及策略管理方法，确保读者掌握 SELinux 域和 SELinux 安全上下文的配置方法。

➤ **第 11 章，使用 vsftpd 服务传输文件**：本章讲解了什么是文件传输协议（File Transfer Protocol，FTP），以及如何部署 vsftpd 服务程序，然后深度剖析了 vsftpd 主配置文件中最常用的参数及其作用，并完整演示了 vsftpd 服务程序三种认证模式的配置方法；本章还涵盖了可插拔认证模块的原理、作用以及实用配置方法。

➤ **第 12 章，使用 Samba 或 NFS 实现文件共享**：本章讲解了 Samba 服务的理论知识，以及 SMB 协议与 Samba 服务程序的起源和发展过程，并通过实验的方式部署文件共享服务来深入了解 Samba 服务程序中相关参数的作用；还讲解了如何配置网络文件系统（Network File System，NFS）服务来简化 Linux 系统之间的文件共享工作，以及通过部署 NFS 服务在多台 Linux 系统之间挂载并使用资源。

➤ **第 13 章，使用 BIND 提供域名解析服务**：本章讲解了 DNS 域名解析服务的原理以及作用，介绍了域名查询功能中正向解析与反向解析的作用，实践部署了 DNS 主服务器、DNS 从服务器、DNS 缓存服务器，并通过实验的方式演示了如何在 DNS 主服务器上部署正、反解析工作模式，以便让大家深刻体会到 DNS 域名查询的便利和强大。

➤ **第 14 章，使用 DHCP 动态管理主机地址**：本章讲解了动态主机配置协议的作用，以及在 Linux 系统中配置部署 dhcpd 服务程序的方法，剖析了 dhcpd 服务程序配置文件内每个参数的作用，并通过自动分配 IP 地址、绑定 IP 地址与 MAC 地址等实验，让各位读者更直观地体会 DHCP 协议的强大之处。

➤ **第 15 章，使用 Postifx 与 Dovecot 部署邮件系统**：本章介绍了 SMTP、POP3、IMAP4 等常见的电子邮件协议，以及 MUA、MTA、MDA 这三种服务角色的作用；还完整地演示了在 Linux 系统中使用 Postfix 和 Dovecot 服务程序配置电子邮件系统服务的方法，重点讲解了常用的配置参数，此外将结合 BIND 服务程序提供的 DNS 域名解析服务来验证客户端主机与服务器之间的邮件收发功能；最后还介绍了如何在电子邮件系统中设置用户别名，以帮助大家在生产环境中更好地控制、管理电子邮件账户以及信箱地址。

➤ **第 16 章，使用 Squid 部署代理缓存服务**：本章介绍了代理服务的原理以及作用、Squid 服务程序正向解析和反向解析的理论以及配置方法。在掌握了 Squid 服务程序的标准正向代理模式、透明正向代理模式、访问控制列表功能以及反向代理等实用功能之后，读者不但可以进一步理解代理服务，提升服务控制能力，而且在步入运维岗位后能够游刃有余地处理相关问题。

➤ **第 17 章，使用 iSCSI 服务部署网络存储**：本章开篇介绍了计算机硬件存储设备的不同接口技术的优缺点，并由此切入 iSCSI 技术主题的讲解。本章还将带领大家在 Linux 系统上部署 iSCSI 服务端程序，并分别基于 Linux 系统和 Windows 系统来访问远程的存储资源。

➤ **第 18 章，使用 MariaDB 数据库管理系统**：本章介绍了数据库以及数据库管理系统的理论知识，然后介绍了 MariaDB 数据库管理系统的内容，接下来将通过动手实验的方式，帮助各位读者掌握 MariaDB 数据库管理系统的一些常规操作；最后还介绍了数据库的备份与恢复方法。

➤ **第 19 章，使用 PXE+Kickstart 无人值守安装服务**：本章介绍了可以实现无人值守安装服务的 PXE+Kickstart 服务程序，并带领大家动手安装部署 PXE + TFTP + FTP + DHCP + Kickstart 等服务程序，从而搭建出一套可批量安装 Linux 系统的无人值守安装系统。在学完本章内容之后，运维新手就可以避免枯燥乏味的重复性工作，大大提高系统安装的效率。

➤ **第 20 章，使用 LNMP 架构部署动态网站环境**：LNMP 动态网站部署架构是一套由 Linux + Nginx + MySQL + PHP 组成的动态网站系统解决方案，具有免费、高效、扩展性强且资源消耗低等优良特性。本章首先对比了使用源码包安装服务程序与使用 RPM 软件包安装服务程序的区别，然后讲解了如何手工编译源码包并安装各个服务程序，以及如何使用 Discuz! X3.2 版本论坛系统验证架构环境。

感谢你们相信并选择我

首先，感谢广大读者从众多 Linux 图书中最终选择了本书，感谢你们的厚爱与信任。相信本书不会让你们失望的。

其次，感谢跟随刘遄老师一起努力打拼的各位成员，他们是（以加入团队时间排序）：逄增宝、岳永、张宏宇、冯琪、黄烨婧、冯振华、张振宇、唐资富、刘峰、王辉、苏西云、李帅、陶武杰、王浩、郭建鹏、周晓雪、郝大发、倪家兴、郑帅、姜显赫、高军、王毅、任维国、张雄、周阳、程伟、任倩倩、吴向平、华世发。感谢你们相信我，为了我们共同的事业而奋勇向前，如果没有你们的帮助和支持，就不会有现在的成绩。在过去两年中，我们从一个每天只有十几人次访问的小博客，发展到了每天将近一万人次访问的公众站点；在两年内更是接连开通了近 30 个 QQ 技术交流群，群内读者已超过 5 万人；微信公众号也从 0 做到了 10 万粉丝，这些都是此前中国任何一本技术类电子图书没有达到的高度和成绩。尤其在最近一年，我们的发展速度远远领先于同行业所有的资讯网站和教育机构，优质图书内容与读者口碑让我们走的每一步都如此扎实。现在我们可以很自豪地讲："我们用努力留住了用户，用户看到了我们的付出。"

再次，感谢人民邮电出版社的傅道坤编辑。我们在 2015 年末初次接触后傅老师便主动提起出版本书的想法，随后一起用了近 2 年的时间共同打磨本书。感谢傅老师一直以来给予的信任和中肯实用的建议。感谢北京联合大学应用科技学院王廷梅院长在我研究生进修教育学期间的照顾和悉心培育，是您引导我步入了教育学和计算机科学与技术专业。不忘母校，不忘联大。

最后也是最重要的，感谢我的父母和妻子。当我在 2015 年说想要写一本 Linux 技术图书的时候，感谢你们相信了我。感谢我的妻子能够理解我的压力，一起来协助管理在线培训班及招生工作，让我有了更多的时间来写作。如果没有你们的信任和陪伴，我不敢想象自己现在会是什么样子。

读者服务

本书是一本注重实用性的 Linux 技术自学图书，自电子版公布后日均阅读量近万次。本书以及后续的进阶篇图书将继续一如既往地免费、完整地提供给各位读者。当前，我们正在世界各地部署图书配套站点的镜像服务器，旨在用最快的网站响应速度满足您心中那个求知的小宇宙。此外，我们的团队成员在完善、更新本书内容以及配套软件的同时，还将为您收集、整理值得每天一看的"新闻资讯"和"技术干货"。当然，也欢迎您到我们的 QQ 技术群（http://www.linuxprobe.com/club）中寻找技术大牛！

而这一切的便利与服务，只差您现在的一个选择，赶紧拿起手机扫描下面的微信二维码吧。

目　录

## 第 1 章

部署虚拟环境安装 Linux 系统

本章讲解了如下内容:

➢ 准备您的工具;

➢ 安装配置 VM 虚拟机;

➢ 安装您的 Linux 系统;

➢ 重置 root 管理员密码;

➢ RPM (红帽软件包管理器);

➢ Yum 软件仓库;

➢ systemd 初始化进程。

　　本章从零基础详细讲解了虚拟机软件与红帽 Linux 系统,完整演示了 VM 虚拟机的安装与配置过程,以及红帽 RHEL 7 系统的安装、配置过程和初始化方法。此外,本章还涵盖了在 Linux 系统中找回 root 管理员密码、RPM 与 Yum 软件仓库的知识,以及 RHEL 7 系统中 systemd 初始化进程的特色与使用方法。

1.1　准备您的工具

　　所谓"工欲善其事,必先利其器",在本章学习过程中,读者需要搭建出为今后练习而使用的红帽 RHEL 7 系统环境。您不需要为了练习实验而特意再购买一台新电脑,下文会讲解如何通过虚拟机软件来模拟出仿真系统。虚拟机是能够让用户在一台真机上模拟出多个操作系统的软件。一般来讲当前主流的硬件配置足以胜任安装虚拟机的任务,并且依据刘遄老师近 10 年的运维技术学习及多年的在线培训经验来看,建议您无论经济条件是否允许,都不应该在学习期间把 Linux 系统安装到真机上面,因为在学习过程中都免不了要"折腾"您的 Linux 操作系统。通过虚拟机软件安装的系统不仅可以模拟出硬件资源,把实验环境与真机文件分离保证数据安全,更酷的是当操作失误或配置有误导致系统异常的时候,可以快速把操作系统还原至出错前的环境状态,进而减少重装系统的等待时间 (在真机上安装 Linux 操作系统每次至少需要 30 分钟)。

　　最近几年在讲课时,总会发现同学们使用的实验环境五花八门,有 CentOS,有 RHEL 6,还有 Debian 系统等,结果每次给他们排错时都费心劳力,苦不堪言,而且特别无语。就像您报名去学习日料,老师用柳刃,您非要用长刀,结果寿司肯定会被切的稀巴烂。聪明的学生在学习时一定会采用跟老师一样的工具和环境,这样出现问题后可以首先排除环境问题并迅速定位错误，等技术学的足够扎实了，到了生产环境中自然也就具备了随心选择工具和环境的能力。所以尤其建议没有报名参加刘遄老师开设的付费培训班的同学，一定要充分发挥自己的自学能力，否则长期的实验出错一定会影响您的学习兴趣。

另外，说来也很郁闷，其实我在初中时就有学习 Linux 系统的打算，但那时候上网还不便捷，想要安装 Linux 系统就必须去买光盘才行，而那个时候安装 Linux 系统至少需要 6 张光盘（CD-ROM 容量大约为 700MB），狠下心买回家后尝试安装了几次却一直报错，因为搞不懂报错原因而只能放弃了。2015 年春节前打扫屋子时又翻出了这些光盘，这次终于找到了当年出错误的原因，原来是第五张光盘被"刮花"了，系统相关的依赖关系包被损坏，最终导致 Linux 系统安装失败。原本可以早几年就可以接触到 Linux 系统，结果因为这个原因而耽搁，真的是既郁闷又尴尬，所以这里必须狠狠地提醒各位同学："工具准备齐全后一定要校验完整性，不要重蹈我的覆辙"。

1.2　安装配置 VM 虚拟机

VMware WorkStation 虚拟机软件是一款桌面计算机虚拟软件,让用户能够在单一主机上同时运行多个不同的操作系统。每个虚拟操作系统的硬盘分区、数据配置都是独立的,而且多台虚拟机可以构建为一个局域网。Linux 系统对硬件设备的要求很低,我们没有必要再买一台电脑,课程实验用虚拟机完全可以搞定,而且 VM 还支持实时快照、虚拟网络、拖曳文件以及 PXE（Preboot Execute Environment，预启动执行环境）网络安装等方便实用的功能。

可能会有读者有疑问"为什么要用收费的虚拟机产品来搭建实验环境，而不是用一些免费的开源虚拟机软件呢？"本书前言中讲到，我们学习 Linux 系统的原因不是因为它免费，也不是因为它开源，而是因为 Linux 系统真的很好用，这个结论同样也适用于 VMware Workstation 这款产品。

运行下载完成的 Vmware Workstation 虚拟机软件包，将会看到如图 1-1 所示的虚拟机程序安装向导初始界面。

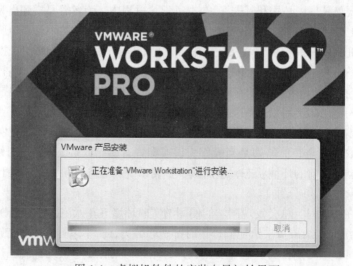

图 1-1　虚拟机软件的安装向导初始界面

在虚拟机软件的安装向导界面单击"下一步"按钮，如图 1-2 所示。

图 1-2　虚拟机的安装向导

在最终用户许可协议界面选中"我接受许可协议中的条款"复选框，然后单击"下一步"按钮，如图 1-3 所示。

图 1-3　接受许可条款

选择虚拟机软件的安装位置（可选择默认位置），选中"增强型键盘驱动程序"复选框后单击"下一步"按钮，如图 1-4 所示。

根据自身情况适当选择"启动时检查产品更新"与"帮助完善 VMware Workstation Pro"复选框，然后单击"下一步"按钮，如图 1-5 所示。

选中"桌面"和"开始菜单程序文件夹"复选框，然后单击"下一步"按钮，如图 1-6 所示。

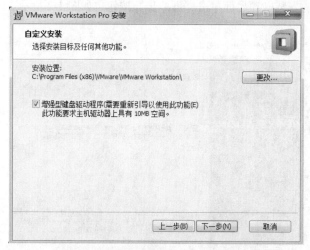

图 1-4　选择虚拟机软件的安装路径

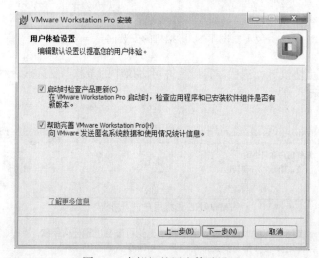

图 1-5　虚拟机的用户体验设置

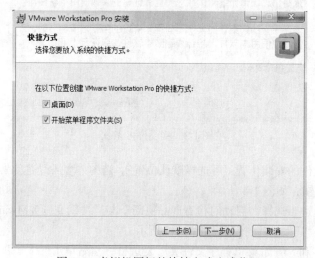

图 1-6　虚拟机图标的快捷方式生成位置

一切准备就绪后，单击"安装"按钮，如图 1-7 所示。

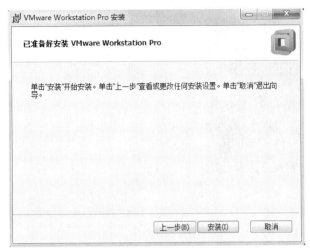

图 1-7 准备开始安装虚拟机

进入安装过程，此时要做的就是耐心等待虚拟机软件的安装过程结束，如图 1-8 所示。

图 1-8 等待虚拟机软件安装完成

大约 5～10 分钟后，虚拟机软件便会安装完成，然后再次单击"完成"按钮，如图 1-9 所示。

双击桌面上生成的虚拟机快捷图标，在弹出的如图 1-10 所示的界面中，输入许可证密钥，或者选择试用之后，单击"继续"按钮（这里选择的是"我希望试用 VMware Worksatation 12 30 天"复选框）。

在出现"欢迎使用 VMware Workstation 12"界面后，单击"完成"按钮，如图 1-11 所示。

在桌面上再次双击快捷方式，此时便看到了虚拟机软件的管理界面，如图 1-12 所示。

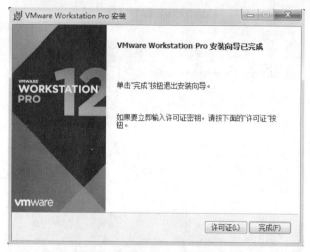

图 1-9　虚拟机软件安装向导完成界面

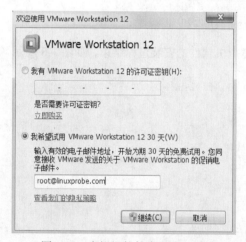

图 1-10　虚拟机软件许可验证界面

图 1-11　虚拟机软件的感谢界面

图 1-12　虚拟机软件的管理界面

注意，在安装完虚拟机之后，不能立即安装 Linux 系统，因为还要在虚拟机内设置操作系统的硬件标准。只有把虚拟机内系统的硬件资源模拟出来后才可以正式步入 Linux 系统安装之旅。VM 虚拟机的强大之处在于不仅可以调取真实的物理设备资源，还可以模拟出多网卡或硬盘等资源，因此完全可以满足大家对学习环境的需求，再次强调，真的不用特意购买新电脑。

在图 1-12 中，单击"创建新的虚拟机"选项，并在弹出的"新建虚拟机向导"界面中选择"典型"单选按钮，然后单击"下一步"按钮，如图 1-13 所示。

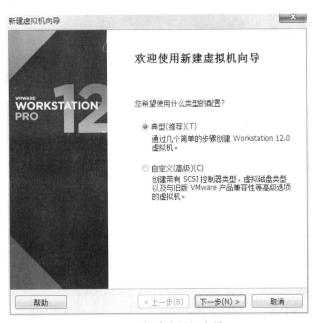

图 1-13　新建虚拟机向导

选中"稍后安装操作系统"单选按钮，然后单击"下一步"按钮，如图 1-14 所示。

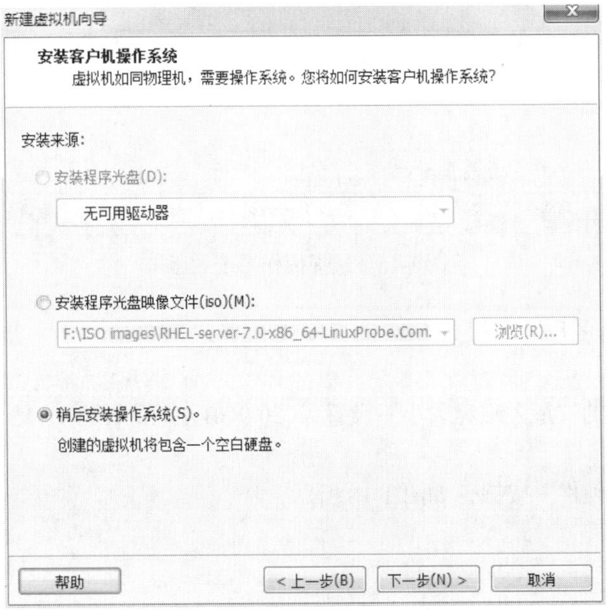

图 1-14　选择虚拟机的安装来源

注:

  在近几年的讲课过程中真是遇到了很多不听话的学生，明明要求选择"稍后安装操作系统"单选按钮，结果非要选择"安装程序光盘镜像文件"单选按钮，并把下载好的 RHEL 7 系统的镜像选中。这样一来，虚拟机会通过默认的安装策略为您部署最精简的 Linux 系统，而不会再向您询问安装设置的选项。

  如果您是购买图书自行学习的话，请一定不要低估后续实验的难度和 Linux 知识体系的难度，更不要高估自己的自学和排错能力，否则可能会因为系统长期报错而丧失学习兴趣，得不偿失。对于经济条件允许、有意愿深入了解 Linux 系统并考取红帽 RHCE 的同学，可以看一下刘遄老师主讲的培训介绍：http://www.linuxprobe.com/training。

  在图 1-15 中，将客户机操作系统的类型选择为"Linux"，版本为"Red Hat Enterprise Linux 7 64 位"，然后单击"下一步"按钮。

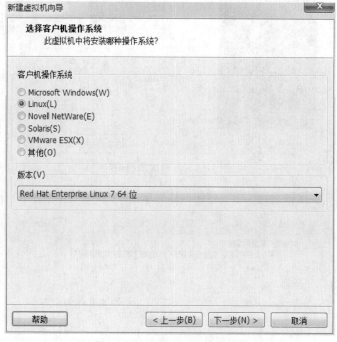

图 1-15 选择操作系统的版本

  填写"虚拟机名称"字段，并在选择安装位置之后单击"下一步"按钮，如图 1-16 所示。

  将虚拟机系统的"最大磁盘大小"设置为 20.0GB（默认即可），然后单击"下一步"按钮，如图 1-17 所示。

  单击"自定义硬件"按钮，如图 1-18 所示。

图 1-16 命名虚拟机及设置安装路径

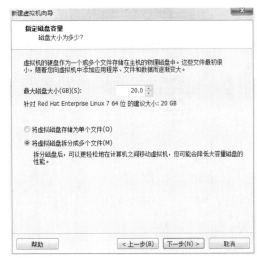

图 1-17 虚拟机最大磁盘大小

图 1-18 虚拟机的配置界面

在出现的图 1-19 所示的界面中，建议将虚拟机系统内存的可用量设置为 2GB，最低不应低于 1GB。如果自己的真机设备具有很强的性能，那么也建议将内容量设置为 2GB，因为将虚拟机系统的内存设置得太大没有必要。

根据您真机的性能设置 CPU 处理器的数量以及每个处理器的核心数量，并开启虚拟化功能，如图 1-20 所示。

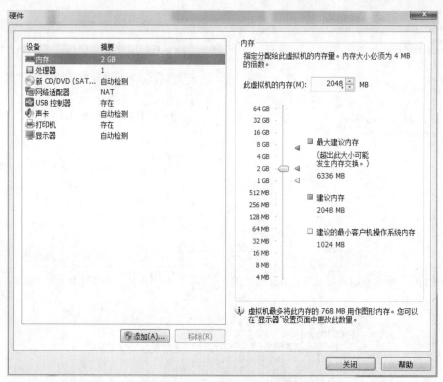

图 1-19　设置虚拟机的内存量

图 1-20　设置虚拟机的处理器参数

　　光驱设备此时应在"使用 ISO 镜像文件"中选中了下载好的 RHEL 系统镜像文件，如图 1-21 所示。

图 1-21 设置虚拟机的光驱设备

VM 虚拟机软件为用户提供了 3 种可选的网络模式，分别为桥接模式、NAT 模式与仅主机模式。这里选择"仅主机模式"，如图 1-22 所示。

图 1-22 设置虚拟机的网络适配器

> **桥接模式**：相当于在物理主机与虚拟机网卡之间架设了一座桥梁，从而可以通过物理主机的网卡访问外网。

> **NAT 模式**：让 VM 虚拟机的网络服务发挥路由器的作用，使得通过虚拟机软件模拟的主机可以通过物理主机访问外网，在真机中 NAT 虚拟机网卡对应的物理网卡是 VMnet8。

> **仅主机模式**：仅让虚拟机内的主机与物理主机通信，不能访问外网，在真机中仅主机模式模拟网卡对应的物理网卡是 VMnet1。

把 USB 控制器、声卡、打印机设备等不需要的设备统统移除掉。移掉声卡后可以避免在输入错误后发出提示声音，确保自己在今后实验中思绪不被打扰。然后单击"关闭"按钮，如图 1-23 所示。

图 1-23　最终的虚拟机配置情况

返回到虚拟机配置向导界面后单击"完成"按钮，如图 1-24 所示。虚拟机的安装和配置顺利完成。

当看到如图 1-25 所示的界面时，就说明您的虚拟机已经被配置成功了。接下来准备步入属于您的 Linux 系统之旅吧。

图 1-24 结束虚拟机配置向导

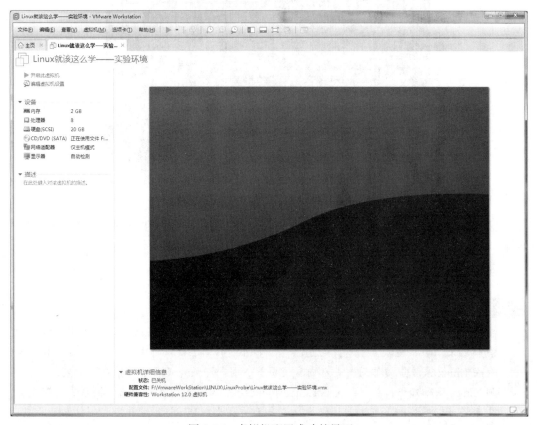

图 1-25 虚拟机配置成功的界面

1.3 安装您的 Linux 系统

安装 RHEL 7 或 CentOS 7 系统时，您的电脑的 CPU 需要支持 VT（Virtualization Technology，虚拟化技术）。所谓 VT，指的是让单台计算机能够分割出多个独立资源区，并让每个资源区按照需要模拟出系统的一项技术，其本质就是通过中间层实现计算机资源的管理和再分配，让系统资源的利用率最大化。其实只要您的电脑不是五六年前买的，价格不低于三千元，它的 CPU 就肯定会支持 VT 的。如果开启虚拟机后依然提示"CPU 不支持 VT 技术"等报错信息，请重启电脑并进入到 BIOS 中把 VT 虚拟化功能开启即可。

在虚拟机管理界面中单击"开启此虚拟机"按钮后数秒就看到 RHEL 7 系统安装界面，如图 1-26 所示。在界面中，Test this media & install Red Hat Enterprise Linux 7.0 和 Troubleshooting 的作用分别是校验光盘完整性后再安装以及启动救援模式。此时通过键盘的方向键选择 Install Red Hat Enterprise Linux 7.0 选项来直接安装 Linux 系统。

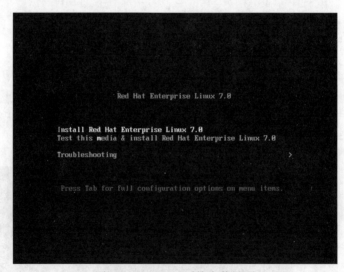

图 1-26　RHEL 7 系统安装界面

接下来按回车键后开始加载安装镜像，所需时间大约在 30～60 秒，请耐心等待，如图 1-27 所示。

选择系统的安装语言后单击 Continue 按钮，如图 1-28 所示。

> **注：**
>
> 　　请读者不用担心英语基础的问题，因为 Linux 系统中用的 Linux 命令具有特定的功能和意义，而非英语单词本身的意思。比如 free 的意思是"自由"、"免费"，而 free 命令在 Linux 系统中的作用是查看内存使用量。因此即便是英语水平很高，只要没有任何 Linux 基础知识，在看到这些 Linux 命令后也需要重新学习。再者，把系统设置成英文后还可以锻炼一下英语阅读能力，不知不觉地就把 Linux 系统和英文一起学了，岂不是更好？！如果您执意选择中文安装语言，也可以在图 1-28 中进行选择。

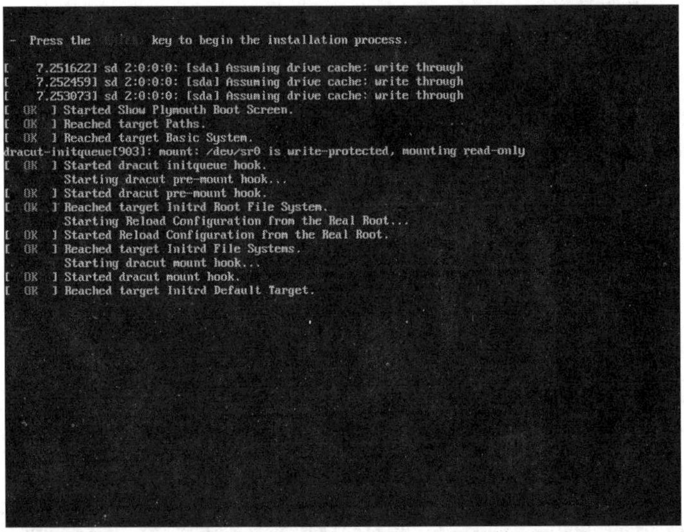

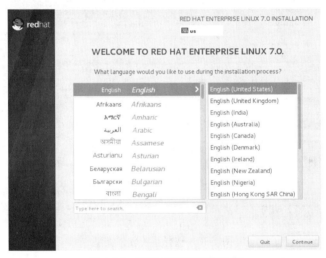

图 1-27 安装向导的初始化界面

图 1-28 选择系统的安装语言

在安装界面中单击 SOFTWARE SELECTION 选项，如图 1-29 所示。

RHEL 7 系统的软件定制界面可以根据用户的需求来调整系统的基本环境，例如把 Linux 系统用作基础服务器、文件服务器、Web 服务器或工作站等。此时您只需在界面中单击选中 Server with GUI 单选按钮，然后单击左上角的 Done 按钮即可，如图 1-30 所示。

注：

之前看过一个新闻，说是苹果公司某员工在 iOS 系统的用户说明书末尾加了一句"反正你们也不会去看"。其实这件事情有时候也可以用来调侃部分读者的学习状态，刘遄老师绝不会把没用的知识写到本书中，但就是这样一张如此醒目的截图也总是有同学视而不见，结果采用了默认的 Minimal Install 单选按钮安装 RHEL 7 系统，最终导致很多命令不能执行，服务搭建不成功。请一定留意！

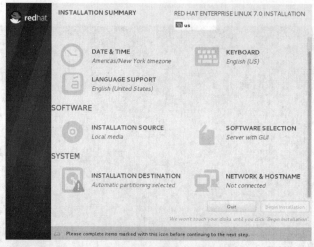

图 1-29　安装系统界面

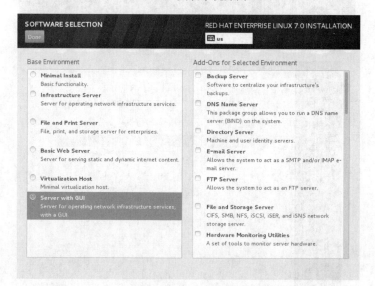

图 1-30　选择系统软件类型

返回到 RHEL 7 系统安装主界面，单击 NETWORK & HOSTNAME 选项后，将 Hostname 字段设置为 linuxprobe.com，然后单击左上角的 Done 按钮，如图 1-31 所示。

返回到安装主界面，单击 INSTALLATION DESTINATION 选项来选择安装媒介并设置分区。此时不需要进行任何修改，单击左上角的 Done 按钮即可，如图 1-32 所示。

> **注：**
>
> 　　读者可能会有这样的疑问"为什么我们不像其他 Linux 图书那样，讲一下手动分区的方法呢"？原因很简单，因为 Linux 系统根据 FHS（Filesystem Hierarchy Standard，文件系统层次结构标准）把不同的目录定义了相应的不同功能，这部分内容会在第 6 章中详细介绍。并且通过刘遄老师最近这几年的教学经验来看，即便现在写出了操作步骤，读者们大多也只是点点鼠标，并不能真正理解其中的知识，效果不一定好，更何况在接下来的实验中，手动分区相对于自动分区来说也没有明显的好处。所以读者大可不必担心学不到，我们书籍的规划课程章节是非常科学的。

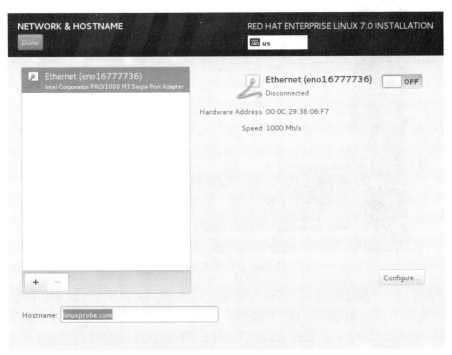

图 1-31　配置网络和主机名

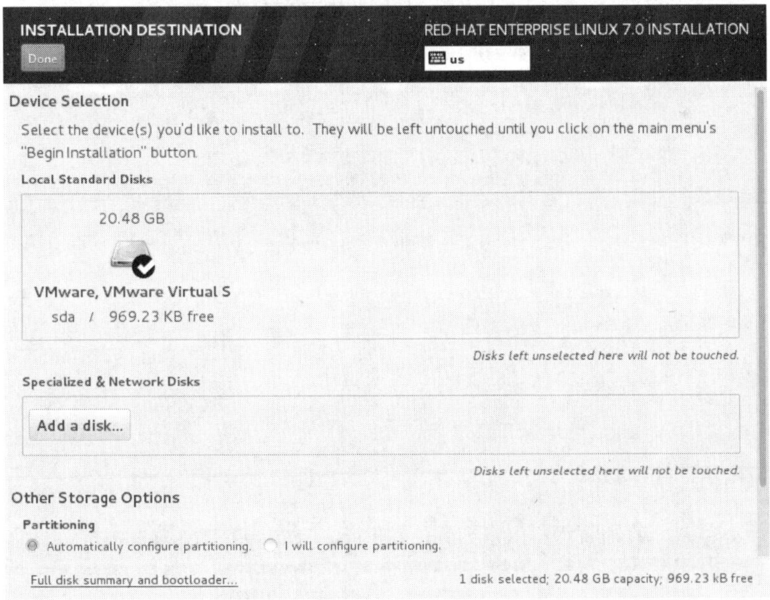

图 1-32　系统安装媒介的选择

　　返回到安装主界面，单击 Begin Installation 按钮后即可看到安装进度，在此处选择 ROOT PASSWORD，如图 1-33 所示。

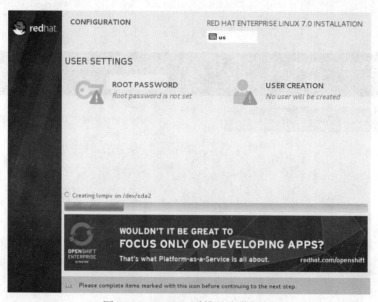

图 1-33　RHEL 7 系统的安装界面

　　然后设置 root 管理员的密码。若坚持用弱口令的密码则需要单击 2 次左上角的 Done 按钮才可以确认，如图 1-34 所示。这里需要多说一句，当您在虚拟机中做实验的时候，密码无所谓强弱，但在生产环境中一定要让 root 管理员的密码足够复杂，否则系统将面临严重的安全问题。

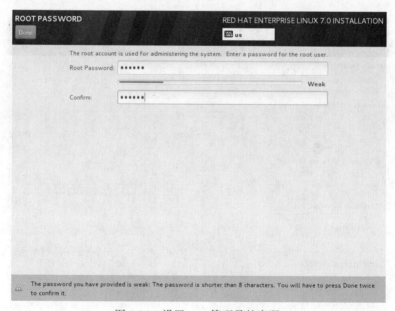

图 1-34　设置 root 管理员的密码

　　Linux 系统安装过程一般在 30～60 分钟，在安装过程期间耐心等待即可。安装完成后单击 Reboot 按钮，如图 1-35 所示。

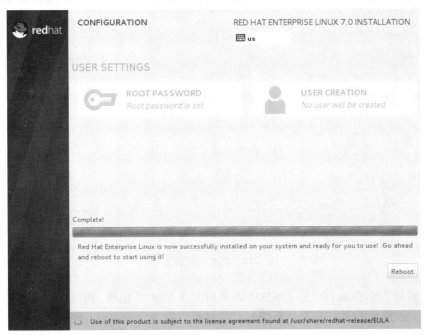

图 1-35　系统安装完成

重启系统后将看到系统的初始化界面，单击 LICENSE INFORMATION 选项，如图 1-36 所示。

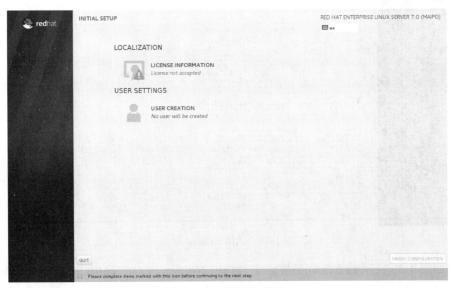

图 1-36　系统初始化界面

选中 I accept the license agreement 复选框，然后单击左上角的 Done 按钮，如图 1-37 所示。

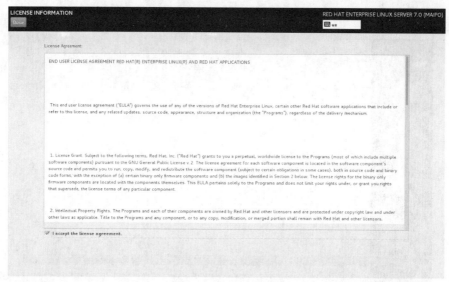

图 1-37　同意许可说明书

返回到初始化界面后单击 FINISH CONFIGURATION 选项，即可看到 Kdump 服务的设置界面。如果暂时不打算调试系统内核，也可以取消选中 Enable kdump 复选框，然后单击 Forward 按钮，如图 1-38 所示。

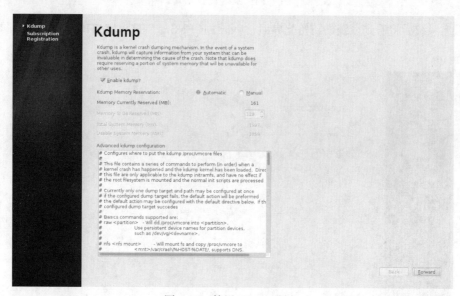

图 1-38　禁用 Kdump 服务

在如图 1-39 所示的系统订阅界面中，选中 No, I prefer to register at a later time 单选按钮，然后单击 Finish 按钮。此处设置为不注册系统对后续的实验操作和生产工作均无影响。

虚拟机软件中的 RHEL 7 系统经过又一次的重启后，我们终于可以看到系统的欢迎界面，如图 1-40 所示。在界面中选择默认的语言 English (United States)，然后单击 Next 按钮。

图 1-39 暂时不对系统进行注册

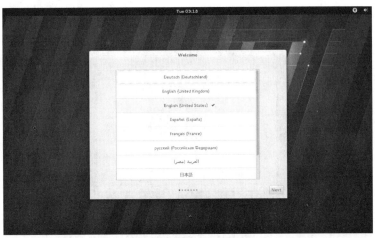

图 1-40 系统的语言设置

将系统的输入来源类型选择为 English (US)，然后单击 Next 按钮，如图 1-41 所示。

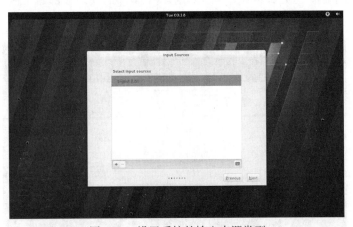

图 1-41 设置系统的输入来源类型

为 RHEL 7 系统创建一个本地的普通用户，该账户的用户名为 linuxprobe，密码为 redhat，然后单击 Next 按钮，如图 1-42 所示。

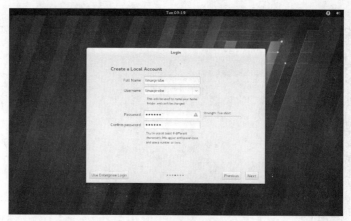

图 1-42　创建本地的普通用户

按照图 1-43 所示的设置来设置系统的时区，然后单击 Next 按钮。

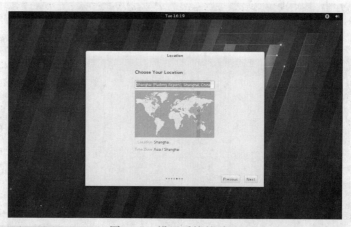

图 1-43　设置系统的时区

在图 1-44 所示的界面中单击 Start using Red Hat Enterprise Linux Server 按钮，出现如图 1-45 所示的界面。至此，RHEL 7 系统完成了全部的安装和部署工作。准备开始学习 Linux 系统吧。

图 1-44　系统初始化结束界面

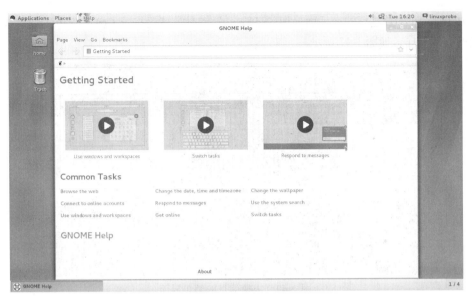

图 1-45　系统的欢迎界面

1.4　重置 root 管理员密码

　　平日里让运维人员头疼的事情已经很多了，因此偶尔把 Linux 系统的密码忘记了并不用慌，只需简单几步就可以完成密码的重置工作。但是，如果您是第一次阅读本书，或者之前没有 Linux 系统的使用经验，请一定先跳过本节，等学习完 Linux 系统的命令后再来学习本节内容。如果您刚刚接手了一台 Linux 系统，要先确定是否为 RHEL 7 系统。如果是，然后再进行下面的操作。

```
[root@linuxprobe ~]# cat /etc/redhat-release
Red Hat Enterprise Linux Server release 7.0 (Maipo)
```

　　重启 Linux 系统主机并出现引导界面时，按下键盘上的 e 键进入内核编辑界面，如图 1-46 所示。

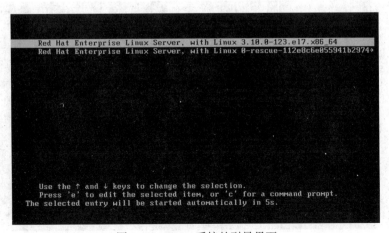

图 1-46　Linux 系统的引导界面

在 linux16 参数这行的最后面追加 "rd.break" 参数，然后按下 Ctrl + X 组合键来运行修改过的内核程序，如图 1-47 所示。

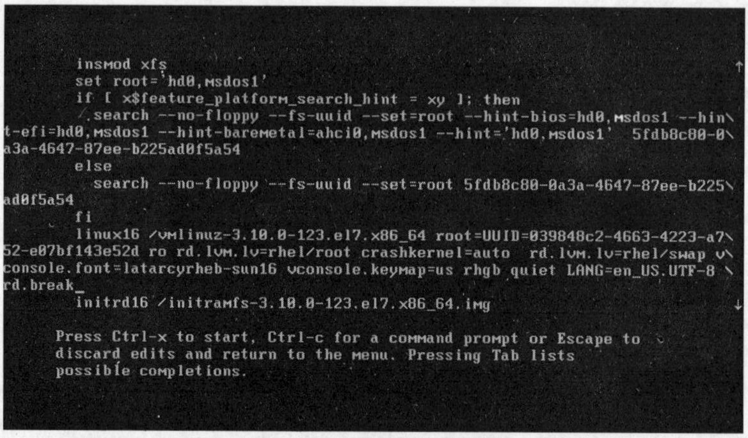

图 1-47　内核信息的编辑界面

大约 30 秒过后，进入到系统的紧急求援模式，如图 1-48 所示。

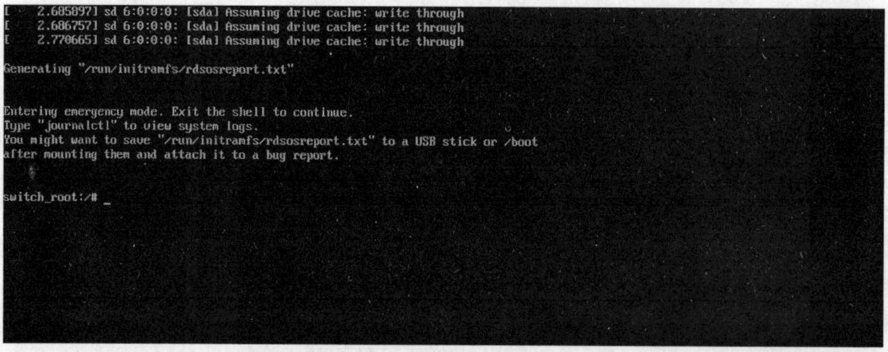

图 1-48　Linux 系统的紧急救援模式

依次输入以下命令，等待系统重启操作完毕，然后就可以使用新密码 linuxprobe 来登录 Linux 系统了。命令行执行效果如图 1-49 所示。

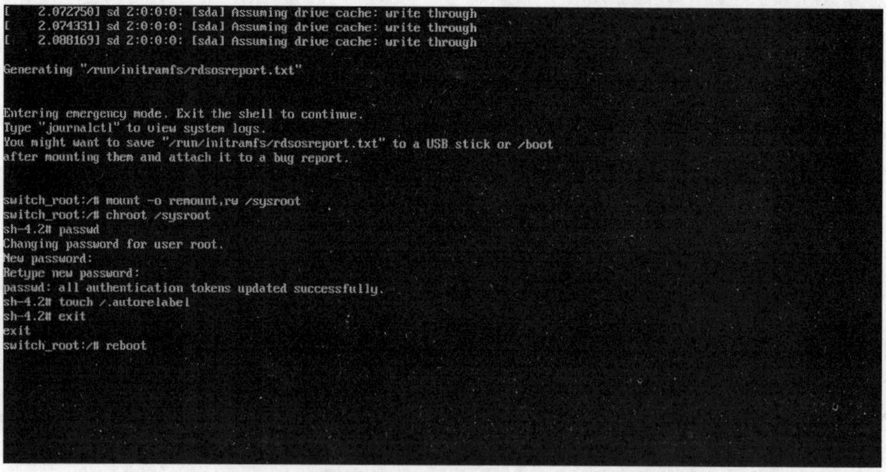

图 1-49　重置 Linux 系统的 root 管理员密码

```
mount -o remount,rw /sysroot
chroot /sysroot
passwd
touch /.autorelabel
exit
reboot
```

1.5 RPM（红帽软件包管理器）

在 RPM（红帽软件包管理器）公布之前，要想在 Linux 系统中安装软件只能采取源码包的方式安装。早期在 Linux 系统中安装程序是一件非常困难、耗费耐心的事情，而且大多数的服务程序仅仅提供源代码，需要运维人员自行编译代码并解决许多的软件依赖关系，因此要安装好一个服务程序，运维人员需要具备丰富知识、高超的技能，甚至良好的耐心。而且在安装、升级、卸载服务程序时还要考虑到其他程序、库的依赖关系，所以在进行校验、安装、卸载、查询、升级等管理软件操作时难度都非常大。

RPM 机制则为解决这些问题而设计的。RPM 有点像 Windows 系统中的控制面板，会建立统一的数据库文件，详细记录软件信息并能够自动分析依赖关系。目前 RPM 的优势已经被公众所认可，使用范围也已不局限在红帽系统中了。表 1-1 是一些常用的 RPM 软件包命令，当前不需要记住它们，大致混个"脸熟"就足够了。

表 1-1　　　　　　　　　　　　常用的 RPM 软件包命令

安装软件的命令格式	rpm -ivh filename.rpm
升级软件的命令格式	rpm -Uvh filename.rpm
卸载软件的命令格式	rpm -e filename.rpm
查询软件描述信息的命令格式	rpm -qpi filename.rpm
列出软件文件信息的命令格式	rpm -qpl filename.rpm
查询文件属于哪个 RPM 的命令格式	rpm -qf filename

1.6 Yum 软件仓库

尽管 RPM 能够帮助用户查询软件相关的依赖关系，但问题还是要运维人员自己来解决，而有些大型软件可能与数十个程序都有依赖关系，在这种情况下安装软件会是非常痛苦的。Yum 软件仓库便是为了进一步降低软件安装难度和复杂度而设计的技术。Yum 软件仓库可以根据用户的要求分析出所需软件包及其相关的依赖关系，然后自动从服务器下载软件包并安装到系统。Yum 软件仓库的技术拓扑如图 1-50 所示。

Yum 软件仓库中的 RPM 软件包可以是由红帽官方发布的，也可以是第三方发布的，当然也可以是自己编写的。《Linux 就该这么学》随书提供的镜像光盘内已经包含了大量可用的 RPM 红帽软件包，后文中详细讲解这些软件包。表 1-2 所示为一些常见的 Yum 命令，当前只需对它们有一个简单印象即可。

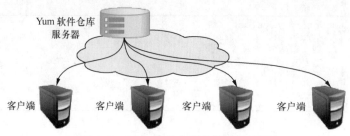

图 1-50　Yum 软件仓库的技术拓扑图

表 1-2　　　　　　　　　　　　　　　常见的 Yum 命令

命令	作用
yum repolist all	列出所有仓库
yum list all	列出仓库中所有软件包
yum info 软件包名称	查看软件包信息
yum install 软件包名称	安装软件包
yum reinstall 软件包名称	重新安装软件包
yum update 软件包名称	升级软件包
yum remove 软件包	移除软件包
yum clean all	清除所有仓库缓存
yum check-update	检查可更新的软件包
yum grouplist	查看系统中已经安装的软件包组
yum groupinstall 软件包组	安装指定的软件包组
yum groupremove 软件包组	移除指定的软件包组
yum groupinfo 软件包组	查询指定的软件包组信息

1.7　systemd 初始化进程

　　Linux 操作系统的开机过程是这样的，即从 BIOS 开始，然后进入 Boot Loader，再加载系统内核，然后内核进行初始化，最后启动初始化进程。初始化进程作为 Linux 系统的第一个进程，它需要完成 Linux 系统中相关的初始化工作，为用户提供合适的工作环境。红帽 RHEL 7 系统已经替换掉了熟悉的初始化进程服务 System V init，正式采用全新的 systemd 初始化进程服务。如果您之前学习的是 RHEL 5 或 RHEL 6 系统，可能会不习惯。systemd 初始化进程服务采用了并发启动机制，开机速度得到了不小的提升。虽然 systemd 初始化进程服务具有很多新特性和优势，但目前还是下面 4 个槽点。

　　➤ 槽点 1：systemd 初始化进程服务的开发人员 Lennart Poettering 就职于红帽公司，这让其他系统的粉丝很不爽。

　　➤ 槽点 2：systemd 初始化进程服务仅仅可在 Linux 系统下运行，"抛弃"了 UNIX 系统用户。

　　➤ 槽点 3：systemd 接管了诸如 syslogd、udev、cgroup 等服务的工作，不再甘心只做初始化进程服务。

　　➤ 槽点 4：使用 systemd 初始化进程服务后，RHEL 7 系统变化太大，而相关的参考文档不多，令用户着实为难。

　　无论怎样，RHEL 7 系统选择 systemd 初始化进程服务已经是一个既定事实，因此也没有了"运行级别"这个概念，Linux 系统在启动时要进行大量的初始化工作，比如挂载文件系统和交换分区、启动各类进程服务等，这些都可以看作是一个一个的单元（Unit），systemd 用目标（target）代替了 System V init 中运行级别的概念，这两者的区别如表 1-3 所示。

表 1-3　　　　　　　　　　　　systemd 与 System V init 的区别以及作用

System V init 运行级别	systemd 目标名称	作用
0	`runlevel0.target, poweroff.target`	关机
1	`runlevel1.target, rescue.target`	单用户模式
2	`runlevel2.target, multi-user.target`	等同于级别 3
3	`runlevel3.target, multi-user.target`	多用户的文本界面
4	`runlevel4.target, multi-user.target`	等同于级别 3
5	`runlevel5.target, graphical.target`	多用户的图形界面
6	`runlevel6.target, reboot.target`	重启
emergency	`emergency.target`	紧急 Shell

　　如果想要将系统默认的运行目标修改为"多用户，无图形"模式，可直接用 ln 命令把多用户模式目标文件连接到/etc/systemd/system/目录：

```
[root@linuxprobe ~]# ln -sf /lib/systemd/system/multi-user.target /etc/systemd/
system/default.target
```

　　如果有读者之前学习过 RHEL 6 系统，或者已经习惯使用 service、chkconfig 等命令来管理系统服务，那么现在就比较郁闷了，因为在 RHEL 7 系统中是使用 systemctl 命令来管理服务的。表 1-4 和表 1-5 所示 RHEL 6 系统中 System V init 命令与 RHEL 7 系统中 systemctl 命令的对比，您可以先大致了解一下，后续章节中会经常用到它们。

表 1-4　　systemctl 管理服务的启动、重启、停止、重载、查看状态等常用命令

System V init 命令 （RHEL 6 系统）	systemctl 命令（RHEL 7 系统）	作用
`service foo start`	`systemctl start foo.service`	启动服务
`service foo restart`	`systemctl restart foo.service`	重启服务
`service foo stop`	`systemctl stop foo.service`	停止服务
`service foo reload`	`systemctl reload foo.service`	重新加载配置文件（不终止服务）
`service foo status`	`systemctl status foo.service`	查看服务状态

表 1-5　　systemctl 设置服务开机启动、不启动、查看各级别下服务启动状态等常用命令

System V init 命令 （RHEL 6 系统）	systemctl 命令（RHEL 7 系统）	作用
`chkconfig foo on`	`systemctl enable foo.service`	开机自动启动
`chkconfig foo off`	`systemctl disable foo.service`	开机不自动启动
`chkconfig foo`	`systemctl is-enabled foo.service`	查看特定服务是否为开机自动启动
`chkconfig --list`	`systemctl list-unit-files --type=service`	查看各个级别下服务的启动与禁用情况

复习题

1. 为什么建议读者校验下载的系统镜像或工具?

   答：为了保证软件包的安全与完整性。

2. 使用虚拟机安装 Linux 系统时，为什么要先选择稍后安装操作系统，而不是去选择 RHEL 7 系统镜像光盘?

   答：在配置界面中若直接选择了 RHEL 7 系统镜像，则 VMware Workstation 虚拟机会使用内置的安装向导自动进行安装，最终安装出来的系统跟我们后续进行实验所需的系统环境会不一样。

3. RPM（红帽软件包管理器）只有红帽企业系统在使用，对吗?

   答：RPM 已经被 CentOS、Fedora、openSUSE 等众多 Linux 系统采用，它真的很好用!

4. 简述 RPM 与 Yum 软件仓库的作用。

   答：RPM 是为了简化安装的复杂度，而 Yum 软件仓库是为了解决软件包之间的依赖关系。

5. RHEL 7 系统采用了 systemd 作为初始化进程，那么如何查看某个服务的运行状态?

   答：执行命令 "systemctl status 服务名.service" 可查看服务的运行状态，其中服务名后的.service 可以省略。

## 第 2 章

新手必须掌握的 Linux 命令

本章讲解了如下内容:

➤ 强大好用的 Shell;

➤ 执行帮助文档命令;

➤ 常用系统工作命令;

➤ 系统状态检测命令;

➤ 工作目录切换命令;

➤ 文本文件编辑命令;

➤ 文件目录管理命令;

➤ 打包压缩与搜索命令。

本章首先介绍系统内核和 Shell 终端的关系与作用,然后介绍 Bash 解释器的 4 大优势并学习 Linux 命令的执行方法。经验丰富的运维人员可以通过合理地组合适当的命令与参数,来更精准地满足工作需求,迅速得到自己想要的结果,还可以尽可能地降低系统资源消耗。

本书精挑细选出读者有必要首先学习的数十个 Linux 命令,它们与系统工作、系统状态、工作目录、文件、目录、打包压缩与搜索等主题相关。通过把上述命令归纳到本章中的各个小节,让您可以分门别类地逐个学习这些最基础的 Linux 命令,为今后学习更复杂的命令和服务做好必备知识铺垫。

2.1 强大好用的 Shell

通常来讲,计算机硬件是由运算器、控制器、存储器、输入/输出设备等共同组成的,而让各种硬件设备各司其职且又能协同运行的东西就是系统内核。Linux 系统的内核负责完成对硬件资源的分配、调度等管理任务。由此可见,系统内核对计算机的正常运行来讲是太重要了,因此一般不建议直接去编辑内核中的参数,而是让用户通过基于系统调用接口开发出的程序或服务来管理计算机,以满足日常工作的需要,如图 2-1 所示。

必须肯定的是,Linux 系统中有些图形化工具(比如逻辑卷管理器[Logical Volume Manager,LVM])确实非常好用,极大地降低了运维人员操作出错的概率,值得称赞。但是,很多图形化工具其实是调用了脚本来完成相应的工作,往往只是为了完成某种工作而设计的,缺乏 Linux 命令原有的灵活性及可控性。再者,图形化工具相较于 Linux 命令行界面会更加消耗系统资源,因此经验丰富的运维人员甚至都不会给 Linux 系统安装图形界面,需要开始运维工作时直接通过命令行模式远程连接过去，不得不说这样做确实挺高效的。

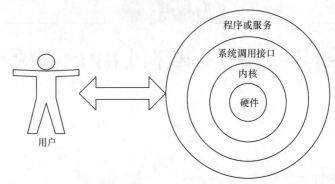

图 2-1　用户与 Linux 系统的交互

Shell 就是这样的一个命令行工具。Shell（也称为终端或壳）充当的是人与内核（硬件）之间的翻译官，用户把一些命令"告诉"终端，它就会调用相应的程序服务去完成某些工作。现在包括红帽系统在内的许多主流 Linux 系统默认使用的终端是 Bash（Bourne-Again SHell）解释器。主流 Linux 系统选择 Bash 解释器作为命令行终端主要有以下 4 项优势，读者可以在今后的学习和生产工作中细细体会 Linux 系统命令行的美妙之处，真正从心里爱上它们。

➢ 通过上下方向键来调取过往执行过的 Linux 命令；
➢ 命令或参数仅需输入前几位就可以用 Tab 键补全；
➢ 具有强大的批处理脚本；
➢ 具有实用的环境变量功能。

2.2　执行查看帮助命令

既然 Linux 系统中已经有了 Bash 这么好用的"翻译官"，那么接下来就有必要好好学习下怎么跟它沟通了。要想准确、高效地完成各种任务，仅依赖于命令本身是不够的，还应该根据实际情况来灵活调整各种命令的参数。比如，我们切寿司时尽管可以用菜刀，但米粒一定会撒得满地都是，因此寿司刀上设计的用于透气的圆孔就是为了更好地适应场景而额外增加的参数。当您学完本书并具备一定的工作经验之后，一定能够领悟 Linux 命令的奥秘。常见执行 Linux 命令的格式是这样的：

命令名称　[命令参数]　[命令对象]

注意，命令名称、命令参数、命令对象之间请用空格键分隔。

命令对象一般是指要处理的文件、目录、用户等资源，而命令参数可以用长格式（完整的选项名称），也可以用短格式（单个字母的缩写），两者分别用--与-作为前缀（示例请见表 2-1）。Linux 新手不会执行命令大多是因为参数比较复杂，参数值需要随不同的命令和需求情况而发生改变。因此，要想灵活搭配各种参数，执行自己想要的功能，则需要长时间的经验积累了。

表 2-1　　　　　　　　　　　　　命令参数的长格式与短格式示例

长格式	man --help
短格式	man -h

有读者现在可能会想："Linux 系统中有那么多命令，我怎么知道某个命令是干嘛用的？在日常工作中遇到了一个不熟悉的 Linux 命令，我又怎样才能知道它有哪些可用参数呢？"接下来，我们就拿 man 这个命令作为本书中第一个教给读者去学习的 Linux 命令了。对于真正的零基础读者，您可以通过图 2-2、图 2-3 和图 2-4 来学习如何在 RHEL 7 系统中执行 Linux 命令。

在 RHEL 7 系统的桌面上单击鼠标右键，在弹出的菜单中选择 Open in Terminal 命令，这将打开一个 Linux 系统命令行终端，如图 2-2 所示。

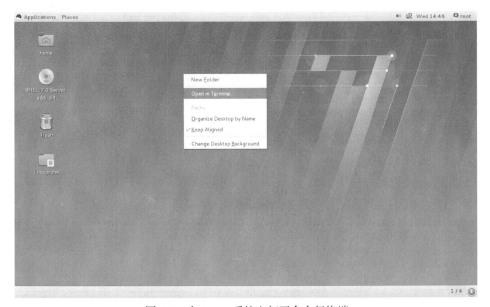

图 2-2　在 Linux 系统上打开命令行终端

在命令行终端中输入 man man 命令来查看 man 命令自身的帮助信息，如图 2-3 所示。

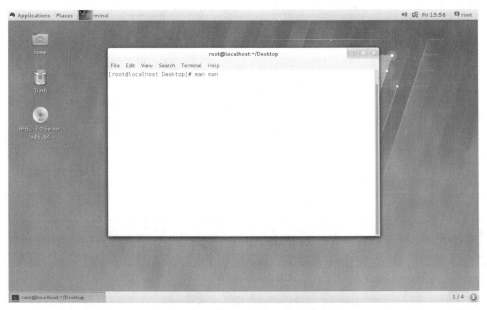

图 2-3　查看 man 命令的帮助信息

敲击回车键后即可看到如图 2-4 所示的帮助信息。

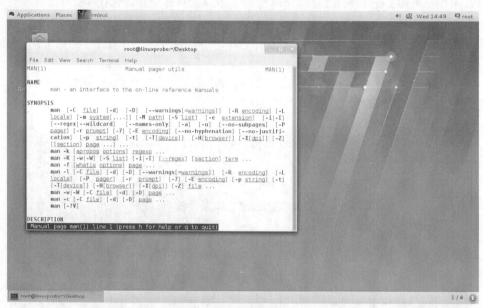

图 2-4　man 命令的帮助信息

在 man 命令帮助信息的界面中，所包含的常用操作按键及其用途如表 2-2 所示。

表 2-2　　　　　　　　　　　　man 命令中常用按键以及用途

按键	用途
空格键	向下翻一页
PaGe down	向下翻一页
PaGe up	向上翻一页
home	直接前往首页
end	直接前往尾页
/	从上至下搜索某个关键词，如 "/linux"
?	从下至上搜索某个关键词，如 "?linux"
n	定位到下一个搜索到的关键词
N	定位到上一个搜索到的关键词
q	退出帮助文档

　　一般来讲，使用 man 命令查看到的帮助内容信息都会很长很多，如果读者不了解帮助文档信息的目录结构和操作方法，乍一看到这么多信息可能会感到相当困惑。man 命令的帮助信息的结构如表 2-3 所示。

表 2-3   man 命令帮助信息的结构以及意义

结构名称	代表意义
NAME	命令的名称
SYNOPSIS	参数的大致使用方法
DESCRIPTION	介绍说明
EXAMPLES	演示（附带简单说明）
OVERVIEW	概述
DEFAULTS	默认的功能
OPTIONS	具体的可用选项（带介绍）
ENVIRONMENT	环境变量
FILES	用到的文件
SEE ALSO	相关的资料
HISTORY	维护历史与联系方式

2.3 常用系统工作命令

您现在阅读的这本书是刘遄老师在经历了十多年的运维学习以及数十期的培训授课后总结而成的，您可能无法在本节中找到某些之前见过的命令。但不用担心，之所以这样安排，原因是刘遄老师努力地将 Linux 命令与实战相结合，真正让读者在实操中理解技术，而不是单纯地把命令堆砌到书中让读者去硬背。

刘遄老师用了近一年的时间把最常用的 Linux 命令进行汇总、归纳、整理、分类后，把这些常用的命令合理安排到了后续章节中，然后采用以练代学的方式来加深读者的理解和掌握。从数年的培训成果反馈来看，这种方式相当有效，因此也相信这种方式肯定适合您的学习。

1. echo 命令

echo 命令用于在终端输出字符串或变量提取后的值，格式为 "echo [字符串 | $变量]"。例如，把指定字符串 "Linuxprobe.com" 输出到终端屏幕的命令为：

```
[root@linuxprobe ~]# echo Linuxprobe.Com
```

该命令会在终端屏幕上显示如下信息：

```
Linuxprobe.Com
```

下面，我们使用$变量的方式提取变量 SHELL 的值，并将其输出到屏幕上：

```
[root@linuxprobe ~]# echo $SHELL
/bin/bash
```

2. date 命令

date 命令用于显示及设置系统的时间或日期，格式为 "date [选项] [+指定的格式]"。

只需在强大的 date 命令中输入以 "+" 号开头的参数，即可按照指定格式来输出系统的时间或日期，这样在日常工作时便可以把备份数据的命令与指定格式输出的时间信息结合到一起。例如，把打包后的文件自动按照 "年-月-日" 的格式打包成 "backup-2017-9-1.tar.gz"，用户只需要看一眼文件名称就能大概了解到每个文件的备份时间了。date 命令中常见的参数格式及作用如表 2-4 所示。

表 2-4　　　　　　　　　　date 命令中的参数以及作用

参数	作用
%t	跳格[Tab 键]
%H	小时（00～23）
%I	小时（00～12）
%M	分钟（00～59）
%S	秒（00～59）
%j	今年中的第几天

按照默认格式查看当前系统时间的 date 命令如下所示：

```
[root@linuxprobe ~]# date
Mon Aug 24 16:11:23 CST 2017
```

按照 "年-月-日 小时:分钟:秒" 的格式查看当前系统时间的 date 命令如下所示：

```
[root@linuxprobe ~]# date "+%Y-%m-%d %H:%M:%S"
2017-08-24 16:29:12
```

将系统的当前时间设置为 2017 年 9 月 1 日 8 点 30 分的 date 命令如下所示：

```
[root@linuxprobe ~]# date -s "20170901 8:30:00"
Fri Sep 1 08:30:00 CST 2017
```

再次使用 date 命令并按照默认的格式查看当前的系统时间，如下所示：

```
[root@linuxprobe ~]# date
Fri Sep 1 08:30:01 CST 2017
```

date 命令中的参数%j 可用来查看今天是当年中的第几天。这个参数能够很好地区分备份时间的新旧，即数字越大，越靠近当前时间。该参数的使用方式以及显示结果如下所示。

```
[root@linuxprobe ~]# date "+%j"
244
```

3. reboot 命令

reboot 命令用于重启系统，其格式为 reboot。

由于重启计算机这种操作会涉及硬件资源的管理权限，因此默认只能使用 root 管理员来重启，其命令如下：

```
[root@linuxprobe ~]# reboot
```

4. poweroff 命令

poweroff 命令用于关闭系统，其格式为 poweroff。

该命令与 reboot 命令相同，都会涉及硬件资源的管理权限，因此默认只有 root 管理员才可以关闭电脑，其命令如下：

```
[root@linuxprobe ~]# poweroff
```

5. wget 命令

wget 命令用于在终端中下载网络文件，格式为"wget [参数] 下载地址"。

如果您没有 Linux 系统的管理经验，当前只需了解一下 wget 命令的参数以及作用，然后看一下下面的演示实验即可，切记不要急于求成。后面章节将逐步讲解 Linux 系统的配置管理方法，可以等您掌握了网卡的配置方法后再来进行这个实验操作。表 2-5 所示为 wget 命令的参数以及参数的作用。

表 2-5   wget 命令的参数以及作用

参数	作用
-b	后台下载模式
-P	下载到指定目录
-t	最大尝试次数
-c	断点续传
-p	下载页面内所有资源，包括图片、视频等
-r	递归下载

尝试使用 wget 命令从本书的配套站点中下载本书的最新 pdf 格式电子文档，这个文件的完整路径为 http://www.linuxprobe.com/docs/LinuxProbe.pdf，执行该命令后的下载效果如下：

```
[root@linuxprobe ~]# wget http://www.linuxprobe.com/docs/LinuxProbe.pdf
--2017-08-24 19:30:12 -- http://www.linuxprobe.com/docs/LinuxProbe.pdf
Resolving www.linuxprobe.com (www.linuxprobe.com)... 220.181.105.185
Connecting to www.linuxprobe.com (www.linuxprobe.com)|220.181.105.185|:80...
connected.
HTTP request sent, awaiting response... 200 OK
Length: 45948568 (44M) [application/pdf]
```

```
Saving to: 'LinuxProbe.pdf'

100%[===========================================>] 45,948,568 32.9MB/s in 1.3s

2017-08-24 19:30:14 (32.9 MB/s) - 'LinuxProbe.pdf' saved [45948568/45948568]
```

接下来，我们使用 wget 命令递归下载 www.linuxprobe.com 网站内的所有页面数据以及文件，下载完后会自动保存到当前路径下一个名为 www.linuxprobe.com 的目录中。执行该操作的命令为 wget -r -p http://www.linuxprobe.com，该命令的执行结果如下。

```
[root@linuxprobe ~]# wget -r -p http://www.linuxprobe.com
--2017-08-24 19:31:41-- http://www.linuxprobe.com/
Resolving www.linuxprobe.com... 106.185.25.197
Connecting to www.linuxprobe.com|106.185.25.197|:80... connected.
HTTP request sent, awaiting response... 200 OK
Length: unspecified [text/html]
Saving to: 'www.linuxprobe.com/index.html'
................省略下载过程................
```

6. ps 命令

ps 命令用于查看系统中的进程状态，格式为 "ps [参数]"。

估计读者在第一次执行这个命令时都要惊呆一下——怎么会有这么多输出值，这可怎么看得过来？其实，刘遄老师通常会将 ps 命令与第 3 章的管道符技术搭配使用，用来抓取与某个指定服务进程相对应的 PID 号码。ps 命令的常见参数以及作用如表 2-6 所示。

表 2-6   ps 命令的参数以及作用

参数	作用
-a	显示所有进程（包括其他用户的进程）
-u	用户以及其他详细信息
-x	显示没有控制终端的进程

Linux 系统中时刻运行着许多进程，如果能够合理地管理它们，则可以优化系统的性能。在 Linux 系统中，有 5 种常见的进程状态，分别为运行、中断、不可中断、僵死与停止，其各自含义如下所示。

➢ R（运行）：进程正在运行或在运行队列中等待。

➢ S（中断）：进程处于休眠中，当某个条件形成后或者接收到信号时，则脱离该状态。

➢ D（不可中断）：进程不响应系统异步信号，即便用 kill 命令也不能将其中断。

➢ Z（僵死）：进程已经终止，但进程描述符依然存在，直到父进程调用 wait4() 系统函数后将进程释放。

➢ T（停止）：进程收到停止信号后停止运行。

当执行 ps aux 命令后通常会看到如表 2-7 所示的进程状态，表 2-7 中只是列举了部分输出值，而且正常的输出值中不包括中文注释。

表 2-7   进程状态

USER	PID	%CPU	%MEM	VSZ	RSS	TTY	STAT	START	TIME	COMMAND
进程的所有者	进 程 ID 号	运算器占用率	内 存 占用率	虚拟内存使用量(单位是 KB）	占用的固定内存量（单位是 KB）	所在终端	进程状态	被启动的时间	实际使用CPU 的时间	命令名称与参数
root	1	0.0	0.4	53684	7628	?	Ss	07 :22	0:02	/usr/lib/sys temd/systemd
root	2	0.0	0.0	0	0	?	S	07:22	0:00	[kthreadd]
root	3	0.0	0.0	0	0	?	S	07:22	0:00	[ksoftirqd/0]
root	5	0.0	0.0	0	0	?	S<	07:22	0:00	[kworker/0:0H]
root	7	0.0	0.0	0	0	?	S	07:22	0:00	[migration/0]

………………省略部分输出信息………………

注：

如前面所提到的，在 Linux 系统中的命令参数有长短格式之分，长格式和长格式之间不能合并，长格式和短格式之间也不能合并，但短格式和短格式之间是可以合并的，合并后仅保留一个-（减号）即可。另外 ps 命令可允许参数不加减号（-），因此可直接写成 ps aux 的样子。

7. top 命令

top 命令用于动态地监视进程活动与系统负载等信息，其格式为 top。

top 命令相当强大，能够动态地查看系统运维状态，完全将它看作 Linux 中的"强化版的 Windows 任务管理器"。top 命令的运行界面如图 2-5 所示。

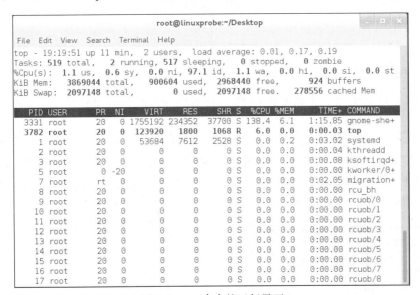

图 2-5   top 命令的运行界面

在图 2-5 中，top 命令执行结果的前 5 行为系统整体的统计信息，其所代表的含义如下。

> 第 1 行：系统时间、运行时间、登录终端数、系统负载（三个数值分别为 1 分钟、5 分钟、15 分钟内的平均值，数值越小意味着负载越低）。
> 第 2 行：进程总数、运行中的进程数、睡眠中的进程数、停止的进程数、僵死的进程数。
> 第 3 行：用户占用资源百分比、系统内核占用资源百分比、改变过优先级的进程资源百分比、空闲的资源百分比等。

注：

第 3 行中的数据均为 CPU 数据并以百分比格式显示，例如"97.1 id"意味着有 97.1% 的 CPU 处理器资源处于空闲。

> 第 4 行：物理内存总量、内存使用量、内存空闲量、作为内核缓存的内存量。
> 第 5 行：虚拟内存总量、虚拟内存使用量、虚拟内存空闲量、已被提前加载的内存量。

8. pidof 命令

pidof 命令用于查询某个指定服务进程的 PID 值，格式为 "pidof [参数] [服务名称]"。

每个进程的进程号码值（PID）是唯一的，因此可以通过 PID 来区分不同的进程。例如，可以使用如下命令来查询本机上 sshd 服务程序的 PID：

```
[root@linuxprobe ~]# pidof sshd
2156
```

9. kill 命令

kill 命令用于终止某个指定 PID 的服务进程，格式为 "kill [参数] [进程 PID]"。

接下来，我们使用 kill 命令把上面用 pidof 命令查询到的 PID 所代表的进程终止掉，其命令如下所示。这种操作的效果等同于强制停止 sshd 服务。

```
[root@linuxprobe ~]# kill 2156
```

10. killall 命令

killall 命令用于终止某个指定名称的服务所对应的全部进程，格式为："killall [参数] [进程名称]"。

通常来讲，复杂软件的服务程序会有多个进程协同为用户提供服务，如果逐个去结束这些进程会比较麻烦，此时可以使用 killall 命令来批量结束某个服务程序带有的全部进程。下面以 httpd 服务程序为例，来结束其全部进程。由于 RHEL7 系统默认没有安装 httpd 服务程序，因此大家此时只需看操作过程和输出结果即可，等学习了相关内容之后再来实践。

```
[root@linuxprobe ~]# pidof httpd
13581 13580 13579 13578 13577 13576
[root@linuxprobe ~]# killall httpd
[root@linuxprobe ~]# pidof httpd
[root@linuxprobe ~]#
```

　　如果我们在系统终端中执行一个命令后想立即停止它，可以同时按下 Ctrl + C 组合键（生产环境中比较常用的一个快捷键），这样将立即终止该命令的进程。或者，如果有些命令在执行时不断地在屏幕上输出信息，影响到后续命令的输入，则可以在执行命令时在末尾添加上一个&符号，这样命令将进入系统后台来执行。

2.4 系统状态检测命令

　　作为一名合格的运维人员，想要更快、更好地了解 Linux 服务器，必须具备快速查看 Linux 系统运行状态的能力，因此接下来会逐个讲解与网卡网络、系统内核、系统负载、内存使用情况、当前启用终端数量、历史登录记录、命令执行记录以及救援诊断等相关命令的使用方法。这些命令都超级实用，还请读者用心学习，加以掌握。

1. ifconfig 命令

　　ifconfig 命令用于获取网卡配置与网络状态等信息，格式为"ifconfig [网络设备] [参数]"。

　　使用 ifconfig 命令来查看本机当前的网卡配置与网络状态等信息时，其实主要查看的就是网卡名称、inet 参数后面的 IP 地址、ether 参数后面的网卡物理地址（又称为 MAC 地址），以及 RX、TX 的接收数据包与发送数据包的个数及累计流量（即下面加粗的信息内容）：

```
[root@linuxprobe ~]# ifconfig
eno16777728: flags=4163<UP,BROADCAST,RUNNING,MULTICAST>  mtu 1500
        inet 192.168.10.10  netmask 255.255.255.0  broadcast 192.168.10.255
        inet6 fe80::20c:29ff:fec4:a409  prefixlen 64  scopeid 0x20<link>
        ether 00:0c:29:c4:a4:09  txqueuelen 1000  (Ethernet)
        RX packets 36  bytes 3176 (3.1 KiB)
        RX errors 0  dropped 0  overruns 0  frame 0
        TX packets 38  bytes 4757 (4.6 KiB)
        TX errors 0  dropped 0 overruns 0  carrier 0  collisions 0

lo: flags=73<UP,LOOPBACK,RUNNING>  mtu 65536
        inet 127.0.0.1  netmask 255.0.0.0
        inet6 ::1  prefixlen 128  scopeid 0x10<host>
        loop  txqueuelen 0  (Local Loopback)
        RX packets 386  bytes 32780 (32.0 KiB)
        RX errors 0  dropped 0  overruns 0  frame 0
        TX packets 386  bytes 32780 (32.0 KiB)
        TX errors 0  dropped 0 overruns 0  carrier 0  collisions 0
```

2. uname 命令

　　uname 命令用于查看系统内核与系统版本等信息，格式为"uname [-a]"。

　　在使用 uname 命令时，一般会固定搭配上-a 参数来完整地查看当前系统的内核名称、主机名、内核发行版本、节点名、系统时间、硬件名称、硬件平台、处理器类型以及操作系统名称等信息。

```
[root@linuxprobe ~]# uname -a
Linux linuxprobe.com 3.10.0-123.el7.x86_64 #1 SMP Mon May 5 11:16:57 EDT 2017
x86_64 x86_64 x86_64 GNU/Linux
```

顺带一提，如果要查看当前系统版本的详细信息，则需要查看 redhat-release 文件，其命令以及相应的结果如下：

```
[root@linuxprobe ~]# cat /etc/redhat-release
Red Hat Enterprise Linux Server release 7.0 (Maipo)
```

3. uptime 命令

uptime 用于查看系统的负载信息，格式为 uptime。

uptime 命令真的很棒，它可以显示当前系统时间、系统已运行时间、启用终端数量以及平均负载值等信息。平均负载值指的是系统在最近 1 分钟、5 分钟、15 分钟内的压力情况（下面加粗的信息部分）；负载值越低越好，尽量不要长期超过 1，在生产环境中不要超过 5。

```
[root@linuxprobe ~]# uptime
22:49:55 up 10 min, 2 users, load average: 0.01, 0.19, 0.18
```

4. free 命令

free 用于显示当前系统中内存的使用量信息，格式为 "free [-h]"。

为了保证 Linux 系统不会因资源耗尽而突然宕机，运维人员需要时刻关注内存的使用量。在使用 free 命令时，可以结合使用-h 参数以更人性化的方式输出当前内存的实时使用量信息。表 2-8 所示为在刘遄老师的电脑上执行 free -h 命令之后的输出信息。需要注意的是，输出信息中的中文注释是作者自行添加的内容，实际输出时没有相应的参数解释。

```
[root@linuxprobe ~]# free -h
```

表 2-8   执行 free -h 命令后的输出信息

	内存总量	已用量	可用量	进程共享的内存量	磁盘缓存的内存量	缓存的内存量
	total	used	free	shared	buffers	cached
Mem	1.8GB	1.3GB	542MB	9.8MB	1.6MB	413MB
-/+ buffers/cache		869MB	957MB			
Swap	2.0GB	0	2.0GB			

5. who 命令

who 用于查看当前登入主机的用户终端信息，格式为 "who [参数]"。

这三个简单的字母可以快速显示出所有正在登录本机的用户的名称以及他们正在开启的终端信息。表 2-9 所示为执行 who 命令后的结果。

```
[root@linuxprobe ~]# who
```

表 2-9　　　　　　　　　　　　　执行 who 命令的结果

登录的用户名	终端设备	登录到系统的时间
root	:0	2017-08-24 17:52 (:0)
root	pts/0	2017-08-24 17:52 (:0)

6. last 命令

last 命令用于查看所有系统的登录记录，格式为 "last [参数]"。

使用 last 命令可以查看本机的登录记录。但是，由于这些信息都是以日志文件的形式保存在系统中，因此黑客可以很容易地对内容进行篡改。千万不要单纯以该命令的输出信息而判断系统有无被恶意入侵！

```
[root@linuxprobe ~]# last
root      pts/0        :0              Mon Aug  24 17:52   still   logged in
root      :0           :0              Mon Aug  24 17:52   still   logged in
(unknown  :0           :0              Mon Aug  24 17:50 - 17:52  (00:02)
reboot    system boot 3.10.0-123.el7.x Tue Aug  25 01:49 - 18:17  (-7:-32)
root      pts/0        :0              Mon Aug  24 15:40 - 08:54  (7+17:14)
root      pts/0        :0              Fri Jul  10 10:49 - 15:37  (45+04:47)
................省略部分登录信息................
```

7. history 命令

history 命令用于显示历史执行过的命令，格式为 "history [-c]"。

history 命令应该是作者最喜欢的命令。执行 history 命令能显示出当前用户在本地计算机中执行过的最近 1000 条命令记录。如果觉得 1000 不够用，还可以自定义/etc/profile 文件中的 HISTSIZE 变量值。在使用 history 命令时，如果使用-c 参数则会清空所有的命令历史记录。还可以使用 "!编码数字" 的方式来重复执行某一次的命令。总之，history 命令有很多有趣的玩法等待您去开发。

```
[root@linuxprobe ~]# history
1 tar xzvf VMwareTools-9.9.0-2304977.tar.gz
2 cd vmware-tools-distrib/
3 ls
4 ./vmware-install.pl -d
5 reboot
6 df -h
7 cd /run/media/
8 ls
9 cd root/
10 ls
11 cd VMware\ Tools/
12 ls
13 cp VMwareTools-9.9.0-2304977.tar.gz /home
14 cd /home
15 ls
16 tar xzvf VMwareTools-9.9.0-2304977.tar.gz
```

```
17 cd vmware-tools-distrib/
18 ls
19 ./vmware-install.pl -d
20 reboot
21 history
[root@linuxprobe ~]# !15
anaconda-ks.cfg  Documents  initial-setup-ks.cfg  Pictures  Templates
Desktop          Downloads  Music                 Public    Videos
```

历史命令会被保存到用户家目录中的.bash_history 文件中。Linux 系统中以点（.）开头的文件均代表隐藏文件，这些文件大多数为系统服务文件，可以用 cat 命令查看其文件内容。

```
[root@linuxprobe ~]# cat ~/.bash_history
```

要清空当前用户在本机上执行的 Linux 命令历史记录信息，可执行如下命令：

```
[root@linuxprobe ~]# history -c
```

8. sosreport 命令

sosreport 命令用于收集系统配置及架构信息并输出诊断文档，格式为 sosreport。

当 Linux 系统出现故障需要联系技术支持人员时，大多数时候都要先使用这个命令来简单收集系统的运行状态和服务配置信息，以便让技术支持人员能够远程解决一些小问题，亦或让他们能提前了解某些复杂问题。在下面的输出信息中，加粗的部分是收集好的资料压缩文件以及校验码，将其发送给技术支持人员即可：

```
[root@linuxprobe ~]# sosreport
sosreport (version 3.0)
This command will collect diagnostic and configuration information from
this Red Hat Enterprise Linux system and installed applications.

An archive containing the collected information will be generated in
/var/tmp and may be provided to a Red Hat support representative.
Any information provided to Red Hat will be treated in accordance with
the published support policies at:
https://access.redhat.com/support/
The generated archive may contain data considered sensitive and its
content should be reviewed by the originating organization before being
passed to any third party.

No changes will be made to system configuration.
Press ENTER to continue, or CTRL-C to quit. 此处敲击回车来确认收集信息

Please enter your first initial and last name [linuxprobe.com]：此处敲击回车来确认主机编号
Please enter the case number that you are generating this report for: 此处敲击回
车来确认主机编号

Running plugins. Please wait ...
Running 70/70: yum...
Creating compressed archive...
Your sosreport has been generated and saved in:
```

```
/var/tmp/sosreport-linuxprobe.com-20170905230631.tar.xz
The checksum is: 79436cdf791327040efde48c452c6322
Please send this file to your support representative.
```

2.5　工作目录切换命令

工作目录指的是用户当前在系统中所处的位置。由于工作目录会牵涉系统存储结构相关的知识，因此第 6 章将详细讲解这部分内容。读者只需简单了解一下这里的操作实验即可，如果不能完全掌握也没有关系，毕竟 Linux 系统的知识体系太过庞大，每一位初学人员都需要经历这么一段时期。

1. pwd 命令

pwd 命令用于显示用户当前所处的工作目录，格式为"pwd [选项]"。

```
[root@linuxprobe etc]# pwd
/etc
```

2. cd 命令

cd 命令用于切换工作路径，格式为"cd [目录名称]"。

这个命令应该是最常用的一个 Linux 命令了。可以通过 cd 命令迅速、灵活地切换到不同的工作目录。除了常见的切换目录方式，还可以使用"cd -"命令返回到上一次所处的目录，使用"cd .."命令进入上级目录，以及使用"cd ~"命令切换到当前用户的家目录，亦或使用"cd ~username"切换到其他用户的家目录。例如，可以使用"cd 路径"的方式切换进/etc 目录中：

```
[root@linuxprobe ~]# cd /etc
```

同样的道理，可使用下述命令切换到/bin 目录中：

```
[root@linuxprobe etc]# cd /bin
```

此时，要返回到上一次的目录（即/etc 目录），可执行如下命令：

```
[root@linuxprobe bin]# cd -
/etc
[root@linuxprobe etc]#
```

还可以通过下面的命令快速切换到用户的家目录：

```
[root@linuxprobe etc]# cd ~
[root@linuxprobe ~]#
```

3. ls 命令

ls 命令用于显示目录中的文件信息，格式为"ls [选项] [文件] "。

所处的工作目录不同，当前工作目录下的文件肯定也不同。使用 ls 命令的"-a"参数看到全部文件（包括隐藏文件），使用"-l"参数可以查看文件的属性、大小等详细信息。将这两个参数整合之后，再执行 ls 命令即可查看当前目录中的所有文件并输出这些文件的属性信息：

```
[root@linuxprobe ~]# ls -al
total 60
dr-xr-x---. 14 root root 4096 May  4 07:56 .
drwxr-xr-x. 17 root root 4096 May  4 15:55 ..
-rw-------.  1 root root 1213 May  4 15:44 anaconda-ks.cfg
-rw-------.  1 root root  957 May  4 07:54 .bash_history
-rw-r--r--.  1 root root   18 Dec 28  2013 .bash_logout
-rw-r--r--.  1 root root  176 Dec 28  2013 .bash_profile
-rw-r--r--.  1 root root  176 Dec 28  2013 .bashrc
drwx------. 10 root root 4096 May  4 07:56 .cache
drwx------. 15 root root 4096 May  4 07:49 .config
-rw-r--r--.  1 root root  100 Dec 28  2013 .cshrc
drwx------.  3 root root   24 May  4 07:46 .dbus
drwxr-xr-x.  2 root root    6 May  4 07:49 Desktop
drwxr-xr-x.  2 root root    6 May  4 07:49 Documents
drwxr-xr-x.  2 root root    6 May  4 07:49 Downloads
-rw-------.  1 root root   16 May  4 07:49 .esd_auth
-rw-------.  1 root root  628 May  4 07:56 .ICEauthority
-rw-r--r--.  1 root root 1264 May  4 07:48 initial-setup-ks.cfg
drwx------.  3 root root   18 May  4 07:49 .local
drwxr-xr-x.  2 root root    6 May  4 07:49 Music
drwxr-xr-x.  2 root root    6 May  4 07:49 Pictures
drwxr-xr-x.  2 root root    6 May  4 07:49 Public
-rw-r--r--.  1 root root  129 Dec 28  2013 .tcshrc
drwxr-xr-x.  2 root root    6 May  4 07:49 Templates
drwxr-xr-x.  2 root root    6 May  4 07:49 Videos
-rw-------.  1 root root 1962 May  4 07:54 .viminfo
```

如果想要查看目录属性信息，则需要额外添加一个-d 参数。例如，可使用如下命令查看 /etc 目录的权限与属性信息：

```
[root@linuxprobe ~]# ls -ld /etc
drwxr-xr-x. 132 root root 8192 Jul 10 10:48 /etc
```

2.6　文本文件编辑命令

通过前面几个小节的学习，读者应该基本掌握了切换工作目录及对文件的管理方法。Linux 系统中"一切都是文件"，而对服务程序进行配置自然也就是编辑程序的配置文件。如果不能熟练地查阅系统或服务的配置文件，那以后工作时可就真的要尴尬了。本节将讲解几条用于查看文本文件内容的命令。至于编辑器使用起来比较复杂，因此将放到第 4 章与 Shell 脚本内容一起讲解。

1. cat 命令

cat 命令用于查看纯文本文件（内容较少的），格式为"cat [选项] [文件]"。

Linux 系统中有多个用于查看文本内容的命令，每个命令都有自己的特点，比如这个 cat 命令就是用于查看内容较少的纯文本文件的。cat 这个命令也很好记，因为 cat 在英语中是"猫"

的意思，小猫咪是不是给您一种娇小、可爱的感觉呢？

如果在查看文本内容时还想顺便显示行号的话，不妨在 cat 命令后面追加一个-n 参数：

```
[root@linuxprobe ~]# cat -n initial-setup-ks.cfg
     1    #version=RHEL7
     2    # X Window System configuration information
     3    xconfig  --startxonboot
     4
     5    # License agreement
     6    eula --agreed
     7    # System authorization information
     8    auth --enableshadow --passalgo=sha512
     9    # Use CDROM installation media
    10    cdrom
    11    # Run the Setup Agent on first boot
    12    firstboot --enable
    13    # Keyboard layouts
    14    keyboard --vckeymap=us --xlayouts='us'
    15    # System language
    16    lang en_US.UTF-8
                ................省略部分输出信息.................
```

2. more 命令

more 命令用于查看纯文本文件（内容较多的），格式为"more [选项]文件"。

如果需要阅读长篇小说或者非常长的配置文件，那么"小猫咪"可就真的不适合了。因为一旦使用 cat 命令阅读长篇的文本内容，信息就会在屏幕上快速翻滚，导致自己还没有来得及看到，内容就已经翻篇了。因此对于长篇的文本内容，推荐使用 more 命令来查看。more 命令会在最下面使用百分比的形式来提示您已经阅读了多少内容。您还可以使用空格键或回车键向下翻页：

```
[root@linuxprobe ~]# more initial-setup-ks.cfg
#version=RHEL7
# X Window System configuration information
xconfig  --startxonboot

# License agreement
eula --agreed
# System authorization information
auth --enableshadow --passalgo=sha512
# Use CDROM installation media
cdrom
# Run the Setup Agent on first boot
firstboot --enable
# Keyboard layouts
keyboard --vckeymap=us --xlayouts='us'
# System language
lang en_US.UTF-8

ignoredisk --only-use=sda
# Network information
network  --bootproto=dhcp --device=eno16777728 --onboot=off --ipv6=auto
network  --bootproto=dhcp --hostname=linuxprobe.com
```

--More--(43%)

3. head 命令

head 命令用于查看纯文本文档的前 N 行，格式为"head [选项] [文件]"。

在阅读文本内容时，谁也难以保证会按照从头到尾的顺序往下看完整个文件。如果只想查看文本中前 20 行的内容，该怎么办呢？head 命令可以派上用场了：

```
[root@linuxprobe ~]# head -n 20 initial-setup-ks.cfg
#version=RHEL7
# X Window System configuration information
xconfig  --startxonboot

# License agreement
eula --agreed
# System authorization information
auth --enableshadow --passalgo=sha512
# Use CDROM installation media
cdrom
# Run the Setup Agent on first boot
firstboot --enable
# Keyboard layouts
keyboard --vckeymap=us --xlayouts='us'
# System language
lang en_US.UTF-8

ignoredisk --only-use=sda
# Network information
network  --bootproto=dhcp --device=eno16777728 --onboot=off --ipv6=auto
[root@linuxprobe ~]#
```

4. tail 命令

tail 命令用于查看纯文本文档的后 N 行或持续刷新内容，格式为"tail [选项] [文件]"。

我们可能还会遇到另外一种情况，比如需要查看文本内容的最后 20 行，这时就需要用到 tail 命令了。tail 命令的操作方法与 head 命令非常相似，只需要执行"tail -n 20 文件名"命令就可以达到这样的效果。tail 命令最强悍的功能是可以持续刷新一个文件的内容，当想要实时查看最新日志文件时，这特别有用，此时的命令格式为"tail -f 文件名"：

```
[root@linuxprobe ~]# tail -f /var/log/messages
May  4 07:56:38 localhost gnome-session: Window manager warning: Log level 16:
STACK_OP_ADD: window 0x1e00001 already in stack
May  4 07:56:38 localhost gnome-session: Window manager warning: Log level 16:
STACK_OP_ADD: window 0x1e00001 already in stack
May  4 07:56:38 localhost vmusr[12982]: [ warning] [Gtk] gtk_disable_setlocale()
must be called before gtk_init()
May  4 07:56:50 localhost systemd-logind: Removed session c1.
Aug  1 01:05:31 localhost systemd: Time has been changed
Aug  1 01:05:31 localhost systemd: Started LSB: Bring up/down networking.
Aug  1 01:08:56 localhost dbus-daemon: dbus[1124]: [system] Activating service
name='com.redhat.SubscriptionManager' (using servicehelper)
Aug  1 01:08:56 localhost dbus[1124]: [system] Activating service name='com.
redhat.SubscriptionManager' (using servicehelper)
```

```
Aug  1 01:08:57 localhost dbus-daemon: dbus[1124]: [system] Successfully activated
service 'com.redhat.SubscriptionManager'
Aug  1 01:08:57 localhost dbus[1124]: [system] Successfully activated service '
com.redhat.SubscriptionManager'
```

5. tr 命令

tr 命令用于替换文本文件中的字符,格式为"tr [原始字符] [目标字符]"。

在很多时候,我们想要快速地替换文本中的一些词汇,又或者把整个文本内容都进行替换,如果进行手工替换,难免工作量太大,尤其是需要处理大批量的内容时,进行手工替换更是不现实。这时,就可以先使用 cat 命令读取待处理的文本,然后通过管道符(详见第 3 章)把这些文本内容传递给 tr 命令进行替换操作即可。例如,把某个文本内容中的英文全部替换为大写:

```
[root@linuxprobe ~]# cat anaconda-ks.cfg | tr [a-z] [A-Z]
#VERSION=RHEL7
# SYSTEM AUTHORIZATION INFORMATION
AUTH --ENABLESHADOW --PASSALGO=SHA512

# USE CDROM INSTALLATION MEDIA
CDROM
# RUN THE SETUP AGENT ON FIRST BOOT
FIRSTBOOT --ENABLE
IGNOREDISK --ONLY-USE=SDA
# KEYBOARD LAYOUTS
KEYBOARD --VCKEYMAP=US --XLAYOUTS='US'
# SYSTEM LANGUAGE
LANG EN_US.UTF-8

# NETWORK INFORMATION
NETWORK --BOOTPROTO=DHCP --DEVICE=ENO16777728 --ONBOOT=OFF --IPV6=AUTO
NETWORK --HOSTNAME=LOCALHOST.LOCALDOMAIN
# ROOT PASSWORD
ROOTPW --ISCRYPTED $6$PDJJF42G8C6PL069$II.PX/YFAQPOOENW2PA7MOMKJLYOAE2ZJMZ2UZJ7
BH3UO4OWTR1.WK/HXZ3XIGMZGJPCS/MGPYSSOI8HPCT8B/
# SYSTEM TIMEZONE
TIMEZONE AMERICA/NEW_YORK --ISUTC
USER --NAME=LINUXPROBE --PASSWORD=$6$A9V3INSTNBWEIR7D$JEGFYWBCDOOOKJ9SODECCDO.
ZLF4OSH2AZ2SS2R05B6LZ2A0V2K.RJWSBALL2FEKQVGF6400A/TOK6J.7GUTO/ --ISCRYPTED --
GECOS="LINUXPROBE"
# X WINDOW SYSTEM CONFIGURATION INFORMATION
XCONFIG --STARTXONBOOT
# SYSTEM BOOTLOADER CONFIGURATION
BOOTLOADER --LOCATION=MBR --BOOT-DRIVE=SDA
AUTOPART --TYPE=LVM
# PARTITION CLEARING INFORMATION
CLEARPART --NONE --INITLABEL

%PACKAGES
@BASE
@CORE
@DESKTOP-DEBUGGING
@DIAL-UP
@FONTS
```

```
@GNOME-DESKTOP
@GUEST-AGENTS
@GUEST-DESKTOP-AGENTS
@INPUT-METHODS
@INTERNET-BROWSER
@MULTIMEDIA
@PRINT-CLIENT
@X11

%END
```

6. wc 命令

wc 命令用于统计指定文本的行数、字数、字节数，格式为 "wc [参数] 文本"。

每次我在课堂上讲到这个命令时，总有同学会联想到一种公共设施，其实这两者毫无关联。Linux 系统中的 wc 命令用于统计文本的行数、字数、字节数等。如果为了方便自己记住这个命令的作用，也可以联想到上厕所时好无聊，无聊到数完了手中的如厕读物上有多少行字。

wc 的参数以及相应的作用如表 2-10 所示。

表 2-10　　　　　　　　　　　　　wc 的参数以及作用

参数	作用
-l	只显示行数
-w	只显示单词数
-c	只显示字节数

在 Linux 系统中，passwd 是用于保存系统账户信息的文件，要统计当前系统中有多少个用户，可以使用下面的命令来进行查询，是不是很神奇：

```
[root@linuxprobe ~]# wc -l /etc/passwd
38 /etc/passwd
```

7. stat 命令

stat 命令用于查看文件的具体存储信息和时间等信息，格式为 "stat 文件名称"。

stat 命令可以用于查看文件的存储信息和时间等信息，命令 stat anaconda-ks.cfg 会显示出文件的三种时间状态（已加粗）：Access、Modify、Change。这三种时间的区别将在下面的 touch 命令中详细详解：

```
[root@linuxprobe ~]# stat anaconda-ks.cfg
File: 'anaconda-ks.cfg'
Size: 1213 Blocks: 8 IO Block: 4096 regular file
Device: fd00h/64768d Inode: 68912908 Links: 1
Access: (0600/-rw-------) Uid: ( 0/ root) Gid: ( 0/ root)
Context: system_u:object_r:admin_home_t:s0
Access: 2017-07-14 01:46:18.721255659 -0400
Modify: 2017-05-04 15:44:36.916027026 -0400
Change: 2017-05-04 15:44:36.916027026 -0400
Birth: -
```

8. cut 命令

cut 命令用于按"列"提取文本字符，格式为"cut [参数] 文本"。

在 Linux 系统中，如何准确地提取出最想要的数据，这也是我们应该重点学习的内容。一般而言，按基于"行"的方式来提取数据是比较简单的，只需要设置好要搜索的关键词即可。但是如果按列搜索，不仅要使用-f 参数来设置需要看的列数，还需要使用-d 参数来设置间隔符号。passwd 在保存用户数据信息时，用户信息的每一项值之间是采用冒号来间隔的，接下来我们使用下述命令尝试提取出 passwd 文件中的用户名信息，即提取以冒号（:）为间隔符号的第一列内容：

```
[root@linuxprobe ~]# head -n 2 /etc/passwd
root:x:0:0:root:/root:/bin/bash
bin:x:1:1:bin:/bin:/sbin/nologin
[root@linuxprobe ~]# cut -d: -f1 /etc/passwd
root
bin
daemon
adm
lp
sync
shutdown
halt
mail
operator
games
ftp
nobody
dbus
polkitd
unbound
colord
usbmuxd
avahi
avahi-autoipd
libstoragemgmt
saslauth
qemu
rpc
rpcuser
nfsnobody
rtkit
radvd
ntp
chrony
abrt
pulse
gdm
gnome-initial-setup
postfix
sshd
tcpdump
linuxprobe
```

9. diff 命令

diff 命令用于比较多个文本文件的差异,格式为"diff [参数] 文件"。

在使用 diff 命令时,不仅可以使用--brief 参数来确认两个文件是否不同,还可以使用-c
参数来详细比较出多个文件的差异之处,这绝对是判断文件是否被篡改的有力神器。例如,
先使用 cat 命令分别查看 diff_A.txt 和 diff_B.txt 文件的内容,然后进行比较:

```
[root@linuxprobe ~]# cat diff_A.txt
Welcome to linuxprobe.com
Red Hat certified
Free Linux Lessons
Professional guidance
Linux Course
[root@linuxprobe ~]# cat diff_B.txt
Welcome tooo linuxprobe.com

Red Hat certified
Free Linux LeSSonS
/////////...../////////
Professional guidance
Linux Course
```

接下来使用 diff --brief 命令显示比较后的结果,判断文件是否相同:

```
[root@linuxprobe ~]# diff --brief diff_A.txt diff_B.txt
Files diff_A.txt and diff_B.txt differ
```

最后使用带有-c 参数的 diff 命令来描述文件内容具体的不同:

```
[root@linuxprobe ~]# diff -c diff_A.txt diff_B.txt
*** diff_A.txt 2017-08-30 18:07:45.230864626 +0800
--- diff_B.txt 2017-08-30 18:08:52.203860389 +0800
***************
*** 1,5 ****
! Welcome to linuxprobe.com
Red Hat certified
! Free Linux Lessons
Professional guidance
Linux Course
--- 1,7 ----
! Welcome tooo linuxprobe.com
!
Red Hat certified
! Free Linux LeSSonS
! /////////...../////////
Professional guidance
Linux Course
```

2.7 文件目录管理命令

目前为止,我们学习 Linux 命令就像是在夯实地基,虽然表面上暂时还看不到成果,但

其实大家的内功已经相当雄厚了。在 Linux 系统的日常运维工作中，还需要掌握对文件的创建、修改、复制、剪切、更名与删除等操作。

1. touch 命令

touch 命令用于创建空白文件或设置文件的时间，格式为"touch [选项] [文件]"。

在创建空白的文本文件方面，这个 touch 命令相当简捷，简捷到没有必要铺开去讲。比如，touch linuxprobe 命令可以创建出一个名为 linuxprobe 的空白文本文件。对 touch 命令来讲，有难度的操作主要是体现在设置文件内容的修改时间（mtime）、文件权限或属性的更改时间（ctime）与文件的读取时间（atime）上面。touch 命令的参数及其作用如表 2-11 所示。

表 2-11　　　　　　　　　　　　touch 命令的参数及其作用

参数	作用
-a	仅修改"读取时间"（atime）
-m	仅修改"修改时间"（mtime）
-d	同时修改 atime 与 mtime

接下来，我们先使用 ls 命令查看一个文件的修改时间，然后修改这个文件，最后再通过 touch 命令把修改后的文件时间设置成修改之间的时间（很多黑客就是这样做的呢）：

```
[root@linuxprobe ~]# ls -l anaconda-ks.cfg
-rw-------. 1 root root 1213 May  4 15:44 anaconda-ks.cfg
[root@linuxprobe ~]# echo "Visit the LinuxProbe.com to learn linux skills" >>
anaconda-ks.cfg
[root@linuxprobe ~]# ls -l anaconda-ks.cfg
-rw-------. 1 root root 1260 Aug  2 01:26 anaconda-ks.cfg
[root@linuxprobe ~]# touch -d "2017-05-04 15:44" anaconda-ks.cfg
[root@linuxprobe ~]# ls -l anaconda-ks.cfg
-rw-------. 1 root root 1260 May  4 15:44 anaconda-ks.cfg
```

2. mkdir 命令

mkdir 命令用于创建空白的目录，格式为"mkdir [选项] 目录"。

在 Linux 系统中，文件夹是最常见的文件类型之一。除了能创建单个空白目录外，mkdir 命令还可以结合-p 参数来递归创建出具有嵌套叠层关系的文件目录。

```
[root@linuxprobe ~]# mkdir linuxprobe
[root@linuxprobe ~]# cd linuxprobe
[root@linuxprobe linuxprobe]# mkdir -p a/b/c/d/e
[root@linuxprobe linuxprobe]# cd a
[root@linuxprobe a]# cd b
[root@linuxprobe b]#
```

3. cp 命令

cp 命令用于复制文件或目录，格式为"cp [选项] 源文件 目标文件"。

大家对文件复制操作应该不陌生，在 Linux 系统中，复制操作具体分为 3 种情况：

➢ 如果目标文件是目录，则会把源文件复制到该目录中；

➢ 如果目标文件也是普通文件，则会询问是否要覆盖它；

➢ 如果目标文件不存在，则执行正常的复制操作。

cp 命令的参数及其作用如表 2-12 所示。

表 2-12   cp 命令的参数及其作用

参数	作用
-p	保留原始文件的属性
-d	若对象为"链接文件"，则保留该"链接文件"的属性
-r	递归持续复制（用于目录）
-i	若目标文件存在则询问是否覆盖
-a	相当于-pdr（p、d、r 为上述参数）

接下来，使用 touch 创建一个名为 install.log 的普通空白文件，然后将其复制为一份名为 x.log 的备份文件，最后再使用 ls 命令查看目录中的文件：

```
[root@linuxprobe ~]# touch install.log
[root@linuxprobe ~]# cp install.log x.log
[root@linuxprobe ~]# ls
install.log x.log
```

4. mv 命令

mv 命令用于剪切文件或将文件重命名，格式为"mv [选项] 源文件 [目标路径|目标文件名]"。

剪切操作不同于复制操作，因为它会默认把源文件删除掉，只保留剪切后的文件。如果在同一个目录中对一个文件进行剪切操作，其实也就是对其进行重命名：

```
[root@linuxprobe ~]# mv x.log linux.log
[root@linuxprobe ~]# ls
install.log linux.log
```

5. rm 命令

rm 命令用于删除文件或目录，格式为"rm [选项] 文件"。

在 Linux 系统中删除文件时，系统会默认向您询问是否要执行删除操作，如果不想总是看到这种反复的确认信息，可在 rm 命令后跟上-f 参数来强制删除。另外，想要删除一个目录，需要在 rm 命令后面一个-r 参数才可以，否则删除不掉。我们来尝试删除前面创建的 install.log 和 linux.log 文件：

```
[root@linuxprobe ~]# rm install.log
rm: remove regular empty file 'install.log'? y
[root@linuxprobe ~]# rm -f linux.log
[root@linuxprobe ~]# ls
[root@linuxprobe ~]#
```

6. dd 命令

dd 命令用于按照指定大小和个数的数据块来复制文件或转换文件，格式为"dd [参数]"。

　　dd 命令是一个比较重要而且比较有特色的一个命令，它能够让用户按照指定大小和个数的数据块来复制文件的内容。当然如果愿意的话，还可以在复制过程中转换其中的数据。Linux系统中有一个名为/dev/zero 的设备文件，每次在课堂上解释它时都充满哲学理论的色彩。因为这个文件不会占用系统存储空间，但却可以提供无穷无尽的数据，因此可以使用它作为 dd命令的输入文件，来生成一个指定大小的文件。dd 命令的参数及其作用如表 2-13 所示。

表 2-13　　　　　　　　　　　　　　　　dd 命令的参数及其作用

参数	作用
if	输入的文件名称
of	输出的文件名称
bs	设置每个"块"的大小
count	设置要复制"块"的个数

　　例如我们可以用 dd 命令从/dev/zero 设备文件中取出一个大小为 560MB 的数据块，然后保存成名为 560_file 的文件。在理解了这个命令后，以后就能随意创建任意大小的文件了：

```
[root@linuxprobe ~]# dd if=/dev/zero of=560_file count=1 bs=560M
1+0 records in
1+0 records out
587202560 bytes (587 MB) copied, 27.1755 s, 21.6 MB/s
```

　　dd 命令的功能也绝不仅限于复制文件这么简单。如果您想把光驱设备中的光盘制作成 iso 格式的镜像文件，在 Windows 系统中需要借助于第三方软件才能做到，但在 Linux 系统中可以直接使用 dd 命令来压制出光盘镜像文件，将它编程一个可立即使用的 iso 镜像：

```
[root@linuxprobe ~]# dd if=/dev/cdrom of=RHEL-server-7.0-x86_64-LinuxProbe.Com.iso
7311360+0 records in
7311360+0 records out
3743416320 bytes (3.7 GB) copied, 370.758 s, 10.1 MB/s
```

　　考虑到有些读者会纠结 bs 块大小与 count 块个数的关系，下面举一个吃货的例子进行解释。假设小明的饭量（即需求）是一个固定的值，用来盛饭的勺子的大小即 bs 块大小，而用勺子盛饭的次数即 count 块个数。小明要想吃饱（满足需求），则需要在勺子大小（bs块大小）与用勺子盛饭的次数（count 块个数）之间进行平衡。勺子越大，用勺子盛饭的次数就越少。有上可见，bs 与 count 都是用来指定容量的大小，只要能满足需求，可随意组合搭配方式。

7. file 命令

　　file 命令用于查看文件的类型，格式为"file 文件名"。
　　在 Linux 系统中，由于文本、目录、设备等所有这些一切都统称为文件，而我们又不能单凭后缀就知道具体的文件类型，这时就需要使用 file 命令来查看文件类型了。

```
[root@linuxprobe ~]# file anaconda-ks.cfg
anaconda-ks.cfg: ASCII text
[root@linuxprobe ~]# file /dev/sda
/dev/sda: block special
```

2.8 打包压缩与搜索命令

在网络上，人们越来越倾向于传输压缩格式的文件，原因是压缩文件体积小，在网速相同的情况下，传输时间短。下面将学习如何在 Linux 系统中对文件进行打包压缩与解压，以及让用户基于关键词在文本文件中搜索相匹配的信息、在整个文件系统中基于指定的名称或属性搜索特定文件。本节虽然只有 3 条命令，但是其功能都比较复杂而且参数很多，因此放到了本章最后讲解。

1. tar 命令

tar 命令用于对文件进行打包压缩或解压，格式为"tar [选项] [文件]"。

在 Linux 系统中，常见的文件格式比较多，其中主要使用的是.tar 或.tar.gz 或.tar.bz2 格式，我们不用担心格式太多而记不住，其实这些格式大部分都是由 tar 命令来生成的。刘遄老师将讲解最重要的几个参数，以方便大家理解。tar 命令的参数及其作用如表 2-14 所示。

表 2-14　　　　　　　　　　　　　tar 命令的参数及其作用

参数	作用
-c	创建压缩文件
-x	解开压缩文件
-t	查看压缩包内有哪些文件
-z	用 Gzip 压缩或解压
-j	用 bzip2 压缩或解压
-v	显示压缩或解压的过程
-f	目标文件名
-p	保留原始的权限与属性
-P	使用绝对路径来压缩
-C	指定解压到的目录

首先，-c 参数用于创建压缩文件，-x 参数用于解压文件，因此这两个参数不能同时使用。其次，-z 参数指定使用 Gzip 格式来压缩或解压文件，-j 参数指定使用 bzip2 格式来压缩或解压文件。用户使用时则是根据文件的后缀来决定应使用何种格式参数进行解压。在执行某些压缩或解压操作时，可能需要花费数个小时，如果屏幕一直没有输出，您一方面不好判断打包的进度情况，另一方面也会怀疑电脑死机了，因此非常推荐使用-v 参数向用户不断显示压缩或解压的过程。-C 参数用于指定要解压到哪个指定的目录。-f 参数特别重要，它必须放到参数的最后一位，代表要压缩或解压的软件包名称。刘遄老师一般使用"tar -czvf 压缩包名称.tar.gz 要打包的目录"命令把指定的文件进行打包压缩；相应的解压命令为"tar -xzvf 压缩包名称.tar.gz"。下面我们来逐个演示下打包压缩与解压的操作。先使用 tar 命令把/etc 目录通过 gzip 格式进行打包压缩，并把文件命名为 etc.tar.gz：

```
[root@linuxprobe ~]# tar -czvf etc.tar.gz /etc
tar: Removing leading '/' from member names
/etc/
```

```
/etc/fstab
/etc/crypttab
/etc/mtab
/etc/fonts/
/etc/fonts/conf.d/
/etc/fonts/conf.d/65-0-madan.conf
/etc/fonts/conf.d/59-liberation-sans.conf
/etc/fonts/conf.d/90-ttf-arphic-uming-embolden.conf
/etc/fonts/conf.d/59-liberation-mono.conf
/etc/fonts/conf.d/66-sil-nuosu.conf
................省略部分压缩过程信息.................
```

接下来将打包后的压缩包文件指定解压到/root/etc 目录中（先使用 mkdir 命令来创建
/root/etc 目录 ）：

```
[root@linuxprobe ~]# mkdir /root/etc
[root@linuxprobe ~]# tar xzvf etc.tar.gz -C /root/etc
etc/
etc/fstab
etc/crypttab
etc/mtab
etc/fonts/
etc/fonts/conf.d/
etc/fonts/conf.d/65-0-madan.conf
etc/fonts/conf.d/59-liberation-sans.conf
etc/fonts/conf.d/90-ttf-arphic-uming-embolden.conf
etc/fonts/conf.d/59-liberation-mono.conf
etc/fonts/conf.d/66-sil-nuosu.conf
etc/fonts/conf.d/65-1-vlgothic-gothic.conf
etc/fonts/conf.d/65-0-lohit-bengali.conf
etc/fonts/conf.d/20-unhint-small-dejavu-sans.conf
................省略部分解压过程信息.................
```

2. grep 命令

grep 命令用于在文本中执行关键词搜索，并显示匹配的结果，格式为"grep [选项] [文件]"。
grep 命令的参数及其作用如表 2-15 所示。

表 2-15　　　　　　　　　　　　　grep 命令的参数及其作用

参数	作用
-b	将可执行文件（binary）当作文本文件（text）来搜索
-c	仅显示找到的行数
-i	忽略大小写
-n	显示行号
-v	反向选择——仅列出没有"关键词"的行

grep 命令是用途最广泛的文本搜索匹配工具，虽然有很多参数，但是大多数基本上都用
不到。刘遄老师在总结了近 10 年的运维工作和培训教学的经验后，提出的本书的写作理念"去
掉不实用"绝对不是信口开河。如果一名 IT 培训讲师的水平只能停留在"技术的搬运工"层
面，而不能对优质技术知识进行提炼总结，那对他的学生来讲绝非好事。我们在这里只讲两
个最最常用的参数：-n 参数用来显示搜索到信息的行号；-v 参数用于反选信息（即没有包含

关键词的所有信息行）。这两个参数几乎能完成您日后 80%的工作需要，至于其他上百个参数，即使以后在工作期间遇到了，再使用 man grep 命令查询也来得及。

在 Linux 系统中，/etc/passwd 文件是保存着所有的用户信息，而一旦用户的登录终端被设置成/sbin/nologin，则不再允许登录系统，因此可以使用 grep 命令来查找出当前系统中不允许登录系统的所有用户信息：

```
[root@linuxprobe ~]# grep /sbin/nologin /etc/passwd
bin:x:1:1:bin:/bin:/sbin/nologin
daemon:x:2:2:daemon:/sbin:/sbin/nologin
adm:x:3:4:adm:/var/adm:/sbin/nologin
lp:x:4:7:lp:/var/spool/lpd:/sbin/nologin
mail:x:8:12:mail:/var/spool/mail:/sbin/nologin
operator:x:11:0:operator:/root:/sbin/nologin
………………省略部分输出过程信息………………
```

3. find 命令

find 命令用于按照指定条件来查找文件，格式为"find [查找路径] 寻找条件 操作"。

本书中曾经多次提到"Linux 系统中的一切都是文件"，接下来就要见证这句话的分量了。在 Linux 系统中，搜索工作一般都是通过 find 命令来完成的，它可以使用不同的文件特性作为寻找条件（如文件名、大小、修改时间、权限等信息），一旦匹配成功则默认将信息显示到屏幕上。find 命令的参数以及作用如表 2-16 所示。

表 2-16　　　　　　　　　　find 命令中的参数以及作用

参数	作用
-name	匹配名称
-perm	匹配权限（mode 为完全匹配，-mode 为包含即可）
-user	匹配所有者
-group	匹配所有组
-mtime -n +n	匹配修改内容的时间（-n 指 n 天以内，+n 指 n 天以前）
-atime -n +n	匹配访问文件的时间（-n 指 n 天以内，+n 指 n 天以前）
-ctime -n +n	匹配修改文件权限的时间（-n 指 n 天以内，+n 指 n 天以前）
-nouser	匹配无所有者的文件
-nogroup	匹配无所有组的文件
-newer f1 !f2	匹配比文件 f1 新但比 f2 旧的文件
--type b/d/c/p/l/f	匹配文件类型（后面的字幕参数依次表示块设备、目录、字符设备、管道、链接文件、文本文件）
-size	匹配文件的大小（+50KB 为查找超过 50KB 的文件，而-50KB 为查找小于 50KB 的文件）
-prune	忽略某个目录
-exec …… {}\;	后面可跟用于进一步处理搜索结果的命令（下文会有演示）

这里需要重点讲解一下-exec 参数重要的作用。这个参数用于把 find 命令搜索到的结果交由紧随其后的命令作进一步处理，它十分类似于第 3 章将要讲解的管道符技术，并且由于 find 命令对参数的特殊要求，因此虽然 exec 是长格式形式，但依然只需要一个减号（ - ）。

根据文件系统层次标准（Filesystem Hierarchy Standard）协议，Linux 系统中的配置文件会保存到/etc 目录中（详见第 6 章）。如果要想获取到该目录中所有以 host 开头的文件列表，可以执行如下命令：

```
[root@linuxprobe ~]# find /etc -name "host*" -print
/etc/avahi/hosts
/etc/host.conf
/etc/hosts
/etc/hosts.allow
/etc/hosts.deny
/etc/selinux/targeted/modules/active/modules/hostname.pp
/etc/hostname
```

如果要在整个系统中搜索权限中包括 SUID 权限的所有文件（详见第 5 章），只需使用-4000 即可：

```
[root@linuxprobe ~]# find / -perm -4000 -print
/usr/bin/fusermount
/usr/bin/su
/usr/bin/umount
/usr/bin/passwd
/usr/sbin/userhelper
/usr/sbin/usernetctl
................省略部分输出信息................
```

> 注：
>
> 进阶实验：在整个文件系统中找出所有归属于 linuxprobe 用户的文件并复制到/root/findresults 目录。
>
> 该实验的重点是"-exec {}   \;"参数，其中的{}表示 find 命令搜索出的每一个文件，并且命令的结尾必须是"\;"。完成该实验的具体命令如下：
>
> ```
> [root@linuxprobe ~]# find / -user linuxprobe -exec cp -a {} /root/findresults/ \;
> ```

在本章最后，刘遄老师再多提几句：很多读者初次接触到本书时都担心因为自己的英语基础不好而导致学不会 Linux 系统，其实大可不必担心，因为我们的图书、培训课程甚至红帽考题都是中文的。而在学习完本章后您也一定发现了，我们以后要使用的是 Linux 命令，而绝不是纯粹的英语单词，即便它们的拼写 100%相同，最终用处肯定也是不一样的。因此就学习 Linux 系统技术来讲，您跟英语达人绝对都是站在同一起跑线上的，更何况还正确地选择了一本适合您的 Linux 教材。休息一下，然后开始学习第 3 章吧！

复习题

1. 在 RHEL 7 系统及众多的 Linux 系统中，最常使用的 Shell 终端是什么？
   答：Bash（Bourne-Again SHell）解释器。

2. 执行 Linux 系统命令时，添加参数的目的是什么？

   答：为了让 Linux 系统命令能够更贴合用户的实际需求进行工作。

3. Linux 系统命令、命令参数及命令对象之间，普遍应该使用什么来间隔？

   答：应该使用一个或多个空格进行间隔。

4. 请写出用 echo 命令把 SHELL 变量值输出到屏幕终端的命令。

   答：echo $SHELL。

5. 简述 Linux 系统中 5 种进程的名称及含义。

   答：在 Linux 系统中，有下面 5 种进程名称。

   ➢ R（运行）：进程正在运行或在运行队列中等待。
   ➢ S（中断）：进程处于休眠中，当某个条件形成后或者接收到信号时，则脱离该状态。
   ➢ D（不可中断）：进程不响应系统异步信号，即便用 kill 命令也不能将其中断。
   ➢ Z（僵死）：进程已经终止，但进程描述符依然存在，直到父进程调用 wait4() 系统函数后将进程释放。
   ➢ T（停止）：进程收到停止信号后停止运行。

6. 请尝试使用 Linux 系统命令关闭 PID 为 5529 的服务进程。

   答：执行 kill 5529 命令即可；若知道服务的名称，则可以使用 killall 命令进行关闭。

7. 使用 ifconfig 命令查看网络状态信息时，需要重点查看的 4 项信息分别是什么？

   答：这 4 项重要信息分别是网卡名称、IP 地址、网卡物理地址以及 RX/TX 的收发流量数据大小。

8. 使用 uptime 命令查看系统负载时，对应的负载数值如果是 0.91、0.56、0.32，那么最近 15 分钟内负载压力最大的是哪个时间段？

   答：通过负载数值可以看出，最近 1 分钟内的负载压力是最大的。

9. 使用 history 命令查看历史命令的执行记录时，命令前面的数字除了排序外还有什么用处？

   答：还可以用 "!数字" 的命令格式重复执行某一次的命令记录，从而避免了重复输入较长命令的麻烦。

10. 若想查看的文件具有较长的内容，那么使用 cat、more、head、tail 中的哪个命令最合适？

    答：文件内容较长，使用 more 命令；反之使用 cat 命令。

11. 在使用 mkdir 命令创建有嵌套关系的目录时，应该加上什么参数呢？

    答：应该加上-p 递归迭代参数，从而自动化创建有嵌套关系的目录。

12. 在使用 rm 命令删除文件或目录时，可使用哪个参数来避免二次确认呢？

    答：可使用-f 参数，这样即可无需二次确认。

13. 若有一个名为 backup.tar.gz 的压缩包文件，那么解压的命令应该是什么？

    答：应该用 tar 命令进行解压，执行 tar -xzvf backup.tar.gz 命令即可。

14. 使用 grep 命令对某个文件进行关键词搜索时，若想要进行文件内容反选，应使用什么参数？

    答：可使用-v 参数来进行匹配内容的反向选择，即显示出不包含某个关键词的行。

## 第 3 章

管道符、重定向与环境变量

本章讲解了如下内容：

- ➤ 输入输出重定向；
- ➤ 管道命令符；
- ➤ 命令行的通配符；
- ➤ 常用的转义字符；
- ➤ 重要的环境变量。

目前为止，我们已经学习了数十个常用的 Linux 系统命令，如果不能把这些命令进行组合使用，则无法提升工作效率。本章首先讲解与文件读写操作有关的重定向技术的 5 种模式——标准覆盖输出重定向、标准追加输出重定向、错误覆盖输出重定向、错误追加输出重定向以及输入重定向，让读者通过实验切实理解每个重定向模式的作用，解决输出信息的保存问题。然后深入讲解管道命令符，帮助读者掌握命令之间的搭配使用方法，进一步提高命令输出值的处理效率。随后通过讲解 Linux 系统命令行中的通配符和常见转义符，让您输入的 Linux 命令具有更准确的意义，为下一章学习编写 Shell 脚本打好功底。最后，本章深度剖析了 Bash 解释器执行 Linux 命令的内部原理，为读者掌握 PATH 变量及 Linux 系统中的重要环境变量打下了基础。

3.1 输入输出重定向

既然我们已经在上一章学完了几乎所有基础且常用的 Linux 命令，那么接下来的任务就是把多个 Linux 命令适当地组合到一起，使其协同工作，以便我们更加高效地处理数据。要做到这一点，就必须搞明白命令的输入重定向和输出重定向的原理。

简而言之，输入重定向是指把文件导入到命令中，而输出重定向则是指把原本要输出到屏幕的数据信息写入到指定文件中。在日常的学习和工作中，相较于输入重定向，我们使用输出重定向的频率更高，所以又将输出重定向分为了标准输出重定向和错误输出重定向两种不同的技术，以及清空写入与追加写入两种模式。听起来就很玄妙？刘遄老师接下来将慢慢道来。

- ➤ 标准输入重定向（STDIN，文件描述符为 0）：默认从键盘输入，也可从其他文件或命令中输入。
- ➤ 标准输出重定向（STDOUT，文件描述符为 1）：默认输出到屏幕。

➢ 错误输出重定向（STDERR，文件描述符为2）：默认输出到屏幕。

比如我们分别查看两个文件的属性信息，其中第二个文件是不存在的，虽然针对这两个文件的操作都分别会在屏幕上输出一些数据信息，但这两个操作的差异其实很大：

```
[root@linuxprobe ~]# touch linuxprobe
[root@linuxprobe ~]# ls -l linuxprobe
-rw-r--r--. 1 root root 0 Aug 5 05:35 linuxprobe
[root@linuxprobe ~]# ls -l xxxxxx
ls: cannot access xxxxxx: No such file or directory
```

在上述命令中，名为 linuxprobe 的文件是存在的，输出信息是该文件的一些相关权限、所有者、所属组、文件大小及修改时间等信息，这也是该命令的标准输出信息。而名为 xxxxxx 的第二个文件是不存在的，因此在执行完 ls 命令之后显示的报错提示信息也是该命令的错误输出信息。那么，要想把原本输出到屏幕上的数据转而写入到文件当中，就要区别对待这两种输出信息。

对于输入重定向来讲，用到的符号及其作用如表 3-1 所示。

表 3-1　　　　　　　　　　　输入重定向中用到的符号及其作用

符号	作用
命令 < 文件	将文件作为命令的标准输入
命令 << 分界符	从标准输入中读入，直到遇见分界符才停止
命令 < 文件 1 > 文件 2	将文件 1 作为命令的标准输入并将标准输出到文件 2

对于输出重定向来讲，用到的符号及其作用如表 3-2 所示。

表 3-2　　　　　　　　　　　输出重定向中用到的符号及其作用

符号	作用
命令 > 文件	将标准输出重定向到一个文件中（清空原有文件的数据）
命令 2> 文件	将错误输出重定向到一个文件中（清空原有文件的数据）
命令 >> 文件	将标准输出重定向到一个文件中（追加到原有内容的后面）
命令 2>> 文件	将错误输出重定向到一个文件中（追加到原有内容的后面）
命令 >> 文件 2>&1 或 命令 &>> 文件	将标准输出与错误输出共同写入到文件中（追加到原有内容的后面）

对于重定向中的标准输出模式，可以省略文件描述符 1 不写，而错误输出模式的文件描述符 2 是必须要写的。我们先来小试牛刀。通过标准输出重定向将 man bash 命令原本要输出到屏幕的信息写入到文件 readme.txt 中，然后显示 readme.txt 文件中的内容。具体命令如下：

```
[root@linuxprobe ~]# man bash > readme.txt
[root@linuxprobe ~]# cat readme.txt
BASH(1)                     General Commands Manual                     BASH(1)
NAME
bash - GNU Bourne-Again SHell

SYNOPSIS
bash [options] [file]
```

```
COPYRIGHT
Bash is Copyright (C) 1989-2011 by the Free Software Foundation, Inc.

DESCRIPTION
Bash is an sh-compatible command language interpreter that executes
commands read from the standard input or from a file.  Bash also incor-
porates useful features from the Korn and C shells (ksh and csh).

Bash is intended to be a conformant implementation of the Shell and
Utilities portion of the IEEE POSIX specification (IEEE Standard
1003.1).  Bash can be configured to be POSIX-conformant by default.

................省略部分输出信息................
```

有没有感觉到很方便呢？我们接下来尝试输出重定向技术中的覆盖写入与追加写入这两种不同模式带来的变化。首先通过覆盖写入模式向 readme.txt 文件写入一行数据（该文件中包含上一个实验的 man 命令信息），然后再通过追加写入模式向文件再写入一次数据，其命令如下：

```
[root@linuxprobe ~]# echo "Welcome to LinuxProbe.Com" > readme.txt
[root@linuxprobe ~]# echo "Quality linux learning materials" >> readme.txt
```

在执行 cat 命令之后，可以看到如下所示的文件内容：

```
[root@linuxprobe ~]# cat readme.txt
Welcome to LinuxProbe.Com
Quality linux learning materials
```

虽然都是输出重定向技术，但是不同命令的标准输出和错误输出还是有区别的。例如查看当前目录中某个文件的信息，这里以 linuxprobe 文件为例。因为这个文件是真实存在的，因此使用标准输出即可将原本要输出到屏幕的信息写入到文件中，而错误的输出重定向则依然把信息输出到了屏幕上。

```
[root@linuxprobe ~]# ls -l linuxprobe
-rw-r--r--. 1 root root 0 Mar  1 13:30 linuxprobe
[root@linuxprobe ~]# ls -l linuxprobe > /root/stderr.txt
[root@linuxprobe ~]# ls -l linuxprobe 2> /root/stderr.txt
-rw-r--r--. 1 root root 0 Mar  1 13:30 linuxprobe
```

如果想把命令的报错信息写入到文件，该怎么操作呢？当用户在执行一个自动化的 Shell 脚本时，这个操作会特别有用，而且特别实用，因为它可以把整个脚本执行过程中的报错信息都记录到文件中，便于安装后的排错工作。接下来我们以一个不存在的文件进行实验演示：

```
[root@linuxprobe ~]# ls -l xxxxxx
cannot access xxxxxx: No such file or directory
[root@linuxprobe ~]# ls -l xxxxxx > /root/stderr.txt
cannot access xxxxxx: No such file or directory
[root@linuxprobe ~]# ls -l xxxxxx 2> /root/stderr.txt
[root@linuxprobe ~]# cat /root/stderr.txt
ls: cannot access xxxxxx: No such file or directory
```

输入重定向相对来说有些冷门，在工作中遇到的概率会小一点。输入重定向的作用是把文件直接导入到命令中。接下来使用输入重定向把 readme.txt 文件导入给 wc -l 命令，统计一下文件中的内容行数。

```
[root@linuxprobe ~]# wc -l < readme.txt
2
```

> **注：**
>
> 上述命令实际上等同于接下来要学习的 cat readme.txt | wc -l 的管道符命令组合。

3.2　管道命令符

细心的读者肯定还记得在 2.6 节学习 tr 命令时曾经见到过一个名为管道符的东西。同时按下键盘上的 Shift+\键即可输入管道符，其执行格式为"命令 A | 命令 B"。命令符的作用也可以用一句话来概括"把前一个命令原本要输出到屏幕的数据当作是后一个命令的标准输入"。在 2.8 节讲解 grep 文本搜索命令时，我们通过匹配关键词/sbin/nologin 找出了所有被限制登录系统的用户。在学完本节内容后，完全可以把下面这两条命令合并为一条：

> 找出被限制登录用户的命令是 grep "/sbin/nologin" /etc/passwd；
> 统计文本行数的命令则是 wc -l。

现在要做的就是把搜索命令的输出值传递给统计命令，即把原本要输出到屏幕的用户信息列表再交给 wc 命令作进一步的加工，因此只需要把管道符放到两条命令之间即可，具体如下。这简直是太方便了！

```
[root@linuxprobe ~]# grep "/sbin/nologin" /etc/passwd | wc -l
33
```

这个管道符就像一个法宝，我们可以将它套用到其他不同的命令上，比如用翻页的形式查看/etc 目录中的文件列表及属性信息（这些内容默认会一股脑儿地显示到屏幕上，根本看不清楚）：

```
[root@linuxprobe ~]# ls -l /etc/ | more
total 1400
drwxr-xr-x.  3 root root    97 Jul   10 17:26 abrt
-rw-r--r--.  1 root root    16 Jul   10 17:36 adjtime
-rw-r--r--.  1 root root  1518 Jun    7  2013 aliases
-rw-r--r--.  1 root root 12288 Jul   10 09:38 aliases.db
drwxr-xr-x.  2 root root    49 Jul   10 17:26 alsa
drwxr-xr-x.  2 root root  4096 Jul   10 17:31 alternatives
-rw-------.  1 root root   541 Jan   28  2017 anacrontab
-rw-r--r--.  1 root root    55 Jan   29  2017 asound.conf
-rw-r--r--.  1 root root     1 Jan   29  2017 at.deny
drwxr-xr-x.  2 root root    31 Jul   10 17:27 at-spi2
drwxr-x---.  3 root root    41 Jul   10 17:26 audisp
drwxr-x---.  3 root root    79 Jul   10 17:37 audit
drwxr-xr-x.  4 root root    94 Jul   10 17:26 avahi
--More--
```

在修改用户密码时，通常都需要输入两次密码以进行确认，这在编写自动化脚本时将成为一个非常致命的缺陷。通过把管道符和 passwd 命令的--stdin 参数相结合，我们可以用一条命令来完成密码重置操作：

```
[root@linuxprobe ~]# echo "linuxprobe" | passwd --stdin root
Changing password for user root.
passwd: all authentication tokens updated successfully.
```

大家是不是觉得管道符命令有些相见恨晚？管道符的玩法还有很多，比如，在发送电子邮件时，默认采用交互式的方式来进行，我们完全可以利用一条结合了管道符的命令语句，把编辑好的内容与标题一起"打包"，最终用这一条命令实现邮件的发送。

```
[root@linuxprobe ~]# echo "Content" | mail -s "Subject" linuxprobe
[root@linuxprobe ~]# su - linuxprobe
Last login: Fri Jul 10 09:44:07 CST 2017 on :0
[linuxprobe@linuxprobe ~]$ mail
Heirloom Mail version 12.5 7/5/10. Type ? for help.
"/var/spool/mail/linuxprobe": 1 message 1 new
>N 1 root Sun Aug 30 17:33 18/578 "Subject"
```

如果读者是一名 Linux 新手，可能会觉得上面的命令组合已经十分复杂了，但是有过运维经验的读者又会感觉如隔靴搔痒般不过瘾，他们希望能将这样方便的命令写得更高级一些，功能更强大一些。比如通过重定向技术能够一次性地把多行信息打包输入或输出，让日常工作更有效率。为了大家对我们这本书的捧场，刘遄老师当然要义不容辞地把技术拱手奉上。

下面这条自造的命令就结合使用了 mail 邮件命令与输入重定向的分界符，其目的是让用户一直输入内容，直到用户输入了其自定义的分界符时，才结束输入。

```
[root@linuxprobe ~]# mail -s "Readme" root@linuxprobe.com << over
> I think linux is very practical
> I hope to learn more
> can you teach me ?
> over
[root@linuxprobe ~]#
```

当然，大家千万不要误以为管道命令符只能在一个命令组合中使用一次，我们完全可以这样使用："命令 A | 命令 B | 命令 C"。为了帮助读者进一步理解管道符的作用，刘遄老师在讲课时经常会把管道符描述成"任意门"。想必大家小时候都看过"哆啦 A 梦"动画片吧。哆啦 A 梦（也就是我们常称的机器猫）经常为了取悦大雄而从口袋中掏出一件件宝贝，其中好多次就用到了任意门这个道具。其实，管道符就好像是用于实现数据穿越的任意门，可以帮我们提高工作效率，完成之前不敢想象的复杂工作。

3.3　命令行的通配符

大家可能都遇到过提笔忘字的尴尬，作为 Linux 运维人员，我们有时候也会遇到明明一个文件的名称就在嘴边但就是想不起来的情况。如果就记得一个文件的开头几个字母，想遍历查找出所有以这个关键词开头的文件，该怎么操作呢？又比如，假设想要批量查看所有硬盘文件的相关权限属性，一种方式是这样的：

```
[root@linuxprobe ~]# ls -l /dev/sda
brw-rw----. 1 root disk 8, 0 May 4 15:55 /dev/sda
[root@linuxprobe ~]# ls -l /dev/sda1
brw-rw----. 1 root disk 8, 1 May 4 15:55 /dev/sda1
[root@linuxprobe ~]# ls -l /dev/sda2
brw-rw----. 1 root disk 8, 2 May 4 15:55 /dev/sda2
[root@linuxprobe ~]# ls -l /dev/sda3
ls: cannot access /dev/sda3: No such file or directory
```

幸亏我的硬盘文件和分区只有 3 个，要是有几百个，估计需要花费一天的时间来忙这个事情了。由此可见，这种方式的效率确实很低。虽然我们在第 6 章才会讲解 Linux 系统的存储结构和 FHS，但现在我们应该能看出一些简单规律了。比如，这些硬盘设备文件都是以 sda 开头并且存放到/dev 目录中，这样一来，即使我们不知道硬盘的分区编号和具体分区的个数，也可以使用通配符来搞定。顾名思义，通配符就是通用的匹配信息的符号，比如星号（*）代表匹配零个或多个字符，问号（?）代表匹配单个字符，中括号内加上数字[0-9]代表匹配 0~9 之间的单个数字的字符，而中括号内加上字母[abc]则是代表匹配 a、b、c 三个字符中的任意一个字符。俗话讲"百闻不如一见，看书不如实验"，下面我们就来匹配所有在/dev 目录中且以 sda 开头的文件：

```
[root@linuxprobe ~]# ls -l /dev/sda*
brw-rw----. 1 root disk 8, 0 May 4 15:55 /dev/sda
brw-rw----. 1 root disk 8, 1 May 4 15:55 /dev/sda1
brw-rw----. 1 root disk 8, 2 May 4 15:55 /dev/sda2
```

如果只想查看文件名为 sda 开头，但是后面还紧跟其他某一个字符的文件的相关信息，该怎么操作呢？这时就需要用到问号来进行通配了。

```
[root@linuxprobe ~]# ls -l /dev/sda?
brw-rw----. 1 root disk 8, 1 May 4 15:55 /dev/sda1
brw-rw----. 1 root disk 8, 2 May 4 15:55 /dev/sda2
```

除了使用[0-9]来匹配 0~9 之间的单个数字，也可以用[135]这样的方式仅匹配这三个指定数字中的一个，若没有匹配到，则不会显示出来：

```
[root@linuxprobe ~]# ls -l /dev/sda[0-9]
brw-rw----. 1 root disk 8, 1 May 4 15:55 /dev/sda1
brw-rw----. 1 root disk 8, 2 May 4 15:55 /dev/sda2
[root@linuxprobe ~]# ls -l /dev/sda[135]
brw-rw----. 1 root disk 8, 1 May 4 15:55 /dev/sda1
```

3.4 常用的转义字符

为了能够更好地理解用户的表达，Shell 解释器还提供了特别丰富的转义字符来处理输入的特殊数据。刘遄老师以近十年的工作和培训为基础，愣是用了两周时间从数十个转义字符中提炼出了 4 个最常用的转义字符！这件事情也让我深刻反省了很长时间。原本认为图书写的越厚，作者越是大牛，现在发现这种观念完全是错误的，希望读者在读完本书后能体会到刘遄老师的用心付出。

4 个最常用的转义字符如下所示。

➤ 反斜杠（\）：使反斜杠后面的一个变量变为单纯的字符串。

➤ 单引号（''）：转义其中所有的变量为单纯的字符串。

➤ 双引号（""）：保留其中的变量属性，不进行转义处理。

➤ 反引号（`）：把其中的命令执行后返回结果。

我们先定义一个名为 PRICE 的变量并赋值为 5，然后输出以双引号括起来的字符串与变量信息：

```
[root@linuxprobe ~]# PRICE=5
[root@linuxprobe ~]# echo "Price is $PRICE"
Price is 5
```

接下来，我们希望能够输出 "Price is $5"，即价格是 5 美元的字符串内容，但碰巧美元符号与变量提取符号合并后的$$作用是显示当前程序的进程 ID 号码，于是命令执行后输出的内容并不是我们所预期的：

```
[root@linuxprobe ~]# echo "Price is $$PRICE"
Price is 3767PRICE
```

要想让第一个 "$" 乖乖地作为美元符号，那么就需要使用反斜杠（\）来进行转义，将这个命令提取符转义成单纯的文本，去除其特殊功能。

```
[root@linuxprobe ~]# echo "Price is \$$PRICE"
Price is $5
```

而如果只需要某个命令的输出值时，可以像`命令`这样，将命令用反引号括起来，达到预期的效果。例如，将反引号与 uname -a 命令结合，然后使用 echo 命令来查看本机的 Linux 版本和内核信息：

```
[root@linuxprobe ~]# echo `uname -a`
Linux linuxprobe.com 3.10.0-123.el7.x86_64 #1 SMP Mon May 5 11:16:57 EDT 2017
x86_64 x86_64 x86_64 GNU/Linux
```

3.5 重要的环境变量

变量是计算机系统用于保存可变值的数据类型。在 Linux 系统中，变量名称一般都是大写的，这是一种约定俗成的规范。我们可以直接通过变量名称来提取到对应的变量值。Linux 系统中的环境变量是用来定义系统运行环境的一些参数，比如每个用户不同的家目录、邮件存放位置等。

细心的读者应该发现了，本节和上一节的标题名都分别加了形容词——重要的、常见的。原因其实不言而喻——要想让 Linux 系统能够正常运行并且为用户提供服务，需要数百个环境变量来协同工作，我们没有必要逐一查看、学习每一个变量，而是应该在有限的篇幅中精讲最重要的内容。

为了通过环境变量帮助 Linux 系统构建起能够为用户提供服务的工作运行环境，需要数百个变量协同工作才能完成。您当然没有必要去把每一个变量都看一遍，而应该在最宝贵的

书籍中为读者精讲最重要的内容。为了更好地帮助大家理解变量的作用，刘遄老师给大家举个例子。前文中曾经讲到，在 Linux 系统中一切都是文件，Linux 命令也不例外。那么，在用户执行了一条命令之后，Linux 系统中到底发生了什么事情呢？简单来说，命令在 Linux 中的执行分为 4 个步骤。

第 1 步：判断用户是否以绝对路径或相对路径的方式输入命令（如/bin/ls），如果是的话则直接执行。

第 2 步：Linux 系统检查用户输入的命令是否为"别名命令"，即用一个自定义的命令名称来替换原本的命令名称。可以用 alias 命令来创建一个属于自己的命令别名，格式为"alias 别名=命令"。若要取消一个命令别名，则是用 unalias 命令，格式为"unalias 别名"。我们之前在使用 rm 命令删除文件时，Linux 系统都会要求我们再确认是否执行删除操作，其实这就是 Linux 系统为了防止用户误删除文件而特意设置的 rm 别名命令，接下来我们把它取消掉：

```
[root@linuxprobe ~]# ls
anaconda-ks.cfg Documents initial-setup-ks.cfg Pictures Templates
Desktop Downloads Music Public Videos
[root@linuxprobe ~]# rm anaconda-ks.cfg
rm: remove regular file 'anaconda-ks.cfg'? y
[root@linuxprobe~]# alias rm
alias rm='rm -i'
[root@linuxprobe ~]# unalias rm
[root@linuxprobe ~]# rm initial-setup-ks.cfg
[root@linuxprobe ~]#
```

第 3 步：Bash 解释器判断用户输入的是内部命令还是外部命令。内部命令是解释器内部的指令，会被直接执行；而用户在绝大部分时间输入的是外部命令，这些命令交由步骤 4 继续处理。可以使用"type 命令名称"来判断用户输入的命令是内部命令还是外部命令。

第 4 步：系统在多个路径中查找用户输入的命令文件，而定义这些路径的变量叫作 PATH，可以简单地把它理解成是"解释器的小助手"，作用是告诉 Bash 解释器待执行的命令可能存放的位置，然后 Bash 解释器就会乖乖地在这些位置中逐个查找。PATH 是由多个路径值组成的变量，每个路径值之间用冒号间隔，对这些路径的增加和删除操作将影响到 Bash 解释器对 Linux 命令的查找。

```
[root@linuxprobe ~]# echo $PATH
/usr/local/bin:/usr/local/sbin:/usr/bin:/usr/sbin:/bin:/sbin
[root@linuxprobe ~]# PATH=$PATH:/root/bin
/usr/local/bin:/usr/local/sbin:/usr/bin:/usr/sbin:/bin:/sbin:/root/bin
```

这里有比较经典的问题："为什么不能将当前目录（.）添加到 PATH 中呢？" 原因是，尽管可以将当前目录（.）添加到 PATH 变量中，从而在某些情况下可以让用户免去输入命令所在路径的麻烦。但是，如果黑客在比较常用的公共目录/tmp 中存放了一个与 ls 或 cd 命令同名的木马文件，而用户又恰巧在公共目录中执行了这些命令，那么就极有可能中招了。

所以，作为一名态度谨慎、有经验的运维人员，在接手了一台 Linux 系统后一定会在执行命令前先检查 PATH 变量中是否有可疑的目录，另外读者从前面的 PATH 变量示例中是否也感觉到环境变量特别有用呢？我们可以使用 env 命令来查看到 Linux 系统中所有的环境变量，而刘遄老师为您精挑细选出了最重要的 10 个环境变量，如表 3-3 所示。

表 3-3　　　　　　　　　　　Linux 系统中最重要的 10 个环境变量

变量名称	作用
HOME	用户的主目录（即家目录）
SHELL	用户在使用的 Shell 解释器名称
HISTSIZE	输出的历史命令记录条数
HISTFILESIZE	保存的历史命令记录条数
MAIL	邮件保存路径
LANG	系统语言、语系名称
RANDOM	生成一个随机数字
PS1	Bash 解释器的提示符
PATH	定义解释器搜索用户执行命令的路径
EDITOR	用户默认的文本编辑器

Linux 作为一个多用户多任务的操作系统，能够为每个用户提供独立的、合适的工作运行环境，因此，一个相同的变量会因为用户身份的不同而具有不同的值。例如，我们使用下述命令来查看 HOME 变量在不同用户身份下都有哪些值（su 是用于切换用户身份的命令，将在第 5 章跟大家见面）：

```
[root@linuxprobe ~]# echo $HOME
/root
[root@linuxprobe ~]# su - linuxprobe
Last login: Fri Feb 27 19:49:57 CST 2017 on pts/0
[linuxprobe@linuxprobe ~]$ echo $HOME
/home/linuxprobe
```

其实变量是由固定的变量名与用户或系统设置的变量值两部分组成的，我们完全可以自行创建变量，来满足工作需求。例如设置一个名称为 WORKDIR 的变量，方便用户更轻松地进入一个层次较深的目录：

```
[root@linuxprobe ~]# mkdir /home/workdir
[root@linuxprobe ~]# WORKDIR=/home/workdir
[root@linuxprobe ~]# cd $WORKDIR
[root@linuxprobe workdir]# pwd
/home/workdir
```

但是，这样的变量不具有全局性，作用范围也有限，默认情况下不能被其他用户使用。如果工作需要，可以使用 export 命令将其提升为全局变量，这样其他用户也就可以使用它了：

```
[root@linuxprobe workdir]# su linuxprobe
Last login: Fri Mar 20 20:52:10 CST 2017 on pts/0
[linuxprobe@linuxprobe ~]$ cd $WORKDIR
[linuxprobe@linuxprobe ~]$ echo $WORKDIR
[linuxprobe@linuxprobe ~]$ exit
[root@linuxprobe ~]# export WORKDIR
[root@linuxprobe workdir]# su linuxprobe
Last login: Fri Mar 20 21:52:10 CST 2017 on pts/0
[linuxprobe@linuxprobe ~]$ cd $WORKDIR
[linuxprobe@linuxprobe workdir]$pwd
/home/workdir
```

复习题

1. 把 ls 命令的正常输出信息追加写入到 error.txt 文件中的命令是什么？

   答：ls >> error.txt

2. 请简单概述管道符的作用。

   答：把左面（前面）命令的输出值作为右面（后面）命令的输入值以便进一步处理信息。

3. Bash 解释器的通配符中，星号（*）代表几个字符？

   答：零个或多个。

4. PATH 变量的作用是什么？

   答：设定解释器搜索所执行的命令的路径。

5. 使用什么命令可以把名为 LINUX 的一般变量转换成全局变量？

   答：export LINUX。

## 第 4 章

Vim 编辑器与 Shell 命令脚本

本章讲解了如下内容:

➢ Vim 文本编辑器;

➢ 编写 Shell 脚本;

➢ 流程控制语句;

➢ 计划任务服务程序。

本章首先讲解如何使用 Vim 编辑器来编写、修改文档,然后通过逐个配置主机名称、系统网卡以及 Yum 软件仓库参数文件等实验,帮助读者加深 Vim 编辑器中诸多命令、快捷键、模式切换方法的理解。然后把前面章节中讲解的 Linux 命令、命令语法与 Shell 脚本中的各种流程控制语句通过 Vim 编辑器写到 Shell 脚本中结合到一起,实现最终能够自动化工作的脚本文件。本章最后演示了怎样通过 at 命令与 crond 计划任务服务来分别实现一次性的系统任务设置和长期性的系统任务设置,从而让日常的工作更加高效,更自动化。

4.1 Vim 文本编辑器

每当在讲课时遇到需要让学生记住的知识点时,为了能让他们打起精神来,我都会突然提高嗓门,因此有句话他们记得尤其深刻:"在 Linux 系统中一切都是文件,而配置一个服务就是在修改其配置文件的参数"。而且在日常工作中大家也肯定免不了要编写文档,这些工作都是通过文本编辑器来完成的。刘遄老师写作本书的目的是让读者切实掌握 Linux 系统的运维方法,而不是仅仅停留在"会用某个操作系统"的层面上,所以我们这里选择使用 Vim 文本编辑器,它默认会安装在当前所有的 Linux 操作系统上,是一款超棒的文本编辑器。

Vim 之所以能得到广大厂商与用户的认可,原因在于 Vim 编辑器中设置了三种模式——命令模式、末行模式和编辑模式,每种模式分别又支持多种不同的命令快捷键,这大大提高了工作效率,而且用户在习惯之后也会觉得相当顺手。要想高效率地操作文本,就必须先搞清这三种模式的操作区别以及模式之间的切换方法(见图 4-1)。

➢ 命令模式:控制光标移动,可对文本进行复制、粘贴、删除和查找等工作。

➢ 输入模式:正常的文本录入。

➢ 末行模式:保存或退出文档,以及设置编辑环境。

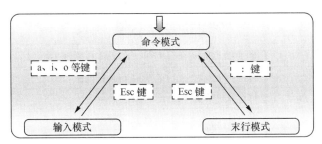

图 4-1　Vim 编辑器模式的切换方法

在每次运行 Vim 编辑器时，默认进入命令模式，此时需要先切换到输入模式后再进行文档编写工作，而每次在编写完文档后需要先返回命令模式，然后再进入末行模式，执行文档的保存或退出操作。在 Vim 中，无法直接从输入模式切换到末行模式。Vim 编辑器中内置的命令有成百上千种用法，为了能够帮助读者更快地掌握 Vim 编辑器，表 4-1 总结了在命令模式中最常用的一些命令。

表 4-1　　　　　　　　　　　　　Vim 中常用的命令

命令	作用
dd	删除（剪切）光标所在整行
5dd	删除（剪切）从光标处开始的 5 行
yy	复制光标所在整行
5yy	复制从光标处开始的 5 行
n	显示搜索命令定位到的下一个字符串
N	显示搜索命令定位到的上一个字符串
u	撤销上一步的操作
p	将之前删除（dd）或复制（yy）过的数据粘贴到光标后面

末行模式主要用于保存或退出文件，以及设置 Vim 编辑器的工作环境，还可以让用户执行外部的 Linux 命令或跳转到所编写文档的特定行数。要想切换到末行模式，在命令模式中输入一个冒号就可以了。末行模式中可用的命令如表 4-2 所示。

表 4-2　　　　　　　　　　　　末行模式中可用的命令

命令	作用
:w	保存
:q	退出
:q!	强制退出（放弃对文档的修改内容）
:wq!	强制保存退出
:set nu	显示行号
:set nonu	不显示行号
:命令	执行该命令
:整数	跳转到该行

续表

命令	作用
:s/one/two	将当前光标所在行的第一个 one 替换成 two
:s/one/two/g	将当前光标所在行的所有 one 替换成 two
:%s/one/two/g	将全文中的所有 one 替换成 two
?字符串	在文本中从下至上搜索该字符串
/字符串	在文本中从上至下搜索该字符串

4.1.1 编写简单文档

目前为止，大家已经具备了在 Linux 系统中编写文档的理论基础了，接下来我们一起动手编写一个简单的脚本文档。刘遄老师会尽力把所有操作步骤和按键过程都标注出来，如果忘记了某些快捷键命令的作用，可以再返回前文进行复习。

编写脚本文档的第 1 步就是给文档取个名字，这里将其命名为 practice.txt。如果存着该文档，则是打开它。如果不存在，则是创建一个临时的输入文件，如图 4-2 所示。

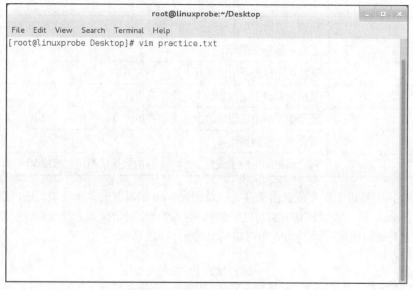

图 4-2　尝试编写脚本文档

打开 practice.txt 文档后，默认进入的是 Vim 编辑器的命令模式。此时只能执行该模式下的命令，而不能随意输入文本内容，我们需要切换到输入模式才可以编写文档。

在图 4-1 中提到，可以分别使用 a、i、o 三个键从命令模式切换到输入模式。其中，a 键与 i 键分别是在光标后面一位和光标当前位置切换到输入模式，而 o 键则是在光标的下面再创建一个空行，此时可敲击 a 键进入到编辑器的输入模式，如图 4-3 所示。

进入输入模式后，可以随意输入文本内容，Vim 编辑器不会把您输入的文本内容当作命令而执行，如图 4-4 所示。

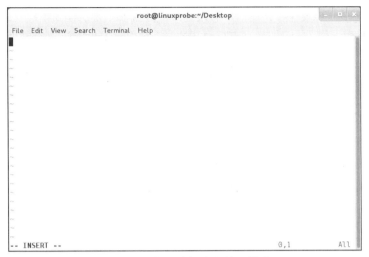

图 4-3 切换至编辑器的输入模式

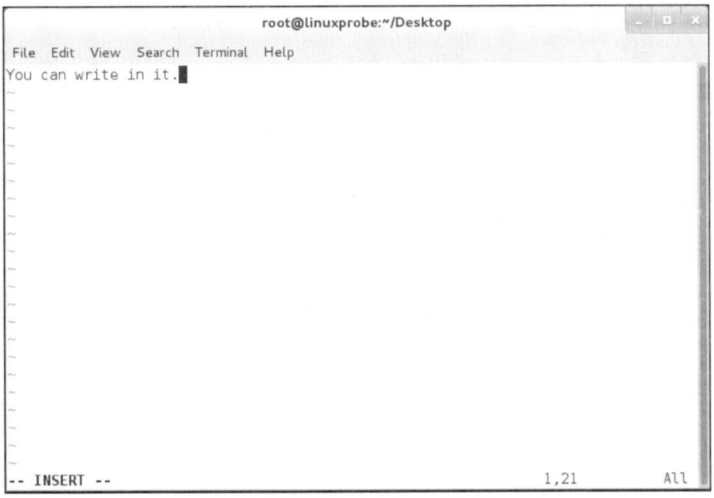

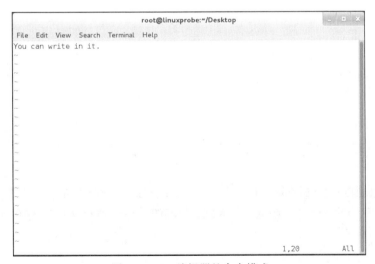

图 4-4 在编辑器中输入文本内容

图 4-5 Vim 编辑器的命令模式

在编写完之后，想要保存并退出，必须先敲击键盘 Esc 键从输入模式返回命令模式，如图 4-5 所示。然后再输入:wq!切换到末行模式才能完成保存退出操作，如图 4-6 所示。

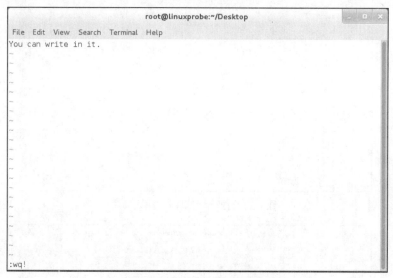

图 4-6　Vim 编辑器的末行模式

当在末行模式中输入:wq!命令时，就意味着强制保存并退出文档。然后便可以用 cat 命令查看保存后的文档内容了，如图 4-7 所示。

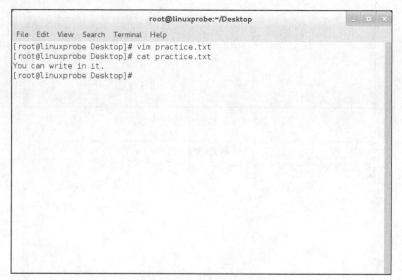

图 4-7　查看文档的内容

是不是很简单？！继续编辑这个文档。因为要在原有文本内容的下面追加内容，所以在命令模式中敲击 o 键进入输入模式更会高效，操作如图 4-8、图 4-9 与图 4-10 所示。

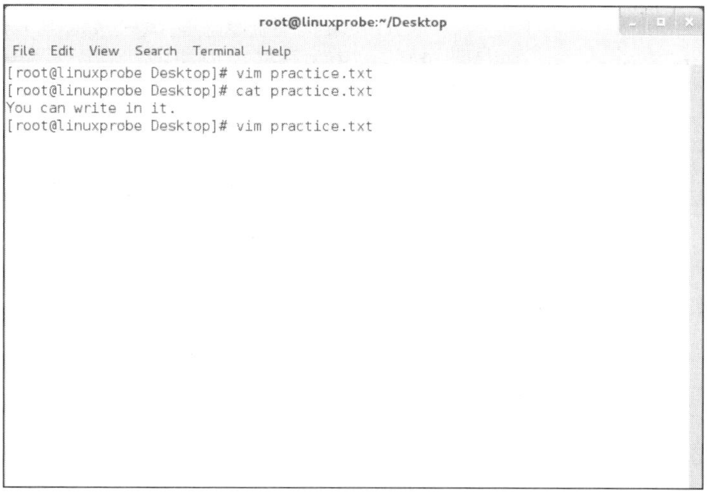

图 4-8　再次通过 Vim 编辑器编写文档

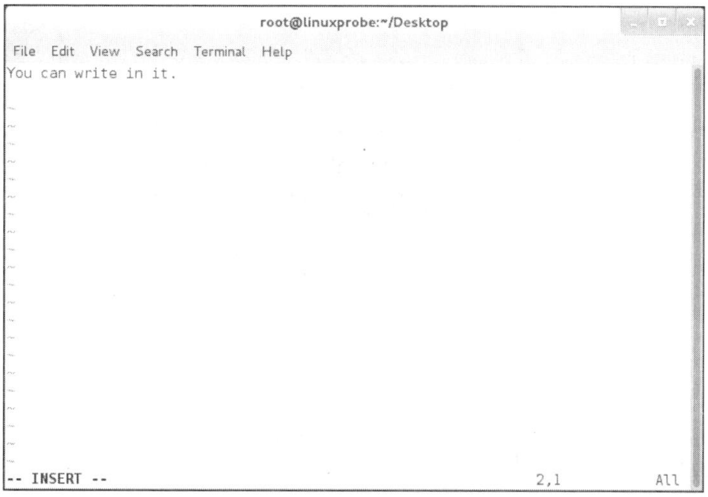

图 4-9　进入 Vim 编辑器的输入模式

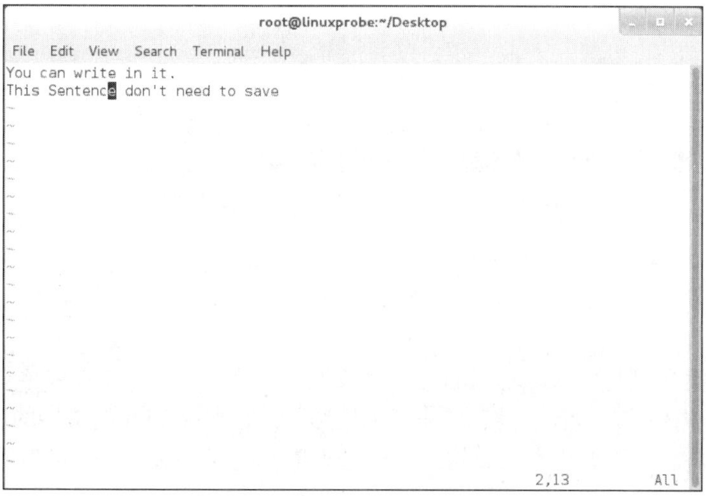

图 4-10　追加写入一行文本内容

因为此时已经修改了文本内容，所以 Vim 编辑器在我们尝试直接退出文档而不保存的时候就会拒绝我们的操作了。此时只能强制退出才可以结束本次输入操作，如图 4-11、图 4-12 和图 4-13 所示。

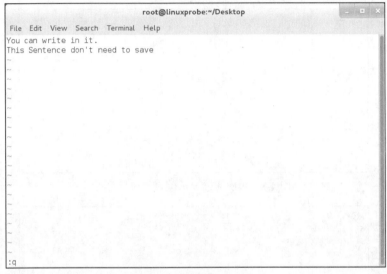

图 4-11　尝试退出文本编辑器

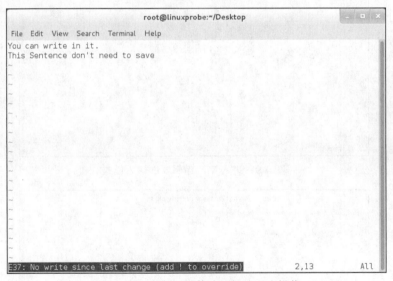

图 4-12　因文件已被修改而拒绝退出操作

现在大家也算是具有了一些 Vim 编辑器的实战经验了，应该也感觉没有想象中那么难吧。现在查看文本的内容，果然发现追加输入的内容并没有被保存下来，如图 4-14 所示。

大家在学完了理论知识之后又自己动手编写了一个文本，现在是否感觉成就满满呢？接下来将会由浅入深为读者安排三个小任务。为了彻底掌握 Vim 编辑器的使用，大家一定要逐个完成不许偷懒，如果在完成这三个任务期间忘记了相关命令，可返回前文进一步复习掌握。

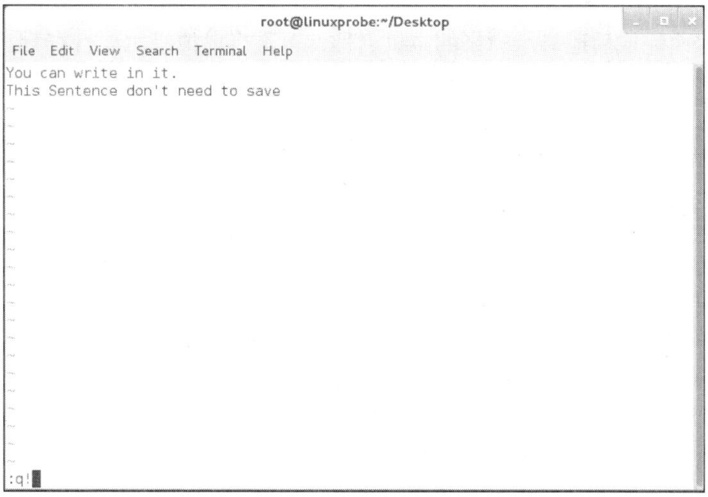

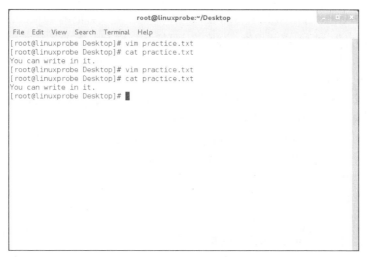

图 4-13　强制退出文本编辑器

图 4-14　查看最终编写成的文本内容

4.1.2　配置主机名称

为了便于在局域网中查找某台特定的主机，或者对主机进行区分，除了要有 IP 地址外，还要为主机配置一个主机名，主机之间可以通过这个类似于域名的名称来相互访问。在 Linux 系统中，主机名大多保存在/etc/hostname 文件中，接下来将/etc/hostname 文件的内容修改为 "linuxprobe.com"，步骤如下。

第 1 步：使用 Vim 编辑器修改 "/etc/hostname" 主机名称文件。

第 2 步：把原始主机名称删除后追加 "linuxprobe.com"。注意，使用 Vim 编辑器修改主机名称文件后，要在末行模式下执行:wq!命令才能保存并退出文档。

第 3 步：保存并退出文档，然后使用 hostname 命令检查是否修改成功。

```
[root@linuxprobe ~]# vim /etc/hostname
linuxprobe.com
```

hostname 命令用于查看当前的主机名称,但有时主机名称的改变不会立即同步到系统中,所以如果发现修改完成后还显示原来的主机名称,可重启虚拟机后再行查看:

```
[root@linuxprobe ~]# hostname
linuxprobe.com
```

4.1.3　配置网卡信息

网卡 IP 地址配置的是否正确是两台服务器是否可以相互通信的前提。在 Linux 系统中,一切都是文件,因此配置网络服务的工作其实就是在编辑网卡配置文件,因此这个小任务不仅可以帮助您练习使用 Vim 编辑器,而且也为您后面学习 Linux 中的各种服务配置打下了坚实的基础。当您认真学习完本书后,一定会特别有成就感,因为本书前面的基础部分非常扎实,而后面内容则具有几乎一致的网卡 IP 地址和运行环境,从而确保您全身心地投入到各类服务程序的学习上,而不用操心系统环境的问题。

如果您具备一定的运维经验或者熟悉早期的 Linux 系统,则在学习本书时会遇到一些不容易接受的差异变化。在 RHEL 5、RHEL 6 中,网卡配置文件的前缀为 eth,第 1 块网卡为 eth0,第 2 块网卡为 eth1;以此类推。而在 RHEL 7 中,网卡配置文件的前缀则以 ifcfg 开始,加上网卡名称共同组成了网卡配置文件的名字,例如 ifcfg-eno16777736;好在除了文件名变化外也没有其他大的区别。

现在有一个名称为 ifcfg-eno16777736 的网卡设备,我们将其配置为开机自启动,并且 IP 地址、子网、网关等信息由人工指定,其步骤应该如下所示。

第 1 步:首先切换到/etc/sysconfig/network-scripts 目录中(存放着网卡的配置文件)。

第 2 步:使用 Vim 编辑器修改网卡文件 ifcfg-eno16777736,逐项写入下面的配置参数并保存退出。由于每台设备的硬件及架构是不一样的,因此请读者使用 ifconfig 命令自行确认各自网卡的默认名称。

- 设备类型:TYPE=Ethernet
- 地址分配模式:BOOTPROTO=static
- 网卡名称:NAME=eno16777736
- 是否启动:ONBOOT=yes
- IP 地址:IPADDR=192.168.10.10
- 子网掩码:NETMASK=255.255.255.0
- 网关地址:GATEWAY=192.168.10.1
- DNS 地址:DNS1=192.168.10.1

第 3 步:重启网络服务并测试网络是否联通。

进入到网卡配置文件所在的目录,然后编辑网卡配置文件,在其中填入下面的信息:

```
[root@linuxprobe ~]# cd /etc/sysconfig/network-scripts/
[root@linuxprobe network-scripts]# vim ifcfg-eno16777736
TYPE=Ethernet
BOOTPROTO=static
NAME=eno16777736
ONBOOT=yes
IPADDR=192.168.10.10
NETMASK=255.255.255.0
```

```
GATEWAY=192.168.10.1
DNS1=192.168.10.1
```

执行重启网卡设备的命令（在正常情况下不会有提示信息），然后通过 ping 命令测试网络能否联通。由于在 Linux 系统中 ping 命令不会自动终止，因此需要手动按下 Ctrl-c 键来强行结束进程。

```
[root@linuxprobe network-scripts]# systemctl restart network
[root@linuxprobe network-scripts]# ping 192.168.10.10
PING 192.168.10.10 (192.168.10.10) 56(84) bytes of data.
64 bytes from 192.168.10.10: icmp_seq=1 ttl=64 time=0.081 ms
64 bytes from 192.168.10.10: icmp_seq=2 ttl=64 time=0.083 ms
64 bytes from 192.168.10.10: icmp_seq=3 ttl=64 time=0.059 ms
64 bytes from 192.168.10.10: icmp_seq=4 ttl=64 time=0.097 ms
^C
--- 192.168.10.10 ping statistics ---
4 packets transmitted, 4 received, 0% packet loss, time 2999ms
rtt min/avg/max/mdev = 0.059/0.080/0.097/0.013 ms
```

4.1.4　配置 Yum 软件仓库

本书前面讲到，Yum 软件仓库的作用是为了进一步简化 RPM 管理软件的难度以及自动分析所需软件包及其依赖关系的技术。可以把 Yum 想象成是一个硕大的软件仓库，里面保存有几乎所有常用的工具，而且只需要说出所需的软件包名称，系统就会自动为您搞定一切。

既然要使用 Yum 软件仓库，就要先把它搭建起来，然后将其配置规则确定好才行。鉴于第 6 章才会讲解 Linux 的存储结构和设备挂载操作，所以我们当前还是将重心放到 Vim 编辑器的学习上。如果遇到看不懂的参数也不要紧，后面章节会单独讲解。搭建并配置 Yum 软件仓库的大致步骤如下所示。

第 1 步：进入到/etc/yum.repos.d/目录中（因为该目录存放着 Yum 软件仓库的配置文件）。

第 2 步：使用 Vim 编辑器创建一个名为 rhel7.repo 的新配置文件（文件名称可随意，但后缀必须为.repo），逐项写入下面加粗的配置参数并保存退出（不要写后面的中文注释）。

- ➤ [rhel-media]：Yum 软件仓库唯一标识符，避免与其他仓库冲突。
- ➤ name=linuxprobe：Yum 软件仓库的名称描述，易于识别仓库用处。
- ➤ baseurl=file:///media/cdrom：提供的方式包括 FTP（ftp://..）、HTTP（http://..）、本地（file:///..）。
- ➤ enabled=1：设置此源是否可用；1 为可用，0 为禁用。
- ➤ gpgcheck=1：设置此源是否校验文件；1 为校验，0 为不校验。
- ➤ gpgkey=file:///media/cdrom/RPM-GPG-KEY-redhat-release：若上面参数开启校验，那么请指定公钥文件地址。

第 3 步：按配置参数的路径挂载光盘，并把光盘挂载信息写入到/etc/fstab 文件中。

第 4 步：使用"yum install httpd -y"命令检查 Yum 软件仓库是否已经可用。

进入/etc/yum.repos.d 目录中后创建 Yum 配置文件：

```
[root@linuxprobe ~]# cd /etc/yum.repos.d/
[root@linuxprobe yum.repos.d]# vim rhel7.repo
[rhel7]
name=rhel7
baseurl=file:///media/cdrom
```

```
enabled=1
gpgcheck=0
```

创建挂载点后进行挂载操作，并设置成开机自动挂载（详见第 6 章）。尝试使用 Yum 软件仓库来安装 Web 服务，出现 **Complete！** 则代表配置正确：

```
[root@linuxprobe yum.repos.d]# mkdir -p /media/cdrom
[root@linuxprobe yum.repos.d]# mount /dev/cdrom /media/cdrom
mount: /dev/sr0 is write-protected, mounting read-only
[root@linuxprobe yum.repos.d]# vim /etc/fstab
/dev/cdrom /media/cdrom iso9660 defaults 0 0
[root@linuxprobe ~]# yum install httpd
Loaded plugins: langpacks, product-id, subscription-manager
.................省略部分输出信息.................
Dependencies Resolved
================================================================================
 Package Arch Version Repository Size
================================================================================
Installing:
 httpd x86_64 2.4.6-17.el7 rhel 1.2 M
Installing for dependencies:
 apr x86_64 1.4.8-3.el7 rhel 103 k
 apr-util x86_64 1.5.2-6.el7 rhel 92 k
 httpd-tools x86_64 2.4.6-17.el7 rhel 77 k
 mailcap noarch 2.1.41-2.el7 rhel 31 k
Transaction Summary
================================================================================
Install 1 Package (+4 Dependent packages)
Total download size: 1.5 M
Installed size: 4.3 M
Is this ok [y/d/N]: y
Downloading packages:
--------------------------------------------------------------------------------
.................省略部分输出信息.................
Complete!
```

4.2　编写 Shell 脚本

可以将 Shell 终端解释器当作人与计算机硬件之间的"翻译官"，它作为用户与 Linux 系统内部的通信媒介，除了能够支持各种变量与参数外，还提供了诸如循环、分支等高级编程语言才有的控制结构特性。要想正确使用 Shell 中的这些功能特性，准确下达命令尤为重要。Shell 脚本命令的工作方式有两种：交互式和批处理。

➢ 交互式（Interactive）：用户每输入一条命令就立即执行。

➢ 批处理（Batch）：由用户事先编写好一个完整的 Shell 脚本，Shell 会一次性执行脚本中诸多的命令。

在 Shell 脚本中不仅会用到前面学习过的很多 Linux 命令以及正则表达式、管道符、数据流重定向等语法规则，还需要把内部功能模块化后通过逻辑语句进行处理，最终形成日常所见的 Shell 脚本。

查看 SHELL 变量可以发现当前系统已经默认使用 Bash 作为命令行终端解释器了:

```
[root@linuxprobe ~]# echo $SHELL
/bin/bash
```

4.2.1 编写简单的脚本

估计读者在看完上文中有关 Shell 脚本的复杂描述后, 会累觉不爱吧。但是, 上文指的是一个高级 Shell 脚本的编写原则, 其实使用 Vim 编辑器把 Linux 命令按照顺序依次写入到一个文件中, 这就是一个简单的脚本了。

例如, 如果想查看当前所在工作路径并列出当前目录下所有的文件及属性信息, 实现这个功能的脚本应该类似于下面这样:

```
[root@linuxprobe ~]# vim example.sh
#!/bin/bash
#For Example BY linuxprobe.com
pwd
ls -al
```

Shell 脚本文件的名称可以任意, 但为了避免被误以为是普通文件, 建议将.sh 后缀加上, 以表示是一个脚本文件。在上面的这个 example.sh 脚本中实际上出现了三种不同的元素: 第一行的脚本声明 (#!) 用来告诉系统使用哪种 Shell 解释器来执行该脚本; 第二行的注释信息 (#) 是对脚本功能和某些命令的介绍信息, 使得自己或他人在日后看到这个脚本内容时, 可以快速知道该脚本的作用或一些警告信息; 第三、四行的可执行语句也就是我们平时执行的 Linux 命令了。什么?! 你们不相信这么简单就编写出来了一个脚本程序, 那我们来执行一下看看结果:

```
[root@linuxprobe ~]# bash example.sh
/root/Desktop
total 8
drwxr-xr-x. 2 root root 23 Jul 23 17:31 .
dr-xr-x---. 14 root root 4096 Jul 23 17:31 ..
-rwxr--r--. 1 root root 55 Jul 23 17:31 example.sh
```

除了上面用 bash 解释器命令直接运行 Shell 脚本文件外, 第二种运行脚本程序的方法是通过输入完整路径的方式来执行。但默认会因为权限不足而提示报错信息, 此时只需要为脚本文件增加执行权限即可 (详见第 5 章)。初次学习 Linux 系统的读者不用心急, 等下一章学完用户身份和权限后再来做这个实验也不迟:

```
[root@linuxprobe ~]# ./example.sh
bash: ./Example.sh: Permission denied
[root@linuxprobe ~]# chmod u+x example.sh
[root@linuxprobe ~]# ./example.sh
/root/Desktop
total 8
drwxr-xr-x. 2 root root 23 Jul 23 17:31 .
dr-xr-x---. 14 root root 4096 Jul 23 17:31 ..
-rwxr--r--. 1 root root 55 Jul 23 17:31 example.sh
```

4.2.2 接收用户的参数

但是, 像上面这样的脚本程序只能执行一些预先定义好的功能, 未免太过死板了。为了让 Shell 脚本程序更好地满足用户的一些实时需求，以便灵活完成工作，必须要让脚本程序能够像之前执行命令时那样，接收用户输入的参数。

其实，Linux 系统中的 Shell 脚本语言早就考虑到了这些，已经内设了用于接收参数的变量，变量之间可以使用空格间隔。例如$0 对应的是当前 Shell 脚本程序的名称，$#对应的是总共有几个参数，$*对应的是所有位置的参数值，$?对应的是显示上一次命令的执行返回值，而$1、$2、$3……则分别对应着第 N 个位置的参数值，如图 4-15 所示。

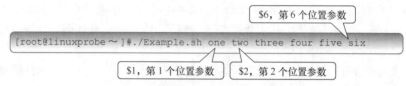

图 4-15　Shell 脚本程序中的参数位置变量

理论过后我们来练习一下。尝试编写一个脚本程序示例，通过引用上面的变量参数来看下真实效果：

```
[root@linuxprobe ~]# vim example.sh
#!/bin/bash
echo "当前脚本名称为$0"
echo "总共有$#个参数，分别是$*。"
echo "第 1 个参数为$1，第 5 个为$5。"
[root@linuxprobe ~]# sh example.sh one two three four five six
当前脚本名称为 example.sh
总共有 6 个参数，分别是 one two three four five six。
第 1 个参数为 one，第 5 个为 five。
```

4.2.3　判断用户的参数

学习是一个登堂入室、由浅入深的过程。在学习完 Linux 命令、掌握 Shell 脚本语法变量和接收用户输入的信息之后，就要踏上新的高度——能够进一步处理接收到的用户参数。

在本书前面章节中讲到，系统在执行 mkdir 命令时会判断用户输入的信息，即判断用户指定的文件夹名称是否已经存在，如果存在则提示报错；反之则自动创建。Shell 脚本中的条件测试语法可以判断表达式是否成立，若条件成立则返回数字 0，否则便返回其他随机数值。条件测试语法的执行格式如图 4-16 所示。切记，条件表达式两边均应有一个空格。

测试语句格式：[条件表达式]

两边均应有一个空格

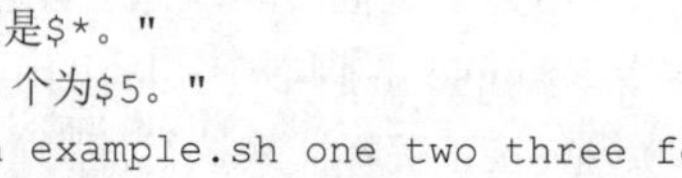

图 4-16　条件测试语句的执行格式

按照测试对象来划分，条件测试语句可以分为 4 种：

➢ 文件测试语句；

➢ 逻辑测试语句；

➢ 整数值比较语句；

➢ 字符串比较语句。

文件测试即使用指定条件来判断文件是否存在或权限是否满足等情况的运算符，具体的参数如表 4-3 所示。

表 4-3   文件测试所用的参数

运算符	作用
-d	测试文件是否为目录类型
-e	测试文件是否存在
-f	判断是否为一般文件
-r	测试当前用户是否有权限读取
-w	测试当前用户是否有权限写入
-x	测试当前用户是否有权限执行

下面使用文件测试语句来判断/etc/fstab 是否为一个目录类型的文件，然后通过 Shell 解释器的内设$?变量显示上一条命令执行后的返回值。如果返回值为 0，则目录存在；如果返回值为非零的值，则意味着目录不存在：

```
[root@linuxprobe ~]# [ -d /etc/fstab ]
[root@linuxprobe ~]# echo $?
1
```

再使用文件测试语句来判断/etc/fstab 是否为一般文件，如果返回值为 0，则代表文件存在，且为一般文件：

```
[root@linuxprobe ~]# [ -f /etc/fstab ]
[root@linuxprobe ~]# echo $?
0
```

逻辑语句用于对测试结果进行逻辑分析，根据测试结果可实现不同的效果。例如在 Shell 终端中逻辑"与"的运算符号是&&，它表示当前面的命令执行成功后才会执行它后面的命令，因此可以用来判断/dev/cdrom 文件是否存在，若存在则输出 Exist 字样。

```
[root@linuxprobe ~]# [ -e /dev/cdrom ] && echo "Exist"
Exist
```

除了逻辑"与"外，还有逻辑"或"，它在 Linux 系统中的运算符号为||，表示当前面的命令执行失败后才会执行它后面的命令，因此可以用来结合系统环境变量 USER 来判断当前登录的用户是否为非管理员身份：

```
[root@linuxprobe ~]# echo $USER
root
[root@linuxprobe ~]# [ $USER = root ] || echo "user"
[root@linuxprobe ~]# su - linuxprobe
[linuxprobe@linuxprobe ~]$ [ $USER = root ] || echo "user"
user
```

第三种逻辑语句是"非"，在 Linux 系统中的运算符号是一个叹号（！），它表示把条件测试中的判断结果取相反值。也就是说，如果原本测试的结果是正确的，则将其变成错误的；原本测试错误的结果则将其变成正确的。

我们现在切换到一个普通用户的身份，再判断当前用户是否为一个非管理员的用户。由于判断结果因为两次否定而变成正确，因此会正常地输出预设信息：

```
[linuxprobe@linuxprobe ~]$ exit
logout
[root@linuxprobe root]# [ ! $USER = root ] || echo "administrator"
administrator
```

就技术图书的写作来讲，一般有两种套路：让读者真正搞懂技术了；让读者觉得自己搞懂技术了。因此市面上很多浅显的图书会让读者在学完之后感觉进步特别快，这基本上是作者有意为之，目的就是让您觉得"图书很有料，自己收获很大"，但是在步入工作岗位后就露出短板吃大亏。所以刘遄老师决定继续提高难度，为读者增加一个综合的示例，一方面作为前述知识的总结，另一方面帮助读者夯实基础，能够在今后工作中更灵活地使用逻辑符号。

当前我们正在登录的即为管理员用户——root。下面这个示例的执行顺序是，先判断当前登录用户的 USER 变量名称是否等于 root，然后用逻辑运算符"非"进行取反操作，效果就变成了判断当前登录的用户是否为非管理员用户了。最后若条件成立则会根据逻辑"与"运算符输出 user 字样；或条件不满足则会通过逻辑"或"运算符输出 root 字样，而如果前面的&&不成立才会执行后面的||符号。

```
[root@linuxprobe ~]# [ ! $USER = root ] && echo "user" || echo "root"
root
```

整数比较运算符仅是对数字的操作，不能将数字与字符串、文件等内容一起操作，而且不能想当然地使用日常生活中的等号、大于号、小于号等来判断。因为等号与赋值命令符冲突，大于号和小于号分别与输出重定向命令符和输入重定向命令符冲突。因此一定要使用规范的整数比较运算符来进行操作。可用的整数比较运算符如表 4-4 所示。

表 4-4 可用的整数比较运算符

运算符	作用
-eq	是否等于
-ne	是否不等于
-gt	是否大于
-lt	是否小于
-le	是否等于或小于
-ge	是否大于或等于

接下来小试牛刀。我们先测试一下 10 是否大于 10 以及 10 是否等于 10（通过输出的返回值内容来判断）：

```
[root@linuxprobe ~]# [ 10 -gt 10 ]
[root@linuxprobe ~]# echo $?
1
[root@linuxprobe ~]# [ 10 -eq 10 ]
[root@linuxprobe ~]# echo $?
0
```

在 2.4 节曾经讲过 free 命令，它可以用来获取当前系统正在使用及可用的内存量信息。接下来先使用 free -m 命令查看内存使用量情况（单位为 MB），然后通过 grep Mem:命令过滤出剩余内存量的行，再用 awk '{print $4}'命令只保留第四列，最后用 FreeMem=`语句`的方式把语句内执行的结果赋值给变量。

这个演示确实有些难度，但看懂后会觉得很有意思，没准在运维工作中也会用得上。

```
[root@linuxprobe ~]# free -m
             total       used       free     shared    buffers     cached
Mem:          1826       1244        582          9          1        413
-/+ buffers/cache:        830 996
Swap:         2047          0       2047
[root@linuxprobe ~]# free -m | grep Mem:
Mem:          1826       1244        582          9
[root@linuxprobe ~]# free -m | grep Mem: | awk '{print $4}'
582
[root@linuxprobe ~]# FreeMem=`free -m | grep Mem: | awk '{print $4}'`
[root@linuxprobe ~]# echo $FreeMem
582
```

上面用于获取内存可用量的命令以及步骤可能有些"超纲"了，如果不能理解领会也不用担心，接下来才是重点。我们使用整数运算符来判断内存可用量的值是否小于1024，若小于则会提示"Insufficient Memory"（内存不足）的字样：

```
[root@linuxprobe ~]# [ $FreeMem -lt 1024 ] && echo "Insufficient Memory"
Insufficient Memory
```

字符串比较语句用于判断测试字符串是否为空值，或两个字符串是否相同。它经常用来判断某个变量是否未被定义（即内容为空值），理解起来也比较简单。字符串比较中常见的运算符如表4-5所示。

表4-5　　　　　　　　　　　常见的字符串比较运算符

运算符	作用
=	比较字符串内容是否相同
!=	比较字符串内容是否不同
-z	判断字符串内容是否为空

接下来通过判断String变量是否为空值，进而判断是否定义了这个变量：

```
[root@linuxprobe ~]# [ -z $String]
[root@linuxprobe ~]# echo $?
0
```

再尝试引入逻辑运算符来试一下。当用于保存当前语系的环境变量值 LANG 不是英语（en.US）时，则会满足逻辑测试条件并输出"Not en.US"（非英语）的字样：

```
[root@linuxprobe ~]# echo $LANG
en_US.UTF-8
[root@linuxprobe ~]# [ $LANG != "en.US" ] && echo "Not en.US"
Not en.US
```

4.3 流程控制语句

尽管此时可以通过使用 Linux 命令、管道符、重定向以及条件测试语句来编写最基本的

Shell 脚本，但是这种脚本并不适用于生产环境。原因是它不能根据真实的工作需求来调整具体的执行命令，也不能根据某些条件实现自动循环执行。例如，我们需要批量创建 1000位用户，首先要判断这些用户是否已经存在；若不存在，则通过循环语句让脚本自动且依次创建他们。

接下来我们通过 if、for、while、case 这 4 种流程控制语句来学习编写难度更大、功能更强的 Shell 脚本。为了保证下文的实用性和趣味性，做到寓教于乐，我会尽可能多地讲解各种不同功能的 Shell 脚本示例，而不是逮住一个脚本不放，在它原有内容的基础上修修补补。尽管这种修补式的示例教学也可以让读者明白理论知识，但是却无法开放思路，不利于日后的工作。

4.3.1 if 条件测试语句

if 条件测试语句可以让脚本根据实际情况自动执行相应的命令。从技术角度来讲，if 语句分为单分支结构、双分支结构、多分支结构；其复杂度随着灵活度一起逐级上升。

if 条件语句的单分支结构由 if、then、fi 关键词组成，而且只在条件成立后才执行预设的命令，相当于口语的"如果……那么……"。单分支的 if 语句属于最简单的一种条件判断结构，语法格式如图 4-17 所示。

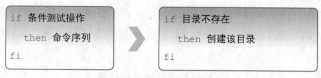

图 4-17 单分支的 if 语句

下面使用单分支的 if 条件语句来判断/media/cdrom 目录是否存在，若存在就结束条件判断和整个 Shell 脚本，反之则去创建这个目录：

```
[root@linuxprobe ~]# vim mkcdrom.sh
#!/bin/bash
DIR="/media/cdrom"
if [ ! -e $DIR ]
then
mkdir -p $DIR
fi
```

由于第 5 章才讲解用户身份与权限，因此这里继续用"bash 脚本名称"的方式来执行脚本。在正常情况下，顺利执行完脚本文件后没有任何输出信息，但是可以使用 ls 命令验证/media/cdrom 目录是否已经成功创建：

```
[root@linuxprobe ~]# bash mkcdrom.sh
[root@linuxprobe ~]# ls -d /media/cdrom
/media/cdrom
```

if 条件语句的双分支结构由 if、then、else、fi 关键词组成，它进行一次条件匹配判断，如果与条件匹配，则去执行相应的预设命令；反之则去执行不匹配时的预设命令，相当于口语的"如果……那么……或者……那么……"。if 条件语句的双分支结构也是一种很简单的判断结构，语法格式如图 4-18 所示。

图 4-18　双分支的 if 语句

　　下面使用双分支的 if 条件语句来验证某台主机是否在线，然后根据返回值的结果，要么显示主机在线信息，要么显示主机不在线信息。这里的脚本主要使用 ping 命令来测试与对方主机的网络联通性，而 Linux 系统中的 ping 命令不像 Windows 一样尝试 4 次就结束，因此为了避免用户等待时间过长，需要通过-c 参数来规定尝试的次数，并使用-i 参数定义每个数据包的发送间隔，以及使用-W 参数定义等待超时时间。

```
[root@linuxprobe ~]# vim chkhost.sh
#!/bin/bash
ping -c 3 -i 0.2 -W 3 $1 &> /dev/null
if [ $? -eq 0 ]
then
echo "Host $1 is On-line."
else
echo "Host $1 is Off-line."
fi
```

　　我们在 4.2.3 小节中用过$?变量，作用是显示上一次命令的执行返回值。若前面的那条语句成功执行，则$?变量会显示数字 0，反之则显示一个非零的数字（可能为 1，也可能为 2，取决于系统版本）。因此可以使用整数比较运算符来判断$?变量是否为 0，从而获知那条语句的最终判断情况。这里的服务器 IP 地址为 192.168.10.10，我们来验证一下脚本的效果：

```
[root@linuxprobe ~]# bash chkhost.sh 192.168.10.10
Host 192.168.10.10 is On-line.
[root@linuxprobe ~]# bash chkhost.sh 192.168.10.20
Host 192.168.10.20 is Off-line.
```

　　if 条件语句的多分支结构由 if、then、else、elif、fi 关键词组成，它进行多次条件匹配判断，这多次判断中的任何一项在匹配成功后都会执行相应的预设命令，相当于口语的"如果……那么……如果……那么……"。if 条件语句的多分支结构是工作中最常使用的一种条件判断结构，尽管相对复杂但是更加灵活，语法格式如图 4-19 所示。

图 4-19　多分支的 if 语句

　　下面使用多分支的 if 条件语句来判断用户输入的分数在哪个成绩区间内，然后输出如 Excellent、Pass、Fail 等提示信息。在 Linux 系统中，read 是用来读取用户输入信息的命令，能够把接收到的用户输入信息赋值给后面的指定变量，-p 参数用于向用户显示一定的提示信息。在下面的脚本示例中，只有当用户输入的分数大于等于 85 分且小于等于 100 分，才输出 Excellent 字样；若分数不满足该条件（即匹配不成功），则继续判断分数是否大于等于 70 分且小于等于 84 分，如果是，则输出 Pass 字样；若两次都落空（即两次的匹配操作都失败了），则输出 Fail 字样：

```
[root@linuxprobe ~]# vim chkscore.sh
#!/bin/bash
read -p "Enter your score (0-100): " GRADE
if [ $GRADE -ge 85 ] && [ $GRADE -le 100 ] ; then
echo "$GRADE is Excellent"
elif [ $GRADE -ge 70 ] && [ $GRADE -le 84 ] ; then
echo "$GRADE is Pass"
else
echo "$GRADE is Fail"
fi
[root@linuxprobe ~]# bash chkscore.sh
Enter your score (0-100): 88
88 is Excellent
[root@linuxprobe ~]# bash chkscore.sh
Enter your score (0-100): 80
80 is Pass
```

下面执行该脚本。当用户输入的分数分别为 30 和 200 时，其结果如下：

```
[root@linuxprobe ~]# bash chkscore.sh
Enter your score (0-100): 30
30 is Fail
[root@linuxprobe ~]# bash chkscore.sh
Enter your score (0-100): 200
200 is Fail
```

为什么输入的分数为 200 时，依然显示 Fail 呢？原因很简单——没有成功匹配脚本中的两个条件判断语句，因此自动执行了最终的兜底策略。可见，这个脚本还不是很完美，建议读者自行完善这个脚本，使得用户在输入大于 100 或小于 0 的分数时，给予 Error 报错字样的提示。

4.3.2　for 条件循环语句

for 循环语句允许脚本一次性读取多个信息，然后逐一对信息进行操作处理，当要处理的数据有范围时，使用 for 循环语句再适合不过了。for 循环语句的语法格式如图 4-20 所示。

图 4-20　for 循环语句的语法格式

下面使用 for 循环语句从列表文件中读取多个用户名，然后为其逐一创建用户账户并设置密码。首先创建用户名称的列表文件 users.txt，每个用户名称单独一行。读者可以自行决定具体的用户名称和个数：

```
[root@linuxprobe ~]# vim users.txt
andy
barry
carl
duke
eric
george
```

接下来编写 Shell 脚本 Example.sh。在脚本中使用 read 命令读取用户输入的密码值，然后赋值给 PASSWD 变量，并通过-p 参数向用户显示一段提示信息，告诉用户正在输入的内容即将作为账户密码。在执行该脚本后，会自动使用从列表文件 users.txt 中获取到所有的用户名称，然后逐一使用 "id 用户名" 命令查看用户的信息，并使用$?判断这条命令是否执行成功，也就是判断该用户是否已经存在。

需要多说一句，/dev/null 是一个被称作 Linux 黑洞的文件，把输出信息重定向到这个文件等同于删除数据（类似于没有回收功能的垃圾箱），可以让用户的屏幕窗口保持简洁。

```
[root@linuxprobe ~]# vim Example.sh
#!/bin/bash
read -p "Enter The Users Password : " PASSWD
for UNAME in `cat users.txt`
do
id $UNAME &> /dev/null
if [ $? -eq 0 ]
then
echo "Already exists"
else
useradd $UNAME &> /dev/null
echo "$PASSWD" | passwd --stdin $UNAME &> /dev/null
if [ $? -eq 0 ]
then
echo "$UNAME , Create success"
else
echo "$UNAME , Create failure"
fi
fi
done
```

执行批量创建用户的 Shell 脚本 Example.sh，在输入为账户设定的密码后将由脚本自动检查并创建这些账户。由于已经将多余的信息通过输出重定向符转移到了/dev/null 黑洞文件中，因此在正常情况下屏幕窗口除了 "用户账户创建成功"（Create success）的提示后不会有其他内容。

在 Linux 系统中，/etc/passwd 是用来保存用户账户信息的文件。如果想确认这个脚本是否成功创建了用户账户，可以打开这个文件，看其中是否有这些新创建的用户信息。

```
[root@linuxprobe ~]# bash Example.sh
Enter The Users Password : linuxprobe
andy , Create success
barry , Create success
carl , Create success
duke , Create success
```

```
eric , Create success
george , Create success
[root@linuxprobe ~]# tail -6 /etc/passwd
andy:x:1001:1001::/home/andy:/bin/bash
barry:x:1002:1002::/home/barry:/bin/bash
carl:x:1003:1003::/home/carl:/bin/bash
duke:x:1004:1004::/home/duke:/bin/bash
eric:x:1005:1005::/home/eric:/bin/bash
george:x:1006:1006::/home/george:/bin/bash
```

您还记得在学习双分支 if 条件语句时，用到的那个测试主机是否在线的脚本么？既然我们现在已经掌握了 for 循环语句，不妨做些更酷的事情，比如尝试让脚本从文本中自动读取主机列表，然后自动逐个测试这些主机是否在线。

首先创建一个主机列表文件 ipadds.txt：

```
[root@linuxprobe ~]# vim ipadds.txt
192.168.10.10
192.168.10.11
192.168.10.12
```

然后前面的双分支 if 条件语句与 for 循环语句相结合，让脚本从主机列表文件 ipadds.txt 中自动读取 IP 地址（用来表示主机）并将其赋值给 HLIST 变量，从而通过判断 ping 命令执行后的返回值来逐个测试主机是否在线。脚本中出现的$（命令）是一种完全类似于第 3 章的转义字符中反引号\`命令\`的 Shell 操作符，效果同样是执行括号或双引号括起来的字符串中的命令。大家在编写脚本时，多学习几种类似的新方法，可在工作中大显身手：

```
[root@linuxprobe ~]# vim CheckHosts.sh
#!/bin/bash
HLIST=$(cat ~/ipadds.txt)
for IP in $HLIST
do
ping -c 3 -i 0.2 -W 3 $IP &> /dev/null
if [ $? -eq 0 ] ; then
echo "Host $IP is On-line."
else
echo "Host $IP is Off-line."
fi
done
[root@linuxprobe ~]# ./CheckHosts.sh
Host 192.168.10.10 is On-line.
Host 192.168.10.11 is Off-line.
Host 192.168.10.12 is Off-line.
```

4.3.3　while 条件循环语句

while 条件循环语句是一种让脚本根据某些条件来重复执行命令的语句，它的循环结构往往在执行前并不确定最终执行的次数，完全不同于 for 循环语句中有目标、有范围的使用场景。while 循环语句通过判断条件测试的真假来决定是否继续执行命令，若条件为真就继续执行，为假就结束循环。while 语句的语法格式如图 4-21 所示。

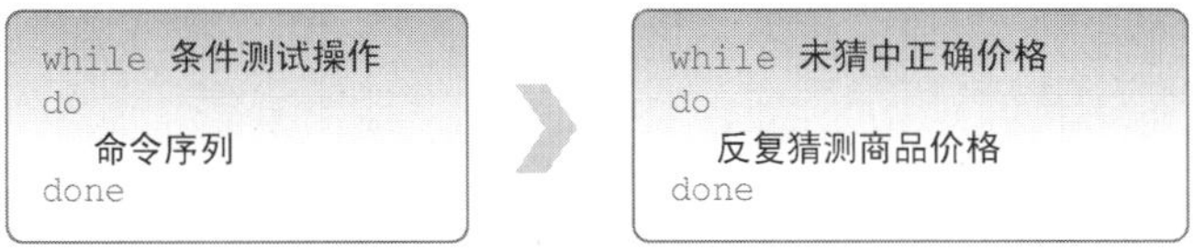

图 4-21　while 循环语句的语法格式

接下来结合使用多分支的 if 条件测试语句与 while 条件循环语句，编写一个用来猜测数值大小的脚本 Guess.sh。该脚本使用$RANDOM 变量来调取出一个随机的数值（范围为 0～32767），将这个随机数对 1000 进行取余操作，并使用 expr 命令取得其结果，再用这个数值与用户通过 read 命令输入的数值进行比较判断。这个判断语句分为三种情况，分别是判断用户输入的数值是等于、大于还是小于使用 expr 命令取得的数值。当前，现在这些内容不是重点，我们当前要关注的是 while 条件循环语句中的条件测试始终为 true，因此判断语句会无限执行下去，直到用户输入的数值等于 expr 命令取得的数值后，这两者相等之后才运行 exit 0 命令，终止脚本的执行。

```
[root@linuxprobe ~]# vim Guess.sh
#!/bin/bash
PRICE=$(expr $RANDOM % 1000)
TIMES=0
echo "商品实际价格为 0-999 之间，猜猜看是多少？"
while true
do
read -p "请输入您猜测的价格数目： " INT
let TIMES++
if [ $INT -eq $PRICE ] ; then
echo "恭喜您答对了，实际价格是 $PRICE"
echo "您总共猜测了 $TIMES 次"
exit 0
elif [ $INT -gt $PRICE ] ; then
echo "太高了！"
else
echo "太低了！"
fi
done
```

在这个 Guess.sh 脚本中，我们添加了一些交互式的信息，从而使得用户与系统的互动性得以增强。而且每当循环到 let TIMES++命令时都会让 TIMES 变量内的数值加 1，用来统计循环总计执行了多少次。这可以让用户得知总共猜测了多少次之后，才猜对价格。

```
[root@linuxprobe ~]# bash Guess.sh
商品实际价格为 0-999 之间，猜猜看是多少？
请输入您猜测的价格数目： 500
太低了！
请输入您猜测的价格数目： 800
太高了！
请输入您猜测的价格数目： 650
太低了！
请输入您猜测的价格数目： 720
太高了！
请输入您猜测的价格数目： 690
太低了！
请输入您猜测的价格数目： 700
太高了！
请输入您猜测的价格数目： 695
```

太高了！
请输入您猜测的价格数目：692
太高了！
请输入您猜测的价格数目：691
恭喜您答对了，实际价格是 691
您总共猜测了 9 次

4.3.4　case 条件测试语句

如果您之前学习过 C 语言，看到这一小节的标题肯定会会心一笑 "这不就是 switch 语句嘛！" 是的，case 条件测试语句和 switch 语句的功能非常相似！case 语句是在多个范围内匹配数据，若匹配成功则执行相关命令并结束整个条件测试；而如果数据不在所列出的范围内，则会去执行星号（*）中所定义的默认命令。case 语句的语法结构如图 4-22 所示。

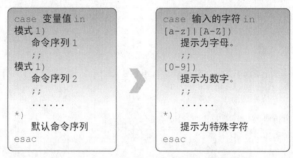

```
case 变量值 in
模式 1)
     命令序列 1
     ;;
模式 1)
     命令序列 2
     ;;
......
*)
     默认命令序列
esac
```

```
case 输入的字符 in
[a-z]|[A-Z])
     提示为字母。
     ;;
[0-9])
     提示为数字。
     ;;
......
*)
     提示为特殊字符
esac
```

图 4-22　case 条件测试语句的语法结构

在前文介绍的 Guess.sh 脚本中有一个致命的弱点——只能接受数字！您可以尝试输入一个字母，会发现脚本立即就崩溃了。原因是字母无法与数字进行大小比较，例如，"a 是否大于等于 3" 这样的命题是完全错误的。我们必须有一定的措施来判断用户的输入内容，当用户输入的内容不是数字时，脚本能予以提示，从而免于崩溃。

通过在脚本中组合使用 case 条件测试语句和通配符（详见第 3 章），完全可以满足这里的需求。接下来我们编写脚本 Checkkeys.sh，提示用户输入一个字符并将其赋值给变量 KEY，然后根据变量 KEY 的值向用户显示其值是字母、数字还是其他字符。

```
[root@linuxprobe ~]# vim Checkkeys.sh
#!/bin/bash
read -p "请输入一个字符，并按 Enter 键确认：" KEY
case "$KEY" in
[a-z]|[A-Z])
echo "您输入的是 字母。"
;;
[0-9])
echo "您输入的是 数字。"
;;
*)
echo "您输入的是 空格、功能键或其他控制字符。"
esac
[root@linuxprobe ~]# bash Checkkeys.sh
请输入一个字符，并按 Enter 键确认：6
您输入的是 数字。
[root@linuxprobe ~]# bash Checkkeys.sh
```

请输入一个字符，并按 Enter 键确认：p
您输入的是 字母。
[root@linuxprobe ~]# bash Checkkeys.sh
请输入一个字符，并按 Enter 键确认：^[[15~
您输入的是 空格、功能键或其他控制字符。

4.4 计划任务服务程序

　　经验丰富的系统运维工程师可以使得 Linux 在无需人为介入的情况下，在指定的时间段自动启用或停止某些服务或命令，从而实现运维的自动化。尽管我们现在已经有了功能彪悍的脚本程序来执行一些批处理工作，但是，如果仍然需要在每天凌晨两点敲击键盘回车键来执行这个脚本程序，这简直太痛苦了（当然，也可以训练您的小猫在半夜按下回车键）。接下来，刘遄老师将向大家讲解如何设置服务器的计划任务服务，把周期性、规律性的工作交给系统自动完成。

　　计划任务分为一次性计划任务与长期性计划任务，大家可以按照如下方式理解。

> 一次性计划任务：今晚 11 点 30 分开启网站服务。

> 长期性计划任务：每周一的凌晨 3 点 25 分把/home/wwwroot 目录打包备份为 backup.tar.gz。

　　顾名思义，一次性计划任务只执行一次，一般用于满足临时的工作需求。我们可以用 at 命令实现这种功能，只需要写成"at 时间"的形式就可以。如果想要查看已设置好但还未执行的一次性计划任务，可以使用"at -l"命令；要想将其删除，可以用"atrm 任务序号"。在使用 at 命令来设置一次性计划任务时，默认采用的是交互式方法。例如，使用下述命令将系统设置为在今晚 23:30 分自动重启网站服务。

```
[root@linuxprobe ~]# at 23:30
at > systemctl restart httpd
at > 此处请同时按下 Ctrl + D 组合键来结束编写计划任务
job 3 at Mon Apr 27 23:30:00 2017
[root@linuxprobe ~]# at -l
3 Mon Apr 27 23:30:00 2017 a root
```

　　如果读者想挑战一下难度更大但简捷性更高的方式，可以把前面学习的管道符（任意门）放到两条命令之间，让 at 命令接收前面 echo 命令的输出信息，以达到通过非交互式的方式创建计划一次性任务的目的。

```
[root@linuxprobe ~]# echo "systemctl restart httpd" | at 23:30
job 4 at Mon Apr 27 23:30:00 2017
[root@linuxprobe ~]# at -l
3 Mon Apr 27 23:30:00 2017 a root
4 Mon Apr 27 23:30:00 2017 a root
```

　　如果我们不小心设置了两个一次性计划任务，可以使用下面的命令轻松删除其中一个：

```
[root@linuxprobe ~]# atrm 3
[root@linuxprobe ~]# at -l
4 Mon Apr 27 23:30:00 2017 a root
```

　　如果我们希望 Linux 系统能够周期性地、有规律地执行某些具体的任务，那么 Linux 系统中默认启用的 crond 服务简直再适合不过了。创建、编辑计划任务的命令为"crontab -e"，查看当前计划任务的命令为 "crontab -l"，删除某条计划任务的命令为 "crontab -r"。另外，如果您是以管理员的身份登录的系统，还可以在 crontab 命令中加上-u 参数来编辑他人的计划任务。

在正式部署计划任务前，请先跟刘遄老师念一下口诀 "分、时、日、月、星期 命令"。这是使用 crond 服务设置任务的参数格式（其格式见表 4-6）。需要注意的是，如果有些字段没有设置，则需要使用星号（*）占位，如图 4-23 所示。

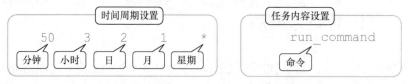

图 4-23　使用 crond 设置任务的参数格式

表 4-6　　　　　　　　　　使用 crond 设置任务的参数字段说明

字段	说明
分	取值为 0～59 的整数
时	取值为 0～23 的任意整数
日	取值为 1～31 的任意整数
月	取值为 1～12 的任意整数
星期	取值为 0～7 的任意整数，其中 0 与 7 均为星期日
命令	要执行的命令或程序脚本

假设在每周一、三、五的凌晨 3 点 25 分，都需要使用 tar 命令把某个网站的数据目录进行打包处理，使其作为一个备份文件。我们可以使用 crontab -e 命令来创建计划任务。为自己创建计划任务无需使用-u 参数，具体的实现效果的参数如 crontab -l 命令结果所示：

```
[root@linuxprobe ~]# crontab -e
no crontab for root - using an empty one
crontab: installing new crontab
[root@linuxprobe ~]# crontab -l
25 3 * * 1,3,5 /usr/bin/tar -czvf backup.tar.gz /home/wwwroot
```

需要说明的是，除了用逗号（,）来分别表示多个时间段，例如 "8,9,12" 表示 8 月、9 月和 12 月。还可以用减号（-）来表示一段连续的时间周期（例如字段 "日" 的取值为 "12-15"，则表示每月的 12～15 日）。以及用除号（/）表示执行任务的间隔时间（例如 "/2" 表示每隔 2 分钟执行一次任务）之外。

如果在 crond 服务中需要同时包含多条计划任务的命令语句，应每行仅写一条。例如我们再添加一条计划任务，它的功能是每周一至周五的凌晨 1 点钟自动清空/tmp 目录内的所有文件。尤其需要注意的是，在 crond 服务的计划任务参数中，所有命令一定要用绝对路径的方式来写，如果不知道绝对路径，请用 whereis 命令进行查询，rm 命令路径为下面输出信息中加粗部分。

```
[root@linuxprobe ~]# whereis rm
rm: /usr/bin/rm /usr/share/man/man1/rm.1.gz /usr/share/man/man1p/rm.1p.gz
[root@linuxprobe ~]# crontab -e
crontab: installing new crontab
[root@linuxprobe ~]# crontab -l
25 3 * * 1,3,5 /usr/bin/tar -czvf backup.tar.gz /home/wwwroot
0 1 * * 1-5 /usr/bin/rm -rf /tmp/*
```

在本节最后，刘遄老师再来啰嗦几句在工作中使用计划服务的注意事项。

➤ 在 crond 服务的配置参数中，可以像 Shell 脚本那样以#号开头写上注释信息，这样在日后回顾这段命令代码时可以快速了解其功能、需求以及编写人员等重要信息。

➤ 计划任务中的"分"字段必须有数值，绝对不能为空或是*号，而"日"和"星期"字段不能同时使用，否则就会发生冲突。

最后再啰嗦一句，想必读者也已经发现了，诸如 crond 在内的很多服务默认调用的是 Vim 编辑器，相信大家现在能进一步体会到在 Linux 系统中掌握 Vim 文本编辑器的好处了吧。所以请大家一定要在彻底掌握 Vim 编码器之后再学习下一章。

复习题

1. Vim 编辑器的三种模式分别是什么？
   答：命令模式、末行模式与输入模式（也叫编辑模式或插入模式）。

2. 怎么从输入模式切换到末行模式？
   答：需要先敲击 Esc 键退回到命令模式，然后敲击冒号（:）键后进入末行模式。

3. 一个完整的 Shell 脚本应该哪些内容？
   答：应该包括脚本声明、注释信息和可执行语句（即命令）。

4. 分别解释 Shell 脚本中$0 与$3 变量的作用。
   答：在 Shell 脚本中，$0 代表脚本文件的名称，$3 则代表该脚本在执行时接收的第三个参数。

5. if 条件测试语句有几种结构，最灵活且最复杂的是哪种结构？
   答：if 条件测试语句包括单分支、双分支与多分支等三种结构，其中多分支结构是最灵活且最复杂的结构，其结构形式为 if…then…elif…then…else…fi。

6. for 条件循环语句的循环结构是什么样子的？
   答：for 条件循环语句的结构为"for 变量名 in 取值列表 do 命令序列 done"，如图 4-20 所示。

7. 若在 while 条件循环语句中使用 true 作为循环条件，那么会发生什么事情？
   答：因条件测试值永久为 true，因此脚本中循环部分会无限地重复执行下去，直到碰到 exit 命令才会结束。

8. 如果需要依据用户的输入参数执行不同的操作，最方便的条件测试语句是什么？
   答：case 条件语句。

9. Linux 系统的长期计划任务所使用的服务是什么，其参数格式是什么？
   答：长期计划任务需要使用 crond 服务程序，参数格式是"分、时、日、月、星期 命令"。

第 5 章

用户身份与文件权限

本章讲解了如下内容:

- ➤ 用户身份与能力;
- ➤ 文件权限与归属;
- ➤ 文件的特殊权限;
- ➤ 文件的隐藏权限;
- ➤ 文件访问控制列表;
- ➤ su 命令与 sudo 服务。

Linux 是一个多用户、多任务的操作系统,具有很好的稳定性与安全性,在幕后保障 Linux 系统安全的则是一系列复杂的配置工作。本章将详细讲解文件的所有者、所属组以及其他人可对文件进行的读(r)、写(w)、执行(x)等操作,以及如何在 Linux 系统中添加、删除、修改用户账户信息。我们还可以使用 SUID、SGID 与 SBIT 特殊权限更加灵活地设置系统权限功能,来弥补对文件设置一般操作权限时所带来的不足。隐藏权限能够给系统增加一层隐形的防护层,让黑客最多只能查看关键日志信息,而不能进行修改或删除。而文件的访问控制列表(Access Control List,ACL)可以进一步让单一用户、用户组对单一文件或目录进行特殊的权限设置,让文件具有能满足工作需求的最小权限。本章最后还将讲解如何使用 su 命令与 sudo 服务让普通用户具备管理员的权限,不仅可以满足日常的工作需求,还可以确保系统的安全性。

5.1 用户身份与能力

设计 Linux 系统的初衷之一就是为了满足多个用户同时工作的需求,因此 Linux 系统必须具备很好的安全性。第 1 章在安装 RHEL 7 操作系统时,特别要求设置 root 管理员密码,这个 root 管理员就是存在于所有类 UNIX 系统中的超级用户。它拥有最高的系统所有权,能够管理系统的各项功能,如添加/删除用户、启动/关闭服务进程、开启/禁用硬件设备等。虽然以 root 管理员的身份工作时不会受到系统的限制,但俗语讲"能力越大,责任就越大",因此一旦使用这个高能的 root 管理员权限执行了错误的命令可能会直接毁掉整个系统。使用与否,确实需要好好权衡一下。

在学习时是否要使用 root 管理员权限来控制整个系统呢?面对这个问题,网络上有很多文章建议以普通用户的身份来操作——这是一个更安全也更"无责任"的回答。今天,刘遄老师就要冒天下之大不韪给出自己的心得——强烈推荐大家在学习时使用root管理员权限！

这种为root管理员正名的决绝态度在网络中应该还是很少见的，我之所以力荐root管理员权限，原因很简单。因为在Linux的学习过程中如果使用普通用户身份进行操作，则在配置服务之后出现错误时很难判断是系统自身的问题还是因为权限不足而导致的；这无疑会给大家的学习过程徒增坎坷。更何况我们的实验环境是使用VMware虚拟机软件搭建的，可以将安装好的系统设置为一次快照，这即便系统彻底崩溃了，您也可以在5秒钟的时间内快速还原出一台全新的系统，而不用担心数据丢失。

总之，刘遄老师在培训时都推荐每位学生使用root管理员权限来学习Linux系统，等到工作时再根据生产环境决定使用哪个用户权限；这些仅与选择相关，而非技术性问题。

另外，很多图书或培训机构的老师会讲到，Linux系统中的管理员就是root。这其实是错误的，Linux系统的管理员之所以是root，并不是因为它的名字叫root，而是因为该用户的身份号码即UID（User IDentification）的数值为0。在Linux系统中，UID就相当于我们的身份证号码一样具有唯一性，因此可通过用户的UID值来判断用户身份。在RHEL 7系统中，用户身份有下面这些。

➤ 管理员UID为0：系统的管理员用户。

➤ 系统用户UID为1～999：Linux系统为了避免因某个服务程序出现漏洞而被黑客提权至整台服务器，默认服务程序会有独立的系统用户负责运行，进而有效控制被破坏范围。

➤ 普通用户UID从1000开始：是由管理员创建的用于日常工作的用户。

需要注意的是，UID是不能冲突的，而且管理员创建的普通用户的UID默认是从1000开始的（即使前面有闲置的号码）。

为了方便管理属于同一组的用户，Linux系统中还引入了用户组的概念。通过使用用户组号码（GID，Group IDentification），我们可以把多个用户加入到同一个组中，从而方便为组中的用户统一规划权限或指定任务。假设有一个公司中有多个部门，每个部门中又有很多员工。如果只想让员工访问本部门内的资源，则可以针对部门而非具体的员工来设置权限。例如，可以通过对技术部门设置权限，使得只有技术部门的员工可以访问公司的数据库信息等。

另外，在Linux系统中创建每个用户时，将自动创建一个与其同名的基本用户组，而且这个基本用户组只有该用户一个人。如果该用户以后被归纳入其他用户组，则这个其他用户组称之为扩展用户组。一个用户只有一个基本用户组，但是可以有多个扩展用户组，从而满足日常的工作需要。

5.1.1 useradd 命令

useradd命令用于创建新的用户，格式为"useradd [选项] 用户名"。

可以使用useradd命令创建用户账户。使用该命令创建用户账户时，默认的用户家目录会被存放在/home目录中，默认的Shell解释器为/bin/bash，而且默认会创建一个与该用户同名的基本用户组。这些默认设置可以根据表5-1中的useradd命令参数自行修改。

表 5-1   useradd 命令中的用户参数以及作用

参数	作用
-d	指定用户的家目录（默认为/home/username）
-e	账户的到期时间，格式为 YYYY-MM-DD.
-u	指定该用户的默认 UID
-g	指定一个初始的用户基本组（必须已存在）
-G	指定一个或多个扩展用户组
-N	不创建与用户同名的基本用户组
-s	指定该用户的默认 Shell 解释器

下面我们创建一个普通用户并指定家目录的路径、用户的 UID 以及 Shell 解释器。在下面的命令中，请注意/sbin/nologin，它是终端解释器中的一员，与 Bash 解释器有着天壤之别。一旦用户的解释器被设置为 nologin，则代表该用户不能登录到系统中：

```
[root@linuxprobe ~]# useradd -d /home/linux -u 8888 -s /sbin/nologin linuxprobe
[root@linuxprobe ~]# id linuxprobe
uid=8888(linuxprobe) gid=8888(linuxprobe) groups=8888(linuxprobe)
```

5.1.2 groupadd 命令

groupadd 命令用于创建用户组，格式为"groupadd [选项] 群组名"。

为了能够更加高效地指派系统中各个用户的权限，在工作中常常会把几个用户加入到同一个组里面，这样便可以针对一类用户统一安排权限。创建用户组的步骤非常简单，例如使用如下命令创建一个用户组 ronny：

```
[root@linuxprobe ~]# groupadd ronny
```

5.1.3 usermod 命令

usermod 命令用于修改用户的属性，格式为"usermod [选项] 用户名"。

前文曾反复强调，Linux 系统中的一切都是文件，因此在系统中创建用户也就是修改配置文件的过程。用户的信息保存在/etc/passwd 文件中，可以直接用文本编辑器来修改其中的用户参数项目，也可以用 usermod 命令修改已经创建的用户信息，诸如用户的 UID、基本/扩展用户组、默认终端等。usermod 命令的参数以及作用如表 5-2 所示。

表 5-2   usermod 命令中的参数及作用

参数	作用
-c	填写用户账户的备注信息
-d -m	参数-m 与参数-d 连用，可重新指定用户的家目录并自动把旧的数据转移过去
-e	账户的到期时间，格式为 YYYY-MM-DD
-g	变更所属用户组
-G	变更扩展用户组

参数	作用
-L	锁定用户禁止其登录系统
-U	解锁用户，允许其登录系统
-s	变更默认终端
-u	修改用户的 UID

大家不要被这么多参数吓坏了。我们先来看一下账户 linuxprobe 的默认信息：

```
[root@linuxprobe ~]# id linuxprobe
uid=1000(linuxprobe) gid=1000(linuxprobe) groups=1000(linuxprobe)
```

然后将用户 linuxprobe 加入到 root 用户组中，这样扩展组列表中则会出现 root 用户组的字样，而基本组不会受到影响：

```
[root@linuxprobe ~]# usermod -G root linuxprobe
[root@linuxprobe ~]# id linuxprobe
uid=1000(linuxprobe) gid=1000(linuxprobe) groups=1000(linuxprobe),0(root)
```

再来试试用-u 参数修改 linuxprobe 用户的 UID 号码值。除此之外，我们还可以用-g 参数修改用户的基本组 ID，用-G 参数修改用户扩展组 ID。

```
[root@linuxprobe ~]# usermod -u 8888 linuxprobe
[root@linuxprobe ~]# id linuxprobe
uid=8888(linuxprobe) gid=1000(linuxprobe) groups=1000(linuxprobe),0(root)
```

5.1.4　passwd 命令

passwd 命令用于修改用户密码、过期时间、认证信息等，格式为 "passwd [选项] [用户名]"。

普通用户只能使用 passwd 命令修改自身的系统密码，而 root 管理员则有权限修改其他所有人的密码。更酷的是，root 管理员在 Linux 系统中修改自己或他人的密码时不需要验证旧密码，这一点特别方便。既然 root 管理员可以修改其他用户的密码，就表示完全拥有该用户的管理权限。passwd 命令中可用的参数以及作用如表 5-3 所示。

表 5-3　　　　　　　　　　passwd 命令中的参数以及作用

参数	作用
-l	锁定用户，禁止其登录
-u	解除锁定，允许用户登录
--stdin	允许通过标准输入修改用户密码，如 echo "NewPassWord"	passwd --stdin Username
-d	使该用户可用空密码登录系统
-e	强制用户在下次登录时修改密码
-S	显示用户的密码是否被锁定，以及密码所采用的加密算法名称

接下来刘遄老师将演示如何修改用户自己的密码，以及如何修改其他人的密码（修改他

人密码时，需要具有 root 管理员权限）：

```
[root@linuxprobe ~]# passwd
Changing password for user root.
New password: 此处输入密码值
Retype new password: 再次输入进行确认
passwd: all authentication tokens updated successfully.
[root@linuxprobe ~]# passwd linuxprobe
Changing password for user linuxprobe.
New password: 此处输入密码值
Retype new password: 再次输入进行确认
passwd: all authentication tokens updated successfully.
```

假设您有位同事正在度假，而且假期很长，那么可以使用 passwd 命令禁止该用户登录系统，等假期结束回归工作岗位时，再使用该命令允许用户登录系统，而不是将其删除。这样既保证了这段时间内系统的安全，也避免了频繁添加、删除用户带来的麻烦：

```
[root@linuxprobe ~]# passwd -l linuxprobe
Locking password for user linuxprobe.
passwd: Success
[root@linuxprobe ~]# passwd -S linuxprobe
linuxprobe LK 2017-12-26 0 99999 7 -1 (Password locked.)
[root@linuxprobe ~]# passwd -u linuxprobe
Unlocking password for user linuxprobe.
passwd: Success
[root@linuxprobe ~]# passwd -S linuxprobe
linuxprobe PS 2017-12-26 0 99999 7 -1 (Password set, SHA512 crypt.)
```

5.1.5　userdel 命令

userdel 命令用于删除用户，格式为"userdel [选项] 用户名"。

如果我们确认某位用户后续不再会登录到系统中，则可以通过 userdel 命令删除该用户的所有信息。在执行删除操作时，该用户的家目录默认会保留下来，此时可以使用-r 参数将其删除。userdel 命令的参与以及作用如表 5-4 所示。

表 5-4　　　　　　　　　　　　userdel 命令的参数以及作用

参数	作用
-f	强制删除用户
-r	同时删除用户及用户家目录

下面使用 userdel 命令将 linuxprobe 用户删除，其操作如下：

```
[root@linuxprobe ~]# id linuxprobe
uid=8888(linuxprobe) gid=1000(linuxprobe) groups=1000(linuxprobe),0(root)
[root@linuxprobe ~]# userdel -r linuxprobe
[root@linuxprobe ~]# id linuxprobe
id: linuxprobe: no such user
```

5.2　文件权限与归属

尽管在 Linux 系统中一切都是文件，但是每个文件的类型不尽相同，因此 Linux 系统使用了不同的字符来加以区分，常见的字符如下所示。

> ➤ -：普通文件。
> ➤ d：目录文件。
> ➤ l：链接文件。
> ➤ b：块设备文件。
> ➤ c：字符设备文件。
> ➤ p：管道文件。

在 Linux 系统中，每个文件都有所属的所有者和所有组，并且规定了文件的所有者、所有组以及其他人对文件所拥有的可读（r）、可写（w）、可执行（x）等权限。对于一般文件来说，权限比较容易理解："可读"表示能够读取文件的实际内容；"可写"表示能够编辑、新增、修改、删除文件的实际内容；"可执行"则表示能够运行一个脚本程序。但是，对于目录文件来说，理解其权限设置来就不那么容易了。很多资深 Linux 用户其实也没有真正搞明白。

刘遄老师在这里给大家详细讲解一下目录文件的权限设置。对目录文件来说，"可读"表示能够读取目录内的文件列表；"可写"表示能够在目录内新增、删除、重命名文件；而"可执行"则表示能够进入该目录。

文件的读、写、执行权限可以简写为 rwx，亦可分别用数字 4、2、1 来表示，文件所有者，所属组及其他用户权限之间无关联，如表 5-5 所示。

表 5-5　　　　　　　　　　　　　　文件权限的字符与数字表示

权限分配	文件所有者			文件所属组			其他用户		
权限项	读	写	执行	读	写	执行	读	写	执行
字符表示	r	w	x	r	w	x	r	w	x
数字表示	4	2	1	4	2	1	4	2	1

文件权限的数字法表示基于字符表示（rwx）的权限计算而来，其目的是简化权限的表示。例如，若某个文件的权限为 7 则代表可读、可写、可执行（4+2+1）；若权限为 6 则代表可读、可写（4+2）。我们来看这样一个例子。现在有这样一个文件，其所有者拥有可读、可写、可执行的权限，其文件所属组拥有可读、可写的权限；而且其他人只有可读的权限。那么，这个文件的权限就是 rwxrw-r--，数字法表示即为 764。不过大家千万再将这三个数字相加，计算出 7+6+4=17 的结果，这是小学的数学加减法，不是 Linux 系统的权限数字表示法，三者之间没有互通关系。

Linux 系统的文件权限相当复杂，但是用途很广泛，建议大家把它彻底搞清楚之后再学习下一节的内容。现在来练习一下。请各位读者分别计算数字表示法 764、642、153、731 所对应的字符表示法，然后再把 rwxrw-r--、rw--w-wx、rw-r--r--转换成数字表示法。

下面我们利用上文讲解的知识，一起分析图 5-1 中所示的文件信息。

图 5-1　通过 ls 命令查看到的文件属性信息

在图 5-1 中，包含了文件的类型、访问权限、所有者（属主）、所属组（属组）、占用的磁盘大小、修改时间和文件名称等信息。通过分析可知，该文件的类型为普通文件，所有者权限为可读、可写（rw-），所属组权限为可读（r--），除此以外的其他人也只有可读权限（r--），文件的磁盘占用大小是 34298 字节，最近一次的修改时间为 4 月 2 日的凌晨 23 分，文件的名称为 install.log。

5.3　文件的特殊权限

在复杂多变的生产环境中，单纯设置文件的 rwx 权限无法满足我们对安全和灵活性的需求，因此便有了 SUID、SGID 与 SBIT 的特殊权限位。这是一种对文件权限进行设置的特殊功能，可以与一般权限同时使用，以弥补一般权限不能实现的功能。下面具体解释这 3 个特殊权限位的功能以及用法。

5.3.1　SUID

SUID 是一种对二进制程序进行设置的特殊权限,可以让二进制程序的执行者临时拥有属主的权限（仅对拥有执行权限的二进制程序有效）。例如，所有用户都可以执行 passwd 命令来修改自己的用户密码，而用户密码保存在/etc/shadow 文件中。仔细查看这个文件就会发现它的默认权限是 000，也就是说除了 root 管理员以外，所有用户都没有查看或编辑该文件的权限。但是，在使用 passwd 命令时如果加上 SUID 特殊权限位，就可让普通用户临时获得程序所有者的身份，把变更的密码信息写入到 shadow 文件中。这很像我们在古装剧中见到的手持尚方宝剑的钦差大臣，他手持的尚方宝剑代表的是皇上的权威，因此可以惩戒贪官，但这并不意味着他永久成为了皇上。因此这只是一种有条件的、临时的特殊权限授权方法。

查看 passwd 命令属性时发现所有者的权限由 rwx 变成了 rws，其中 x 改变成 s 就意味着该文件被赋予了 SUID 权限。另外有读者会好奇，那么如果原本的权限是 rw-呢？如果原先权限位上没有 x 执行权限，那么被赋予特殊权限后将变成大写的 S。

```
[root@linuxprobe ~]# ls -l /etc/shadow
----------. 1 root root 1004 Jan 3 06:23 /etc/shadow
[root@linuxprobe ~]# ls -l /bin/passwd
-rwsr-xr-x. 1 root root 27832 Jan 29 2017 /bin/passwd
```

5.3.2　SGID

SGID 主要实现如下两种功能：
➤ 让执行者临时拥有属组的权限（对拥有执行权限的二进制程序进行设置）；

> ➢ 在某个目录中创建的文件自动继承该目录的用户组（只可以对目录进行设置）。

SGID 的第一种功能是参考 SUID 而设计的，不同点在于执行程序的用户获取的不再是文件所有者的临时权限，而是获取到文件所属组的权限。举例来说，在早期的 Linux 系统中，/dev/kmem 是一个字符设备文件，用于存储内核程序要访问的数据，权限为：

```
cr--r-----    1 root system 2,  1 Feb 11 2017   kmem
```

大家看出问题了吗？除了 root 管理员或属于 system 组成员外，所有用户都没有读取该文件的权限。由于在平时我们需要查看系统的进程状态，为了能够获取到进程的状态信息，可在用于查看系统进程状态的 ps 命令文件上增加 SGID 特殊权限位。查看 ps 命令文件的属性信息：

```
-r-xr-sr-x   1 bin system 59346 Feb 11 2017  ps
```

这样一来，由于 ps 命令被增加了 SGID 特殊权限位，所以当用户执行该命令时，也就临时获取到了 system 用户组的权限，从而可以顺利地读取设备文件了。

前文提到，每个文件都有其归属的所有者和所属组，当创建或传送一个文件后，这个文件就会自动归属于执行这个操作的用户（即该用户是文件的所有者）。如果现在需要在一个部门内设置共享目录，让部门内的所有人员都能够读取目录中的内容，那么就可以创建部门共享目录后，在该目录上设置 SGID 特殊权限位。这样，部门内的任何人员在里面创建的任何文件都会归属于该目录的所属组，而不再是自己的基本用户组。此时，我们用到的就是 SGID 的第二个功能，即在某个目录中创建的文件自动继承该目录的用户组（只可以对目录进行设置）。

```
[root@linuxprobe ~]# cd /tmp
[root@linuxprobe tmp]# mkdir testdir
[root@linuxprobe tmp]# ls -ald testdir/
drwxr-xr-x. 2 root root 6 Feb 11 11:50 testdir/
[root@linuxprobe tmp]# chmod -Rf 777 testdir/
[root@linuxprobe tmp]# chmod -Rf g+s testdir/
[root@linuxprobe tmp]# ls -ald testdir/
drwxrwsrwx. 2 root root 6 Feb 11 11:50 testdir/
```

在使用上述命令设置好目录的 777 权限（确保普通用户可以向其中写入文件），并为该目录设置了 SGID 特殊权限位后，就可以切换至一个普通用户，然后尝试在该目录中创建文件，并查看新创建的文件是否会继承新创建的文件所在的目录的所属组名称：

```
[root@linuxprobe tmp]# su - linuxprobe
Last login: Wed Feb 11 11:49:16 CST 2017 on pts/0
[linuxprobe@linuxprobe ~]$ cd /tmp/testdir/
[linuxprobe@linuxprobe testdir]$ echo "linuxprobe.com" > test
[linuxprobe@linuxprobe testdir]$ ls -al test
-rw-rw-r--. 1 linuxprobe root 15 Feb 11 11:50 test
```

除了上面提到的 SGID 的这两个功能，我们再介绍两个与本小节内容相关的命令：chmod 和 chown。

chmod 命令是一个非常实用的命令，能够用来设置文件或目录的权限，格式为"chmod [参数] 权限 文件或目录名称"。如果要把一个文件的权限设置成其所有者可读可写可执行、所属组可读可、其他人没有任何权限，则相应的字符法表示为 rwxrw----，其对应的数字法表示为 760。通过前面的基础学习和当前的练习实践，现在大家可以感受到使用数字法来设置文件权限的便捷性了吧。

```
[root@linuxprobe ~]# ls -al test
-rw-rw-r--. 1 linuxprobe root 15 Feb 11 11:50 test
[root@linuxprobe ~]# chmod 760 test
[root@linuxprobe ~]# ls -l test
-rwxrw----. 1 linuxprobe root 15 Feb 11 11:50 test
```

除了设置文件或目录的权限外，还可以设置文件或目录的所有者和所属组，这里使用的命令为 chown，其格式为"chown [参数] 所有者:所属组 文件或目录名称"。

chmod 和 chown 命令是用于修改文件属性和权限的最常用命令，它们还有一个特别的共性，就是针对目录进行操作时需要加上大写参数-R 来表示递归操作，即对目录内所有的文件进行整体操作。

```
[root@linuxprobe ~]# ls -l test
-rwxrw----. 1 linuxprobe root 15 Feb 11 11:50 test
[root@linuxprobe ~]# chown root:bin test
[root@linuxprobe ~]# ls -l test
-rwxrw----. 1 root bin 15 Feb 11 11:50 test
```

5.3.3 SBIT

现在，大学里的很多老师都要求学生将作业上传到服务器的特定共享目录中，但总是有几个"破坏分子"喜欢删除其他同学的作业，这时就要设置 SBIT（Sticky Bit）特殊权限位了（也可以称之为特殊权限位之粘滞位）。SBIT 特殊权限位可确保用户只能删除自己的文件，而不能删除其他用户的文件。换句话说，当对某个目录设置了 SBIT 粘滞位权限后，那么该目录中的文件就只能被其所有者执行删除操作了。

最初不知道是哪位非资深技术人员将 Sticky Bit 直译成了"粘滞位"，刘遄老师建议将其称为"保护位"，这既好记，又能立刻让人了解它的作用。RHEL 7 系统中的/tmp 作为一个共享文件的目录，默认已经设置了 SBIT 特殊权限位，因此除非是该目录的所有者，否则无法删除这里面的文件。

与前面所讲的 SUID 和 SGID 权限显示方法不同，当目录被设置 SBIT 特殊权限位后，文件的其他人权限部分的 x 执行权限就会被替换成 t 或者 T，原本有 x 执行权限则会写成 t，原本没有 x 执行权限则会被写成 T。

```
[root@linuxprobe tmp]# su - linuxprobe
Last login: Wed Feb 11 12:41:20 CST 2017 on pts/0
[linuxprobe@linuxprobe tmp]$ ls -ald /tmp
drwxrwxrwt. 17 root root 4096 Feb 11 13:03 /tmp
[linuxprobe@linuxprobe ~]$ cd /tmp
[linuxprobe@linuxprobe tmp]$ ls -ald
drwxrwxrwt. 17 root root 4096 Feb 11 13:03 .
[linuxprobe@linuxprobe tmp]$ echo "Welcome to linuxprobe.com" > test
[linuxprobe@linuxprobe tmp]$ chmod 777 test
[linuxprobe@linuxprobe tmp]$ ls -al test
-rwxrwxrwx. 1 linuxprobe linuxprobe 10 Feb 11 12:59 test
```

其实，文件能否被删除并不取决于自身的权限，而是看其所在目录是否有写入权限（其原理会在下个章节讲到）。为了避免现在很多读者不放心，所以上面的命令还是赋予了这个 test 文件最大的 777 权限（rwxrwxrwx）。我们切换到另外一个普通用户，然后尝试删除这个其他人创建的文件就会发现，即便读、写、执行权限全开，但是由于 SBIT 特殊权限位的缘故，依然无法删除该文件：

```
[root@linuxprobe tmp]# su - blackshield
Last login: Wed Feb 11 12:41:29 CST 2017 on pts/1
[blackshield@linuxprobe ~]$ cd /tmp
[blackshield@linuxprobe tmp]$ rm -f test
rm: cannot remove 'test': Operation not permitted
```

当然，要是也想对其他目录来设置 SBIT 特殊权限位，用 chmod 命令就可以了。对应的参数 o+t 代表设置 SBIT 粘滞位权限：

```
[blackshield@linuxprobe tmp]$ exit
Logout
[root@linuxprobe tmp]# cd ~
[root@linuxprobe ~]# mkdir linux
[root@linuxprobe ~]# chmod -R o+t linux/
[root@linuxprobe ~]# ls -ld linux/
drwxr-xr-t. 2 root root 6 Feb 11 19:34 linux/
```

5.4 文件的隐藏属性

Linux 系统中的文件除了具备一般权限和特殊权限之外，还有一种隐藏权限，即被隐藏起来的权限，默认情况下不能直接被用户发觉。有用户曾经在生产环境和 RHCE 考试题目中碰到过明明权限充足但却无法删除某个文件的情况，或者仅能在日志文件中追加内容而不能修改或删除内容，这在一定程度上阻止了黑客篡改系统日志的图谋，因此这种"奇怪"的文件也保障了 Linux 系统的安全性。

5.4.1 chattr 命令

chattr 命令用于设置文件的隐藏权限，格式为"chattr [参数] 文件"。如果想要把某个隐藏功能添加到文件上，则需要在命令后面追加"+参数"，如果想要把某个隐藏功能移出文件，则需要追加"-参数"。chattr 命令中可供选择的隐藏权限参数非常丰富，具体如表 5-6 所示。

表 5-6　　　　　　　　chattr 命令中用于隐藏权限的参数及其作用

参数	作用
i	无法对文件进行修改；若对目录设置了该参数，则仅能修改其中的子文件内容而不能新建或删除文件
a	仅允许补充（追加）内容，无法覆盖/删除内容（Append Only）
S	文件内容在变更后立即同步到硬盘（sync）
s	彻底从硬盘中删除，不可恢复（用 0 填充原文件所在硬盘区域）
A	不再修改这个文件或目录的最后访问时间（atime）

参数	作用
b	不再修改文件或目录的存取时间
D	检查压缩文件中的错误
d	使用 dump 命令备份时忽略本文件/目录
c	默认将文件或目录进行压缩
u	当删除该文件后依然保留其在硬盘中的数据，方便日后恢复
t	让文件系统支持尾部合并（tail-merging）
X	可以直接访问压缩文件中的内容

为了让读者能够更好地见识隐藏权限的效果，我们先来创建一个普通文件，然后立即尝试删除（这个操作肯定会成功）：

```
[root@linuxprobe ~]# echo "for Test" > linuxprobe
[root@linuxprobe ~]# rm linuxprobe
rm: remove regular file 'linuxprobe'? y
```

实践是检验真理的唯一标准。如果您没有亲眼见证过隐藏权限强大功能的美妙，就一定不会相信原来 Linux 系统会如此安全。接下来我们再次新建一个普通文件，并为其设置不允许删除与覆盖（+a 参数）权限，然后再尝试将这个文件删除：

```
[root@linuxprobe ~]# echo "for Test" > linuxprobe
[root@linuxprobe ~]# chattr +a linuxprobe
[root@linuxprobe ~]# rm linuxprobe
rm: remove regular file 'linuxprobe'? y
rm: cannot remove 'linuxprobe': Operation not permitted
```

可见，上述操作失败了。

5.4.2 lsattr 命令

lsattr 命令用于显示文件的隐藏权限，格式为"lsattr [参数] 文件"。在 Linux 系统中，文件的隐藏权限必须使用 lsattr 命令来查看，平时使用的 ls 之类的命令则看不出端倪：

```
 [root@linuxprobe ~]# ls -al linuxprobe
-rw-r--r--. 1 root root 9 Feb 12 11:42 linuxprobe
```

一旦使用 lsattr 命令后，文件上被赋予的隐藏权限马上就会原形毕露。此时可以按照显示的隐藏权限的类型（字母），使用 chattr 命令将其去掉：

```
[root@linuxprobe ~]# lsattr linuxprobe
-----a---------- linuxprobe
[root@linuxprobe ~]# chattr -a linuxprobe
[root@linuxprobe ~]# lsattr linuxprobe
---------------- linuxprobe
[root@linuxprobe ~]# rm linuxprobe
rm: remove regular file 'linuxprobe'? y
```

5.5 文件访问控制列表

不知道大家是否发现，前文讲解的一般权限、特殊权限、隐藏权限其实有一个共性——权限是针对某一类用户设置的。如果希望对某个指定的用户进行单独的权限控制，就需要用到文件的访问控制列表（ACL）了。通俗来讲，基于普通文件或目录设置 ACL 其实就是针对指定的用户或用户组设置文件或目录的操作权限。另外，如果针对某个目录设置了 ACL，则目录中的文件会继承其 ACL；若针对文件设置了 ACL，则文件不再继承其所在目录的 ACL。

为了更直观地看到 ACL 对文件权限控制的强大效果，我们先切换到普通用户，然后尝试进入 root 管理员的家目录中。在没有针对普通用户对 root 管理员的家目录设置 ACL 之前，其执行结果如下所示：

```
[root@linuxprobe ~]# su - linuxprobe
Last login: Sat Mar 21 16:31:19 CST 2017 on pts/0
[linuxprobe@linuxprobe ~]$ cd /root
-bash: cd: /root: Permission denied
[linuxprobe@linuxprobe root]$ exit
```

5.5.1 setfacl 命令

setfacl 命令用于管理文件的 ACL 规则，格式为 "setfacl [参数] 文件名称"。文件的 ACL 提供的是在所有者、所属组、其他人的读/写/执行权限之外的特殊权限控制，使用 setfacl 命令可以针对单一用户或用户组、单一文件或目录来进行读/写/执行权限的控制。其中，针对目录文件需要使用-R 递归参数；针对普通文件则使用-m 参数；如果想要删除某个文件的 ACL，则可以使用-b 参数。下面来设置用户在/root 目录上的权限：

```
[root@linuxprobe ~]# setfacl -Rm u:linuxprobe:rwx /root
[root@linuxprobe ~]# su - linuxprobe
Last login: Sat Mar 21 15:45:03 CST 2017 on pts/1
[linuxprobe@linuxprobe ~]$ cd /root
[linuxprobe@linuxprobe root]$ ls
anaconda-ks.cfg Downloads Pictures Public
[linuxprobe@linuxprobe root]$ cat anaconda-ks.cfg
[linuxprobe@linuxprobe root]$ exit
```

是不是觉得效果很酷呢？但是现在有这样一个小问题——怎么去查看文件上有那些ACL呢？常用的 ls 命令是看不到 ACL 表信息的，但是却可以看到文件的权限最后一个点（.）变成了加号（+），这就意味着该文件已经设置了 ACL 了。现在大家是不是感觉学得越多，越不敢说自己精通 Linux 系统了吧？就这么一个不起眼的点(.)，竟然还表示这么一种重要的权限。

```
[root@linuxprobe ~]# ls -ld /root
dr-xrwx---+ 14 root root 4096 May 4 2017 /root
```

5.5.2 getfacl 命令

getfacl 命令用于显示文件上设置的 ACL 信息，格式为 "getfacl 文件名称"。Linux 系统中的命令就是这么又可爱又好记。想要设置 ACL，用的是 setfacl 命令；要想查看 ACL，则用的是 getfacl 命令。下面使用 getfacl 命令显示在 root 管理员家目录上设置的所有 ACL 信息。

```
[root@linuxprobe ~]# getfacl /root
getfacl: Removing leading '/' from absolute path names
# file: root
# owner: root
# group: root
user::r-x
user:linuxprobe:rwx
group::r-x
mask::rwx
other::---
```

5.6   su 命令与 sudo 服务

　　各位读者在实验环境中很少遇到安全问题，并且为了避免因权限因素导致配置服务失败，从而建议使用 root 管理员来学习本书，但是在生产环境中还是要对安全多一份敬畏之心，不要用 root 管理员去做所有事情。因为一旦执行了错误的命令，可能会直接导致系统崩溃，这样一来，不但客户指责、领导批评、没准奖金也会鸡飞蛋打。但转头一想，尽管 Linux 系统为了安全性考虑，使得许多系统命令和服务只能被 root 管理员来使用，但是这也让普通用户受到了更多的权限束缚，从而导致无法顺利完成特定的工作任务。

　　su 命令可以解决切换用户身份的需求，使得当前用户在不退出登录的情况下，顺畅地切换到其他用户，比如从 root 管理员切换至普通用户：

```
[root@linuxprobe ~]# id
uid=0(root) gid=0(root) groups=0(root)
[root@linuxprobe ~]# su - linuxprobe
Last login: Wed Jan 4 01:17:25 EST 2017 on pts/0
[linuxprobe@linuxprobe ~]$ id
uid=1000(linuxprobe) gid=1000(linuxprobe) groups=1000(linuxprobe) context=unconfined_
u:unconfined_r:unconfined_t:s0-s0:c0.c1023
```

　　细心的读者一定会发现，上面的 su 命令与用户名之间有一个减号（-），这意味着完全切换到新的用户，即把环境变量信息也变更为新用户的相应信息，而不是保留原始的信息。强烈建议在切换用户身份时添加这个减号（-）。

　　另外，当从 root 管理员切换到普通用户时是不需要密码验证的，而从普通用户切换成 root 管理员就需要进行密码验证了；这也是一个必要的安全检查：

```
[linuxprobe@linuxprobe root]$ su root
Password:
[root@linuxprobe ~]# su - linuxprobe
Last login: Mon Aug 24 19:27:09 CST 2017 on pts/0
[linuxprobe@linuxprobe ~]$ exit
logout
[root@linuxprobe ~]#
```

　　尽管像上面这样使用 su 命令后，普通用户可以完全切换到 root 管理员身份来完成相应工作，但这将暴露 root 管理员的密码，从而增大了系统密码被黑客获取的几率；这并不是最安全的方案。

刘遄老师接下来将介绍如何使用 sudo 命令把特定命令的执行权限赋予给指定用户，这样既可保证普通用户能够完成特定的工作，也可以避免泄露 root 管理员密码。我们要做的就是合理配置 sudo 服务，以便兼顾系统的安全性和用户的便捷性。sudo 服务的配置原则也很简单——在保证普通用户完成相应工作的前提下，尽可能少地赋予额外的权限。

sudo 命令用于给普通用户提供额外的权限来完成原本 root 管理员才能完成的任务，格式为"sudo [参数] 命令名称"。sudo 服务中可用的参数以及相应的作用如表 5-7 所示。

表 5-7   sudo 服务中的可用参数以及作用

参数	作用
-h	列出帮助信息
-l	列出当前用户可执行的命令
-u 用户名或 UID 值	以指定的用户身份执行命令
-k	清空密码的有效时间，下次执行 sudo 时需要再次进行密码验证
-b	在后台执行指定的命令
-p	更改询问密码的提示语

总结来说，sudo 命令具有如下功能：

➢ 限制用户执行指定的命令；

➢ 记录用户执行的每一条命令；

➢ 配置文件（/etc/sudoers）提供集中的用户管理、权限与主机等参数；

➢ 验证密码的后 5 分钟内（默认值）无须再让用户再次验证密码。

当然，如果担心直接修改配置文件会出现问题，则可以使用 sudo 命令提供的 visudo 命令来配置用户权限。这条命令在配置用户权限时将禁止多个用户同时修改 sudoers 配置文件，还可以对配置文件内的参数进行语法检查，并在发现参数错误时进行报错。

> 注：
>
>   只有 root 管理员才可以使用 visudo 命令编辑 sudo 服务的配置文件。

```
visudo: >>> /etc/sudoers: syntax error near line 111 <<<
What now?
Options are:
(e)dit sudoers file again
(x)it without saving changes to sudoers file
(Q)uit and save changes to sudoers file (DANGER!)
```

使用 visudo 命令配置 sudo 命令的配置文件时，其操作方法与 Vim 编辑器中用到的方法一致，因此在编写完成后记得在末行模式下保存并退出。在 sudo 命令的配置文件中，按照下面的格式将第 99 行（大约）填写上指定的信息：

谁可以使用   允许使用的主机=（以谁的身份）   可执行命令的列表

```
[root@linuxprobe ~]# visudo
 96 ##
 97 ## Allow root to run any commands anywhere
```

```
98 root ALL=(ALL) ALL
99 linuxprobe ALL=(ALL) ALL
```

在填写完毕后记得要先保存再退出，然后切换至指定的普通用户身份，此时就可以用 sudo -l 命令查看到所有可执行的命令了（下面的命令中，验证的是该普通用户的密码，而不是 root 管理员的密码，请读者不要搞混了）：

```
[root@linuxprobe ~]# su - linuxprobe
Last login: Thu Sep 3 15:12:57 CST 2017 on pts/1
[linuxprobe@linuxprobe ~]$ sudo -l
[sudo] password for linuxprobe:此处输入 linuxprobe 用户的密码
Matching Defaults entries for linuxprobe on this host:
requiretty, !visiblepw, always_set_home, env_reset, env_keep="COLORS
DISPLAY HOSTNAME HISTSIZE INPUTRC KDEDIR LS_COLORS", env_keep+="MAIL PS1
PS2 QTDIR USERNAME LANG LC_ADDRESS LC_CTYPE", env_keep+="LC_COLLATE
LC_IDENTIFICATION LC_MEASUREMENT LC_MESSAGES", env_keep+="LC_MONETARY
LC_NAME LC_NUMERIC LC_PAPER LC_TELEPHONE", env_keep+="LC_TIME LC_ALL
LANGUAGE LINGUAS _XKB_CHARSET XAUTHORITY",
secure_path=/sbin\:/bin\:/usr/sbin\:/usr/bin
User linuxprobe may run the following commands on this host:
(ALL) ALL
```

接下来是见证奇迹的时刻！作为一名普通用户，是肯定不能看到 root 管理员的家目录（/root）中的文件信息的，但是，只需要在想执行的命令前面加上 sudo 命令就可以了：

```
[linuxprobe@linuxprobe ~]$ ls /root
ls: cannot open directory /root: Permission denied
[linuxprobe@linuxprobe ~]$ sudo ls /root
anaconda-ks.cfg Documents initial-setup-ks.cfg Pictures Templates
Desktop Downloads Music Public Videos
```

效果立竿见影！但是考虑到生产环境中不允许某个普通用户拥有整个系统中所有命令的最高执行权（这也不符合前文提到的权限赋予原则，即尽可能少地赋予权限），因此 ALL 参数就有些不合适了。因此只能赋予普通用户具体的命令以满足工作需求，这也受到了必要的权限约束。如果需要让某个用户只能使用 root 管理员的身份执行指定的命令，切记一定要给出该命令的绝对路径，否则系统会识别不出来。我们可以先使用 whereis 命令找出命令所对应的保存路径，然后把配置文件第 99 行的用户权限参数修改成对应的路径即可：

```
[linuxprobe@linuxprobe ~]$ exit
logout
[root@linuxprobe ~]# whereis cat
cat: /usr/bin/cat /usr/share/man/man1/cat.1.gz /usr/share/man/man1p/cat.1p.gz
[root@linuxprobe ~]# visudo
 96 ##
 97 ## Allow root to run any commands anywhere
 98 root ALL=(ALL) ALL
 99 linuxprobe ALL=(ALL) /usr/bin/cat
```

在编辑好后依然是先保存再退出。再次切换到指定的普通用户，然后尝试正常查看某个文件的内容，此时系统提示没有权限。这时再使用 sudo 命令就可以顺利地查看文件内容了：

```
[root@linuxprobe ~]# su - linuxprobe
Last login: Thu Sep 3 15:51:01 CST 2017 on pts/1
```

```
[linuxprobe@linuxprobe ~]$ cat /etc/shadow
cat: /etc/shadow: Permission denied
[linuxprobe@linuxprobe ~]$ sudo cat /etc/shadow
root:$6$GV3UVtX4ZGg6ygA6$J9pBuPGUSgZslj83jyoI7ThJla9ZAULku3BcncAYF0OUwk6Sqc4E36
MnD1hLtlG9QadCpQCNVJs/5awHd0/pi1:16626:0:99999:7:::
bin:*:16141:0:99999:7:::
daemon:*:16141:0:99999:7:::
adm:*:16141:0:99999:7:::
lp:*:16141:0:99999:7:::
sync:*:16141:0:99999:7:::
shutdown:*:16141:0:99999:7:::
halt:*:16141:0:99999:7:::
mail:*:16141:0:99999:7:::
operator:*:16141:0:99999:7:::
games:*:16141:0:99999:7:::
ftp:*:16141:0:99999:7:::
nobody:*:16141:0:99999:7:::
…………省略部分文件内容…………
```

大家千万不要以为到这里就结束了，刘遄老师还有更压箱底的宝贝。不知大家是否发觉在每次执行 sudo 命令后都会要求验证一下密码。虽然这个密码就是当前登录用户的密码，但是每次执行 sudo 命令都要输入一次密码其实也挺麻烦的，这时可以添加 NOPASSWD 参数，使得用户执行 sudo 命令时不再需要密码验证：

```
[linuxprobe@linuxprobe ~]$ exit
logout
[root@linuxprobe ~]# whereis poweroff
poweroff: /usr/sbin/poweroff /usr/share/man/man8/poweroff.8.gz
[root@linuxprobe ~]# visudo
…………省略部分文件内容…………
 96 ##
 97 ## Allow root to run any commands anywhere
 98 root    ALL=(ALL)    ALL
 99 linuxprobe ALL=NOPASSWD: /usr/sbin/poweroff
…………省略部分文件内容…………
```

这样，当切换到普通用户后再执行命令时，就不用再频繁地验证密码了，我们在日常工作中也就痛快至极了。

```
[root@linuxprobe ~]# su - linuxprobe
Last login: Thu Sep 3 15:58:31 CST 2017 on pts/1
[linuxprobe@linuxprobe ~]$ poweroff
User root is logged in on seat0.
Please retry operation after closing inhibitors and logging out other users.
Alternatively, ignore inhibitors and users with 'systemctl poweroff -i'.
[linuxprobe@linuxprobe ~]$ sudo poweroff
```

复习题

1. 在 RHEL 7 系统中，root 管理员是谁？

   答：是 UID 为 0 的用户，默认是 root 管理员。

2. 如何使用 Linux 系统的命令行来添加或删除用户？

   答： 添加和删除用户的命令分别是 useradd 与 userdel。

3. 若某个文件的所有者具有文件的读/写/执行权限，其余人仅有读权限，那么用数字法表示应该是什么？

   答： 所有者权限为 rwx，所属组和其他人的权限为 r--，因此数字法表示应该是 744。

4. 某链接文件的权限用数字法表示为 755，那么相应的字符法表示是什么呢？

   答： 在 Linux 系统中，不同文件具有不同的类型，因此这里应写成 lrwxr-xr-x。

5. 如果希望用户执行某命令时临时拥有该命令所有者的权限，应该设置什么特殊权限？

   答： 特殊权限中的 SUID。

6. 若对文件设置了隐藏权限+i，则意味着什么？

   答： 无法对文件进行修改；若对目录设置了该参数，则仅能修改其中的子文件内容而不能新建或删除文件。

7. 使用访问控制列表（ACL）来限制 linuxprobe 用户组，使得该组中的所有成员不得在/tmp 目录中写入内容。

   答： 想要设置用户组的 ACL，则需要把 u 改成 g，即 setfacl -Rm g:linuxprobe:r-x /tmp。

8. 当普通用户使用 sudo 命令时是否需要验证密码？

   答： 系统在默认情况下需要验证当前登录用户的密码，若不想要验证，可添加 NOPASSWD 参数。

## 第 6 章

存储结构与磁盘划分

本章讲解了如下内容:

➢ 一切从"/"开始;
➢ 物理设备的命名规则;
➢ 文件系统与数据资料;
➢ 挂载硬件设备;
➢ 添加硬件设备;
➢ 添加交换分区;
➢ 磁盘容量配额;
➢ 软硬方式链接。

Linux 系统中颇具特色的文件存储结构常常搞得新手头晕脑胀,本章将从 Linux 系统中的文件存储结构开始,讲述文件系统层次化标准(FHS,Filesystem Hierarchy Standard)、udev 硬件命名规则以及硬盘分区的规划方法。

为了让读者更好地理解文件系统的作用,刘遄老师将在本章中详细地分析 Linux 系统中最常见的 Ext3、Ext4 与 XFS 文件系统的不同之处,并带领各位读者着重练习硬盘设备分区、格式化以及挂载等常用的硬盘管理操作,以便熟练掌握文件系统的使用方法。

在打下坚实的理论基础与完成一些相关的实践练习后,我们将进一步完整地部署 SWAP 交换分区、配置 quota 磁盘配额服务,以及掌握 ln 命令带来的软硬链接。相信各位读者在学习完本章后,会对 Linux 系统以及 Windows 系统中的磁盘存储以及文件系统有深入的理解。

6.1 一切从"/"开始

在 Linux 系统中,目录、字符设备、块设备、套接字、打印机等都被抽象成了文件,即刘遄老师所一直强调的"Linux 系统中一切都是文件"。既然平时我们打交道的都是文件,那么又应该如何找到它们呢?在 Windows 操作系统中,想要找到一个文件,我们要依次进入该文件所在的磁盘分区(假设这里是 D 盘),然后在进入该分区下的具体目录,最终找到这个文件。但是在 Linux 系统中并不存在 C/D/E/F 等盘符,Linux 系统中的一切文件都是从"根(/)"目录开始的,并按照文件系统层次化标准(FHS)采用树形结构来存放文件,以及定义了常见目录的用途。另外,Linux 系统中的文件和目录名称是严格区分大小写的。例如,root、rOOt、Root、rooT 均代表不同的目录,并且文件名称中不得包含斜杠(/)。Linux 系统中的文件存储结构如图 6-1 所示。

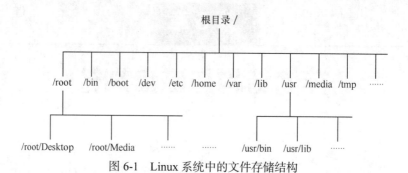

图 6-1　Linux 系统中的文件存储结构

前文提到的 FHS 是根据以往无数 Linux 系统用户和开发者的经验而总结出来的，是用户在 Linux 系统中存储文件时需要遵守的规则，用于指导我们应该把文件保存到什么位置，以及告诉用户应该在何处找到所需的文件。但是，FHS 对于用户来讲只能算是一种道德上的约束，有些用户就是懒得遵守，依然会把文件到处乱放，有些甚至从来没有听说过它。这里并不是号召各位读者去谴责他们，而是建议大家要灵活运用所学的知识，千万不要认准这个 FHS 协定只讲死道理，不然吃亏的可就是自己了。在 Linux 系统中，最常见的目录以及所对应的存放内容如表 6-1 所示。

表 6-1　　　　　　　　　Linux 系统中常见的目录名称以及相应内容

目录名称	应放置文件的内容
/boot	开机所需文件——内核、开机菜单以及所需配置文件等
/dev	以文件形式存放任何设备与接口
/etc	配置文件
/home	用户家目录
/bin	存放单用户模式下还可以操作的命令
/lib	开机时用到的函数库，以及/bin 与/sbin 下面的命令要调用的函数
/sbin	开机过程中需要的命令
/media	用于挂载设备文件的目录
/opt	放置第三方的软件
/root	系统管理员的家目录
/srv	一些网络服务的数据文件目录
/tmp	任何人均可使用的"共享"临时目录
/proc	虚拟文件系统，例如系统内核、进程、外部设备及网络状态等
/usr/local	用户自行安装的软件
/usr/sbin	Linux 系统开机时不会使用到的软件/命令/脚本
/usr/share	帮助与说明文件，也可放置共享文件
/var	主要存放经常变化的文件，如日志
/lost+found	当文件系统发生错误时，将一些丢失的文件片段存放在这里

在 Linux 系统中另外还有一个重要的概念——路径。路径指的是如何定位到某个文件，分为绝对路径与相对路径。绝对路径指的是从根目录（/）开始写起的文件或目录名称，而相

对路径则指的是相对于当前路径的写法。我们来看下面这个例子，以帮助大家理解。假如有一位外国游客来到中国潘家园旅游，当前内急但是找不到洗手间，特意向您问路，那么您有两种正确的指路方法。

> **绝对路径（absolute path）**:首先坐飞机来到中国，到了北京出首都机场坐机场快轨到三元桥，然后换乘 10 号线到潘家园站，出站后坐 34 路公交车到农光里，下车后路口左转。

> **相对路径（relative path）**:前面路口左转。

这两种方法都正确。如果您说的是绝对路径，那么任何一位外国游客都可以按照这个提示找到潘家园的洗手间，但是太繁琐了。如果您说的是相对路径，虽然表达很简练，但是这位外国游客只能从当前位置（不见得是潘家园）出发找到洗手间，因此并不能保证在前面的路口左转后可以找到洗手间，由此可见，相对路径不具备普适性。

如果各位读者现在还是不能理解相对路径和绝对路径的区别，也不要着急，以后通过实践练习肯定可以彻底搞明白。当前建议大家先记住 FHS 中规范的目录作用，这将在以后派上用场。

6.2 物理设备的命名规则

在 Linux 系统中一切都是文件，硬件设备也不例外。既然是文件，就必须有文件名称。系统内核中的 udev 设备管理器会自动把硬件名称规范起来，目的是让用户通过设备文件的名字可以猜出设备大致的属性以及分区信息等；这对于陌生的设备来说特别方便。另外，udev 设备管理器的服务会一直以守护进程的形式运行并侦听内核发出的信号来管理/dev 目录下的设备文件。Linux 系统中常见的硬件设备的文件名称如表 6-2 所示。

表 6-2　　　　　　　　　常见的硬件设备及其文件名称

硬件设备	文件名称
IDE 设备	/dev/hd[a-d]
SCSI/SATA/U 盘	/dev/sd[a-p]
软驱	/dev/fd[0-1]
打印机	/dev/lp[0-15]
光驱	/dev/cdrom
鼠标	/dev/mouse
磁带机	/dev/st0 或/dev/ht0

由于现在的 IDE 设备已经很少见了，所以一般的硬盘设备都会是以 "/dev/sd" 开头的。而一台主机上可以有多块硬盘，因此系统采用 a～p 来代表 16 块不同的硬盘（默认从 a 开始分配），而且硬盘的分区编号也很有讲究：

> 主分区或扩展分区的编号从 1 开始，到 4 结束；
> 逻辑分区从编号 5 开始。

国内很多 Linux 培训讲师以及很多知名 Linux 图书在讲到设备和分区名称时，总会讲错两个知识点。第一个知识点是设备名称的理解错误。很多培训讲师和 Linux 技术图书中会提到，比如/dev/sda 表示主板上第一个插槽上的存储设备，学员或读者在实践操作的时候会发现果然如此，因此也就对这条理论知识更加深信不疑。但真相不是这样的，/dev 目录中 sda 设备之所以是 a，并不是由插槽决定的，而是由系统内核的识别顺序来决定的，而恰巧很多主板的插槽顺序就是系统内核的识别顺序，因此才会被命名为/dev/sda。大家以后在使用 iSCSI 网络存储设备时就会发现，明明主板上第二个插槽是空着的，但系统却能识别到/dev/sdb 这个设备就是这个道理。

第二个知识点是对分区名称的理解错误。很多 Linux 培训讲师会告诉学员，分区的编号代表分区的个数。比如 sda3 表示这是设备上的第三个分区，而学员在做实验的时候确实也会得出这样的结果，但是这个理论知识是错误的，因为分区的数字编码不一定是强制顺延下来的，也有可能是手工指定的。因此 sda3 只能表示是编号为 3 的分区，而不能判断 sda 设备上已经存在了 3 个分区。

在填了这两个"坑"之后，刘遄老师再来分析一下/dev/sda5 这个设备文件名称包含哪些信息，如图 6-2 所示。

图 6-2　设备文件名称

首先，/dev/目录中保存的应当是硬件设备文件；其次，sd 表示是存储设备；然后，a 表示系统中同类接口中第一个被识别到的设备，最后，5 表示这个设备是一个逻辑分区。一言以蔽之，"/dev/sda5"表示的就是"这是系统中第一块被识别到的硬件设备中分区编号为 5 的逻辑分区的设备文件"。考虑到我们的很多读者完全没有 Linux 基础，不太容易理解前面所说的主分区、扩展分区和逻辑分区的概念，因此接下来简单科普一下硬盘相关的知识。

正是因为计算机有了硬盘设备，我们才可以在玩游戏的过程中或游戏通关之后随时存档，而不用每次重头开始。硬盘设备是由大量的扇区组成的，每个扇区的容量为 512 字节。其中第一个扇区最重要，它里面保存着主引导记录与分区表信息。就第一个扇区来讲，主引导记录需要占用 446 字节，分区表为 64 字节，结束符占用 2 字节；其中分区表中每记录一个分区信息就需要 16 字节，这样一来最多只有 4 个分区信息可以写到第一个扇区中，这 4 个分区就是 4 个主分区。第一个扇区中的数据信息如图 6-3 所示。

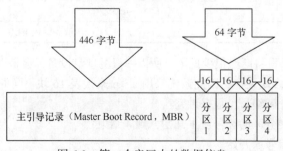

图 6-3　第一个扇区中的数据信息

现在，问题来了——第一个扇区最多只能创建出 4 个分区？于是为了解决分区个数不够的问题，可以将第一个扇区的分区表中 16 字节（原本要写入主分区信息）的空间（称之为扩展分区）拿出来指向另外一个分区。也就是说，扩展分区其实并不是一个真正的分区，而更像是一个占用 16 字节分区表空间的指针———一个指向另外一个分区的指针。这样一来，用户一般会选择使用 3 个主分区加 1 个扩展分区的方法，然后在扩展分区中创建出数个逻辑分区，从而来满足多分区（大于 4 个）的需求。当然，就目前来讲大家只要明白为什么主分区不能超过 4 个就足够了。主分区、扩展分区、逻辑分区可以像图 6-4 那样来规划。

> 注：
>
> 　　所谓扩展分区，严格地讲它不是一个实际意义的分区，它仅仅是一个指向下一个分区的指针，这种指针结构将形成一个单向链表。

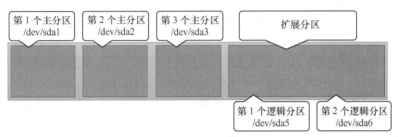

图 6-4　硬盘分区的规划

> 注：
>
> 　　读者可以试着解读一下/dev/sdb8 的意思。

6.3　文件系统与数据资料

用户在硬件存储设备中执行的文件建立、写入、读取、修改、转存与控制等操作都是依靠文件系统来完成的。文件系统的作用是合理规划硬盘，以保证用户正常的使用需求。Linux 系统支持数十种的文件系统，而最常见的文件系统如下所示。

➢ Ext3：是一款日志文件系统，能够在系统异常宕机时避免文件系统资料丢失，并能自动修复数据的不一致与错误。然而，当硬盘容量较大时，所需的修复时间也会很长，而且也不能百分之百地保证资料不会丢失。它会把整个磁盘的每个写入动作的细节都预先记录下来，以便在发生异常宕机后能回溯追踪到被中断的部分，然后尝试进行修复。

➢ Ext4：Ext3 的改进版本，作为 RHEL 6 系统中的默认文件管理系统，它支持的存储容量高达 1EB（1EB=1,073,741,824GB），且能够有无限多的子目录。另外，Ext4 文件系统能够批量分配 block 块，从而极大地提高了读写效率。

➢ XFS：是一种高性能的日志文件系统，而且是 RHEL 7 中默认的文件管理系统，它的优势在发生意外宕机后尤其明显，即可以快速地恢复可能被破坏的文件，而且强大的日志功能只用花费极低的计算和存储性能。并且它最大可支持的存储容量为 18EB，这几乎满足了所有需求。

RHEL 7 系统中一个比较大的变化就是使用了 XFS 作为文件系统，这不同于 RHEL 6 使用的 Ext4。从红帽公司官方发布的说明来看，这确实是一个不小的进步，但是刘遄老师在实测中发现并不完全属实。因为单纯就测试一款文件系统的"读取"性能来说，到底要读取多少个文件，每个文件的大小是多少，读取文件时的 CPU、内存等系统资源的占用率如何，以及不同的硬件配置是否会有不同的影响，因此在充分考虑到这些不确定因素后，实在不敢直接照抄红帽官方的介绍。我个人认为 XFS 虽然在性能方面比 Ext4 有所提升，但绝不是压倒性的，因此 XFS 文件系统最卓越的亮点应该当属可支持高达 18EB 的存储容量吧。

就像拿到了一张未裁切的完整纸张那样，我们首先要进行裁切以方便使用，然后在裁切后的纸张上画格以便能书写工整。在拿到了一块新的硬盘存储设备后，也需要先分区，然后再格式化文件系统，最后才能挂载并正常使用。硬盘的分区操作取决于您的需求和硬盘大小；您也可以选择不进行分区，但是必须对硬盘进行格式化处理。接下来刘遄老师再向大家简单地科普一下硬盘在格式化后发生的事情。再次强调，不用刻意去记住，只要能看懂就行了。

日常在硬盘需要保存的数据实在太多了，因此 Linux 系统中有一个名为 super block 的"硬盘地图"。Linux 并不是把文件内容直接写入到这个"硬盘地图"里面，而是在里面记录着整个文件系统的信息。因为如果把所有的文件内容都写入到这里面，它的体积将变得非常大，而且文件内容的查询与写入速度也会变得很慢。Linux 只是把每个文件的权限与属性记录在 inode 中，而且每个文件占用一个独立的 inode 表格，该表格的大小默认为 128 字节，里面记录着如下信息：

> 该文件的访问权限（read、write、execute）；
> 该文件的所有者与所属组（owner、group）；
> 该文件的大小（size）；
> 该文件的创建或内容修改时间（ctime）；
> 该文件的最后一次访问时间（atime）；
> 该文件的修改时间（mtime）；
> 文件的特殊权限（SUID、SGID、SBIT）；
> 该文件的真实数据地址（point）。

而文件的实际内容则保存在 block 块中（大小可以是 1KB、2KB 或 4KB），一个 inode 的默认大小仅为 128B（Ext3），记录一个 block 则消耗 4B。当文件的 inode 被写满后，Linux 系统会自动分配出一个 block 块，专门用于像 inode 那样记录其他 block 块的信息，这样把各个 block 块的内容串到一起，就能够让用户读到完整的文件内容了。对于存储文件内容的 block 块，有下面两种常见情况（以 4KB 的 block 大小为例进行说明）。

> 情况 1：文件很小（1KB），但依然会占用一个 block，因此会潜在地浪费 3KB。
> 情况 2：文件很大（5KB），那么会占用两个 block（5KB-4KB 后剩下的 1KB 也要占用一个 block）。

计算机系统在发展过程中产生了众多的文件系统，为了使用户在读取或写入文件时不用关心底层的硬盘结构，Linux 内核中的软件层为用户程序提供了一个 VFS（Virtual File System，虚拟文件系统）接口，这样用户实际上在操作文件时就是统一对这个虚拟文件系统进行操作了。图 6-5 所示为 VFS 的架构示意图。从中可见，实际文件系统在 VFS 下隐藏了自己的特性和细节，这样用户在日常使用时会觉得"文件系统都是一样的"，也就可以随意使用各种命令在任何文件系统中进行各种操作了（比如使用 cp 命令来复制文件）。

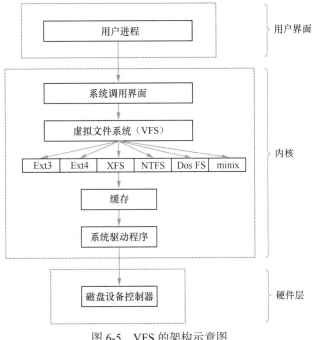

图 6-5　VFS 的架构示意图

6.4　挂载硬件设备

我们在用惯了 Windows 系统后总觉得一切都是理所当然的，平时把 U 盘插入到电脑后也从来没有考虑过 Windows 系统做了哪些事情，才使得我们可以访问这个 U 盘的。接下来我们会逐一学习在 Linux 系统中挂载和卸载存储设备的方法，以便大家更好地了解 Linux 系统添加硬件设备的工作原理和流程。前面讲到，在拿到一块全新的硬盘存储设备后要先分区，然后格式化，最后才能挂载并正常使用。"分区"和"格式化"大家以前经常听到，但"挂载"又是什么呢？刘遄老师在这里给您一个最简单、最贴切的解释——当用户需要使用硬盘设备或分区中的数据时，需要先将其与一个已存在的目录文件进行关联，而这个关联动作就是"挂载"。下文将向读者逐步讲解如何使用硬盘设备，但是鉴于与挂载相关的理论知识比较复杂，而且很重要，因此决定再拿出一个小节单独讲解，这次希望大家不仅要看懂，而且还要记住。

6.4.1　mount 命令

mount 命令用于挂载文件系统，格式为"mount 文件系统 挂载目录"。mount 命令中可用的参数及作用如表 6-3 所示。挂载是在使用硬件设备前所执行的最后一步操作。只需使用 mount 命令把硬盘设备或分区与一个目录文件进行关联，然后就能在这个目录中看到硬件设备中的数据了。对于比较新的 Linux 系统来讲，一般不需要使用-t 参数来指定文件系统的类型，Linux 系统会自动进行判断。而 mount 中的-a 参数则厉害了，它会在执行后自动检查/etc/fstab 文件中有无疏漏被挂载的设备文件，如果有，则进行自动挂载操作。

表 6-3 mount 命令中的参数以及作用

参数	作用
-a	挂载所有在/etc/fstab 中定义的文件系统
-t	指定文件系统的类型

例如，要把设备/dev/sdb2 挂载到/backup 目录，只需要在 mount 命令中填写设备与挂载目录参数就行，系统会自动去判断要挂载文件的类型，因此只需要执行下述命令即可：

```
[root@linuxprobe ~]# mount /dev/sdb2 /backup
```

虽然按照上面的方法执行 mount 命令后就能立即使用文件系统了，但系统在重启后挂载就会失效，也就是说我们需要每次开机后都手动挂载一下。这肯定不是我们想要的效果，如果想让硬件设备和目录永久地进行自动关联，就必须把挂载信息按照指定的填写格式"设备文件 挂载目录 格式类型 权限选项 自检 优先级"（各字段的意义见表 6-4）写入到/etc/fstab 文件中。这个文件中包含着挂载所需的诸多信息项目，一旦配置好之后就能一劳永逸了。

表 6-4 用于挂载信息的指定填写格式中，各字段所表示的意义

字段	意义
设备文件	一般为设备的路径+设备名称，也可以写唯一识别码（UUID, Universally Unique Identifier）
挂载目录	指定要挂载到的目录，需在挂载前创建好
格式类型	指定文件系统的格式，比如 Ext3、Ext4、XFS、SWAP、iso9660（此为光盘设备）等
权限选项	若设置为 defaults，则默认权限为：rw, suid, dev, exec, auto, nouser, async
自检	若为 1 则开机后进行磁盘自检，为 0 则不自检
优先级	若"自检"字段为 1，则可对多块硬盘进行自检优先级设置

如果想将文件系统为 ext4 的硬件设备/dev/sdb2 在开机后自动挂载到/backup 目录上，并保持默认权限且无需开机自检，就需要在/etc/fstab 文件中写入下面的信息，这样在系统重启后也会成功挂载。

```
[root@linuxprobe ~]# vim /etc/fstab
#
# /etc/fstab
# Created by anaconda on Wed May 4 19:26:23 2017
#
# Accessible filesystems, by reference, are maintained under '/dev/disk'
# See man pages fstab(5), findfs(8), mount(8) and/or blkid(8) for more info
#
/dev/mapper/rhel-root                         /              xfs        defaults      1 1
UUID=812b1f7c-8b5b-43da-8c06-b9999e0fe48b /boot          xfs        defaults      1 2
/dev/mapper                                   /rhel-swap     swap swap defaults      0 0
/dev/cdrom                                    /media/cdrom iso9660      defaults      0 0
/dev/sdb2                                     /backup        ext4       defaults      0 0
```

6.4.2 umount 命令

umount 命令用于撤销已经挂载的设备文件，格式为"umount [挂载点/设备文件]"。我们

挂载文件系统的目的是为了使用硬件资源，而卸载文件系统就意味不再使用硬件的设备资源；相对应地，挂载操作就是把硬件设备与目录进行关联的动作，因此卸载操作只需要说明想要取消关联的设备文件或挂载目录的其中一项即可，一般不需要加其他额外的参数。我们来尝试手动卸载掉/dev/sdb2设备文件：

```
[root@linuxprobe ~]# umount /dev/sdb2
```

6.5　添加硬盘设备

根据前文讲解的与管理硬件设备相关的理论知识，我们先来理清一下添加硬盘设备的操作思路：首先需要在虚拟机中模拟添加入一块新的硬盘存储设备，然后再进行分区、格式化、挂载等操作，最后通过检查系统的挂载状态并真实地使用硬盘来验证硬盘设备是否成功添加。

鉴于我们不需要为了做这个实验而特意买一块真实的硬盘，而是通过虚拟机软件进行硬件模拟，因此这再次体现出了使用虚拟机软件的好处。具体的操作步骤如下。

首先把虚拟机系统关机，稍等几分钟会自动返回到虚拟机管理主界面，然后单击"编辑虚拟机设置"选项，在弹出的界面中单击"添加"按钮，新增一块硬件设备，如图6-6所示。

图6-6　在虚拟机系统中添加硬件设备

选择想要添加的硬件类型为"硬盘"，然后单击"下一步"按钮就可以了，这确实没有什么需要进一步解释的，如图6-7所示。

选择虚拟硬盘的类型为 SCSI（默认推荐），并单击"下一步"按钮，这样虚拟机中的设备名称过一会儿后应该为/dev/sdb，如图6-8所示。

图 6-7　选择添加硬件类型

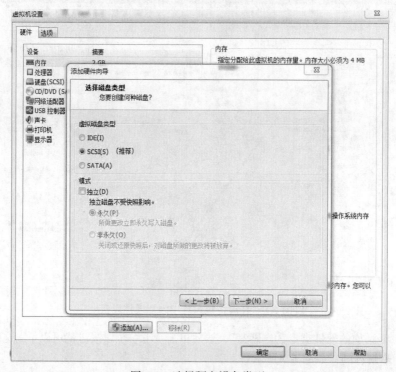

图 6-8　选择硬盘设备类型

选中 "创建新虚拟磁盘" 单选按钮, 而不是其他选项, 再次单击 "下一步" 按钮, 如图 6-9 所示。

图 6-9 选择"创建新虚拟磁盘"选项

将"最大磁盘大小"设置为默认的 20GB。这个数值是限制这台虚拟机所使用的最大硬盘空间，而不是立即将其填满，因此默认 20GB 就很合适了。单击"下一步"按钮，如图 6-10所示。

图 6-10 设置硬盘的最大使用空间

设置磁盘文件的文件名和保存位置（这里采用默认设置即可，无需修改），直接单击"完成"按钮，如图 6-11 所示。

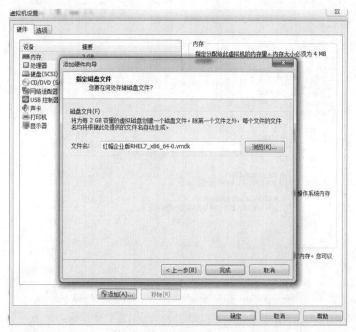

图 6-11　设置磁盘文件的文件名和保存位置

　　将新硬盘添加好后就可以看到设备信息了。这里不需要做任何修改，直接单击"确认"按钮后就可以开启虚拟机了，如图 6-12 所示。

图 6-12　查看虚拟机硬件设置信息

　　在虚拟机中模拟添加了硬盘设备后就应该能看到抽象成的硬盘设备文件了。按照前文讲解的 udev 服务命名规则，第二个被识别的 SCSI 设备应该会被保存为/dev/sdb，这个就是硬盘设备文件了。但在开始使用该硬盘之前还需要进行分区操作，例如从中取出一个 2GB 的分区设备以供后面的操作使用。

6.5.1 fdisk 命令

在 Linux 系统中，管理硬盘设备最常用的方法就当属 fdisk 命令了。fdisk 命令用于管理磁盘分区，格式为 "fdisk [磁盘名称]"，它提供了集添加、删除、转换分区等功能于一身的 "一站式分区服务"。不过与前面讲解的直接写到命令后面的参数不同，这条命令的参数（见表 6-5）是交互式的，因此在管理硬盘设备时特别方便，可以根据需求动态调整。

表 6-5   fdisk 命令中的参数以及作用

参数	作用
m	查看全部可用的参数
n	添加新的分区
d	删除某个分区信息
l	列出所有可用的分区类型
t	改变某个分区的类型
p	查看分区信息
w	保存并退出
q	不保存直接退出

我们首先使用 fdisk 命令来尝试管理/dev/sdb 硬盘设备。在看到提示信息后输入参数 p 来查看硬盘设备内已有的分区信息，其中包括了硬盘的容量大小、扇区个数等信息：

```
[root@linuxprobe ~]# fdisk /dev/sdb
Welcome to fdisk (util-linux 2.23.2).
Changes will remain in memory only, until you decide to write them.
Be careful before using the write command.
Device does not contain a recognized partition table
Building a new DOS disklabel with disk identifier 0x47d24a34.
Command (m for help): p
Disk /dev/sdb: 21.5 GB, 21474836480 bytes, 41943040 sectors
Units = sectors of 1 * 512 = 512 bytes
Sector size (logical/physical): 512 bytes / 512 bytes
I/O size (minimum/optimal): 512 bytes / 512 bytes
Disk label type: dos
Disk identifier: 0x47d24a34
Device Boot Start End Blocks Id System
```

输入参数 n 尝试添加新的分区。系统会要求您是选择继续输入参数 p 来创建主分区，还是输入参数 e 来创建扩展分区。这里输入参数 p 来创建一个主分区：

```
Command (m for help): n
Partition type:
p primary (0 primary, 0 extended, 4 free)
e extended
Select (default p): p
```

在确认创建一个主分区后，系统要求您先输入主分区的编号。我们在前文得知，主分区的编号范围是 1~4，因此这里输入默认的 1 就可以了。接下来系统会提示定义起始的扇区位置，这不需要改动，我们敲击回车键保留默认设置即可，系统会自动计算出最靠前的空闲扇区的位置。最后，系统会要求定义分区的结束扇区位置，这其实就是要去定义整个分区的大小是多少。我们不用去计算扇区的个数，只需要输入+2G 即可创建出一个容量为 2GB 的硬盘分区。

```
Partition number (1-4, default 1): 1
First sector (2048-41943039, default 2048):此处敲击回车
Using default value 2048
Last sector, +sectors or +size{K,M,G} (2048-41943039, default 41943039): +2G
Partition 1 of type Linux and of size 2 GiB is set
```

再次使用参数 p 来查看硬盘设备中的分区信息。果然就能看到一个名称为/dev/sdb1、起始扇区位置为 2048、结束扇区位置为 4196351 的主分区了。这时候千万不要直接关闭窗口，而应该敲击参数 w 后回车，这样分区信息才是真正的写入成功啦。

```
Command (m for help): p
Disk /dev/sdb: 21.5 GB, 21474836480 bytes, 41943040 sectors
Units = sectors of 1 * 512 = 512 bytes
Sector size (logical/physical): 512 bytes / 512 bytes
I/O size (minimum/optimal): 512 bytes / 512 bytes
Disk label type: dos
Disk identifier: 0x47d24a34
Device Boot Start End Blocks Id System
/dev/sdb1 2048 4196351 2097152 83 Linux
Command (m for help): w
The partition table has been altered!
Calling ioctl() to re-read partition table.
Syncing disks.
```

在上述步骤执行完毕之后，Linux 系统会自动把这个硬盘主分区抽象成/dev/sdb1 设备文件。我们可以使用 file 命令查看该文件的属性，但是刘遄老师在讲课和工作中发现，有些时候系统并没有自动把分区信息同步给 Linux 内核，而且这种情况似乎还比较常见（但不能算作是严重的 bug）。我们可以输入 partprobe 命令手动将分区信息同步到内核，而且一般推荐连续两次执行该命令，效果会更好。如果使用这个命令都无法解决问题，那么就重启计算机吧，这个杀手锏百试百灵，一定会有用的。

```
[root@linuxprobe ]# file /dev/sdb1
/dev/sdb1: cannot open (No such file or directory)
[root@linuxprobe ]# partprobe
[root@linuxprobe ]# partprobe
[root@linuxprobe ]# file /dev/sdb1
/dev/sdb1: block special
```

如果硬件存储设备没有进行格式化，则 Linux 系统无法得知怎么在其上写入数据。因此，在对存储设备进行分区后还需要进行格式化操作。在 Linux 系统中用于格式化操作的命令是 mkfs。这条命令很有意思，因为在 Shell 终端中输入 mkfs 名后再敲击两下用于补齐命令的 Tab 键，会有如下所示的效果：

```
[root@linuxprobe ~]# mkfs
mkfs          mkfs.cramfs   mkfs.ext3   mkfs.fat    mkfs.msdos   mkfs.xfs
mkfs.btrfs    mkfs.ext2     mkfs.ext4   mkfs.minix  mkfs.vfat
```

对！这个 mkfs 命令很贴心地把常用的文件系统名称用后缀的方式保存成了多个命令文件，用起来也非常简单——mkfs.文件类型名称。例如要格式分区为 XFS 的文件系统，则命令

应为 mkfs.xfs /dev/sdb1。

```
[root@linuxprobe ~]# mkfs.xfs /dev/sdb1
meta-data=/dev/sdb1 isize=256 agcount=4, agsize=131072 blks
= sectsz=512 attr=2, projid32bit=1
= crc=0
data = bsize=4096 blocks=524288, imaxpct=25
= sunit=0 swidth=0 blks
naming =version 2 bsize=4096 ascii-ci=0 ftype=0
log =internal log bsize=4096 blocks=2560, version=2
= sectsz=512 sunit=0 blks, lazy-count=1
realtime =none extsz=4096 blocks=0, rtextents=0
```

终于完成了存储设备的分区和格式化操作，接下来就是要来挂载并使用存储设备了。与之相关的步骤也非常简单：首先是创建一个用于挂载设备的挂载点目录；然后使用 mount 命令将存储设备与挂载点进行关联；最后使用 df -h 命令来查看挂载状态和硬盘使用量信息。

```
[root@linuxprobe ~]# mkdir /newFS
[root@linuxprobe ~]# mount /dev/sdb1 /newFS/
[root@linuxprobe ~]# df -h
Filesystem            Size  Used Avail Use% Mounted on
/dev/mapper/rhel-root  18G  3.5G   15G  20% /
devtmpfs              905M     0  905M   0% /dev
tmpfs                 914M  140K  914M   1% /dev/shm
tmpfs                 914M  8.8M  905M   1% /run
tmpfs                 914M     0  914M   0% /sys/fs/cgroup
/dev/sr0              3.5G  3.5G     0 100% /media/cdrom
/dev/sda1             497M  119M  379M  24% /boot
/dev/sdb1             2.0G   33M  2.0G   2% /newFS
```

6.5.2 du 命令

既然存储设备已经顺利挂载，接下来就可以尝试通过挂载点目录向存储设备中写入文件了。在写入文件之前，先介绍一个用于查看文件数据占用量的 du 命令，其格式为 "du [选项] [文件]"。简单来说，该命令就是用来查看一个或多个文件占用了多大的硬盘空间。我们还可以使用 du -sh /*命令来查看在 Linux 系统根目录下所有一级目录分别占用的空间大小。下面，我们先从某些目录中复制过来一批文件，然后查看这些文件总共占用了多大的容量：

```
[root@linuxprobe ~]# cp -rf /etc/* /newFS/
[root@linuxprobe ~]# ls /newFS/
abrt hosts pulse
adjtime hosts.allow purple
aliases hosts.deny qemu-ga
aliases.db hp qemu-kvm
alsa idmapd.conf radvd.conf
alternatives init.d rc0.d
anacrontab inittab rc1.d
.................省略部分输入信息.................
[root@linuxprobe ~]# du -sh /newFS/
33M /newFS/
```

细心的读者一定还记得，前面在讲解 mount 命令时提到，使用 mount 命令挂载的设备文件会在系统下一次重启的时候失效。如果想让这个设备文件的挂载永久有效，则需要把挂载的信息写入到配置文件中：

```
[root@linuxprobe ~]# vim /etc/fstab
#
# /etc/fstab
# Created by anaconda on Wed May 4 19:26:23 2017
#
# Accessible filesystems, by reference, are maintained under '/dev/disk'
# See man pages fstab(5), findfs(8), mount(8) and/or blkid(8) for more info
#
/dev/mapper/rhel-root                                /              xfs        defaults    1 1
UUID=812b1f7c-8b5b-43da-8c06-b9999e0fe48b /boot          xfs        defaults    1 2
/dev/mapper                                /rhel-swap     swap swap defaults    0 0
/dev/cdrom                                 /media/cdrom iso9660    defaults    0 0
/dev/sdb1                                  /newFS         xfs        defaults    0 0
```

6.6　添加交换分区

　　SWAP（交换）分区是一种通过在硬盘中预先划分一定的空间，然后将把内存中暂时不常用的数据临时存放到硬盘中，以便腾出物理内存空间让更活跃的程序服务来使用的技术，其设计目的是为了解决真实物理内存不足的问题。但由于交换分区毕竟是通过硬盘设备读写数据的，速度肯定要比物理内存慢，所以只有当真实的物理内存耗尽后才会调用交换分区的资源。

　　交换分区的创建过程与前文讲到的挂载并使用存储设备的过程非常相似。在对/dev/sdb存储设备进行分区操作前，有必要先说一下交换分区的划分建议：在生产环境中，交换分区的大小一般为真实物理内存的 1.5～2 倍，为了让大家更明显地感受交换分区空间的变化，这里取出一个大小为 5GB 的主分区作为交换分区资源。在分区创建完毕后保存并退出即可：

```
[root@linuxprobe ~]# fdisk /dev/sdb
Welcome to fdisk (util-linux 2.23.2).
Changes will remain in memory only, until you decide to write them.
Be careful before using the write command.
Device does not contain a recognized partition table
Building a new DOS disklabel with disk identifier 0xb3d27ce1.
Command (m for help): n
Partition type:
p primary (1 primary, 0 extended, 3 free)
e extendedSelect (default p): p
Partition number (2-4, default 2):
First sector (4196352-41943039, default 4196352): 此处敲击回车
Using default value 4196352
Last sector, +sectors or +size{K,M,G} (4196352-41943039, default 41943039): +5G
Partition 2 of type Linux and of size 5 GiB is set
Command (m for help): p
Disk /dev/sdb: 21.5 GB, 21474836480 bytes, 41943040 sectors
Units = sectors of 1 * 512 = 512 bytes
Sector size (logical/physical): 512 bytes / 512 bytes
I/O size (minimum/optimal): 512 bytes / 512 bytes
Disk label type: dos
Disk identifier: 0xb0ced57f
```

```
 Device Boot      Start           End        Blocks      Id    System
/dev/sdb1         2048       4196351       2097152      83    Linux
/dev/sdb2      4196352      14682111       5242880      83    Linux
Command (m for help): w
The partition table has been altered!
Calling ioctl() to re-read partition table.
WARNING: Re-reading the partition table failed with error 16: Device or resource busy.
The kernel still uses the old table. The new table will be used at
the next reboot or after you run partprobe(8) or kpartx(8)
Syncing disks.
```

使用 SWAP 分区专用的格式化命令 mkswap，对新建的主分区进行格式化操作：

```
[root@linuxprobe ~]# mkswap /dev/sdb2
Setting up swapspace version 1, size = 5242876 KiB
no label, UUID=2972f9cb-17f0-4113-84c6-c64b97c40c75
```

使用 swapon 命令把准备好的 SWAP 分区设备正式挂载到系统中。我们可以使用 free -m 命令查看交换分区的大小变化（由 2047MB 增加到 7167MB）：

```
[root@linuxprobe ~]# free -m
                total       used       free     shared    buffers     cached
Mem:             1483        782        701          9          0        254
-/+ buffers/cache:           526        957
Swap:            2047          0       2047
[root@linuxprobe ~]# swapon /dev/sdb2
[root@linuxprobe ~]# free -m
                total       used       free     shared    buffers     cached
Mem:             1483        785        697          9          0        254
-/+ buffers/cache:           530        953
Swap:            7167          0       7167
```

为了能够让新的交换分区设备在重启后依然生效，需要按照下面的格式将相关信息写入到配置文件中，并记得保存：

```
[root@linuxprobe ~]# vim /etc/fstab
#
# /etc/fstab
# Created by anaconda on Wed May 4 19:26:23 2017
#
# Accessible filesystems, by reference, are maintained under '/dev/disk'
# See man pages fstab(5), findfs(8), mount(8) and/or blkid(8) for more info
#
/dev/mapper/rhel-root                                   /            xfs      defaults    1 1
UUID=812b1f7c-8b5b-43da-8c06-b9999e0fe48b /boot            xfs      defaults    1 2
/dev/mapper                                   /rhel-swap    swap swap defaults    0 0
/dev/cdrom                                    /media/cdrom  iso9660  defaults    0 0
/dev/sdb1                                     /newFS        xfs      defaults    0 0
/dev/sdb2                                     swap          swap     defaults    0 0
```

6.7 磁盘容量配额

本书在前面曾经讲到，Linux 系统的设计初衷就是让许多人一起使用并执行各自的任务，从而成为多用户、多任务的操作系统。但是，硬件资源是固定且有限的，如果某些用户不断地在 Linux 系统上创建文件或者存放电影，硬盘空间总有一天会被占满。针对这种情况，root 管理员就需要使用磁盘容量配额服务来限制某位用户或某个用户组针对特定文件夹可以使用的最大硬盘空间或最大文件个数，一旦达到这个最大值就不再允许继续使用。可以使用 quota 命令进行磁盘容量配额管理，从而限制用户的硬盘可用容量或所能创建的最大文件个数。quota 命令还有软限制和硬限制的功能。

> 软限制：当达到软限制时会提示用户，但仍允许用户在限定的额度内继续使用。

> 硬限制：当达到硬限制时会提示用户，且强制终止用户的操作。

RHEL 7 系统中已经安装了 quota 磁盘容量配额服务程序包，但存储设备却默认没有开启对 quota 的支持，此时需要手动编辑配置文件，让 RHEL 7 系统中的/boot 目录能够支持 quota 磁盘配额技术。另外，对于学习过早期的 Linux 系统，或者具有 RHEL 6 系统使用经验的读者来说，这里需要特别注意。早期的 Linux 系统要想让硬盘设备支持 quota 磁盘容量配额服务，使用的是 usrquota 参数，而 RHEL 7 系统使用的则是 uquota 参数。在重启系统后使用 mount 命令查看，即可发现/boot 目录已经支持 quota 磁盘配额技术了：

```
[root@linuxprobe ~]# vim /etc/fstab
#
# /etc/fstab
# Created by anaconda on Wed May 4 19:26:23 2017
#
# Accessible filesystems, by reference, are maintained under '/dev/disk'
# See man pages fstab(5), findfs(8), mount(8) and/or blkid(8) for more info
#
/dev/mapper/rhel-root                              /           xfs      defaults       1 1
UUID=812b1f7c-8b5b-43da-8c06-b9999e0fe48b/boot     xfs      defaults,uquota 1 2
/dev/mapper                            /rhel-swap   swap swap defaults       0 0
/dev/cdrom                             /media/cdrom iso9660  defaults       0 0
/dev/sdb1                              /newFS       xfs      defaults       0 0
/dev/sdb2                              swap         swap     defaults       0 0
[root@linuxprobe ~]# reboot
[root@linuxprobe ~]# mount | grep boot
/dev/sda1 on /boot type xfs (rw,relatime,seclabel,attr2,inode64,usrquota)
```

接下来创建一个用于检查 quota 磁盘容量配额效果的用户 tom，并针对/boot 目录增加其他人的写权限，保证用户能够正常写入数据：

```
[root@linuxprobe ~]# useradd tom
[root@linuxprobe ~]# chmod -Rf o+w /boot
```

6.7.1 xfs_quota 命令

xfs_quota 命令是一个专门针对 XFS 文件系统来管理 quota 磁盘容量配额服务而设计的命令，格式为“quota [参数] 配额 文件系统”。其中，-c 参数用于以参数的形式设置要执行的命令；-x 参数是专家模式，让运维人员能够对 quota 服务进行更多复杂的配置。接下来我们使用 xfs_quota 命令来设置用户 tom 对/boot 目录的 quota 磁盘容量配额。具体的限额控制包括：硬盘使用量的软限制和硬限制分别为 3MB 和 6MB；创建文件数量的软限制和硬限制分别为 3 个和 6 个。

```
[root@linuxprobe ~]# xfs_quota -x -c 'limit bsoft=3m bhard=6m isoft=3 ihard=6
tom' /boot
```

```
[root@linuxprobe ~]# xfs_quota -x -c report /boot
User quota on /boot (/dev/sda1)   Blocks
User ID Used Soft Hard Warn/Grace
---------- ------------------------------------------------
root 95084    0    0    00 [--------]
tom  0         3072 6144 00 [--------]
```

当配置好上述的各种软硬限制后，尝试切换到这个普通用户，然后分别尝试创建一个体积为 5MB 和 8MB 的文件。可以发现，在创建 8MB 的文件时受到了系统限制：

```
[root@linuxprobe ~]# su - tom
[tom@linuxprobe ~]$ dd if=/dev/zero of=/boot/tom bs=5M count=1
1+0 records in
1+0 records out
5242880 bytes (5.2 MB) copied, 0.123966 s, 42.3 MB/s
[tom@linuxprobe ~]$ dd if=/dev/zero of=/boot/tom bs=8M count=1
dd: error writing '/boot/tom': Disk quota exceeded
1+0 records in
0+0 records out
6291456 bytes (6.3 MB) copied, 0.0201593 s, 312 MB/s
```

6.7.2 edquota 命令

edquota 命令用于编辑用户的 quota 配额限制，格式为 "edquota [参数] [用户]"。在为用户设置了 quota 磁盘容量配额限制后，可以使用 edquota 命令按需修改限额的数值。其中，-u 参数表示要针对哪个用户进行设置；-g 参数表示要针对哪个用户组进行设置。edquota 命令会调用 Vi 或 Vim 编辑器来让 root 管理员修改要限制的具体细节。下面把用户 tom 的硬盘使用量的硬限额从 5MB 提升到 8MB：

```
[root@linuxprobe ~]# edquota -u tom
Disk quotas for user tom (uid 1001):
 Filesystem blocks  soft   hard   inodes   soft   hard
 /dev/sda   6144   3072   8192   1        3      6
[root@linuxprobe ~]# su - tom
Last login: Mon Sep 7 16:43:12 CST 2017 on pts/0
[tom@linuxprobe ~]$ dd if=/dev/zero of=/boot/tom bs=8M count=1
1+0 records in
1+0 records out
8388608 bytes (8.4 MB) copied, 0.0268044 s, 313 MB/s
[tom@linuxprobe ~]$ dd if=/dev/zero of=/boot/tom bs=10M count=1
dd: error writing '/boot/tom': Disk quota exceeded
1+0 records in
0+0 records out
8388608 bytes (8.4 MB) copied, 0.167529 s, 50.1 MB/s
```

6.8 软硬方式链接

当引领大家学习完本章所有的硬盘管理知识之后，刘遄老师终于可以放心大胆地讲解 Linux 系统中的"快捷方式"了。在 Windows 系统中，快捷方式就是指向原始文件的一个链接文件，可以让用户从不同的位置来访问原始的文件；原文件一旦被删除或剪切到其他地方后，会导致链接文件失效。但是，这个看似简单的东西在 Linux 系统中可不太一样。

在 Linux 系统中存在硬链接和软连接两种文件。

> **硬链接（hard link）**：可以将它理解为一个"指向原始文件 inode 的指针"，系统不为它分配独立的 inode 和文件。所以，硬链接文件与原始文件其实是同一个文件，只是名字不同。我们每添加一个硬链接，该文件的 inode 连接数就会增加 1；而且只有当该文件的 inode 连接数为 0 时，才算彻底将它删除。换言之，由于硬链接实际上是指向原文件 inode 的指针，因此即便原始文件被删除，依然可以通过硬链接文件来访问。需要注意的是，由于技术的局限性，我们不能跨分区对目录文件进行链接。

> **软链接（也称为符号链接[symbolic link]）**：仅仅包含所链接文件的路径名，因此能链接目录文件，也可以跨越文件系统进行链接。但是，当原始文件被删除后，链接文件也将失效，从这一点上来说与 Windows 系统中的"快捷方式"具有一样的性质。

ln 命令

ln 命令用于创建链接文件，格式为"ln [选项] 目标"，其可用的参数以及作用如表 6-6 所示。在使用 ln 命令时，是否添加-s 参数，将创建出性质不同的两种"快捷方式"。因此如果没有扎实的理论知识和实践经验做铺垫，尽管能够成功完成实验，但永远不会明白为什么会成功。

表 6-6　　　　　　　　　　　　　ln 命令中可用的参数以及作用

参数	作用
-s	创建"符号链接"（如果不带-s 参数，则默认创建硬链接）
-f	强制创建文件或目录的链接
-i	覆盖前先询问
-v	显示创建链接的过程

为了更好地理解软链接、硬链接的不同性质，接下来创建一个类似于 Windows 系统中快捷方式的软链接。这样，当原始文件被删除后，就无法读取新建的链接文件了。

```
[root@linuxprobe ~]# echo "Welcome to linuxprobe.com" > readme.txt
[root@linuxprobe ~]# ln -s readme.txt readit.txt
[root@linuxprobe ~]# cat readme.txt
Welcome to linuxprobe.com
[root@linuxprobe ~]# cat readit.txt
Welcome to linuxprobe.com
[root@linuxprobe ~]# ls -l readme.txt
-rw-r--r-- 1 root root 26 Jan 11 00:08 readme.txt
[root@linuxprobe ~]# rm -f readme.txt
[root@linuxprobe ~]# cat readit.txt
cat: readit.txt: No such file or directory
```

接下来针对一个原始文件创建一个硬链接，即相当于针对原始文件的硬盘存储位置创建了一个指针，这样一来，新创建的这个硬链接就不再依赖于原始文件的名称等信息，也不会因为原始文件的删除而导致无法读取。同时可以看到创建硬链接后，原始文件的硬盘链接数量增加到了 2。

```
[root@linuxprobe ~]# echo "Welcome to linuxprobe.com" > readme.txt
[root@linuxprobe ~]# ln readme.txt readit.txt
[root@linuxprobe ~]# cat readme.txt
Welcome to linuxprobe.com
[root@linuxprobe ~]# cat readit.txt
Welcome to linuxprobe.com
[root@linuxprobe ~]# ls -l readme.txt
-rw-r--r-- 2 root root 26 Jan 11 00:13 readme.txt
[root@linuxprobe ~]# rm -f readme.txt
[root@linuxprobe ~]# cat readit.txt
Welcome to linuxprobe.com
```

复习题

1. /home 目录与/root 目录内存放的文件有何相同点以及不同点?

   答:这两个目录都是用来存放用户的家目录数据的,但是,/root 目录存放的是 root 管理员的家目录数据。

2. 假如一个设备的文件名称为/dev/sdb,可以确认它是主板第二个插槽上的设备吗?

   答:不一定,因为设备的文件名称是由系统的识别顺序来决定的。

3. 如果硬盘中需要 5 个分区,至少需要几个逻辑分区?

   答:可以选用创建 3 个主分区+1 个扩展分区的方法,然后把扩展分区再分成 2 个逻辑分区,即有了 5 个分区。

4. /dev/sda5 是主分区还是逻辑分区?

   答:逻辑分区。

5. 哪个服务决定了设备在/dev 目录中的名称?

   答:udev 设备管理器服务。

6. 用一句话来描述挂载操作。

   答:当用户需要使用硬盘设备或分区中的数据时,需要先将其与一个已存在的目录文件进行关联,而这个关联动作就是"挂载"。

7. 在配置 quota 磁盘容量配额服务时,软限制数值必须小于硬限制数值么?

   答:不一定,软限制数值可以小于等于硬限制数值。

8. 若原始文件被改名,那么之前创建的硬链接还能访问到这个原始文件么?

   答:可以。

## 第 7 章

使用 RAID 与 LVM 磁盘阵列技术

本章讲解了如下内容:

➢ RAID（独立冗余磁盘阵列）;

➢ LVM（逻辑卷管理器）。

在学习了第 6 章讲解的硬盘设备分区、格式化、挂载等知识后，本章将深入讲解各个常用 RAID（Redundant Array of Independent Disks，独立冗余磁盘阵列）技术方案的特性，并通过实际部署 RAID 10、RAID 5+备份盘等方案来更直观地查看 RAID 的强大效果，以便进一步满足生产环境对硬盘设备的 IO 读写速度和数据冗余备份机制的需求。同时，考虑到用户可能会动态调整存储资源，本章还将介绍 LVM（Logical Volume Manager，逻辑卷管理器）的部署、扩容、缩小、快照以及卸载删除的相关知识。相信读者在学完本章内容后，便可以在企业级生产环境中灵活运用 RAID 和 LVM 来满足对存储资源的高级管理需求了。

7.1 RAID（独立冗余磁盘阵列）

近年来，CPU 的处理性能保持着高速增长，Intel 公司在 2017 年最新发布的 i9-7980XE 处理器芯片更是达到了 18 核心 36 线程。但与此同时，硬盘设备的性能提升却不是很大，因此逐渐成为当代计算机整体性能的瓶颈。而且，由于硬盘设备需要进行持续、频繁、大量的 IO 操作，相较于其他设备，其损坏几率也大幅增加，导致重要数据丢失的几率也随之增加。

1988 年，加利福尼亚大学伯克利分校首次提出并定义了 RAID 技术的概念。RAID 技术通过把多个硬盘设备组合成一个容量更大、安全性更好的磁盘阵列，并把数据切割成多个区段后分别存放在各个不同的物理硬盘设备上，然后利用分散读写技术来提升磁盘阵列整体的性能，同时把多个重要数据的副本同步到不同的物理硬盘设备上，从而起到了非常好的数据冗余备份效果。

任何事物都有它的两面性。RAID 技术确实具有非常好的数据冗余备份功能，但是它也相应地提高了成本支出。就像原本我们只有一个电话本，但是为了避免遗失，我们将联系人号码信息写成了两份，自然要为此多买一个电话本，这也就相应地提升了成本支出。RAID 技术的设计初衷是减少因为采购硬盘设备带来的费用支出，但是与数据本身的价值相比较，现代企业更看重的则是 RAID 技术所具备的冗余备份机制以及带来的硬盘吞吐量的提升。也就是说，RAID 不仅降低了硬盘设备损坏后丢失数据的几率，还提升了硬盘设备的读写速度，所以它在绝大多数运营商或大中型企业中得以广泛部署和应用。

出于成本和技术方面的考虑，需要针对不同的需求在数据可靠性及读写性能上作出权衡，制定出满足各自需求的不同方案。目前已有的 RAID 磁盘阵列的方案至少有十几种，而刘遄老师接下来会详细讲解 RAID 0、RAID 1、RAID 5 与 RAID 10 这 4 种最常见的方案。

7.1.1　RAID 0

RAID 0 技术把多块物理硬盘设备（至少两块）通过硬件或软件的方式串联在一起，组成一个大的卷组，并将数据依次写入到各个物理硬盘中。这样一来，在最理想的状态下，硬盘设备的读写性能会提升数倍，但是若任意一块硬盘发生故障将导致整个系统的数据都受到破坏。通俗来说，RAID 0 技术能够有效地提升硬盘数据的吞吐速度，但是不具备数据备份和错误修复能力。如图 7-1 所示，数据被分别写入到不同的硬盘设备中，即 disk1 和 disk2 硬盘设备会分别保存数据资料，最终实现分开写入、读取的效果。

图 7-1　RAID 0 技术示意图

7.1.2　RAID 1

尽管 RAID 0 技术提升了硬盘设备的读写速度，但是它是将数据依次写入到各个物理硬盘中，也就是说，它的数据是分开存放的，其中任何一块硬盘发生故障都会损坏整个系统的数据。因此，如果生产环境对硬盘设备的读写速度没有要求，而是希望增加数据的安全性时，就需要用到 RAID 1 技术了。

在图 7-2 所示的 RAID 1 技术示意图中可以看到，它是把两块以上的硬盘设备进行绑定，在写入数据时，是将数据同时写入到多块硬盘设备上（可以将其视为数据的镜像或备份）。当其中某一块硬盘发生故障后，一般会立即自动以热交换的方式来恢复数据的正常使用。

图 7-2　RAID 1 技术示意图

RAID 1 技术虽然十分注重数据的安全性，但是因为是在多块硬盘设备中写入了相同的数据，因此硬盘设备的利用率得以下降，从理论上来说，图 7-2 所示的硬盘空间的真实可用率只有 50%，由三块硬盘设备组成的 RAID 1 磁盘阵列的可用率只有 33%左右，以此类推。而且，由于需要把数据同时写入到两块以上的硬盘设备，这无疑也在一定程度上增大了系统计算功能的负载。

那么，有没有一种 RAID 方案既考虑到了硬盘设备的读写速度和数据安全性，还兼顾了成本问题呢？实际上，单从数据安全和成本问题上来讲，就不可能在保持原有硬盘设备的利用率且还不增加新设备的情况下，能大幅提升数据的安全性。刘遄老师也没有必要忽悠各位读者，下面将要讲解的 RAID 5 技术虽然在理论上兼顾了三者（读写速度、数据安全性、成本），但实际上更像是对这三者的"相互妥协"。

7.1.3　RAID 5

如图 7-3 所示，RAID5 技术是把硬盘设备的数据奇偶校验信息保存到其他硬盘设备中。RAID 5 磁盘阵列组中数据的奇偶校验信息并不是单独保存到某一块硬盘设备中，而是存储到除自身以外的其他每一块硬盘设备上，这样的好处是其中任何一设备损坏后不至于出现致命缺陷；图 7-3 中 parity 部分存放的就是数据的奇偶校验信息，换句话说，就是 RAID 5 技术实际上没有备份硬盘中的真实数据信息，而是当硬盘设备出现问题后通过奇偶校验信息来尝试重建损坏的数据。RAID 这样的技术特性"妥协"地兼顾了硬盘设备的读写速度、数据安全性与存储成本问题。

图 7-3　RAID5 技术示意图

7.1.4　RAID 10

鉴于 RAID 5 技术是因为硬盘设备的成本问题对读写速度和数据的安全性能而有了一定的妥协，但是大部分企业更在乎的是数据本身的价值而非硬盘价格，因此生产环境中主要使用 RAID 10 技术。

顾名思义，RAID 10 技术是 RAID 1+RAID 0 技术的一个"组合体"。如图 7-4 所示，RAID 10 技术需要至少 4 块硬盘来组建，其中先分别两两制作成 RAID 1 磁盘阵列，以保证数据的安全性；然后再对两个 RAID 1 磁盘阵列实施 RAID 0 技术，进一步提高硬盘设备的读写速度。这样从理论上来讲，只要坏的不是同一组中的所有硬盘，那么最多可以损坏 50%的硬盘设备而不丢失数据。由于 RAID 10 技术继承了 RAID 0 的高读写速度和 RAID 1 的数据安全性，在不考虑成本的情况下 RAID 10 的性能都超过了 RAID 5，因此当前成为广泛使用的一种存储技术。

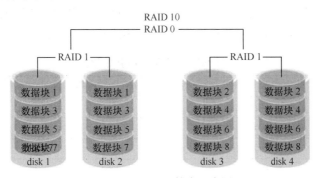

图 7-4　RAID 10 技术示意图

7.1.5　部署磁盘阵列

在具备了上一章的硬盘设备管理基础之后，再来部署 RAID 和 LVM 就变得十分轻松了。首先，需要在虚拟机中添加 4 块硬盘设备来制作一个 RAID 10 磁盘阵列，如图 7-5 所示。

图 7-5　为虚拟机系统模拟添加 4 块硬盘设备

这几块硬盘设备是模拟出来的，不需要特意去买几块真实的物理硬盘插到电脑上。需要注意的是，一定要记得在关闭系统之后，再在虚拟机中添加硬盘设备，否则可能会因为计算机架构的不同而导致虚拟机系统无法识别添加的硬盘设备。

mdadm 命令用于管理 Linux 系统中的软件 RAID 硬盘阵列，格式为“mdadm [模式] <RAID 设备名称> [选项] [成员设备名称]”。

当前，生产环境中用到的服务器一般都配备 RAID 阵列卡，尽管服务器的价格越来越便宜，但是我们没有必要为了做一个实验而去单独购买一台服务器，而是可以会用 mdadm 命令在 Linux 系统中创建和管理软件 RAID 磁盘阵列，而且它涉及的理论知识的操作过程与生产环境中的完全一致。mdadm 命令的常用参数以及作用如表 7-1 所示。

表 7-1   mdadm 命令的常用参数和作用

参数	作用
-a	检测设备名称
-n	指定设备数量
-l	指定 RAID 级别
-C	创建
-v	显示过程
-f	模拟设备损坏
-r	移除设备
-Q	查看摘要信息
-D	查看详细信息
-S	停止 RAID 磁盘阵列

接下来，使用 mdadm 命令创建 RAID 10，名称为"/dev/md0"。

第 6 章中讲到，udev 是 Linux 系统内核中用来给硬件命名的服务，其命名规则也非常简单。我们可以通过命名规则猜测到第二个 SCSI 存储设备的名称会是/dev/sdb，然后依此类推。使用硬盘设备来部署 RAID 磁盘阵列很像是将几位同学组成一个班级，但总不能将班级命名为/dev/sdbcde 吧。尽管这样可以一眼开出它是由哪些元素组成的，但是并不利于我们的记忆和阅读。更何况如果我们是使用 10、50、100 个硬盘来部署 RAID 磁盘阵列呢？

此时，就需要使用 mdadm 中的参数了。其中，-C 参数代表创建一个 RAID 阵列卡；-v 参数显示创建的过程，同时在后面追加一个设备名称/dev/md0，这样/dev/md0 就是创建后的 RAID 磁盘阵列的名称；-a yes 参数代表自动创建设备文件；-n 4 参数代表使用 4 块硬盘来部署这个 RAID 磁盘阵列；而-l 10 参数则代表 RAID 10 方案；最后再加上 4 块硬盘设备的名称就搞定了。

```
[root@linuxprobe ~]# mdadm -Cv /dev/md0 -a yes -n 4 -l 10 /dev/sdb /dev/sdc
/dev/sdd /dev/sde
mdadm: layout defaults to n2
mdadm: layout defaults to n2
mdadm: chunk size defaults to 512K
mdadm: size set to 20954624K
mdadm: Defaulting to version 1.2 metadata
mdadm: array /dev/md0 started.
```

其次，把制作好的 RAID 磁盘阵列格式化为 ext4 格式。

```
[root@linuxprobe ~]# mkfs.ext4 /dev/md0
mke2fs 1.42.9 (28-Dec-2013)
Filesystem label=
OS type: Linux
Block size=4096 (log=2)
```

```
Fragment size=4096 (log=2)
Stride=128 blocks, Stripe width=256 blocks
2621440 inodes, 10477312 blocks
523865 blocks (5.00%) reserved for the super user
First data block=0
Maximum filesystem blocks=2157969408
320 block groups
32768 blocks per group, 32768 fragments per group
8192 inodes per group
Superblock backups stored on blocks:
32768, 98304, 163840, 229376, 294912, 819200, 884736, 1605632, 2654208,
4096000, 7962624
Allocating group tables: done
Writing inode tables: done
Creating journal (32768 blocks): done
Writing superblocks and filesystem accounting information: done
```

再次，创建挂载点然后把硬盘设备进行挂载操作。挂载成功后可看到可用空间为40GB。

```
[root@linuxprobe ~]# mkdir /RAID
[root@linuxprobe ~]# mount /dev/md0 /RAID
[root@linuxprobe ~]# df -h
Filesystem              Size  Used Avail Use% Mounted on
/dev/mapper/rhel-root   18G   3.0G  15G   17% /
devtmpfs                905M     0 905M   0% /dev
tmpfs                   914M   84K 914M   1% /dev/shm
tmpfs                   914M  8.9M 905M   1% /run
tmpfs                   914M     0 914M   0% /sys/fs/cgroup
/dev/sr0                3.5G  3.5G    0 100% /media/cdrom
/dev/sda1               497M  119M 379M  24% /boot
/dev/md0                40G   49M  38G    1% /RAID
```

最后，查看/dev/md0 磁盘阵列的详细信息，并把挂载信息写入到配置文件中，使其永久生效。

```
[root@linuxprobe ~]# mdadm -D /dev/md0
/dev/md0:
Version : 1.2
Creation Time : Tue May 5 07:43:26 2017
Raid Level : raid10
Array Size : 41909248 (39.97 GiB 42.92 GB)
Used Dev Size : 20954624 (19.98 GiB 21.46 GB)
Raid Devices : 4
Total Devices : 4
Persistence : Superblock is persistent
Update Time : Tue May 5 07:46:59 2017
State : clean
Active Devices : 4
Working Devices : 4
Failed Devices : 0
Spare Devices : 0
Layout : near=2
Chunk Size : 512K
Name : localhost.localdomain:0 (local to host localhost.localdomain)
```

```
UUID : cc9a87d4:1e89e175:5383e1e8:a78ec62c
Events : 17
Number Major Minor RaidDevice State
0 8 16 0 active sync /dev/sdb
1 8 32 1 active sync /dev/sdc
2 8 48 2 active sync /dev/sdd
3 8 64 3 active sync /dev/sde
[root@linuxprobe ~]# echo "/dev/md0 /RAID ext4 defaults 0 0" >> /etc/fstab
```

7.1.6 损坏磁盘阵列及修复

之所以在生产环境中部署 RAID 10 磁盘阵列，是为了提高硬盘存储设备的读写速度及数据的安全性，但由于我们的硬盘设备是在虚拟机中模拟出来的，因此对读写速度的改善可能并不直观，因此刘遄老师决定给各位读者讲解一下 RAID 磁盘阵列损坏后的处理方法，这样大家在步入运维岗位后遇到类似问题时，也可以轻松解决。

在确认有一块物理硬盘设备出现损坏而不能继续正常使用后，应该使用 mdadm 命令将其移除，然后查看 RAID 磁盘阵列的状态，可以发现状态已经改变。

```
[root@linuxprobe ~]# mdadm /dev/md0 -f /dev/sdb
mdadm: set /dev/sdb faulty in /dev/md0
[root@linuxprobe ~]# mdadm -D /dev/md0
/dev/md0:
Version : 1.2
Creation Time : Fri May 8 08:11:00 2017
Raid Level : raid10
Array Size : 41909248 (39.97 GiB 42.92 GB)
Used Dev Size : 20954624 (19.98 GiB 21.46 GB)
Raid Devices : 4
Total Devices : 4
Persistence : Superblock is persistent
Update Time : Fri May 8 08:27:18 2017
State : clean, degraded
Active Devices : 3
Working Devices : 3
Failed Devices : 1
Spare Devices : 0
Layout : near=2
Chunk Size : 512K
Name : linuxprobe.com:0 (local to host linuxprobe.com)
UUID : f2993bbd:99c1eb63:bd61d4d4:3f06c3b0
Events : 21
Number Major Minor RaidDevice State
0 0 0 0 removed
1 8 32 1 active sync /dev/sdc
2 8 48 2 active sync /dev/sdd
3 8 64 3 active sync /dev/sde
0 8 16 - faulty        /dev/sdb
```

在 RAID 10 级别的磁盘阵列中，当 RAID 1 磁盘阵列中存在一个故障盘时并不影响 RAID 10 磁盘阵列的使用。当购买了新的硬盘设备后再使用 mdadm 命令来予以替换即可，在此期间我们可以在/RAID 目录中正常地创建或删除文件。由于我们是在虚拟机中模拟硬盘，所以先重启系统，然后再把新的硬盘添加到 RAID 磁盘阵列中。

```
[root@linuxprobe ~]# umount /RAID
[root@linuxprobe ~]# mdadm /dev/md0 -a /dev/sdb
[root@linuxprobe ~]# mdadm -D /dev/md0
/dev/md0:
 Version : 1.2
 Creation Time : Mon Jan 30 00:08:56 2017
 Raid Level : raid10
 Array Size : 41909248 (39.97 GiB 42.92 GB)
 Used Dev Size : 20954624 (19.98 GiB 21.46 GB)
 Raid Devices : 4
 Total Devices : 4
 Persistence : Superblock is persistent
 Update Time : Mon Jan 30 00:19:53 2017
 State : clean
 Active Devices : 4
 Working Devices : 4
 Failed Devices : 0
 Spare Devices : 0
 Layout : near=2
 Chunk Size : 512K
 Name : localhost.localdomain:0 (local to host localhost.localdomain)
 UUID : d3491c05:cfc81ca0:32489f04:716a2cf0
 Events : 56
Number Major Minor RaidDevice State
4 8 16 0 active sync /dev/sdb
1 8 32 1 active sync /dev/sdc
2 8 48 2 active sync /dev/sdd
3 8 64 3 active sync /dev/sde
[root@linuxprobe ~]# mount -a
```

7.1.7　磁盘阵列+备份盘

RAID 10 磁盘阵列中最多允许 50%的硬盘设备发生故障，但是存在这样一种极端情况，即同一 RAID 1 磁盘阵列中的硬盘设备若全部损坏，也会导致数据丢失。换句话说，在 RAID 10 磁盘阵列中，如果 RAID 1 中的某一块硬盘出现了故障，而我们正在前往修复的路上，恰巧该 RAID1 磁盘阵列中的另一块硬盘设备也出现故障，那么数据就被彻底丢失了。刘遄老师可真不是乌鸦嘴，这种 RAID 1 磁盘阵列中的硬盘设备同时损坏的情况还真被我的学生遇到过。

在这样的情况下，该怎么办呢？其实，我们完全可以使用 RAID 备份盘技术来预防这类事故。该技术的核心理念就是准备一块足够大的硬盘，这块硬盘平时处于闲置状态，一旦 RAID 磁盘阵列中有硬盘出现故障后则会马上自动顶替上去。这样很棒吧！

为了避免多个实验之间相互发生冲突，我们需要保证每个实验的相对独立性，为此需要大家自行将虚拟机还原到初始状态。另外，由于刚才已经演示了 RAID 10 磁盘阵列的部署方法，我们现在来看一下 RAID 5 的部署效果。部署 RAID 5 磁盘阵列时，至少需要用到 3 块硬盘，还需要再加一块备份硬盘，所以总计需要在虚拟机中模拟 4 块硬盘设备，如图 7-6 所示。

图 7-6　在虚拟机中模拟添加 4 块硬盘设备

现在创建一个 RAID 5 磁盘阵列+备份盘。在下面的命令中，参数-n 3 代表创建这个 RAID 5 磁盘阵列所需的硬盘数，参数-l 5 代表 RAID 的级别，而参数-x 1 则代表有一块备份盘。当查看/dev/md0（即 RAID 5 磁盘阵列的名称）磁盘阵列的时候就能看到有一块备份盘在等待中了。

```
[root@linuxprobe ~]# mdadm -Cv /dev/md0 -n 3 -l 5 -x 1 /dev/sdb /dev/sdc /dev/
sdd /dev/sde
mdadm: layout defaults to left-symmetric
mdadm: layout defaults to left-symmetric
mdadm: chunk size defaults to 512K
mdadm: size set to 20954624K
mdadm: Defaulting to version 1.2 metadata
mdadm: array /dev/md0 started.
[root@linuxprobe ~]# mdadm -D /dev/md0
/dev/md0:
Version : 1.2
Creation Time : Fri May 8 09:20:35 2017
Raid Level : raid5
Array Size : 41909248 (39.97 GiB 42.92 GB)
Used Dev Size : 20954624 (19.98 GiB 21.46 GB)
Raid Devices : 3
Total Devices : 4
Persistence : Superblock is persistent
Update Time : Fri May 8 09:22:22 2017
State : clean
Active Devices : 3
```

```
Working Devices : 4
Failed Devices : 0
Spare Devices : 1
Layout : left-symmetric
Chunk Size : 512K
Name : linuxprobe.com:0 (local to host linuxprobe.com)
UUID : 44b1a152:3f1809d3:1d234916:4ac70481
Events : 18
Number  Major  Minor  RaidDevice  State
     0      8     16         0     active sync   /dev/sdb
     1      8     32         1     active sync   /dev/sdc
     4      8     48         2     active sync   /dev/sdd
     3      8     64         -     spare         /dev/sde
```

现在将部署好的 RAID 5 磁盘阵列格式化为 ext4 文件格式，然后挂载到目录上，之后就可以使用了。

```
[root@linuxprobe ~]# mkfs.ext4 /dev/md0
mke2fs 1.42.9 (28-Dec-2013)
Filesystem label=
OS type: Linux
Block size=4096 (log=2)
Fragment size=4096 (log=2)
Stride=128 blocks, Stripe width=256 blocks
2621440 inodes, 10477312 blocks
523865 blocks (5.00%) reserved for the super user
First data block=0
Maximum filesystem blocks=2157969408
320 block groups
32768 blocks per group, 32768 fragments per group
8192 inodes per group
Superblock backups stored on blocks:
32768, 98304, 163840, 229376, 294912, 819200, 884736, 1605632, 2654208,
4096000, 7962624
Allocating group tables: done
Writing inode tables: done
Creating journal (32768 blocks): done
Writing superblocks and filesystem accounting information: done
[root@linuxprobe ~]# echo "/dev/md0 /RAID ext4 defaults 0 0" >> /etc/fstab
[root@linuxprobe ~]# mkdir /RAID
[root@linuxprobe ~]# mount -a
```

最后是见证奇迹的时刻！我们再次把硬盘设备/dev/sdb 移出磁盘阵列，然后迅速查看 /dev/md0 磁盘阵列的状态，就会发现备份盘已经被自动顶替上去并开始了数据同步。RAID 中的这种备份盘技术非常实用，可以在保证 RAID 磁盘阵列数据安全性的基础上进一步提高数据可靠性，所以，如果公司不差钱的话还是再买上一块备份盘以防万一。

```
[root@linuxprobe ~]# mdadm /dev/md0 -f /dev/sdb
mdadm: set /dev/sdb faulty in /dev/md0
[root@linuxprobe ~]# mdadm -D /dev/md0
/dev/md0:
Version : 1.2
Creation Time : Fri May 8 09:20:35 2017
Raid Level : raid5
Array Size : 41909248 (39.97 GiB 42.92 GB)
```

```
Used Dev Size : 20954624 (19.98 GiB 21.46 GB)
Raid Devices : 3
Total Devices : 4
Persistence : Superblock is persistent
Update Time : Fri May 8 09:23:51 2017
State : active, degraded, recovering
Active Devices : 2
Working Devices : 3
Failed Devices : 1
Spare Devices : 1
Layout : left-symmetric
Chunk Size : 512K
Rebuild Status : 0% complete
Name : linuxprobe.com:0 (local to host linuxprobe.com)
UUID : 44b1a152:3f1809d3:1d234916:4ac70481
Events : 21
Number Major Minor RaidDevice State
    3    8    64        0      spare rebuilding /dev/sde
    1    8    32        1      active sync      /dev/sdc
    4    8    48        2      active sync      /dev/sdd
    0    8    16        -      faulty           /dev/sdb
```

7.2 LVM（逻辑卷管理器）

　　前面学习的硬盘设备管理技术虽然能够有效地提高硬盘设备的读写速度以及数据的安全性，但是在硬盘分好区或者部署为 RAID 磁盘阵列之后，再想修改硬盘分区大小就不容易了。换句话说，当用户想要随着实际需求的变化调整硬盘分区的大小时，会受到硬盘"灵活性"的限制。这时就需要用到另外一项非常普及的硬盘设备资源管理技术了——LVM（逻辑卷管理器）。LVM 可以允许用户对硬盘资源进行动态调整。

　　逻辑卷管理器是 Linux 系统用于对硬盘分区进行管理的一种机制，理论性较强，其创建初衷是为了解决硬盘设备在创建分区后不易修改分区大小的缺陷。尽管对传统的硬盘分区进行强制扩容或缩容从理论上来讲是可行的，但是却可能造成数据的丢失。而 LVM 技术是在硬盘分区和文件系统之间添加了一个逻辑层，它提供了一个抽象的卷组，可以把多块硬盘进行卷组合并。这样一来，用户不必关心物理硬盘设备的底层架构和布局，就可以实现对硬盘分区的动态调整。LVM 的技术架构如图 7-7 所示。

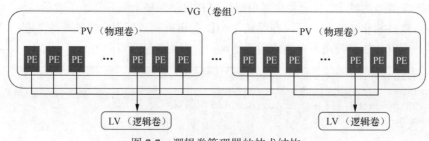

图 7-7　逻辑卷管理器的技术结构

　　为了帮助大家理解，刘遄老师来举一个吃货的例子。比如小明家里想吃馒头但是面粉不够了，于是妈妈从隔壁老王家、老李家、老张家分别借来一些面粉，准备蒸馒头吃。首先需要把这些面粉（物理卷[PV，Physical Volume]）揉成一个大面团（卷组[VG，Volume Group]），然后再把这个大团面分割成一个个小馒头（逻辑卷[LV，Logical Volume]），而且每个小馒头的重量必须是每勺面粉（基本单元[PE，Physical Extent]）的倍数。

物理卷处于 LVM 中的最底层，可以将其理解为物理硬盘、硬盘分区或者 RAID 磁盘阵列，这都可以。卷组建立在物理卷之上，一个卷组可以包含多个物理卷，而且在卷组创建之后也可以继续向其中添加新的物理卷。逻辑卷是用卷组中空闲的资源建立的，并且逻辑卷在建立后可以动态地扩展或缩小空间。这就是 LVM 的核心理念。

7.2.1 部署逻辑卷

一般而言，在生产环境中无法精确地评估每个硬盘分区在日后的使用情况，因此会导致原先分配的硬盘分区不够用。比如，伴随着业务量的增加，用于存放交易记录的数据库目录的体积也随之增加；因为分析并记录用户的行为从而导致日志目录的体积不断变大，这些都会导致原有的硬盘分区在使用上捉襟见肘。而且，还存在对较大的硬盘分区进行精简缩容的情况。

我们可以通过部署 LVM 来解决上述问题。部署 LVM 时，需要逐个配置物理卷、卷组和逻辑卷。常用的部署命令如表 7-2 所示。

表 7-2　　　　　　　　　　　常用的 LVM 部署命令

功能/命令	物理卷管理	卷组管理	逻辑卷管理
扫描	pvscan	vgscan	lvscan
建立	pvcreate	vgcreate	lvcreate
显示	pvdisplay	vgdisplay	lvdisplay
删除	pvremove	vgremove	lvremove
扩展		vgextend	lvextend
缩小		vgreduce	lvreduce

为了避免多个实验之间相互发生冲突，请大家自行将虚拟机还原到初始状态，并在虚拟机中添加两块新硬盘设备，然后开机，如图 7-8 所示。

在虚拟机中添加两块新硬盘设备的目的，是为了更好地演示 LVM 理念中用户无需关心底层物理硬盘设备的特性。我们先对这两块新硬盘进行创建物理卷的操作，可以将该操作简单理解成让硬盘设备支持 LVM 技术，或者理解成是把硬盘设备加入到 LVM 技术可用的硬件资源池中，然后对这两块硬盘进行卷组合并，卷组的名称可以由用户来自定义。接下来，根据需求把合并后的卷组切割出一个约为 150MB 的逻辑卷设备，最后把这个逻辑卷设备格式化成 EXT4 文件系统后挂载使用。在下文中，刘遄老师将对每一个步骤再作一些简单的描述。

第 1 步：让新添加的两块硬盘设备支持 LVM 技术。

```
[root@linuxprobe ~]# pvcreate /dev/sdb /dev/sdc
 Physical volume "/dev/sdb" successfully created
 Physical volume "/dev/sdc" successfully created
```

图 7-8　在虚拟机中添加两块新的硬盘设备

第 2 步：把两块硬盘设备加入到 storage 卷组中，然后查看卷组的状态。

```
[root@linuxprobe ~]# vgcreate storage /dev/sdb /dev/sdc
 Volume group "storage" successfully created
[root@linuxprobe ~]# vgdisplay
--- Volume group ---
 VG Name storage
 System ID
 Format lvm2
 Metadata Areas 2
 Metadata Sequence No 1
 VG Access read/write
 VG Status resizable
 MAX LV 0
 Cur LV 0
 Open LV 0
 Max PV 0
 Cur PV 2
 Act PV 2
 VG Size 39.99 GiB
 PE Size 4.00 MiB
 Total PE 10238
 Alloc PE / Size 0 / 0  Free PE / Size 10238 / 39.99 GiB
 VG UUID KUeAMF-qMLh-XjQy-ArUo-LCQI-YF0o-pScxm1
................省略部分输出信息................
```

第 3 步：切割出一个约为 150MB 的逻辑卷设备。

这里需要注意切割单位的问题。在对逻辑卷进行切割时有两种计量单位。第一种是以容量为单位，所使用的参数为-L。例如，使用-L 150M 生成一个大小为 150MB 的逻辑卷。另外一种是以基本单元的个数为单位，所使用的参数为-l。每个基本单元的大小默认为 4MB。例如，使用-l 37 可以生成一个大小为 37×4MB=148MB 的逻辑卷。

```
[root@linuxprobe ~]# lvcreate -n vo -l 37 storage
 Logical volume "vo" created
[root@linuxprobe ~]# lvdisplay
 --- Logical volume ---
 LV Path /dev/storage/vo
 LV Name vo
 VG Name storage
 LV UUID D09HYI-BHBl-iXGr-X2n4-HEzo-FAQH-HRcM2I
 LV Write Access read/write
 LV Creation host, time localhost.localdomain, 2017-02-01 01:22:54 -0500
 LV Status available
 # open 0
 LV Size 148.00 MiB
 Current LE 37
 Segments 1
 Allocation inherit
 Read ahead sectors auto
 - currently set to 8192
 Block device 253:2
 ................省略部分输出信息................
```

第 4 步：把生成好的逻辑卷进行格式化，然后挂载使用。

Linux 系统会把 LVM 中的逻辑卷设备存放在/dev 设备目录中（实际上是做了一个符号链接），同时会以卷组的名称来建立一个目录，其中保存了逻辑卷的设备映射文件（即/dev/卷组名称/逻辑卷名称）。

```
[root@linuxprobe ~]# mkfs.ext4 /dev/storage/vo
mke2fs 1.42.9 (28-Dec-2013)
Filesystem label=
OS type: Linux
Block size=1024 (log=0)
Fragment size=1024 (log=0)
Stride=0 blocks, Stripe width=0 blocks
38000 inodes, 151552 blocks
7577 blocks (5.00%) reserved for the super user
First data block=1
Maximum filesystem blocks=33816576
19 block groups
8192 blocks per group, 8192 fragments per group
2000 inodes per group
Superblock backups stored on blocks:
 8193, 24577, 40961, 57345, 73729
Allocating group tables: done
Writing inode tables: done
Creating journal (4096 blocks): done
Writing superblocks and filesystem accounting information: done
[root@linuxprobe ~]# mkdir /linuxprobe
[root@linuxprobe ~]# mount /dev/storage/vo /linuxprobe
```

第 5 步：查看挂载状态，并写入到配置文件，使其永久生效。

```
[root@linuxprobe ~]# df -h
Filesystem Size Used Avail Use% Mounted on
/dev/mapper/rhel-root 18G 3.0G 15G 17% /
devtmpfs 905M 0 905M 0% /dev
tmpfs 914M 140K 914M 1% /dev/shm
tmpfs 914M 8.8M 905M 1% /run
tmpfs 914M 0 914M 0% /sys/fs/cgroup
/dev/sr0 3.5G 3.5G 0 100% /media/cdrom
/dev/sda1 497M 119M 379M 24% /boot
/dev/mapper/storage-vo 145M 7.6M 138M 6% /linuxprobe
[root@linuxprobe ~]# echo "/dev/storage/vo /linuxprobe ext4 defaults 0 0" >> /
etc/fstab
```

7.2.2　扩容逻辑卷

在前面的实验中，卷组是由两块硬盘设备共同组成的。用户在使用存储设备时感知不到设备底层的架构和布局，更不用关心底层是由多少块硬盘组成的，只要卷组中有足够的资源，就可以一直为逻辑卷扩容。扩展前请一定要记得卸载设备和挂载点的关联。

```
[root@linuxprobe ~]# umount /linuxprobe
```

第 1 步：把上一个实验中的逻辑卷 vo 扩展至 290MB。

```
[root@linuxprobe ~]# lvextend -L 290M /dev/storage/vo
 Rounding size to boundary between physical extents: 292.00 MiB
 Extending logical volume vo to 292.00 MiB
 Logical volume vo successfully resized
```

第 2 步：检查硬盘完整性，并重置硬盘容量。

```
[root@linuxprobe ~]# e2fsck -f /dev/storage/vo
e2fsck 1.42.9 (28-Dec-2013)
Pass 1: Checking inodes, blocks, and sizes
Pass 2: Checking directory structure
Pass 3: Checking directory connectivity
Pass 4: Checking reference counts
Pass 5: Checking group summary information
/dev/storage/vo: 11/38000 files (0.0% non-contiguous), 10453/151552 blocks
[root@linuxprobe ~]# resize2fs /dev/storage/vo
resize2fs 1.42.9 (28-Dec-2013)
Resizing the filesystem on /dev/storage/vo to 299008 (1k) blocks.
The filesystem on /dev/storage/vo is now 299008 blocks long.
```

第 3 步：重新挂载硬盘设备并查看挂载状态。

```
[root@linuxprobe ~]# mount -a
[root@linuxprobe ~]# df -h
Filesystem           Size    Used    Avail    Use% Mounted on
/dev/mapper/rhel-root  18G    3.0G     15G     17% /
devtmpfs             985M       0     985M      0% /dev
tmpfs                994M     80K     994M      1% /dev/shm
```

tmpfs	994M	8.8M	986M	1%	/run
tmpfs	994M	0	994M	0%	/sys/fs/cgroup
/dev/sr0	3.5G	3.5G	0	100%	/media/cdrom
/dev/sda1	497M	119M	379M	24%	/boot
/dev/mapper/storage-vo	**279M**	**2.1M**	**259M**	**1%**	**/linuxprobe**

7.2.3　缩小逻辑卷

相较于扩容逻辑卷，在对逻辑卷进行缩容操作时，其丢失数据的风险更大。所以在生产环境中执行相应操作时，一定要提前备份好数据。另外 Linux 系统规定，在对 LVM 逻辑卷进行缩容操作之前，要先检查文件系统的完整性（当然这也是为了保证我们的数据安全）。在执行缩容操作前记得先把文件系统卸载掉。

```
[root@linuxprobe ~]# umount /linuxprobe
```

第 1 步：检查文件系统的完整性。

```
[root@linuxprobe ~]# e2fsck -f /dev/storage/vo
e2fsck 1.42.9 (28-Dec-2013)
Pass 1: Checking inodes, blocks, and sizes
Pass 2: Checking directory structure
Pass 3: Checking directory connectivity
Pass 4: Checking reference counts
Pass 5: Checking group summary information
/dev/storage/vo: 11/74000 files (0.0% non-contiguous), 15507/299008 blocks
```

第 2 步：把逻辑卷 vo 的容量减小到 120MB。

```
[root@linuxprobe ~]# resize2fs /dev/storage/vo 120M
resize2fs 1.42.9 (28-Dec-2013)
Resizing the filesystem on /dev/storage/vo to 122880 (1k) blocks.
The filesystem on /dev/storage/vo is now 122880 blocks long.
[root@linuxprobe ~]# lvreduce -L 120M /dev/storage/vo
 WARNING: Reducing active logical volume to 120.00 MiB
 THIS MAY DESTROY YOUR DATA (filesystem etc.)
Do you really want to reduce vo? [y/n]: y
 Reducing logical volume vo to 120.00 MiB
 Logical volume vo successfully resized
```

第 3 步：重新挂载文件系统并查看系统状态。

```
[root@linuxprobe ~]# mount -a
[root@linuxprobe ~]# df -h
Filesystem              Size  Used  Avail  Use%  Mounted on
/dev/mapper/rhel-root   18G   3.0G  15G    17%   /
devtmpfs                985M  0     985M   0%    /dev
tmpfs                   994M  80K   994M   1%    /dev/shm
tmpfs                   994M  8.8M  986M   1%    /run
tmpfs                   994M  0     994M   0%    /sys/fs/cgroup
/dev/sr0                3.5G  3.5G  0      100%  /media/cdrom
/dev/sda1               497M  119M  379M   24%   /boot
/dev/mapper/storage-vo  113M  1.6M  103M   2%    /linuxprobe
```

7.2.4　逻辑卷快照

LVM 还具备有"快照卷"功能，该功能类似于虚拟机软件的还原时间点功能。例如，可以对某一个逻辑卷设备做一次快照，如果日后发现数据被改错了，就可以利用之前做好的快照卷进行覆盖还原。LVM 的快照卷功能有两个特点：

➢ 快照卷的容量必须等同于逻辑卷的容量；

➢ 快照卷仅一次有效，一旦执行还原操作后则会被立即自动删除。

首先查看卷组的信息。

```
[root@linuxprobe ~]# vgdisplay
 --- Volume group ---
 VG Name storage
 System ID
 Format lvm2
 Metadata Areas 2
 Metadata Sequence No 4
 VG Access read/write
 VG Status resizable
 MAX LV 0
 Cur LV 1
 Open LV 1
 Max PV 0
 Cur PV 2
 Act PV 2
 VG Size 39.99 GiB
 PE Size 4.00 MiB
 Total PE 10238
 Alloc PE / Size 30 / 120.00 MiB Free PE / Size 10208 / 39.88 GiB
 VG UUID CTaHAK-0TQv-Abdb-R83O-RU6V-YYkx-8o2R0e
 ⋯⋯⋯⋯省略部分输出信息⋯⋯⋯⋯
```

通过卷组的输出信息可以清晰看到，卷组中已经使用了 120MB 的容量，空闲容量还有 39.88GB。接下来用重定向往逻辑卷设备所挂载的目录中写入一个文件。

```
[root@linuxprobe ~]# echo "Welcome to Linuxprobe.com" > /linuxprobe/readme.txt
[root@linuxprobe ~]# ls -l /linuxprobe
total 14
drwx------. 2 root root 12288 Feb 1 07:18 lost+found
-rw-r--r--. 1 root root    26 Feb 1 07:38 readme.txt
```

第 1 步：使用-s 参数生成一个快照卷，使用-L 参数指定切割的大小。另外，还需要在命令后面写上是针对哪个逻辑卷执行的快照操作。

```
[root@linuxprobe ~]#  lvcreate -L 120M -s -n SNAP /dev/storage/vo
 Logical volume "SNAP" created
[root@linuxprobe ~]# lvdisplay
 --- Logical volume ---
 LV Path /dev/storage/SNAP
 LV Name SNAP
 VG Name storage
 LV UUID BC7WKg-fHoK-Pc7J-yhSd-vD7d-lUnl-TihKlt
 LV Write Access read/write
```

```
LV Creation host, time localhost.localdomain, 2017-02-01 07:42:31 -0500
LV snapshot status active destination for vo
LV Status available
# open 0
LV Size 120.00 MiB
Current LE 30
COW-table size 120.00 MiB
COW-table LE 30
Allocated to snapshot 0.01%
Snapshot chunk size 4.00 KiB
Segments 1
Allocation inherit
Read ahead sectors auto
- currently set to 8192
Block device 253:3
……………省略部分输出信息………………
```

第 2 步：在逻辑卷所挂载的目录中创建一个 100MB 的垃圾文件，然后再查看快照卷的状态。可以发现存储空间占的用量上升了。

```
[root@linuxprobe ~]# dd if=/dev/zero of=/linuxprobe/files count=1 bs=100M
1+0 records in
1+0 records out
104857600 bytes (105 MB) copied, 3.35432 s, 31.3 MB/s
[root@linuxprobe ~]# lvdisplay
 --- Logical volume ---
 LV Path /dev/storage/SNAP
 LV Name SNAP
 VG Name storage
 LV UUID BC7WKg-fHoK-Pc7J-yhSd-vD7d-lUnl-TihKlt
 LV Write Access read/write
 LV Creation host, time localhost.localdomain, 2017-02-01 07:42:31 -0500
 LV snapshot status active destination for vo
 LV Status available
 # open 0
 LV Size 120.00 MiB
 Current LE 30
 COW-table size 120.00 MiB
 COW-table LE 30
 Allocated to snapshot 83.71%
 Snapshot chunk size 4.00 KiB
 Segments 1
 Allocation inherit
 Read ahead sectors auto
 - currently set to 8192
 Block device 253:3
```

第 3 步：为了校验 SNAP 快照卷的效果，需要对逻辑卷进行快照还原操作。在此之前记得先卸载掉逻辑卷设备与目录的挂载。

```
[root@linuxprobe ~]# umount /linuxprobe
[root@linuxprobe ~]# lvconvert --merge /dev/storage/SNAP
 Merging of volume SNAP started.
 vo: Merged: 21.4%
```

```
vo: Merged: 100.0%
Merge of snapshot into logical volume vo has finished.
Logical volume "SNAP" successfully removed
```

第 4 步：快照卷会被自动删除掉，并且刚刚在逻辑卷设备被执行快照操作后再创建出来的 100MB 的垃圾文件也被清除了。

```
[root@linuxprobe ~]# mount -a
[root@linuxprobe ~]# ls /linuxprobe/
lost+found readme.txt
```

7.2.5 删除逻辑卷

当生产环境中想要重新部署 LVM 或者不再需要使用 LVM 时，则需要执行 LVM 的删除操作。为此，需要提前备份好重要的数据信息，然后依次删除逻辑卷、卷组、物理卷设备，这个顺序不可颠倒。

第 1 步：取消逻辑卷与目录的挂载关联，删除配置文件中永久生效的设备参数。

```
[root@linuxprobe ~]# umount /linuxprobe
[root@linuxprobe ~]# vim /etc/fstab
#
# /etc/fstab
# Created by anaconda on Fri Feb 19 22:08:59 2017
#
# Accessible filesystems, by reference, are maintained under '/dev/disk'
# See man pages fstab(5), findfs(8), mount(8) and/or blkid(8) for more info
#
/dev/mapper/rhel-root                          /         xfs        defaults 1 1
UUID=50591e35-d47a-4aeb-a0ca-1b4e8336d9b1 /boot     xfs        defaults 1 2
/dev/mapper                                    /rhel-swap  swap swap defaults 0 0
/dev/cdrom                                     /media/cdrom iso9660 defaults 0 0
```

第 2 步：删除逻辑卷设备，需要输入 y 来确认操作。

```
[root@linuxprobe ~]# lvremove /dev/storage/vo
Do you really want to remove active logical volume vo? [y/n]: y
 Logical volume "vo" successfully removed
```

第 3 步：删除卷组，此处只写卷组名称即可，不需要设备的绝对路径。

```
[root@linuxprobe ~]# vgremove storage
 Volume group "storage" successfully removed
```

第 4 步：删除物理卷设备。

```
[root@linuxprobe ~]# pvremove /dev/sdb /dev/sdc
 Labels on physical volume "/dev/sdb" successfully wiped
 Labels on physical volume "/dev/sdc" successfully wiped
```

在上述操作执行完毕之后，再执行 lvdisplay、vgdisplay、pvdisplay 命令来查看 LVM 的信息时就不会再看到信息了（前提是上述步骤的操作是正确的）。

复习题

1. RAID 技术主要是为了解决什么问题呢?

   答: RAID 技术可以解决存储设备的读写速度问题及数据的冗余备份问题。

2. RAID 0 和 RAID 5 哪个更安全?

   答: RAID 0 没有数据冗余功能, 因此 RAID 5 更安全。

3. 假设使用 4 块硬盘来部署 RAID 10 方案, 外加一块备份盘, 最多可以允许几块硬盘同时损坏呢?

   答: 最多允许 5 块硬盘设备中的 3 块设备同时损坏。

4. 位于 LVM 最底层的是物理卷还是卷组?

   答: 最底层的是物理卷, 然后在通过物理卷组成卷组。

5. LVM 对逻辑卷的扩容和缩容操作有何异同点呢?

   答: 扩容和缩容操作都需要先取消逻辑卷与目录的挂载关联; 扩容操作是先扩容后检查文件系统完整性, 而缩容操作为了保证数据的安全, 需要先检查文件系统完整性再缩容。

6. LVM 的快照卷能使用几次?

   答: 只可使用一次, 而且使用后即自动删除。

7. LVM 的删除顺序是怎么样的?

   答: 依次移除逻辑卷、卷组和物理卷。

iptables 与 firewalld 防火墙

本章讲解了如下内容：

- ➤ 防火墙管理工具；
- ➤ iptables；
- ➤ firewalld；
- ➤ 服务的访问控制列表。

保障数据的安全性是继保障数据的可用性之后最为重要的一项工作。防火墙作为公网与内网之间的保护屏障，在保障数据的安全性方面起着至关重要的作用。考虑到大家还不了解 RHEL 7 中新增的 firewalld 防火墙与先前版本中 iptables 防火墙之间的区别，刘遄老师决定先带领读者从理论层面和实际层面正确地认识在这两款防火墙之间的关系。

本章将分别使用 iptables、firewall-cmd、firewall-config 和 TCP Wrappers 等防火墙策略配置服务来完成数十个根据真实工作需求而设计的防火墙策略配置实验。在学习完这些实验之后，各位读者不仅可以熟练地过滤请求的流量，还可以基于服务程序的名称对流量进行允许和拒绝操作，确保 Linux 系统的安全性万无一失。

8.1 防火墙管理工具

众所周知，相较于企业内网，外部的公网环境更加恶劣，罪恶丛生。在公网与企业内网之间充当保护屏障的防火墙（见图 8-1）虽然有软件或硬件之分，但主要功能都是依据策略对穿越防火墙自身的流量进行过滤。防火墙策略可以基于流量的源目地址、端口号、协议、应用等信息来定制，然后防火墙使用预先定制的策略规则监控出入的流量，若流量与某一条策略规则相匹配，则执行相应的处理，反之则丢弃。这样一来，就可以保证仅有合法的流量在企业内网和外部公网之间流动了。

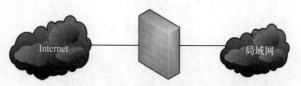

图 8-1　防火墙作为公网与内网之间的保护屏障

在 RHEL 7 系统中，firewalld 防火墙取代了 iptables 防火墙。对于接触 Linux 系统比较早或学习过 RHEL 6 系统的读者来说，当他们发现曾经掌握的知识在 RHEL 7 中不再适用，需要全新学习 firewalld 时，难免会有抵触心理。其实，iptables 与 firewalld 都不是真正的防火墙，它们都只是用来定义防火墙策略的防火墙管理工具而已，或者说，它们只是一种服务。iptables 服务会把配置好的防火墙策略交由内核层面的 netfilter 网络过滤器来处理，而 firewalld 服务则是把配置好的防火墙策略交由内核层面的 nftables 包过滤框架来处理。换句话说，当前在 Linux 系统中其实存在多个防火墙管理工具，旨在方便运维人员管理 Linux 系统中的防火墙策略，我们只需要配置妥当其中的一个就足够了。虽然这些工具各有优劣，但它们在防火墙策略的配置思路上是保持一致的。大家甚至可以不用完全掌握本章介绍的内容，只要在这多个防火墙管理工具中任选一款并将其学透，就足以满足日常的工作需求了。

8.2　iptables

在早期的 Linux 系统中，默认使用的是 iptables 防火墙管理服务来配置防火墙。尽管新型的 firewalld 防火墙管理服务已经被投入使用多年，但是大量的企业在生产环境中依然出于各种原因而继续使用 iptables。考虑到 iptables 在当前生产环境中还具有顽强的生命力，以及为了使大家在求职面试过程中被问到 iptables 的相关知识时能胸有成竹，刘遄老师觉得还是有必要在本书中好好地讲解一下这项技术。更何况前文也提到，各个防火墙管理工具的配置思路是一致的，在掌握了 iptables 后再学习其他防火墙管理工具时，也有借鉴意义。

8.2.1　策略与规则链

防火墙会从上至下的顺序来读取配置的策略规则，在找到匹配项后就立即结束匹配工作并去执行匹配项中定义的行为（即放行或阻止）。如果在读取完所有的策略规则之后没有匹配项，就去执行默认的策略。一般而言，防火墙策略规则的设置有两种：一种是"通"（即放行），一种是"堵"（即阻止）。当防火墙的默认策略为拒绝时（堵），就要设置允许规则（通），否则谁都进不来；如果防火墙的默认策略为允许时，就要设置拒绝规则，否则谁都能进来，防火墙也就失去了防范的作用。

iptables 服务把用于处理或过滤流量的策略条目称之为规则，多条规则可以组成一个规则链，而规则链则依据数据包处理位置的不同进行分类，具体如下：

- ➢ 在进行路由选择前处理数据包（PREROUTING）；
- ➢ 处理流入的数据包（INPUT）；
- ➢ 处理流出的数据包（OUTPUT）；
- ➢ 处理转发的数据包（FORWARD）；
- ➢ 在进行路由选择后处理数据包（POSTROUTING）。

一般来说，从内网向外网发送的流量一般都是可控且良性的，因此我们使用最多的就是 INPUT 规则链，该规则链可以增大黑客人员从外网入侵内网的难度。

比如在您居住的社区内，物业管理公司有两条规定：禁止小商小贩进入社区；各种车辆在进入社区时都要登记。显而易见，这两条规定应该是用于社区的正门的（流量必须经过的地方），而不是每家每户的防盗门上。根据前面提到的防火墙策略的匹配顺序，可能会存在多种情况。比如，来访人员是小商小贩，则直接会被物业公司的保安拒之门外，也就无需再对车辆进行登记。如果来访人员乘坐一辆汽车进入社区正门，则"禁止小商小贩进入社区"的第一条规则就没有被匹配到，因此按照顺序匹配第二条策略，即需要对车辆进行登记。如果是社区居民要进入正门，则这两条规定都不会匹配到，因此会执行默认的放行策略。

但是，仅有策略规则还不能保证社区的安全，保安还应该知道采用什么样的动作来处理这些匹配的流量，比如"允许"、"拒绝"、"登记"、"不理它"。这些动作对应到 iptables 服务的术语中分别是 ACCEPT（允许流量通过）、REJECT（拒绝流量通过）、LOG（记录日志信息）、DROP（拒绝流量通过）。"允许流量通过"和"记录日志信息"都比较好理解，这里需要着重讲解的是 REJECT 和 DROP 的不同点。就 DROP 来说，它是直接将流量丢弃而且不响应；REJECT 则会在拒绝流量后再回复一条"您的信息已经收到，但是被扔掉了"信息，从而让流量发送方清晰地看到数据被拒绝的响应信息。

我们来举一个例子，让各位读者更直观地理解这两个拒绝动作的不同之处。比如有一天您正在家里看电视，突然听到有人敲门，您透过防盗门的猫眼一看是推销商品的，便会在不需要的情况下开门并拒绝他们（REJECT）。但如果您看到的是债主带了十几个小弟来讨债，此时不仅要拒绝开门，还要默不作声，伪装成自己不在家的样子（DROP）。

当把 Linux 系统中的防火墙策略设置为 REJECT 拒绝动作后，流量发送方会看到端口不可达的响应：

```
[root@linuxprobe ~]# ping -c 4 192.168.10.10
 PING 192.168.10.10 (192.168.10.10) 56(84) bytes of data.
 From 192.168.10.10 icmp_seq=1 Destination Port Unreachable
 From 192.168.10.10 icmp_seq=2 Destination Port Unreachable
 From 192.168.10.10 icmp_seq=3 Destination Port Unreachable
 From 192.168.10.10 icmp_seq=4 Destination Port Unreachable
 --- 192.168.10.10 ping statistics ---
 4 packets transmitted, 0 received, +4 errors, 100% packet loss, time 3002ms
```

而把 Linux 系统中的防火墙策略修改成 DROP 拒绝动作后，流量发送方会看到响应超时的提醒。但是流量发送方无法判断流量是被拒绝，还是接收方主机当前不在线：

```
[root@linuxprobe ~]# ping -c 4 192.168.10.10
PING 192.168.10.10 (192.168.10.10) 56(84) bytes of data.

--- 192.168.10.10 ping statistics ---
4 packets transmitted, 0 received, 100% packet loss, time 3000ms
```

8.2.2　iptables 中基本的命令参数

iptables 是一款基于命令行的防火墙策略管理工具，具有大量参数，学习难度较大。好在对于日常的防火墙策略配置来讲，大家无需深入了解诸如"四表五链"的理论概念，只需要掌握常用的参数并做到灵活搭配即可，这就足以应对日常工作了。

iptables 命令可以根据流量的源地址、目的地址、传输协议、服务类型等信息进行匹配，一旦匹配成功，iptables 就会根据策略规则所预设的动作来处理这些流量。另外，再次提醒一下，防火墙策略规则的匹配顺序是从上至下的，因此要把较为严格、优先级较高的策略规则放到前面，以免发生错误。表 8-1 总结归纳了常用的 iptables 命令参数。再次强调，我们无需死记硬背这些参数，只需借助下面的实验来理解掌握即可。

表 8-1   iptables 中常用的参数以及作用

参数	作用
-P	设置默认策略
-F	清空规则链
-L	查看规则链
-A	在规则链的末尾加入新规则
-I num	在规则链的头部加入新规则
-D num	删除某一条规则
-s	匹配来源地址 IP/MASK，加叹号 "!" 表示除这个 IP 外
-d	匹配目标地址
-i 网卡名称	匹配从这块网卡流入的数据
-o 网卡名称	匹配从这块网卡流出的数据
-p	匹配协议，如 TCP、UDP、ICMP
--dport num	匹配目标端口号
--sport num	匹配来源端口号

在 iptables 命令后添加-L 参数查看已有的防火墙规则链：

```
[root@linuxprobe ~]# iptables -L
Chain INPUT (policy ACCEPT)
target prot opt source destination
ACCEPT all -- anywhere anywhere ctstate RELATED,ESTABLISHED
ACCEPT all -- anywhere anywhere
INPUT_direct all -- anywhere anywhere
INPUT_ZONES_SOURCE all -- anywhere anywhere
INPUT_ZONES all -- anywhere anywhere
ACCEPT icmp -- anywhere anywhere
REJECT all -- anywhere anywhere reject-with icmp-host-prohibited
………………省略部分输出信息………………
```

在 iptables 命令后添加-F 参数清空已有的防火墙规则链：

```
[root@linuxprobe ~] # iptables -F
[root@linuxprobe ~] # iptables -L
Chain INPUT (policy ACCEPT)
target     prot opt source                destination

Chain FORWARD (policy ACCEPT)
target     prot opt source                destination

Chain OUTPUT (policy ACCEPT)
target     prot opt source                destination
………………省略部分输出信息………………
```

把 INPUT 规则链的默认策略设置为拒绝：

```
[root@linuxprobe ~]# iptables -P INPUT DROP
[root@linuxprobe ~]# iptables -L
Chain INPUT (policy DROP)
target prot opt source destination
…………省略部分输出信息………………
```

前文提到，防火墙策略规则的设置有两种：通和堵。当把 INPUT 链设置为默认拒绝后，就要在防火墙策略中写入允许策略了，否则所有到来的流量都会被拒绝掉。另外，需要注意的是，规则链的默认拒绝动作只能是 DROP，而不能是 REJECT。

向 INPUT 链中添加允许 ICMP 流量进入的策略规则：

在日常运维工作中，经常会使用 ping 命令来检查对方主机是否在线，而向防火墙的 INPUT 规则链中添加一条允许 ICMP 流量进入的策略规则就默认允许了这种 ping 命令检测行为。

```
[root@linuxprobe ~]# iptables -I INPUT -p icmp -j ACCEPT
[root@linuxprobe ~]# ping -c 4 192.168.10.10
PING 192.168.10.10 (192.168.10.10) 56(84) bytes of data.
64 bytes from 192.168.10.10: icmp_seq=1 ttl=64 time=0.156 ms
64 bytes from 192.168.10.10: icmp_seq=2 ttl=64 time=0.117 ms
64 bytes from 192.168.10.10: icmp_seq=3 ttl=64 time=0.099 ms
64 bytes from 192.168.10.10: icmp_seq=4 ttl=64 time=0.090 ms
--- 192.168.10.10 ping statistics ---
4 packets transmitted, 4 received, 0% packet loss, time 2999ms
rtt min/avg/max/mdev = 0.090/0.115/0.156/0.027 ms
```

删除 INPUT 规则链中刚刚加入的那条策略（允许 ICMP 流量），并把默认策略设置为允许：

```
[root@linuxprobe ~]# iptables -D INPUT 1
[root@linuxprobe ~]# iptables -P INPUT ACCEPT
[root@linuxprobe ~]# iptables -L
Chain INPUT (policy ACCEPT)
target prot opt source destination
..............省略部分输出信息..............
```

将 INPUT 规则链设置为只允许指定网段的主机访问本机的 22 端口，拒绝来自其他所有主机的流量：

```
[root@linuxprobe ~]# iptables -I INPUT -s 192.168.10.0/24 -p tcp --dport 22 -j
ACCEPT
[root@linuxprobe ~]# iptables -A INPUT -p tcp --dport 22 -j REJECT
[root@linuxprobe ~]# iptables -L
Chain INPUT (policy ACCEPT)
target prot opt source destination
ACCEPT tcp -- 192.168.10.0/24 anywhere tcp dpt:ssh
REJECT tcp -- anywhere anywhere tcp dpt:ssh reject-with icmp-port-unreachable
..............省略部分输出信息..............
```

再次重申，防火墙策略规则是按照从上到下的顺序匹配的，因此一定要把允许动作放到拒绝动作前面，否则所有的流量就将被拒绝掉，从而导致任何主机都无法访问我们的服务。另外，这里提到的 22 号端口是 ssh 服务使用的（有关 ssh 服务，请见下一章），刘遄老师先在这里挖坑，等大家学完第 9 章后可再验证这个实验的效果。

在设置完上述 INPUT 规则连之后，我们使用 IP 地址在 192.168.10.0/24 网段内的主机访问服务器（即前面提到的设置了 INPUG 规则链的主机）的 22 端口，效果如下：

```
[root@Client A ~]# ssh 192.168.10.10
The authenticity of host '192.168.10.10 (192.168.10.10)' can't be established.
```

```
ECDSA key fingerprint is 70:3b:5d:37:96:7b:2e:a5:28:0d:7e:dc:47:6a:fe:5c.
Are you sure you want to continue connecting (yes/no)? yes
Warning: Permanently added '192.168.10.10' (ECDSA) to the list of known hosts.
root@192.168.10.10's password: 此处输入对方主机的 root 管理员密码
Last login: Sun Feb 12 01:50:25 2017
[root@Client A ~]#
```

然后，我们再使用 IP 地址在 192.168.20.0/24 网段外的主机访问服务器的 22 端口，效果如下，就不会提示连接请求被拒绝了（Connection failed）：

```
[root@Client B ~]# ssh 192.168.10.10
Connecting to 192.168.10.10:22...
Could not connect to '192.168.10.10' (port 22): Connection failed.
```

向 INPUT 规则链中添加拒绝所有人访问本机 12345 端口的策略规则：

```
[root@linuxprobe ~]# iptables -I INPUT -p tcp --dport 12345 -j REJECT
[root@linuxprobe ~]# iptables -I INPUT -p udp --dport 12345 -j REJECT
[root@linuxprobe ~]# iptables -L
Chain INPUT (policy ACCEPT)
target prot opt source destination
REJECT udp -- anywhere anywhere udp dpt:italk reject-with icmp-port-unreachable
REJECT tcp -- anywhere anywhere tcp dpt:italk reject-with icmp-port-unreachable
ACCEPT tcp -- 192.168.10.0/24 anywhere tcp dpt:ssh
REJECT tcp -- anywhere anywhere tcp dpt:ssh reject-with icmp-port-unreachable
…………省略部分输出信息…………
```

向 INPUT 规则链中添加拒绝 192.168.10.5 主机访问本机 80 端口（Web 服务）的策略规则：

```
[root@linuxprobe ~] # iptables -I INPUT -p tcp -s 192.168.10.5 --dport 80 -j REJECT
[root@linuxprobe ~] # iptables -L
Chain INPUT (policy ACCEPT)
target prot opt source destination
REJECT tcp -- 192.168.10.5 anywhere tcp dpt:http reject-with icmp-port-unreachable
REJECT udp -- anywhere anywhere udp dpt:italk reject-with icmp-port-unreachable
REJECT tcp -- anywhere anywhere tcp dpt:italk reject-with icmp-port-unreachable
ACCEPT tcp -- 192.168.10.0/24 anywhere tcp dpt:ssh
REJECT tcp -- anywhere anywhere tcp dpt:ssh reject-with icmp-port-unreachable
…………省略部分输出信息…………
```

向 INPUT 规则链中添加拒绝所有主机访问本机 1000～1024 端口的策略规则：

```
[root@linuxprobe ~]# iptables -A INPUT -p tcp --dport 1000:1024 -j REJECT
[root@linuxprobe ~]# iptables -A INPUT -p udp --dport 1000:1024 -j REJECT
[root@linuxprobe ~]# iptables -L
Chain INPUT (policy ACCEPT)
target prot opt source destination
REJECT tcp -- 192.168.10.5 anywhere tcp dpt:http reject-with icmp-port-unreachable
REJECT udp -- anywhere anywhere udp dpt:italk reject-with icmp-port-unreachable
REJECT tcp -- anywhere anywhere tcp dpt:italk reject-with icmp-port-unreachable
ACCEPT tcp -- 192.168.10.0/24 anywhere tcp dpt:ssh
REJECT tcp -- anywhere anywhere tcp dpt:ssh reject-with icmp-port-unreachable
REJECT tcp -- anywhere anywhere tcp dpts:cadlock2:1024 reject-with icmp-port-
unreachable
REJECT udp -- anywhere anywhere udp dpts:cadlock2:1024 reject-with icmp-port-
```

```
unreachable
...............省略部分输出信息...............
```

有关 iptables 命令的知识讲解到此就结束了，大家是不是意犹未尽？考虑到 Linux 防火墙的发展趋势，大家只要能把上面的实例吸收消化，就可以完全搞定日常的 iptables 配置工作了。但是请特别注意，使用 iptables 命令配置的防火墙规则默认会在系统下一次重启时失效，如果想让配置的防火墙策略永久生效，还要执行保存命令：

```
[root@linuxprobe ~]# service iptables save
iptables: Saving firewall rules to /etc/sysconfig/iptables: [ OK ]
```

8.3 firewalld

RHEL 7 系统中集成了多款防火墙管理工具，其中 firewalld（Dynamic Firewall Manager of Linux systems，Linux 系统的动态防火墙管理器）服务是默认的防火墙配置管理工具，它拥有基于 CLI（命令行界面）和基于 GUI（图形用户界面）的两种管理方式。

相较于传统的防火墙管理配置工具，firewalld 支持动态更新技术并加入了区域（zone）的概念。简单来说，区域就是 firewalld 预先准备了几套防火墙策略集合（策略模板），用户可以根据生产场景的不同而选择合适的策略集合，从而实现防火墙策略之间的快速切换。例如，我们有一台笔记本电脑，每天都要在办公室、咖啡厅和家里使用。按常理来讲，这三者的安全性按照由高到低的顺序来排列，应该是家庭、公司办公室、咖啡厅。当前，我们希望为这台笔记本电脑指定如下防火墙策略规则：在家中允许访问所有服务；在办公室内仅允许访问文件共享服务；在咖啡厅仅允许上网浏览。在以往，我们需要频繁地手动设置防火墙策略规则，而现在只需要预设好区域集合，然后只需轻点鼠标就可以自动切换了，从而极大地提升了防火墙策略的应用效率。firewalld 中常见的区域名称（默认为 public）以及相应的策略规则如表 8-2 所示。

表 8-2　　　　　　　　　　　firewalld 中常用的区域名称及测了规则

区域	默认策略规则
trusted	允许所有的数据包
home	拒绝流入的流量，除非与流出的流量相关；而如果流量与 ssh、mdns、ipp-client、amba-client 与 dhcpv6-client 服务相关，则允许流量
internal	等同于 home 区域
work	拒绝流入的流量，除非与流出的流量数相关；而如果流量与 ssh、ipp-client 与 dhcpv6-client 服务相关，则允许流量
public	拒绝流入的流量，除非与流出的流量相关；而如果流量与 ssh、dhcpv6-client 服务相关，则允许流量
external	拒绝流入的流量，除非与流出的流量相关；而如果流量与 ssh 服务相关，则允许流量
dmz	拒绝流入的流量，除非与流出的流量相关；而如果流量与 ssh 服务相关，则允许流量
block	拒绝流入的流量，除非与流出的流量相关
drop	拒绝流入的流量，除非与流出的流量相关

8.3.1　终端管理工具

第 2 章在讲解 Linux 命令时曾经听到，命令行终端是一种极富效率的工作方式，firewalld-cmd 是 firewalld 防火墙配置管理工具的 CLI（命令行界面）版本。它的参数一般都是以"长格式"来提供的，大家不要一听到长格式就头大，因为 RHEL 7 系统支持部分命令的参数补齐，其中就包含这条命令（很酷吧）。也就是说，现在除了能用 Tab 键自动补齐命令或文件名等内容之外，还可以用 Tab 键来补齐表 8-3 中所示的长格式参数了（这太棒了）。

表 8-3　　　　　　　　　　　firewalld-cmd 命令中使用的参数以及作用

参数	作用
--get-default-zone	查询默认的区域名称
--set-default-zone=<区域名称>	设置默认的区域，使其永久生效
--get-zones	显示可用的区域
--get-services	显示预先定义的服务
--get-active-zones	显示当前正在使用的区域与网卡名称
--add-source=	将源自此 IP 或子网的流量导向指定的区域
--remove-source=	不再将源自此 IP 或子网的流量导向某个指定区域
--add-interface=<网卡名称>	将源自该网卡的所有流量都导向某个指定区域
--change-interface=<网卡名称>	将某个网卡与区域进行关联
--list-all	显示当前区域的网卡配置参数、资源、端口以及服务等信息
--list-all-zones	显示所有区域的网卡配置参数、资源、端口以及服务等信息
--add-service=<服务名>	设置默认区域允许该服务的流量
--add-port=<端口号/协议>	设置默认区域允许该端口的流量
--remove-service=<服务名>	设置默认区域不再允许该服务的流量
--remove-port=<端口号/协议>	设置默认区域不再允许该端口的流量
--reload	让"永久生效"的配置规则立即生效，并覆盖当前的配置规则
--panic-on	开启应急状况模式
--panic-off	关闭应急状况模式

与 Linux 系统中其他的防火墙策略配置工具一样，使用 firewalld 配置的防火墙策略默认为运行时（Runtime）模式，又称为当前生效模式，而且随着系统的重启会失效。如果想让配置策略一直存在，就需要使用永久（Permanent）模式了，方法就是在用 firewall-cmd 命令正常设置防火墙策略时添加--permanent 参数，这样配置的防火墙策略就可以永久生效了。但是，永久生效模式有一个"不近人情"的特点，就是使用它设置的策略只有在系统重启之后才能自动生效。如果想让配置的策略立即生效，需要手动执行 firewall-cmd --reload 命令。

接下来的实验都很简单，但是提醒大家一定要仔细查看刘遄老师使用的是 Runtime 模式还是 Permanent 模式。如果不关注这个细节，就算是正确配置了防火墙策略，也可能无法达到预期的效果。

查看 firewalld 服务当前所使用的区域：

```
[root@linuxprobe ~]# firewall-cmd --get-default-zone
```

```
public
```

查询 eno16777728 网卡在 firewalld 服务中的区域：

```
[root@linuxprobe ~]# firewall-cmd --get-zone-of-interface=eno16777728
public
```

把 firewalld 服务中 eno16777728 网卡的默认区域修改为 external，并在系统重启后生效。分别查看当前与永久模式下的区域名称：

```
[root@linuxprobe ~]# firewall-cmd --permanent --zone=external --change-interface=
eno16777728
success
[root@linuxprobe ~]# firewall-cmd --get-zone-of-interface=eno16777728
public
[root@linuxprobe ~]# firewall-cmd --permanent --get-zone-of-interface=eno16777728
external
```

把 firewalld 服务的当前默认区域设置为 public：

```
[root@linuxprobe ~]# firewall-cmd --set-default-zone=public
success
[root@linuxprobe ~]# firewall-cmd --get-default-zone
public
```

启动/关闭 firewalld 防火墙服务的应急状况模式，阻断一切网络连接（当远程控制服务器时请慎用）：

```
[root@linuxprobe ~]# firewall-cmd --panic-on
success
[root@linuxprobe ~]# firewall-cmd --panic-off
success
```

查询 public 区域是否允许请求 SSH 和 HTTPS 协议的流量：

```
[root@linuxprobe ~]# firewall-cmd --zone=public --query-service=ssh
yes
[root@linuxprobe ~]# firewall-cmd --zone=public --query-service=https
no
```

把 firewalld 服务中请求 HTTPS 协议的流量设置为永久允许，并立即生效：

```
[root@linuxprobe ~]# firewall-cmd --zone=public --add-service=https
success
[root@linuxprobe ~]# firewall-cmd --permanent --zone=public --add-service=https
success
[root@linuxprobe ~]# firewall-cmd --reload
success
```

把 firewalld 服务中请求 HTTP 协议的流量设置为永久拒绝，并立即生效：

```
[root@linuxprobe ~]# firewall-cmd --permanent --zone=public --remove-service=http
success
[root@linuxprobe ~]# firewall-cmd --reload
success
```

把在 firewalld 服务中访问 8080 和 8081 端口的流量策略设置为允许，但仅限当前生效：

```
[root@linuxprobe ~]# firewall-cmd --zone=public --add-port=8080-8081/tcp
success
[root@linuxprobe ~]# firewall-cmd --zone=public --list-ports
8080-8081/tcp
```

把原本访问本机 888 端口的流量转发到 22 端口，要且求当前和长期均有效：

> **注：**
>
> 流量转发命令格式为 firewall-cmd --permanent --zone=<区域> --add-forward-port=port=<源端口号>:proto=<协议>:toport=<目标端口号>:toaddr=<目标 IP 地址>

```
[root@linuxprobe ~]# firewall-cmd --permanent --zone=public --add-forward-port=
port=888:proto=tcp:toport=22:toaddr=192.168.10.10
success
[root@linuxprobe ~]# firewall-cmd --reload
success
```

在客户端使用 ssh 命令尝试访问 192.168.10.10 主机的 888 端口：

```
[root@client A ~]# ssh -p 888 192.168.10.10
The authenticity of host '[192.168.10.10]:888 ([192.168.10.10]:888)' can't
be established.
ECDSA key fingerprint is b8:25:88:89:5c:05:b6:dd:ef:76:63:ff:1a:54:02:1a.
Are you sure you want to continue connecting (yes/no)? yes
Warning: Permanently added '[192.168.10.10]:888' (ECDSA) to the list of known hosts.
root@192.168.10.10's password:此处输入远程 root 管理员的密码
Last login: Sun Jul 19 21:43:48 2017 from 192.168.10.10
```

firewalld 中的富规则表示更细致、更详细的防火墙策略配置，它可以针对系统服务、端口号、源地址和目标地址等诸多信息进行更有正对性的策略配置。它的优先级在所有的防火墙策略中也是最高的。比如，我们可以在 firewalld 服务中配置一条富规则，使其拒绝 192.168.10.0/24 网段的所有用户访问本机的 ssh 服务（22 端口）：

```
[root@linuxprobe ~]# firewall-cmd --permanent --zone=public --add-rich-rule="
rule family="ipv4" source address="192.168.10.0/24" service name="ssh" reject"
success
[root@linuxprobe ~]# firewall-cmd --reload
success
```

在客户端使用 ssh 命令尝试访问 192.168.10.10 主机的 ssh 服务（22 端口）：

```
[root@client A ~]# ssh 192.168.10.10
Connecting to 192.168.10.10:22...
Could not connect to '192.168.10.10' (port 22): Connection failed.
```

8.3.2　图形管理工具

在各种版本的 Linux 系统中，几乎没有能让刘遄老师欣慰并推荐的图形化工具，但是

firewall-config 做到了。它是 firewalld 防火墙配置管理工具的 GUI（图形用户界面）版本，几乎可以实现所有以命令行来执行的操作。毫不夸张的说，即使读者没有扎实的 Linux 命令基础，也完全可以通过它来妥善配置 RHEL 7 中的防火墙策略。firewall-config 的界面如图 8-2 所示，其功能具体如下。

- ➤ 1：选择运行时（Runtime）模式或永久（Permanent）模式的配置。
- ➤ 2：可选的策略集合区域列表。
- ➤ 3：常用的系统服务列表。
- ➤ 4：当前正在使用的区域。
- ➤ 5：管理当前被选中区域中的服务。
- ➤ 6：管理当前被选中区域中的端口。
- ➤ 7：开启或关闭 SNAT（源地址转换协议）技术。
- ➤ 8：设置端口转发策略。
- ➤ 9：控制请求 icmp 服务的流量。
- ➤ 10：管理防火墙的富规则。
- ➤ 11：管理网卡设备。
- ➤ 12：被选中区域的服务，若勾选了相应服务前面的复选框，则表示允许与之相关的流量。
- ➤ 13：firewall-config 工具的运行状态。

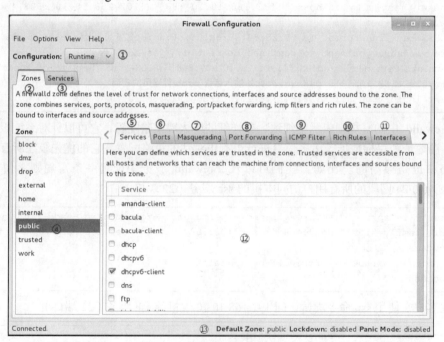

图 8-2　firewall-config 的界面

　　刘遄老师再啰嗦几句。在使用 firewall-config 工具配置完防火墙策略之后，无须进行二次确认，因为只要有修改内容，它就自动进行保存。下面进行动手实践环节。

　　我们先将当前区域中请求 http 服务的流量设置为允许，但仅限当前生效。具体配置如图 8-3 所示。

　　尝试添加一条防火墙策略规则，使其放行访问 8080~8088 端口（TCP 协议）的流量，并将其设置为永久生效，以达到系统重启后防火墙策略依然生效的目的。在按照图 8-4 所示的界面配置完毕之后，还需要在 Options 菜单中单击 Reload Firewalld 命令，让配置的防火墙策略立即生效（见图 8-5）。这与在命令行中执行--reload 参数的效果一样。

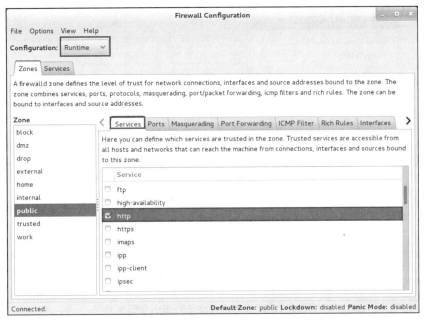

图 8-3　放行请求 http 服务的流量

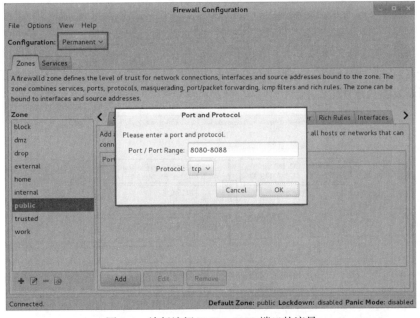

图 8-4　放行访问 8080～8088 端口的流量

前面在讲解 firewall-config 工具的功能时，曾经提到了 SNAT（Source Network Address Translation，源网络地址转换）技术。SNAT 是一种为了解决 IP 地址匮乏而设计的技术，它可以使得多个内网中的用户通过同一个外网 IP 接入 Internet。该技术的应用非常广泛，甚至可以说我们每天都在使用，只不过没有察觉到罢了。比如，当我们通过家中的网关设备（比如无线路由器）访问本书配套站点 www.linuxprobe.com 时，就用到了 SNAT 技术。

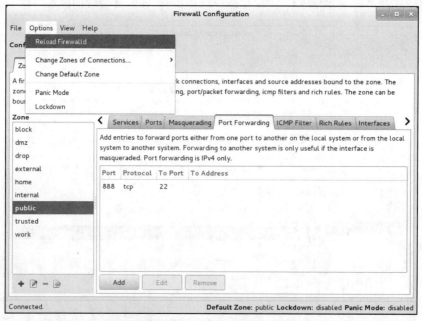

图 8-5　让配置的防火墙策略规则立即生效

大家可以看一下在网络中不使用 SNAT 技术（见图 8-6）和使用 SNAT 技术（见图 8-7）时的情况。在图 8-6 所示的局域网中有多台 PC，如果网关服务器没有应用 SNAT 技术，则互联网中的网站服务器在收到 PC 的请求数据包，并回送响应数据包时，将无法在网络中找到这个私有网络的 IP 地址，所以 PC 也就收不到响应数据包了。在图 8-7 所示的局域网中，由于网关服务器应用了 SNAT 技术，所以互联网中的网站服务器会将响应数据包发给网关服务器，再由后者转发给局域网中的 PC。

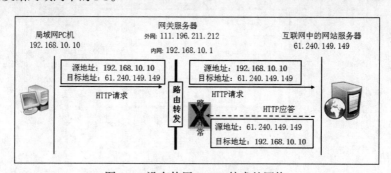

图 8-6　没有使用 SNAT 技术的网络

使用 iptables 命令实现 SNAT 技术是一件很麻烦的事情，但是在 firewall-config 中却是小菜一碟了。用户只需按照图 8-8 进行配置，并选中 Masquerade zone 复选框，就自动开启了 SNAT 技术。

为了让大家直观查看不同工具在实现相同功能的区别，这里使用 firewall-config 工具重新演示了前面使用 firewalld-cmd 来配置防火墙策略规则,将本机 888 端口的流量转发到 22 端口，且要求当前和长期均有效，具体如图 8-9 和图 8-10 所示。

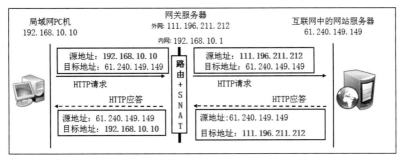

图 8-7　使用 SNAT 技术处理过的网络

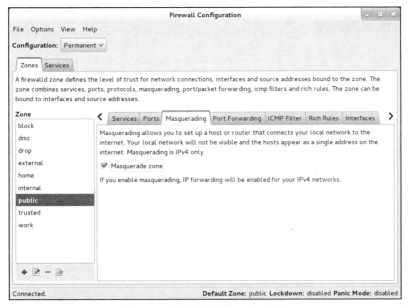

图 8-8　开启防火墙的 SNAT 技术

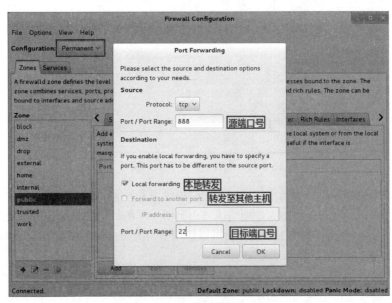

图 8-9　配置本地的端口转发

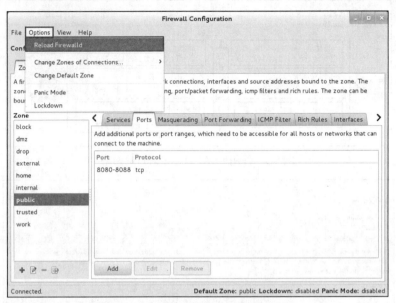

图 8-10　让防火墙效策略规则立即生效

配置富规则，让 192.168.10.20 主机访问到本机的 1234 端口号，如图 8-11 所示。

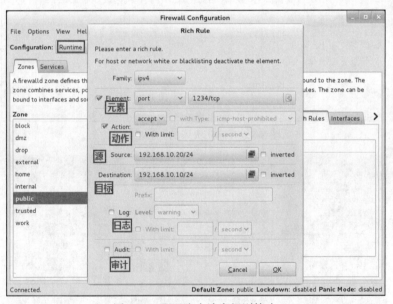

图 8-11　配置防火墙富规则策略

　　如果生产环境中的服务器有多块网卡在同时提供服务（这种情况很常见），则对内网和对外网提供服务的网卡要选择的防火墙策略区域也是不一样的。也就是说，可以把网卡与防火墙策略区域进行绑定（见图 8-12），这样就可以使用不同的防火墙区域策略，对源自不同网卡的流量进行针对性的监控，效果会更好。

　　最后，刘遄老师想说的是，firewall-config 工具真的非常实用，很多原本复杂的长命令被用图形化按钮替代，设置规则也简单明了，足以应对日常工作。所以再次向大家强调配置防火墙策略的原则——只要能实现所需的功能，用什么工具请随君便。

图 8-12　把网卡与防火墙策略区域进行绑定

8.4　服务的访问控制列表

TCP Wrappers 是 RHEL 7 系统中默认启用的一款流量监控程序，它能够根据来访主机的地址与本机的目标服务程序作出允许或拒绝的操作。换句话说，Linux 系统中其实有两个层面的防火墙，第一种是前面讲到的基于 TCP/IP 协议的流量过滤工具，而 TCP Wrappers 服务则是能允许或禁止 Linux 系统提供服务的防火墙，从而在更高层面保护了 Linux 系统的安全运行。

TCP Wrappers 服务的防火墙策略由两个控制列表文件所控制，用户可以编辑允许控制列表文件来放行对服务的请求流量，也可以编辑拒绝控制列表文件来阻止对服务的请求流量。控制列表文件修改后会立即生效，系统将会先检查允许控制列表文件（/etc/hosts.allow），如果匹配到相应的允许策略则放行流量；如果没有匹配，则去进一步匹配拒绝控制列表文件（/etc/hosts.deny），若找到匹配项则拒绝该流量。如果这两个文件全都没有匹配到，则默认放行流量。

TCP Wrappers 服务的控制列表文件配置起来并不复杂，常用的参数如表 8-4 所示。

表 8-4　　　　　　　TCP Wrappers 服务的控制列表文件中常用的参数

客户端类型	示例	满足示例的客户端列表
单一主机	`192.168.10.10`	IP 地址为 192.168.10.10 的主机
指定网段	`192.168.10.`	IP 段为 192.168.10.0/24 的主机
指定网段	`192.168.10.0/255.255.255.0`	IP 段为 192.168.10.0/24 的主机
指定 DNS 后缀	`.linuxprobe.com`	所有 DNS 后缀为.linuxprobe.com 的主机
指定主机名称	`www.linuxprobe.com`	主机名称为 www.linuxprobe.com 的主机
指定所有客户端	`ALL`	所有主机全部包括在内

在配置 TCP Wrappers 服务时需要遵循两个原则：

➢ 编写拒绝策略规则时，填写的是服务名称，而非协议名称；

➤ 建议先编写拒绝策略规则，再编写允许策略规则，以便直观地看到相应的效果。

下面编写拒绝策略规则文件，禁止访问本机 sshd 服务的所有流量（无须/etc/hosts.deny 文件中修改原有的注释信息）：

```
[root@linuxprobe ~]# vim /etc/hosts.deny
#
# hosts.deny This file contains access rules which are used to
# deny connections to network services that either use
# the tcp_wrappers library or that have been
# started through a tcp_wrappers-enabled xinetd.
#
# The rules in this file can also be set up in
# /etc/hosts.allow with a 'deny' option instead.
#
# See 'man 5 hosts_options' and 'man 5 hosts_access'
# for information on rule syntax.
# See 'man tcpd' for information on tcp_wrappers
sshd:*

[root@linuxprobe ~]# ssh 192.168.10.10
ssh_exchange_identification: read: Connection reset by peer
```

接下来，在允许策略规则文件中添加一条规则，使其放行源自 192.168.10.0/24 网段，访问本机 sshd 服务的所有流量。可以看到，服务器立刻就放行了访问 sshd 服务的流量，效果非常直观：

```
[root@linuxprobe ~]# vim /etc/hosts.allow
#
# hosts.allow This file contains access rules which are used to
# allow or deny connections to network services that
# either use the tcp_wrappers library or that have been
# started through a tcp_wrappers-enabled xinetd.
#
# See 'man 5 hosts_options' and 'man 5 hosts_access'
# for information on rule syntax.
# See 'man tcpd' for information on tcp_wrappers
sshd:192.168.10.

[root@linuxprobe ~]# ssh 192.168.10.10
The authenticity of host '192.168.10.10 (192.168.10.10)' can't be established.
ECDSA key fingerprint is 70:3b:5d:37:96:7b:2e:a5:28:0d:7e:dc:47:6a:fe:5c.
Are you sure you want to continue connecting (yes/no)? yes
Warning: Permanently added '192.168.10.10' (ECDSA) to the list of known hosts.
root@192.168.10.10's password:
Last login: Wed May 4 07:56:29 2017
[root@linuxprobe ~]#
```

复习题

1. 在 RHEL 7 系统中，iptables 是否已经被 firewalld 服务彻底取代？

   答：没有，iptables 和 firewalld 服务均可用于 RHEL 7 系统。

2. 请简述防火墙策略规则中 DROP 和 REJECT 的不同之处。

   答： DROP 的动作是丢包，不响应；REJECT 是拒绝请求，同时向发送方回送拒绝信息。

3. 如何把 iptables 服务的 INPUT 规则链默认策略设置为 DROP？

   答： 执行命令 iptables -P INPUT DROP 即可。

4. 怎样编写一条防火墙策略规则，使得 iptables 服务可以禁止源自 192.168.10.0/24 网段的流量访问本机的 sshd 服务（22 端口）？

   答： 执行命令 iptables -I INPUT -s 192.168.10.0/24 -p tcp --dport 22 -j REJECT 即可。

5. 请简述 firewalld 中区域的作用。

   答： 可以依据不同的工作场景来调用不同的 firewalld 区域，实现大量防火墙策略规则的快速切换。

6. 如何在 firewalld 中把默认的区域设置为 dmz？

   答： 执行命令 firewall-cmd --set-default-zone=dmz 即可。

7. 如何让 firewalld 中以永久（Permanent）模式配置的防火墙策略规则立即生效？

   答： 执行命令 firewall-cmd --reload。

8. 使用 SNAT 技术的目的是什么？

   答： SNAT 是一种为了解决 IP 地址匮乏而设计的技术，它可以使得多个内网中的用户通过同一个外网 IP 接入 Internet（互联网）。

9. TCP Wrappers 服务分别有允许策略配置文件和拒绝策略配置文件，请问匹配顺序是怎么样的？

   答： TCP Wrappers 会先依次匹配允许策略配置文件，然后再依次匹配拒绝策略配置文件，如果都没有匹配到，则默认放行流量。

## 第 9 章

使用 ssh 服务管理远程主机

本章讲解了如下内容:

➢ 配置网络服务;

➢ 远程控制服务;

➢ 不间断会话服务。

本章讲解了如何使用 nmtui 命令配置网络参数,以及通过 nmcli 命令查看网络信息并管理网络会话服务,从而让您能够在不同工作场景中快速地切换网络运行参数;还讲解了如何手工绑定 mode6 模式双网卡,实现网络的负载均衡。

本章还深入介绍了 SSH 协议与 sshd 服务程序的理论知识、Linux 系统的远程管理方法以及在系统中配置服务程序的方法,并采用实验的形式演示了使用基于密码验证的 sshd 服务程序进行远程登录,以及使用 screen 服务程序远程管理 Linux 系统的不间断会话等技术。

当读者掌握了本章的内容之后,也就完全具备了对 Linux 系统进行配置管理的知识。而且后续章节中将陆续引入大量实用服务的配置内容,读者将用到本章学习的知识进行配置,这样一方面可以让读者对生产环境中用到的大多数热门服务程序有一个广泛且深入的认识,另一方面也可以掌握相应的配置方法。

9.1 配置网络服务

9.1.1 配置网络参数

截至目前,大家已经完全可以利用当前所学的知识来管理 Linux 系统了。当然,大家的水平完全可以更进一步,当有朝一日登顶技术巅峰时,您一定会感谢现在正在努力学习的您。

我们接下来将学习如何在 Linux 系统上配置服务。但是在此之前,必须先保证主机之间能够顺畅地通信。如果网络不通,即便服务部署得再正确用户也无法顺利访问,所以,配置网络并确保网络的连通性是学习部署 Linux 服务之前的最后一个重要知识点。

在 4.1.3 小节讲解了如何使用 Vim 文本编辑器来配置网络参数,其实,在 RHEL 7 系统中有至少 5 种网络的配置方法,刘遄老师尽量在本书中为大家逐一演示。这里教给大家的是使用 nmtui 命令来配置网络,其具体的配置步骤如图 9-1 至图 9-8 所示。当遇到不容易理解的内容时,我们会额外进行解释说明。

图 9-1　执行 nmtui 命令运行网络配置工具

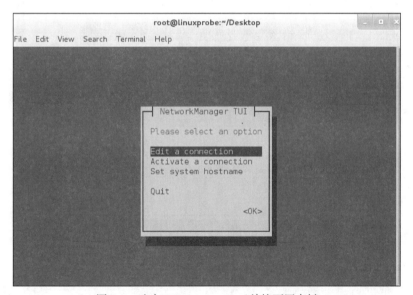

图 9-2　选中 Edit a connection 并按下回车键

在 RHEL 5、RHEL 6 系统及其他大多数早期的 Linux 系统中,网卡的名称一直都是 eth0、eth1、eth2、……,但在 RHEL 7 中则变成了类似于 eno16777736 这样的名字。不过除了网卡的名称发生变化之外,其他几乎一切照旧,因此这里演示的网络配置实验完全可以适用于各种版本的 Linux 系统。

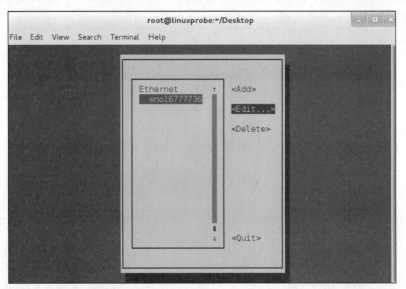

图 9-3　选中要编辑的网卡名称，然后按下 Edit（编辑）按钮

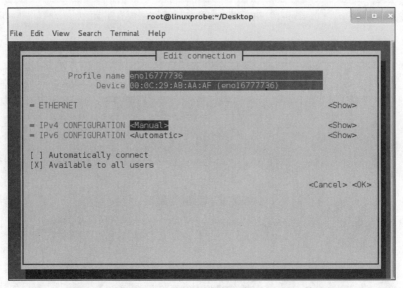

图 9-4　把网络 IPv4 的配置方式改成 Manual（手动）

注:

　　再多提一句，我们的这本《Linux 就该这么学》不仅学习门槛低、简单易懂，而且还有一个潜在的优势——书中所有的服务器主机 IP 地址均为 192.168.10.10，而客户端主机均为 192.168.10.20 及 192.168.10.30。这样的好处就是，在后面部署 Linux 服务的时候，不用每次都要考虑 IP 地址变化的问题，从而可以心无旁骛地关注配置细节。

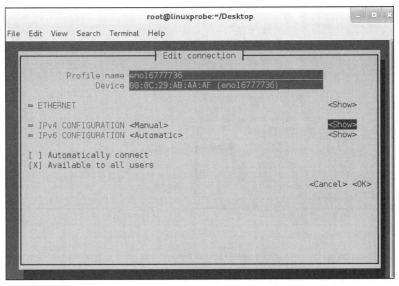

图 9-5　按下 Show（显示）按钮，显示信息配置框

现在，在服务器主机的网络配置信息中填写 IP 地址 192.168.10.10/24。

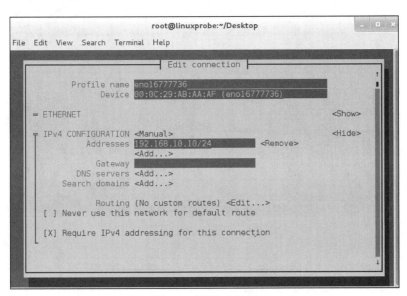

图 9-6　填写 IP 地址

至此，在 Linux 系统中配置网络的步骤就结束了。

刘遄老师在培训时经常会发现，很多学员在安装 RHEL 7 系统时默认没有激活网卡。如果各位读者有同样的情况也不用担心，只需使用 Vim 编辑器将网卡配置文件中的 ONBOOT 参数修改成 yes，这样在系统重启后网卡就被激活了。

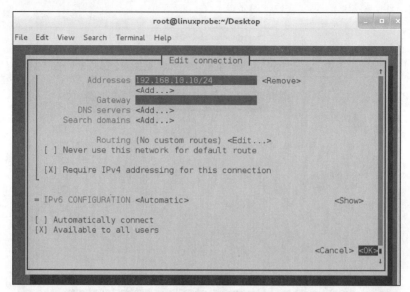

图 9-7　单击 OK 按钮保存配置

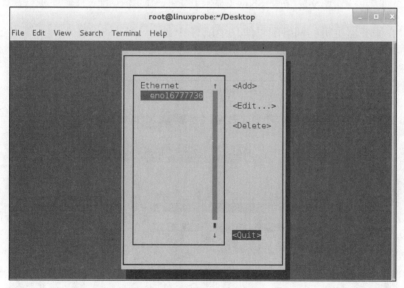

图 9-8　单击 Quit 按钮退出

```
[root@linuxprobe ~]# vim /etc/sysconfig/network-scripts/ifcfg-eno16777736
TYPE=Ethernet
BOOTPROTO=none
DEFROUTE=yes
IPV4_FAILURE_FATAL=no
IPV6INIT=yes
IPV6_AUTOCONF=yes
IPV6_DEFROUTE=yes
IPV6_FAILURE_FATAL=no
NAME=eno16777736
UUID=ec77579b-2ced-481f-9c09-f562b321e268
ONBOOT=yes
IPADDR0=192.168.10.10
```

```
HWADDR=00:0C:29:C4:A4:09
PREFIX0=24
IPV6_PEERDNS=yes
IPV6_PEERROUTES=yes
```

当修改完 Linux 系统中的服务配置文件后，并不会对服务程序立即产生效果。要想让服务程序获取到最新的配置文件，需要手动重启相应的服务，之后就可以看到网络畅通了：

```
[root@linuxprobe ~]# systemctl restart network
[root@linuxprobe ~]# ping -c 4 192.168.10.10
PING 192.168.10.10 (192.168.10.10) 56(84) bytes of data.
64 bytes from 192.168.10.10: icmp_seq=1 ttl=64 time=0.056 ms
64 bytes from 192.168.10.10: icmp_seq=2 ttl=64 time=0.099 ms
64 bytes from 192.168.10.10: icmp_seq=3 ttl=64 time=0.095 ms
64 bytes from 192.168.10.10: icmp_seq=4 ttl=64 time=0.095 ms

--- 192.168.10.10 ping statistics ---
4 packets transmitted, 4 received, 0% packet loss, time 2999ms
rtt min/avg/max/mdev = 0.056/0.086/0.099/0.018 ms
```

9.1.2 创建网络会话

RHEL 和 CentOS 系统默认使用 NetworkManager 来提供网络服务，这是一种动态管理网络配置的守护进程，能够让网络设备保持连接状态。可以使用 nmcli 命令来管理 NetworkManager 服务。nmcli 是一款基于命令行的网络配置工具，功能丰富，参数众多。它可以轻松地查看网络信息或网络状态：

```
[root@linuxprobe ~]# nmcli connection show
NAME UUID TYPE DEVICE
eno16777736 ec77579b-2ced-481f-9c09-f562b321e268 802-3-ethernet eno16777736
[root@linuxprobe ~]# nmcli con show eno16777736
connection.id: eno16777736
connection.uuid: ec77579b-2ced-481f-9c09-f562b321e268
connection.interface-name: --
connection.type: 802-3-ethernet
connection.autoconnect: yes
connection.timestamp: 1487348994
connection.read-only: no
connection.permissions:
connection.zone: --
connection.master: --
connection.slave-type: --
connection.secondaries:
connection.gateway-ping-timeout: 0
................省略部分输出信息................
```

另外，RHEL7 系统支持网络会话功能，允许用户在多个配置文件中快速切换（非常类似于 firewalld 防火墙服务中的区域技术）。如果我们在公司网络中使用笔记本电脑时需要手动指定网络的 IP 地址，而回到家中则是使用 DHCP 自动分配 IP 地址。这就需要麻烦地频繁修改 IP 地址，但是使用了网络会话功能后一切就简单多了——只需在不同的使用环境中激活相应的网络会话，就可以实现网络配置信息的自动切换了。

可以使用 nmcli 命令并按照 "connection add con-name type ifname" 的格式来创建网络会话。假设将公司网络中的网络会话称之为 company，将家庭网络中的网络会话称之为 house，现在依次创建各自的网络会话。

使用 con-name 参数指定公司所使用的网络会话名称 company，然后依次用 ifname 参数指定本机的网卡名称（千万要以实际环境为准，不要照抄书上的 eno16777736），用 autoconnect no 参数设置该网络会话默认不被自动激活，以及用 ip4 及 gw4 参数手动指定网络的 IP 地址：

```
[root@linuxprobe ~]# nmcli connection add con-name company ifname eno16777736
autoconnect no type ethernet ip4 192.168.10.10/24 gw4 192.168.10.1
Connection 'company' (86c71220-0057-419e-b615-38f4014cfdee) successfully added.
```

使用 con-name 参数指定家庭所使用的网络会话名称 house。因为我们想从外部 DHCP 服务器自动获得 IP 地址，因此这里不需要进行手动指定。

```
[root@linuxprobe ~]# nmcli connection add con-name house type ethernet ifname
eno16777736
Connection 'house' (44acf0a7-07e2-40b4-94ba-69ea973090fb) successfully added.
```

在成功创建网络会话后，可以使用 nmcli 命令查看创建的所有网络会话：

```
[root@linuxprobe ~]# nmcli connection show
NAME UUID TYPE DEVICE
house        44acf0a7-07e2-40b4-94ba-69ea973090fb 802-3-ethernet --
company      86c71220-0057-419e-b615-38f4014cfdee 802-3-ethernet --
eno16777736  ec77579b-2ced-481f-9c09-f562b321e268 802-3-ethernet eno16777736
```

使用 nmcli 命令配置过的网络会话是永久生效的，这样当我们下班回家后，顺手启用 house 网络会话，网卡就能自动通过 DHCP 获取到 IP 地址了。

```
[root@linuxprobe ~]# nmcli connection up house
Connection successfully activated (D-Bus active path: /org/freedesktop/NetworkManager/
ActiveConnection/2)
[root@linuxprobe ~]# ifconfig
eno1677773628: flags=4163<UP,BROADCAST,RUNNING,MULTICAST> mtu 1500
 inet 192.168.100.128 netmask 255.255.255.0 broadcast 192.168.100.255
 inet6 fe80::20c:29ff:fec4:a409 prefixlen 64 scopeid 0x20<link>
 ether 00:0c:29:c4:a4:09 txqueuelen 1000 (Ethernet)
 RX packets 42 bytes 4198 (4.0 KiB)
 RX errors 0 dropped 0 overruns 0 frame 0
 TX packets 75 bytes 10441 (10.1 KiB)
 TX errors 0 dropped 0 overruns 0 carrier 0 collisions 0

lo: flags=73<UP,LOOPBACK,RUNNING> mtu 65536
 inet 127.0.0.1 netmask 255.0.0.0
 inet6 ::1 prefixlen 128 scopeid 0x10<host>
 loop txqueuelen 0 (Local Loopback)
 RX packets 518 bytes 44080 (43.0 KiB)
 RX errors 0 dropped 0 overruns 0 frame 0
 TX packets 518 bytes 44080 (43.0 KiB)
 TX errors 0 dropped 0 overruns 0 carrier 0 collisions 0
```

如果大家使用的是虚拟机，请把虚拟机系统的网卡（网络适配器）切换成桥接模式，如

图 9-9 所示。然后重启虚拟机系统即可。

图 9-9　设置虚拟机网卡的模式

9.1.3　绑定两块网卡

一般来讲，生产环境必须提供 7×24 小时的网络传输服务。借助于网卡绑定技术，不仅可以提高网络传输速度，更重要的是，还可以确保在其中一块网卡出现故障时，依然可以正常提供网络服务。假设我们对两块网卡实施了绑定技术，这样在正常工作中它们会共同传输数据，使得网络传输的速度变得更快；而且即使有一块网卡突然出现了故障，另外一块网卡便会立即自动顶替上去，保证数据传输不会中断。

下面我们来看一下如何绑定网卡。

第 1 步：在虚拟机系统中再添加一块网卡设备，请确保两块网卡都处在同一个网络连接中（即网卡模式相同），如图 9-10 和图 9-11 所示。处于模式的网卡设备才可以进行网卡绑定，否则这两块网卡无法互相传送数据。

图 9-10　在虚拟机中再添加一块网卡设备

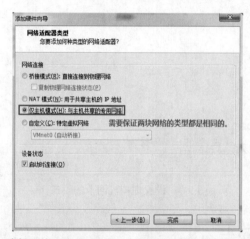

图 9-11　确保两块网卡处在同一个网络连接中（即网卡模式相同）

第 2 步：使用 Vim 文本编辑器来配置网卡设备的绑定参数。网卡绑定的理论知识类似于前面学习的 RAID 硬盘组，我们需要对参与绑定的网卡设备逐个进行"初始设置"。需要注意的是，这些原本独立的网卡设备此时需要被配置成为一块"从属"网卡，服务于"主"网卡，不应该再有自己的 IP 地址等信息。在进行了初始设置之后，它们就可以支持网卡绑定。

```
[root@linuxprobe ~]# vim /etc/sysconfig/network-scripts/ifcfg-eno16777736
TYPE=Ethernet
BOOTPROTO=none
ONBOOT=yes
USERCTL=no
DEVICE=eno16777736
MASTER=bond0
SLAVE=yes
[root@linuxprobe ~]# vim /etc/sysconfig/network-scripts/ifcfg-eno33554968
TYPE=Ethernet
BOOTPROTO=none
ONBOOT=yes
USERCTL=no
DEVICE=eno33554968
MASTER=bond0
SLAVE=yes
```

还需要将绑定后的设备命名为 bond0 并把 IP 地址等信息填写进去，这样当用户访问相应服务的时候，实际上就是由这两块网卡设备在共同提供服务。

```
[root@linuxprobe ~]# vim /etc/sysconfig/network-scripts/ifcfg-bond0
TYPE=Ethernet
BOOTPROTO=none
ONBOOT=yes
USERCTL=no
DEVICE=bond0
IPADDR=192.168.10.10
PREFIX=24
DNS=192.168.10.1
NM_CONTROLLED=no
```

第 3 步：让 Linux 内核支持网卡绑定驱动。常见的网卡绑定驱动有三种模式——mode0、mode1 和 mode6。下面以绑定两块网卡为例，讲解使用的情景。

➢ mode0（平衡负载模式）：平时两块网卡均工作，且自动备援，但需要在与服务器本地网卡相连的交换机设备上进行端口聚合来支持绑定技术。

➢ mode1（自动备援模式）：平时只有一块网卡工作，在它故障后自动替换为另外的网卡。

➢ mode6（平衡负载模式）：平时两块网卡均工作，且自动备援，无须交换机设备提供辅助支持。

比如有一台用于提供 NFS 或者 samba 服务的文件服务器，它所能提供的最大网络传输速度为 100Mbit/s，但是访问该服务器的用户数量特别多，那么它的访问压力一定很大。在生产环境中，网络的可靠性是极为重要的，而且网络的传输速度也必须得以保证。针对这样的情况，比较好的选择就是 mode6 网卡绑定驱动模式了。因为 mode6 能够让两块网卡同时一起工作，当其中一块网卡出现故障后能自动备援，且无需交换机设备支援，从而提供了可靠的网络传输保障。

下面使用 Vim 文本编辑器创建一个用于网卡绑定的驱动文件，使得绑定后的 bond0 网卡设备能够支持绑定技术（bonding）；同时定义网卡以 mode6 模式进行绑定，且出现故障时自动切换的时间为 100 毫秒。

```
[root@linuxprobe ~]# vim /etc/modprobe.d/bond.conf
alias bond0 bonding
options bond0 miimon=100 mode=6
```

第 4 步：重启网络服务后网卡绑定操作即可成功。正常情况下只有 bond0 网卡设备才会有 IP 地址等信息：

```
[root@linuxprobe ~]# systemctl restart network
[root@linuxprobe ~]# ifconfig
bond0: flags=5187<UP,BROADCAST,RUNNING,MASTER,MULTICAST> mtu 1500
inet 192.168.10.10 netmask 255.255.255.0 broadcast 192.168.10.255
inet6 fe80::20c:29ff:fe9c:637d prefixlen 64 scopeid 0x20<link>
ether 00:0c:29:9c:63:7d txqueuelen 0 (Ethernet)
RX packets 700 bytes 82899 (80.9 KiB)
RX errors 0 dropped 6 overruns 0 frame 0
TX packets 588 bytes 40260 (39.3 KiB)
TX errors 0 dropped 0 overruns 0 carrier 0 collisions 0

eno16777736: flags=6211<UP,BROADCAST,RUNNING,SLAVE,MULTICAST> mtu 1500
ether 00:0c:29:9c:63:73 txqueuelen 1000 (Ethernet)
```

```
RX packets 347 bytes 40112 (39.1 KiB)
RX errors 0 dropped 6 overruns 0 frame 0
TX packets 263 bytes 20682 (20.1 KiB)
TX errors 0 dropped 0 overruns 0 carrier 0 collisions 0

eno33554968: flags=6211<UP,BROADCAST,RUNNING,SLAVE,MULTICAST> mtu 1500
ether 00:0c:29:9c:63:7d txqueuelen 1000 (Ethernet)
RX packets 353 bytes 42787 (41.7 KiB)
RX errors 0 dropped 0 overruns 0 frame 0
TX packets 325 bytes 19578 (19.1 KiB)
TX errors 0 dropped 0 overruns 0 carrier 0 collisions 0
```

可以在本地主机执行 ping 192.168.10.10 命令检查网络的连通性。为了检验网卡绑定技术的自动备援功能,我们突然在虚拟机硬件配置中随机移除一块网卡设备,可以非常清晰地看到网卡切换的过程(一般只有 1 个数据丢包)。然后另外一块网卡会继续为用户提供服务。

```
[root@linuxprobe ~]# ping 192.168.10.10
PING 192.168.10.10 (192.168.10.10) 56(84) bytes of data.
64 bytes from 192.168.10.10: icmp_seq=1 ttl=64 time=0.109 ms
64 bytes from 192.168.10.10: icmp_seq=2 ttl=64 time=0.102 ms
64 bytes from 192.168.10.10: icmp_seq=3 ttl=64 time=0.066 ms
ping: sendmsg: Network is unreachable
64 bytes from 192.168.10.10: icmp_seq=5 ttl=64 time=0.065 ms
64 bytes from 192.168.10.10: icmp_seq=6 ttl=64 time=0.048 ms
64 bytes from 192.168.10.10: icmp_seq=7 ttl=64 time=0.042 ms
64 bytes from 192.168.10.10: icmp_seq=8 ttl=64 time=0.079 ms
^C
--- 192.168.10.10 ping statistics ---
8 packets transmitted, 7 received, 12% packet loss, time 7006ms
rtt min/avg/max/mdev = 0.042/0.073/0.109/0.023 ms
```

9.2 远程控制服务

9.2.1 配置 sshd 服务

SSH(Secure Shell)是一种能够以安全的方式提供远程登录的协议,也是目前远程管理 Linux 系统的首选方式。在此之前,一般使用 FTP 或 Telnet 来进行远程登录。但是因为它们以明文的形式在网络中传输账户密码和数据信息,因此很不安全,很容易受到黑客发起的中间人攻击,这轻则篡改传输的数据信息,重则直接抓取服务器的账户密码。

想要使用 SSH 协议来远程管理 Linux 系统,则需要部署配置 sshd 服务程序。sshd 是基于 SSH 协议开发的一款远程管理服务程序,不仅使用起来方便快捷,而且能够提供两种安全验证的方法:

➢ 基于口令的验证——用账户和密码来验证登录;

➢ 基于密钥的验证——需要在本地生成密钥对,然后把密钥对中的公钥上传至服务器,并与服务器中的公钥进行比较;该方式相较来说更安全。

前文曾多次强调"Linux 系统中的一切都是文件",因此在 Linux 系统中修改服务程序的运行参数,实际上就是在修改程序配置文件的过程。sshd 服务的配置信息保存在/etc/ssh/sshd_config 文件中。运维人员一般会把保存着最主要配置信息的文件称为主配置文件,而配置文件中有许多以井号开头的注释行，要想让这些配置参数生效，需要在修改参数后再去掉前面的井号。sshd 服务配置文件中包含的重要参数如表 9-1 所示。

表 9-1   sshd 服务配置文件中包含的参数以及作用

参数	作用
Port 22	默认的 sshd 服务端口
ListenAddress 0.0.0.0	设定 sshd 服务器监听的 IP 地址
Protocol 2	SSH 协议的版本号
HostKey /etc/ssh/ssh_host_key	SSH 协议版本为 1 时，DES 私钥存放的位置
HostKey /etc/ssh/ssh_host_rsa_key	SSH 协议版本为 2 时，RSA 私钥存放的位置
HostKey /etc/ssh/ssh_host_dsa_key	SSH 协议版本为 2 时，DSA 私钥存放的位置
PermitRootLogin yes	设定是否允许 root 管理员直接登录
StrictModes yes	当远程用户的私钥改变时直接拒绝连接
MaxAuthTries 6	最大密码尝试次数
MaxSessions 10	最大终端数
PasswordAuthentication yes	是否允许密码验证
PermitEmptyPasswords no	是否允许空密码登录（很不安全）

在 RHEL 7 系统中，已经默认安装并启用了 sshd 服务程序。接下来使用 ssh 命令进行远程连接，其格式为"ssh [参数] 主机 IP 地址"。要退出登录则执行 exit 命令。

```
[root@linuxprobe ~]# ssh 192.168.10.20
The authenticity of host '192.168.10.20 (192.168.10.20)' can't be established.
ECDSA key fingerprint is 4f:a7:91:9e:8d:6f:b9:48:02:32:61:95:48:ed:1e:3f.
Are you sure you want to continue connecting (yes/no)? yes
Warning: Permanently added '192.168.10.20' (ECDSA) to the list of known hosts.
root@192.168.10.20's password:此处输入远程主机 root 管理员的密码
Last login: Wed Apr 15 15:54:21 2017 from 192.168.10.10
[root@linuxprobe ~]#
[root@linuxprobe ~]# exit
logout
Connection to 192.168.10.10 closed.
```

如果禁止以 root 管理员的身份远程登录到服务器，则可以大大降低被黑客暴力破解密码的几率。下面进行相应配置。首先使用 Vim 文本编辑器打开 sshd 服务的主配置文件，然后把第 48 行#PermitRootLogin yes 参数前的井号（#）去掉，并把参数值 yes 改成 no，这样就不再允许 root 管理员远程登录了。记得最后保存文件并退出。

```
[root@linuxprobe ~]# vim /etc/ssh/sshd_config
…………省略部分输出信息…………
46
47 #LoginGraceTime 2m
48 PermitRootLogin no
49 #StrictModes yes
50 #MaxAuthTries 6
51 #MaxSessions 10
52
…………省略部分输出信息…………
```

再次提醒的是，一般的服务程序并不会在配置文件修改之后立即获得最新的参数。如果想让新配置文件生效，则需要手动重启相应的服务程序。最好也将这个服务程序加入到开机启动项中，这样系统在下一次启动时，该服务程序便会自动运行，继续为用户提供服务。

```
[root@linuxprobe ~]# systemctl restart sshd
[root@linuxprobe ~]# systemctl enable sshd
```

这样一来，当 root 管理员再来尝试访问 sshd 服务程序时，系统会提示不可访问的错误信息。虽然 sshd 服务程序的参数相对比较简单，但这就是在 Linux 系统中配置服务程序的正确方法。大家要做的是举一反三、活学活用，这样即便以后遇到了陌生的服务，也一样可以搞定了。

```
[root@linuxprobe ~]# ssh 192.168.10.10
root@192.168.10.10's password:此处输入远程主机 root 管理员的密码
Permission denied, please try again.
```

9.2.2　安全密钥验证

加密是对信息进行编码和解码的技术，它通过一定的算法（密钥）将原本可以直接阅读的明文信息转换成密文形式。密钥即是密文的钥匙，有私钥和公钥之分。在传输数据时，如果担心被他人监听或截获，就可以在传输前先使用公钥对数据加密处理，然后再行传送。这样，只有掌握私钥的用户才能解密这段数据，除此之外的其他人即便截获了数据，一般也很难将其破译为明文信息。

一言以蔽之，在生产环境中使用密码进行口令验证终归存在着被暴力破解或嗅探截获的风险。如果正确配置了密钥验证方式，那么 sshd 服务程序将更加安全。我们下面进行具体的配置，其步骤如下。

第 1 步：在客户端主机中生成"密钥对"。

```
[root@linuxprobe ~]# ssh-keygen
Generating public/private rsa key pair.
Enter file in which to save the key (/root/.ssh/id_rsa):按回车键或设置密钥的存储路径
Created directory '/root/.ssh'.
Enter passphrase (empty for no passphrase): 直接按回车键或设置密钥的密码
Enter same passphrase again: 再次按回车键或设置密钥的密码
Your identification has been saved in /root/.ssh/id_rsa.
Your public key has been saved in /root/.ssh/id_rsa.pub.
The key fingerprint is:
40:32:48:18:e4:ac:c0:c3:c1:ba:7c:6c:3a:a8:b5:22 root@linuxprobe.com
The key's randomart image is:
+--[ RSA 2048]----+
|+*..o .          |
|*.o  +           |
|o*    .          |
|+ .    .         |
|o..      S       |
|.. +             |
|. =              |
|E+ .             |
|+.o              |
+-----------------+
```

第 2 步：把客户端主机中生成的公钥文件传送至远程主机：

```
[root@linuxprobe ~]# ssh-copy-id 192.168.10.10
The authenticity of host '192.168.10.20 (192.168.10.10)' can't be established.
ECDSA key fingerprint is 4f:a7:91:9e:8d:6f:b9:48:02:32:61:95:48:ed:1e:3f.
Are you sure you want to continue connecting (yes/no)? yes
/usr/bin/ssh-copy-id: INFO: attempting to log in with the new key(s), to filter
out any that are already installed
/usr/bin/ssh-copy-id: INFO: 1 key(s) remain to be installed -- if you are
prompted now it is to install the new keys
root@192.168.10.10's password:此处输入远程服务器密码
Number of key(s) added: 1
Now try logging into the machine, with: "ssh '192.168.10.10'"
and check to make sure that only the key(s) you wanted were added.
```

第 3 步：对服务器进行设置，使其只允许密钥验证，拒绝传统的口令验证方式。记得在修改配置文件后保存并重启 sshd 服务程序。

```
[root@linuxprobe ~]# vim /etc/ssh/sshd_config
................省略部分输出信息................
74
75 # To disable tunneled clear text passwords, change to no here!
76 #PasswordAuthentication yes
77 #PermitEmptyPasswords no
78 PasswordAuthentication no
79
................省略部分输出信息................
[root@linuxprobe ~]# systemctl restart sshd
```

第 4 步：在客户端尝试登录到服务器，此时无须输入密码也可成功登录。

```
[root@linuxprobe ~]# ssh 192.168.10.10
Last login: Mon Apr 13 19:34:13 2017
```

9.2.3 远程传输命令

scp（secure copy）是一个基于 SSH 协议在网络之间进行安全传输的命令，其格式为"scp [参数] 本地文件 远程帐户@远程 IP 地址:远程目录"。

与第 2 章讲解的 cp 命令不同，cp 命令只能在本地硬盘中进行文件复制，而 scp 不仅能够通过网络传送数据，而且所有的数据都将进行加密处理。例如，如果想把一些文件通过网络从一台主机传递到其他主机，这两台主机又恰巧是 Linux 系统，这时使用 scp 命令就可以轻松完成文件的传递了。scp 命令中可用的参数以及作用如表 9-2 所示。

表 9-2　　　　　　　　　　　scp 命令中可用的参数及作用

参数	作用
-v	显示详细的连接进度
-P	指定远程主机的 sshd 端口号
-r	用于传送文件夹
-6	使用 IPv6 协议

在使用 scp 命令把文件从本地复制到远程主机时，首先需要以绝对路径的形式写清本地文件的存放位置。如果要传送整个文件夹内的所有数据，还需要额外添加参数 -r 进行递归操作。然后写上要传送到的远程主机的 IP 地址，远程服务器便会要求进行身份验证了。当前用户名称为 root，而密码则为远程服务器的密码。如果想使用指定用户的身份进行验证，可使用用户名@主机地址的参数格式。最后需要在远程主机的 IP 地址后面添加冒号，并在后面写上要传送到远程主机的哪个文件夹中。只要参数正确并且成功验证了用户身份，即可开始传送工作。由于 scp 命令是基于 SSH 协议进行文件传送的，而 9.2.2 小节又设置好了密钥验证，因此当前在传输文件时，并不需要账户和密码。

```
[root@linuxprobe ~]# echo "Welcome to LinuxProbe.Com" > readme.txt
[root@linuxprobe ~]# scp /root/readme.txt 192.168.10.20:/home
root@192.168.10.20's password:此处输入远程服务器中 root 管理员的密码
readme.txt 100% 26 0.0KB/s 00:00
```

此外，还可以使用 scp 命令把远程主机上的文件下载到本地主机，其命令格式为"scp [参数] 远程用户@远程 IP 地址:远程文件 本地目录"。例如，可以把远程主机的系统版本信息文件下载过来，这样就无须先登录远程主机，再进行文件传送了，也就省去了很多周折。

```
[root@linuxprobe ~]# scp 192.168.10.20:/etc/redhat-release /root
root@192.168.10.20's password:此处输入远程服务器中 root 管理员的密码
redhat-release 100% 52 0.1KB/s 00:00
[root@linuxprobe ~]# cat redhat-release
Red Hat Enterprise Linux Server release 7.0 (Maipo)
```

9.3 不间断会话服务

大家在学习 sshd 服务时，不知有没有注意到这样一个事情：当与远程主机的会话被关闭时，在远程主机上运行的命令也随之被中断。

如果我们正在使用命令来打包文件，或者正在使用脚本安装某个服务程序，中途是绝对不能关闭在本地打开的终端窗口或断开网络链接的，甚至是网速的波动都有可能导致任务中断，此时只能重新进行远程链接并重新开始任务。还有些时候，我们正在执行文件打包操作，同时又想用脚本来安装某个服务程序，这时会因为打包操作的输出信息占满用户的屏幕界面，而只能再打开一个执行远程会话的终端窗口，时间久了，难免会忘记这些打开的终端窗口是做什么用的了。

screen 是一款能够实现多窗口远程控制的开源服务程序，简单来说就是为了解决网络异常中断或为了同时控制多个远程终端窗口而设计的程序。用户还可以使用 screen 服务程序同时在多个远程会话中自由切换，能够做到实现如下功能。

> **会话恢复**：即便网络中断，也可让会话随时恢复，确保用户不会失去对远程会话的控制。

> **多窗口**：每个会话都是独立运行的，拥有各自独立的输入输出终端窗口，终端窗口内显示过的信息也将被分开隔离保存，以便下次使用时依然能看到之前的操作记录。

> **会话共享**：当多个用户同时登录到远程服务器时，便可以使用会话共享功能让用户之间的输入输出信息共享。

在 RHEL 7 系统中，没有默认安装 screen 服务程序，因此需要配置 Yum 仓库来安装它。

首先将虚拟机的 CD/DVD 光盘选项设置为"使用 ISO 镜像文件",并选择已经下载好的系统
镜像,如图 9-12 所示。

图 9-12 将虚拟机的光盘设备指向 ISO 镜像

然后,把光盘设备中的系统镜像挂载到/media/cdrom 目录。

```
[root@linuxprobe ~]# mkdir -p /media/cdrom
[root@linuxprobe ~]# mount /dev/cdrom /media/cdrom
mount: /dev/sr0 is write-protected, mounting read-only
```

最后,使用 Vim 文本编辑器创建 Yum 仓库的配置文件。下述命令中用到的具体参数的含
义,可参考 4.1.4 小节。

```
[root@linuxprobe ~]# vim /etc/yum.repos.d/rhel7.repo
[rhel7]
name=rhel7
baseurl=file:///media/cdrom
enabled=1
gpgcheck=0
```

现在,就可以使用 Yum 仓库来安装 screen 服务程序了。简捷起见,刘遄老师将对后面章
节中出现的 Yum 软件安装信息进行过滤——把重复性高及无意义的非必要信息省略。

```
[root@linuxprobe ~]# yum install screen
Loaded plugins: langpacks, product-id, subscription-manager
This system is not registered to Red Hat Subscription Management. You can use
subscription-manager to register.
rhel | 4.1 kB 00:00
Resolving Dependencies
```

```
--> Running transaction check
---> Package screen.x86_64 0:4.1.0-0.19.20120314git3c2946.el7 will be installed
--> Finished Dependency Resolution
Dependencies Resolved
================================================================================
 Package Arch Version Repository
 Size
================================================================================
Installing:
 screen x86_64 4.1.0-0.19.20120314git3c2946.el7 rhel 551 k
Transaction Summary
================================================================================
Install 1 Package
Total download size: 551 k
Installed size: 914 k
Is this ok [y/d/N]: y
Downloading packages:
Running transaction check
Running transaction test
Transaction test succeeded
Running transaction
 Installing : screen-4.1.0-0.19.20120314git3c2946.el7.x86_64 1/1
 Verifying : screen-4.1.0-0.19.20120314git3c2946.el7.x86_64 1/1
Installed:
 screen.x86_64 0:4.1.0-0.19.20120314git3c2946.el7
Complete!
```

9.3.1 管理远程会话

　　screen 命令能做的事情非常多：可以用-S 参数创建会话窗口；用-d 参数将指定会话进行离线处理；用-r 参数回复指定会话；用-x 参数一次性恢复所有的会话；用-ls 参数显示当前已有的会话；以及用-wipe 参数把目前无法使用的会话删除，等等。

　　下面创建一个名称为 backup 的会话窗口。请各位读者留心观察，当在命令行中敲下这条命令的一瞬间，屏幕会快速闪动一下，这时就已经进入 screen 服务会话中了，在里面运行的任何操作都会被后台记录下来。

```
[root@linuxprobe ~]# screen -S backup
[root@linuxprobe ~]#
```

　　执行命令后会立即返回一个提示符。虽然看起来与刚才没有不同，但实际上可以查看到当前的会话正在工作中。

```
[root@linuxprobe ~]# screen -ls
There is a screen on:
32230.backup (Attached)
1 Socket in /var/run/screen/S-root.
```

　　要想退出一个会话也十分简单，只需在命令行中执行 exit 命令即可。

```
[root@linuxprobe ~]# exit
[screen is terminating]
```

在日常的生产环境中，其实并不是必须先创建会话，然后再开始工作。可以直接使用 screen 命令执行要运行的命令，这样在命令中的一切操作也都会被记录下来，当命令执行结束后 screen 会话也会自动结束。

```
[root@linuxprobe ~]# screen vim memo.txt
welcome to linuxprobe.com
```

为了演示 screen 不间断会话服务的强大之处，我们先来创建一个名为 linux 的会话，然后强行把窗口关闭掉（这与进行远程连接时突然断网具有相同的效果）：

```
[root@linuxprobe ~]# screen -S linux
[root@linuxprobe ~]#
[root@linuxprobe ~]# tail -f /var/log/messages
Feb 20 11:20:01 localhost systemd: Starting Session 2 of user root.
Feb 20 11:20:01 localhost systemd: Started Session 2 of user root.
Feb 20 11:21:19 localhost dbus-daemon: dbus[1124]: [system] Activating service
name='com.redhat.SubscriptionManager' (using servicehelper)
Feb 20 11:21:19 localhost dbus[1124]: [system] Activating service name='com.
redhat.SubscriptionManager' (using servicehelper)
Feb 20 11:21:19 localhost dbus-daemon: dbus[1124]: [system] Successfully activated
service 'com.redhat.SubscriptionManager'
Feb 20 11:21:19 localhost dbus[1124]: [system] Successfully activated service 'com.
redhat.SubscriptionManager'
Feb 20 11:30:01 localhost systemd: Starting Session 3 of user root.
Feb 20 11:30:01 localhost systemd: Started Session 3 of user root.
Feb 20 11:30:43 localhost systemd: Starting Cleanup of Temporary Directories...
Feb 20 11:30:43 localhost systemd: Started Cleanup of Temporary Directories.
```

由于刚才关闭了会话窗口，这样的操作在传统的远程控制中一定会导致正在运行的命令也突然终止，但在 screen 不间断会话服务中则不会这样。我们只需查看一下刚刚离线的会话名称，然后尝试恢复回来就可以继续工作了：

```
[root@linuxprobe ~]# screen -ls
There is a screen on:
 13469.linux (Detached)
1 Socket in /var/run/screen/S-root.
[root@linuxprobe ~]# screen -r linux
[root@linuxprobe ~]#
[root@linuxprobe ~]# tail -f /var/log/messages
Feb 20 11:20:01 localhost systemd: Starting Session 2 of user root.
Feb 20 11:20:01 localhost systemd: Started Session 2 of user root.
Feb 20 11:21:19 localhost dbus-daemon: dbus[1124]: [system] Activating service
name='com.redhat.SubscriptionManager' (using servicehelper)
Feb 20 11:21:19 localhost dbus[1124]: [system] Activating service name='com.
redhat.SubscriptionManager' (using servicehelper)
Feb 20 11:21:19 localhost dbus-daemon: dbus[1124]: [system] Successfully
activated service 'com.redhat.SubscriptionManager'
Feb 20 11:21:19 localhost dbus[1124]: [system] Successfully activated service
'com.redhat.SubscriptionManager'
Feb 20 11:30:01 localhost systemd: Starting Session 3 of user root.
Feb 20 11:30:01 localhost systemd: Started Session 3 of user root.
Feb 20 11:30:43 localhost systemd: Starting Cleanup of Temporary Directories...
Feb 20 11:30:43 localhost systemd: Started Cleanup of Temporary Directories.
Feb 20 11:40:01 localhost systemd: Starting Session 4 of user root.
Feb 20 11:40:01 localhost systemd: Started Session 4 of user root.
```

如果我们突然又想到了还有其他事情需要处理，也可以多创建几个会话窗口放在一起使用。如果这段时间内不再使用某个会话窗口，可以把它设置为临时断开（detach）模式，随后在需要时再重新连接（attach）回来即可。这段时间内，在会话窗口内运行的程序会继续执行。

9.3.2 会话共享功能

screen 命令不仅可以确保用户在极端情况下也不丢失对系统的远程控制，保证了生产环境中远程工作的不间断性，而且它还具有会话共享、分屏切割、会话锁定等实用的功能。其中，会话共享功能是一件很酷的事情，当多个用户同时控制主机的时候，它可以把屏幕内容共享出来，也就是说每个用户都可以看到相同的内容。

screen 的会话共享功能的流程拓扑如图 9-13 所示。

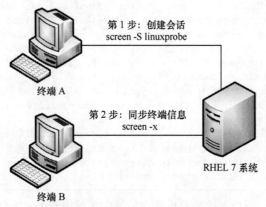

图 9-13　会话共享功能的流程拓扑

要实现会话共享功能，首先使用 ssd 服务程序将终端 A 远程连接到服务器，并创建一个会话窗口。

```
[root@client A ~]# ssh 192.168.10.10
The authenticity of host '192.168.10.10 (192.168.10.10)' can't be established.
ECDSA key fingerprint is 70:3b:5d:37:96:7b:2e:a5:28:0d:7e:dc:47:6a:fe:5c.
Are you sure you want to continue connecting (yes/no)? yes
Warning: Permanently added '192.168.10.10' (ECDSA) to the list of known hosts.
root@192.168.10.10's password: 此处输入 root 管理员密码
Last login: Wed May 4 07:56:29 2017
[root@client A ~]# screen -S linuxprobe
[root@client A ~]#
```

然后，使用 ssh 服务程序将终端 B 远程连接到服务器，并执行获取远程会话的命令。接下来，两台主机就能看到相同的内容了。

```
[root@client B ~]# ssh 192.168.10.10
The authenticity of host '192.168.10.10 (192.168.10.10)' can't be established.
ECDSA key fingerprint is 70:3b:5d:37:96:7b:2e:a5:28:0d:7e:dc:47:6a:fe:5c.
Are you sure you want to continue connecting (yes/no)? yes
Warning: Permanently added '192.168.10.10' (ECDSA) to the list of known hosts.
root@192.168.10.10's password: 此处输入 root 管理员密码
Last login: Wed Feb 22 04:55:38 2017 from 192.168.10.10
[root@client B ~]# screen -x
[root@client B ~]
```

复习题

1. 在 Linux 系统中有多种方法可以配置网络参数，请列举几种。

   答： 配置网卡参数可以使用 nmtui 命令、nmcli 命令或者直接编辑网卡配置文件来实现对网卡参数的修改。

2. 在 RHEL 7 系统中使用网卡会话技术的目的是什么？

   答： 使用 nmcli 命令来管理网卡会话的目的是为了快速切换网卡参数，以便适应不同的工作场景。

3. 请简述网卡绑定技术 mode6 模式的特点。

   答： 平时两块网卡均工作，且自动备援，无须交换机设备提供辅助支持。

4. 在 Linux 系统中，当通过修改其配置文件中的参数来配置服务程序时，若想要让新配置的参数生效，还需要执行什么操作？

   答： 需要重新启动相关的服务程序，或让服务程序重新加载配置文件，或重启系统。

5. sshd 服务的口令验证与密钥验证方式，哪个更安全？

   答： 一般情况下，密钥验证方式更加安全。若用户若认证有更高的安全需求，还可以再对密钥文件进行口令加密，从而实现双重加密。

6. 想要把本地文件/root/out.txt 传送到地址为 192.168.10.20 的远程主机的/home 目录下，且本地主机与远程主机均为 Linux 系统，最为简便的传送方式是什么？

   答： 执行命令 scp /root/out.txt root@192.168.10.20:/home，并在进行口令验证后即可开始传送。

7. 请简述配置 Yum 仓库的步骤。

   答： 首先应该创建挂载目录并把光盘镜像文件与其关联，然后修改 Yum 的配置文件，填写入相关参数，尤其需要注意挂载目录的存放路径要正确无误，最后便可使用 Yum 命令来安装相关的服务程序了。

8. screen 服务程序能够让用户实现远程控制的不间断会话服务，即便网络发生中断也不丢失对远程主机的会话控制。那么，当想要恢复到一个名为 linux 的会话窗口时，应该怎么做呢？

   答： 执行命令 screen -r linux 即可恢复到这个会话窗口中。

第 10 章

使用 Apache 服务部署静态网站

本章讲解了如下内容：

➢ 网站服务程序；

➢ 配置服务文件参数；

➢ SELinux 安全子系统；

➢ 个人用户主页功能；

➢ 虚拟主机功能；

➢ Apache 的访问控制。

本章先向读者科普什么是 Web 服务程序，以及 Web 服务程序的用处，然后通过对比当前主流的 Web 服务程序来使读者更好地理解其各自的优势及特点，最后通过对 httpd 服务程序中"全局配置参数"、"区域配置参数"及"注释信息"的理论讲解和实战部署，确保读者学会 Web 服务程序的配置方法，并真正掌握在 Linux 系统中配置服务的技巧。

刘遄老师还会在本章讲解 SELinux 服务的作用、三种工作模式以及策略管理方法，确保读者掌握 SELinux 域和 SELinux 安全上下文的配置方法，并依次完成多个基于 httpd 服务程序实用功能的部署实验，其中包括 httpd 服务程序的基本部署、个人用户主页功能和口令加密认证方式的实现，以及分别基于 IP 地址、主机名（域名）、端口号部署虚拟主机网站功能。

10.1 网站服务程序

1970 年，作为互联网前身的 ARPANET（阿帕网）已初具雏形，并开始向非军用部门开放，许多大学和商业部门开始接入。虽然彼时阿帕网的规模（只有 4 台主机联网运行）还不如现在的局域网成熟，但是它依然为网络技术的进步打下了扎实的基础。

想必我们大多数人都是通过访问网站而开始接触互联网的吧。我们平时访问的网站服务就是 Web 网络服务，一般是指允许用户通过浏览器访问到互联网中各种资源的服务。如图 10-1 所示，Web 网络服务是一种被动访问的服务程序，即只有接收到互联网中其他主机发出的请求后才会响应，最终用于提供服务程序的 Web 服务器会通过 HTTP（超文本传输协议）或 HTTPS（安全超文本传输协议）把请求的内容传送给用户。

目前能够提供 Web 网络服务的程序有 IIS、Nginx 和 Apache 等。其中，IIS（Internet Information Services，互联网信息服务）是 Windows 系统中默认的 Web 服务程序，这是一款图形化的网站管理工具，不仅可以提供 Web 网站服务，还可以提供 FTP、NMTP、SMTP 等服务。但是，IIS 只能在 Windows 系统中使用，而我们这本书的名字是《Linux 就该这么学》，所以它也就不在我们的学习范围之内了。

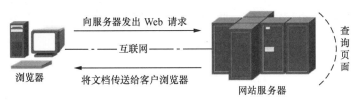

图 10-1　主机与 Web 服务器之间的通信

2004 年 10 月 4 日，为俄罗斯知名门户站点而开发的 Web 服务程序 Nginx 横空出世。Nginx 程序作为一款轻量级的网站服务软件，因其稳定性和丰富的功能而快速占领服务器市场，但 Nginx 最被认可的还当是系统资源消耗低且并发能力强，因此得到了国内诸如新浪、网易、腾讯等门户站的青睐。本书将在第 20 章讲解 Nginx 服务程序。

Apache 程序是目前拥有很高市场占有率的 Web 服务程序之一，其跨平台和安全性广泛被认可且拥有快速、可靠、简单的 API 扩展。图 10-2 所示为 Apache 服务基金会的著名 Logo，它的名字取自美国印第安人的土著语，寓意着拥有高超的作战策略和无穷的耐性。Apache 服务程序可以运行在 Linux 系统、UNIX 系统甚至是 Windows 系统中，支持基于 IP、域名及端口号的虚拟主机功能，支持多种认证方式，集成有代理服务器模块、安全 Socket 层（SSL），能够实时监视服务状态与定制日志消息，并有着各类丰富的模块支持。

> **注：**
>
> 　　Apache 程序是在 RHEL 5、6、7 系统的默认 Web 服务程序，其相关知识点一直也是 RHCSA 和 RHCE 认证考试的重点内容。

图 10-2　Apache 软件基金会著名的 Logo

总结来说，Nginx 服务程序作为后起之秀，已经通过自身的优势与努力赢得了大批站长的信赖。本书配套的在线学习站点 http://www.linuxprobe.com 就是基于 Nginx 服务程序部署的，不得不说 Nginx 也真的很棒！

但是，Apache 程序作为老牌的 Web 服务程序，一方面在 Web 服务器软件市场具有相当高的占有率，另一方面 Apache 也是 RHEL 7 系统中默认的 Web 服务程序，而且还是 RHCSA 和 RHCE 认证考试的必考内容，因此无论从实际应用角度还是从应对红帽认证考试的角度，我们都有必要好好学习 Apache 服务程序的部署，并深入挖掘其可用的丰富功能。

第 1 步：把光盘设备中的系统镜像挂载到/media/cdrom 目录。

```
[root@linuxprobe ~]# mkdir -p /media/cdrom
[root@linuxprobe ~]# mount /dev/cdrom /media/cdrom
mount: /dev/sr0 is write-protected, mounting read-only
```

第 2 步：使用 Vim 文本编辑器创建 Yum 仓库的配置文件，下述命令中具体参数的含义可参考 4.1.4 小节。

```
[root@linuxprobe ~]# vim /etc/yum.repos.d/rhel7.repo
[rhel7]
name=rhel7
baseurl=file:///media/cdrom
enabled=1
gpgcheck=0
```

第 3 步：动手安装 Apache 服务程序。注意，使用 yum 命令进行安装时，跟在命令后面的 Apache 服务的软件包名称为 httpd。如果直接执行 yum install apache 命令，则系统会报错。

```
[root@linuxprobe ~]# yum install httpd
Loaded plugins: langpacks, product-id, subscription-manager
...............省略部分输出信息...............
Dependencies Resolved
================================================================================
 Package Arch Version Repository Size
================================================================================
Installing:
 httpd x86_64 2.4.6-17.el7 rhel 1.2 M
Installing for dependencies:
 apr x86_64 1.4.8-3.el7 rhel 103 k
 apr-util x86_64 1.5.2-6.el7 rhel 92 k
 httpd-tools x86_64 2.4.6-17.el7 rhel 77 k
 mailcap noarch 2.1.41-2.el7 rhel 31 k
Transaction Summary
================================================================================
Install 1 Package (+4 Dependent packages)
Total download size: 1.5 M
Installed size: 4.3 M
Is this ok [y/d/N]: y
Downloading packages:
...............省略部分输出信息...............
Complete!
```

第 4 步：启用 httpd 服务程序并将其加入到开机启动项中，使其能够随系统开机而运行，从而持续为用户提供 Web 服务：

```
[root@linuxprobe ~]# systemctl start httpd
[root@linuxprobe ~]# systemctl enable httpd
ln -s '/usr/lib/systemd/system/httpd.service' '/etc/systemd/system/multi-user.
target.wants/httpd.service'
```

大家在浏览器（这里以 Firefox 浏览器为例）的地址栏中输入 http://127.0.0.1 并按回车键，就可以看到用于提供 Web 服务的 httpd 服务程序的默认页面了，如图 10-3 所示。

```
[root@linuxprobe ~]# firefox
```

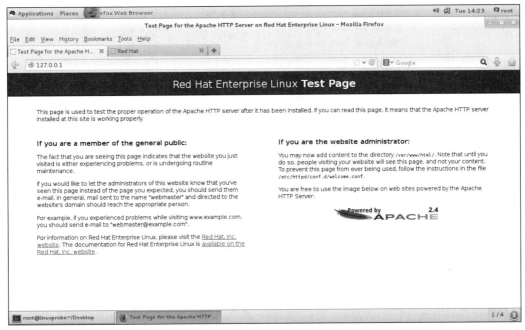

图 10-3　httpd 服务程序的默认页面

10.2　配置服务文件参数

需要提醒大家的是，前文介绍的 httpd 服务程序的安装和运行，仅仅是 httpd 服务程序的一些皮毛，我们依然有很长的道路要走。在 Linux 系统中配置服务，其实就是修改服务的配置文件，因此，还需要知道这些配置文件的所在位置以及用途，httpd 服务程序的主要配置文件及存放位置如表 10-1 所示。

表 10-1　　　　　　　　　　　　Linux 系统中的配置文件

配置文件的名称	存放位置
服务目录	/etc/httpd
主配置文件	/etc/httpd/conf/httpd.conf
网站数据目录	/var/www/html
访问日志	/var/log/httpd/access_log
错误日志	/var/log/httpd/error_log

大家在首次打开 httpd 服务程序的主配置文件，可能会吓一跳——竟然有 353 行！这得至少需要一周的时间才能看完吧？！但是，大家只要仔细观看就会发现刘遄老师在这里调皮了。因为在这个配置文件中，所有以井号（#）开始的行都是注释行，其目的是对 httpd 服务程序的功能或某一行参数进行介绍，我们不需要逐行研究这些内容。

在 httpd 服务程序的主配置文件中，存在三种类型的信息：注释行信息、全局配置、区域配置，如图 10-4 所示。

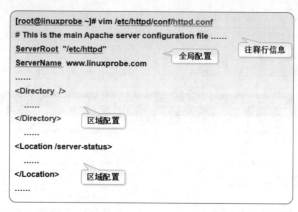

图 10-4　httpd 服务程序的主配置文件的构成

　　各位读者在学习第 4 章时已经接触过注释信息，因此这里主要讲解全局配置参数与区域配置参数的区别。顾名思义，全局配置参数就是一种全局性的配置参数，可作用于对所有的子站点，既保证了子站点的正常访问，也有效减少了频繁写入重复参数的工作量。区域配置参数则是单独针对于每个独立的子站点进行设置的。就像在大学食堂里面打饭，食堂负责打饭的阿姨先给每位同学来一碗标准大小的白饭（全局配置），然后再根据每位同学的具体要求盛放他们想吃的菜（区域配置）。在 httpd 服务程序主配置文件中，最为常用的参数如表 10-2 所示。

表 10-2　　　　　　　　　　配置 httpd 服务程序时最常用的参数以及用途描述

参数	用途
ServerRoot	服务目录
ServerAdmin	管理员邮箱
User	运行服务的用户
Group	运行服务的用户组
ServerName	网站服务器的域名
DocumentRoot	网站数据目录
Directory	网站数据目录的权限
Listen	监听的 IP 地址与端口号
DirectoryIndex	默认的索引页页面
ErrorLog	错误日志文件
CustomLog	访问日志文件
Timeout	网页超时时间，默认为 300 秒

　　从表 10-2 中可知，DocumentRoot 参数用于定义网站数据的保存路径，其参数的默认值是把网站数据存放到/var/www/html 目录中；而当前网站普遍的首页面名称是 index.html，因此可以向/var/www/html 目录中写入一个文件，替换掉 httpd 服务程序的默认首页面，该操作会立即生效。

在执行上述操作之后，再在 Firefox 浏览器中刷新 httpd 服务程序，可以看到该程序的首页面内容已经发生了改变，如图 10-5 所示。

```
[root@linuxprobe ~]# echo "Welcome To LinuxProbe.Com" > /var/www/html/index.html
[root@linuxprobe ~]# firefox
```

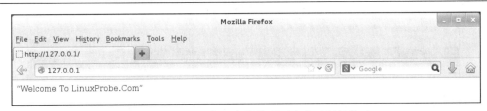

图 10-5　httpd 服务程序的首页面内容已经被修改

大家在完成这个实验之后，是不是信心爆棚了呢？！在默认情况下，网站数据是保存在 /var/www/html 目录中，而如果想把保存网站数据的目录修改为/home/wwwroot 目录，该怎么操作呢？且看下文。

第1步：建立网站数据的保存目录，并创建首页文件。

```
[root@linuxprobe ~]# mkdir /home/wwwroot
[root@linuxprobe ~]# echo "The New Web Directory" > /home/wwwroot/index.html
```

第2步：打开 httpd 服务程序的主配置文件，将约第 119 行用于定义网站数据保存路径的参数 DocumentRoot 修改为/home/wwwroot，同时还需要将约第 124 行用于定义目录权限的参数 Directory 后面的路径也修改为/home/wwwroot。配置文件修改完毕后即可保存并退出。

```
[root@linuxprobe ~]# vim /etc/httpd/conf/httpd.conf
................省略部分输出信息................
113
114 #
115 # DocumentRoot: The directory out of which you will serve your
116 # documents. By default, all requests are taken from this directory, but
117 # symbolic links and aliases may be used to point to other locations.
118 #
119 DocumentRoot "/home/wwwroot"
120
121 #
122 # Relax access to content within /var/www.
123 #
124 <Directory "/home/wwwroot">
125 AllowOverride None
126 # Allow open access:
127 Require all granted
128 </Directory>
................省略部分输出信息................
[root@linuxprobe ~]#
```

第3步：重新启动 httpd 服务程序并验证效果，浏览器刷新页面后的内容如图 10-6 所示。奇怪！为什么看到了 httpd 服务程序的默认首页面？按理来说，只有在网站的首页面文件不存在或者用户权限不足时，才显示 httpd 服务程序的默认首页面。我们在尝试访问 http://127.0.0.1/index.html 页面时，竟然发现页面中显示"Forbidden,You don't have permission to access /index.html on this server."。而这一切正是 SELinux 在捣鬼。

```
[root@linuxprobe ~]# systemctl restart httpd
[root@linuxprobe ~]# firefox
```

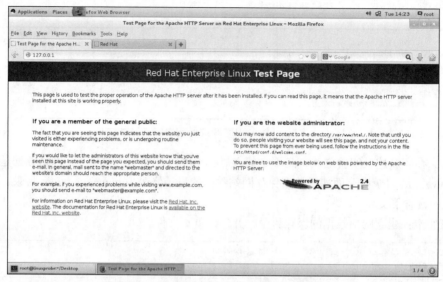

图 10-6   httpd 服务程序的默认首页面

10.3   SELinux 安全子系统

SELinux（Security-Enhanced Linux）是美国国家安全局在 Linux 开源社区的帮助下开发的一个强制访问控制（MAC，Mandatory Access Control）的安全子系统。RHEL 7 系统使用 SELinux 技术的目的是为了让各个服务进程都受到约束，使其仅获取到本应获取的资源。

例如，您在自己的电脑上下载了一个美图软件，当您全神贯注地使用它给照片进行美颜的时候，它却在后台默默监听着浏览器中输入的密码信息，而这显然不应该是它应做的事情（哪怕是访问电脑中的图片资源，都情有可原）。SELinux 安全子系统就是为了杜绝此类情况而设计的，它能够从多方面监控违法行为：对服务程序的功能进行限制（SELinux 域限制可以确保服务程序做不了出格的事情）；对文件资源的访问限制（SELinux 安全上下文确保文件资源只能被其所属的服务程序进行访问）。

刘遄老师经常会把"SELinux 域"和"SELinux 安全上下文"称为是 Linux 系统中的双保险，系统内的服务程序只能规规矩矩地拿到自己所应该获取的资源，这样即便黑客入侵了系统，也无法利用系统内的服务程序进行越权操作。但是，非常可惜的是，SELinux 服务比较复杂，配置难度也很大，加之很多运维人员对这项技术理解不深，从而导致很多服务器在部署好 Linux 系统后直接将 SELinux 禁用了；这绝对不是明智的选择。

SELinux 服务有三种配置模式，具体如下。

➢ enforcing：强制启用安全策略模式，将拦截服务的不合法请求。

➢ permissive：遇到服务越权访问时，只发出警告而不强制拦截。

➢ disabled：对于越权的行为不警告也不拦截。

本书中的所有实验都是在强制启用安全策略模式下进行的，虽然在禁用 SELinux 服务后确实能够减少报错几率，但这在生产环境中相当不推荐。建议大家检查一下自己的系统，查看 SELinux 服务主配置文件中定义的默认状态。如果是 permissive 或 disabled，建议赶紧修改为 enforcing。

```
[root@linuxprobe ~]# vim /etc/selinux/config
# This file controls the state of SELinux on the system.
# SELINUX= can take one of these three values:
# enforcing - SELinux security policy is enforced.
# permissive - SELinux prints warnings instead of enforcing.
# disabled - No SELinux policy is loaded.
SELINUX=enforcing
# SELINUXTYPE= can take one of these two values:
# targeted - Targeted processes are protected,
# minimum - Modification of targeted policy. Only selected processes are protected.
# mls - Multi Level Security protection.
SELINUXTYPE=targeted
```

SELinux 服务的主配置文件中，定义的是 SELinux 的默认运行状态，可以将其理解为系统重启后的状态，因此它不会在更改后立即生效。可以使用 getenforce 命令获得当前 SELinux 服务的运行模式：

```
[root@linuxprobe ~]# getenforce
Enforcing
```

为了确认图 10-6 所示的结果确实是因为 SELinux 而导致的，可以用 setenforce [0|1]命令修改 SELinux 当前的运行模式（0 为禁用，1 为启用）。注意，这种修改只是临时的，在系统重启后就会失效：

```
[root@linuxprobe ~]# setenforce 0
[root@linuxprobe ~]# getenforce
Permissive
```

再次刷新网页，就会看到正常的网页内容了，如图 10-7 所示。可见，问题确实是出在了 SELinux 服务上面。

```
[root@linuxprobe ~]# firefox
```

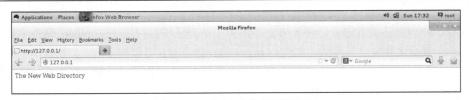

图 10-7　页面内容按照预期显示

现在，我们来回忆一下前面的操作中到底是哪里出问题了呢？

httpd 服务程序的功能是允许用户访问网站内容，因此 SELinux 肯定会默认放行用户对网站的请求操作。但是，我们将网站数据的默认保存目录修改为了/home/wwwroot，而这就产生问题了。在 6.1 小节中讲到，/home 目录是用来存放普通用户的家目录数据的，而现在，httpd 提供的网站服务却要去获取普通用户家目录中的数据了，这显然违反了 SELinux 的监管原则。

现在，我们把 SELinux 服务恢复到强制启用安全策略模式，然后分别查看原始网站数据的保存目录与当前网站数据的保存目录是否拥有不同的 SELinux 安全上下文值：

```
[root@linuxprobe ~]# setenforce 1
[root@linuxprobe ~]# ls -Zd /var/www/html
drwxr-xr-x. root root system_u:object_r:httpd_sys_content_t:s0 /var/www/html
[root@linuxprobe ~]# ls -Zd /home/wwwroot
drwxrwxrwx. root root unconfined_u:object_r:home_root_t:s0 /home/wwwroot
```

在文件上设置的 SELinux 安全上下文是由用户段、角色段以及类型段等多个信息项共同组成的。其中，用户段 system_u 代表系统进程的身份，角色段 object_r 代表文件目录的角色，类型段 httpd_sys_content_t 代表网站服务的系统文件。由于 SELinux 服务实在太过复杂，现在大家只需要简单熟悉 SELinux 服务的作用就可以，刘遄老师未来会在本书的进阶篇中单独拿出一个章节仔细讲解 SELinux 服务。

针对当前这种情况，我们只需要使用 semanage 命令，将当前网站目录/home/wwwroot 的 SELinux 安全上下文修改为跟原始网站目录的一样就可以了。

10.3.1　semanage 命令

semanage 命令用于管理 SELinux 的策略，格式为 "semanage [选项] [文件]"。

SELinux 服务极大地提升了 Linux 系统的安全性，将用户权限牢牢地锁在笼子里。semanage 命令不仅能够像传统 chcon 命令那样——设置文件、目录的策略，还可以管理网络端口、消息接口（这些新特性将在本章后文中涵盖）。使用 semanage 命令时，经常用到的几个参数及其功能如下所示：

➢ -l 参数用于查询；

➢ -a 参数用于添加；

➢ -m 参数用于修改；

➢ -d 参数用于删除。

例如，可以向新的网站数据目录中新添加一条 SELinux 安全上下文，让这个目录以及里面的所有文件能够被 httpd 服务程序所访问到：

```
[root@linuxprobe ~]# semanage fcontext -a -t httpd_sys_content_t /home/wwwroot
[root@linuxprobe ~]# semanage fcontext -a -t httpd_sys_content_t /home/wwwroot/*
```

注意，执行上述设置之后，还无法立即访问网站，还需要使用 restorecon 命令将设置好的 SELinux 安全上下文立即生效。在使用 restorecon 命令时，可以加上 -Rv 参数对指定的目录进行递归操作，以及显示 SELinux 安全上下文的修改过程。最后，再次刷新页面，就可以正常看到网页内容了，结果如图 10-8 所示。

```
[root@linuxprobe ~]# restorecon -Rv /home/wwwroot/
restorecon reset /home/wwwroot context unconfined_u:object_r:home_root_t:s0->
unconfined_u:object_r:httpd_sys_content_t:s0
restorecon reset /home/wwwroot/index.html context unconfined_u:object_r:home_root_
t:s0->unconfined_u:object_r:httpd_sys_content_t:s0
[root@linuxprobe ~]# firefox
```

图 10-8　正常看到网页内容

真可谓是一波三折！原本认为只要把 httpd 服务程序配置妥当就可以大功告成，结果却反复受到了 SELinux 安全上下文的限制。所以，建议大家在配置 httpd 服务程序时，一定要细心、耐心。一旦成功配妥 httpd 服务程序之后，就会发现 SELinux 服务并没有那么难。

> **注：**
>
> 因为在 RHCSA、RHCE 或 RHCA 考试中，都需要先重启您的机器然后再执行判分脚本。因此，建议读者在日常工作中要养成将所需服务添加到开机启动项中的习惯，比如这里就需要添加 systemctl enable httpd 命令。

10.4　个人用户主页功能

如果想在系统中为每位用户建立一个独立的网站，通常的方法是基于虚拟网站主机功能来部署多个网站。但这个工作会让管理员苦不堪言（尤其是用户数量很庞大时），而且在用户自行管理网站时，还会碰到各种权限限制，需要为此做很多额外的工作。其实，httpd 服务程序提供的个人用户主页功能完全可以以胜任这个工作。该功能可以让系统内所有的用户在自己的家目录中管理个人的网站，而且访问起来也非常容易。

第 1 步：在 httpd 服务程序中，默认没有开启个人用户主页功能。为此，我们需要编辑下面的配置文件，然后在第 17 行的 UserDir disabled 参数前面加上井号（#），表示让 httpd 服务程序开启个人用户主页功能；同时再把第 24 行的 UserDir public_html 参数前面的井号（#）去掉（UserDir 参数表示网站数据在用户家目录中的保存目录名称，即 public_html 目录）。最后，在修改完毕后记得保存。

```
[root@linuxprobe ~]# vim /etc/httpd/conf.d/userdir.conf
1  #
2  # UserDir: The name of the directory that is appended onto a user's home
3  # directory if a ~user request is received.
4  #
5  # The path to the end user account 'public_html' directory must be
6  # accessible to the webserver userid. This usually means that ~userid
7  # must have permissions of 711, ~userid/public_html must have permissions
8  # of 755, and documents contained therein must be world-readable.
9  # Otherwise, the client will only receive a "403 Forbidden" message.
10 #
11 <IfModule mod_userdir.c>
12 #
13 # UserDir is disabled by default since it can confirm the presence
14 # of a username on the system (depending on home directory
```

```
15 # permissions).
16 #
17 # UserDir disabled
18
19 #
20 # To enable requests to /~user/ to serve the user's public_html
21 # directory, remove the "UserDir disabled" line above, and uncomment
22 # the following line instead:
23 #
24    UserDir public_html
25 </IfModule>
26
27 #
28 # Control access to UserDir directories. The following is an example
29 # for a site where these directories are restricted to read-only.
30 #
31 <Directory "/home/*/public_html">
32 AllowOverride FileInfo AuthConfig Limit Indexes
33 Options MultiViews Indexes SymLinksIfOwnerMatch IncludesNoExec
34 Require method GET POST OPTIONS
35 </Directory>
```

第 2 步：在用户家目录中建立用于保存网站数据的目录及首页面文件。另外，还需要把家目录的权限修改为 755，保证其他人也有权限读取里面的内容。

```
[root@linuxprobe home]# su - linuxprobe
Last login: Fri May 22 13:17:37 CST 2017 on :0
[linuxprobe@linuxprobe ~]$ mkdir public_html
[linuxprobe@linuxprobe ~]$ echo "This is linuxprobe's website" > public_html/
index.html
[linuxprobe@linuxprobe ~]$ chmod -Rf 755 /home/linuxprobe
```

第 3 步：重新启动 httpd 服务程序，在浏览器的地址栏中输入网址，其格式为"网址/~用户名"（其中的波浪号是必需的，而且网址、波浪号、用户名之间没有空格），从理论上来讲就可以看到用户的个人网站了。不出所料的是，系统显示报错页面，如图 10-9 所示。这一定还是 SELinux 惹的祸。

第 4 步：思考这次报错的原因是什么。httpd 服务程序在提供个人用户主页功能时，该用户的网站数据目录本身就应该是存放到与这位用户对应的家目录中的，所以应该不需要修改家目录的 SELinux 安全上下文。但是，前文还讲到了 Linux 域的概念。Linux 域确保服务程序不能执行违规的操作，只能本本分分地为用户提供服务。httpd 服务中突然开启的这项个人用户主页功能到底有没有被 SELinux 域默认允许呢？

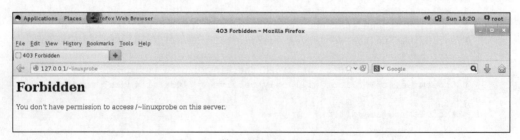

图 10-9　禁止访问用户的个人网站

接下来使用 getsebool 命令查询并过滤出所有与 HTTP 协议相关的安全策略。其中，off 为禁止状态，on 为允许状态。

```
[root@linuxprobe ~]# getsebool -a | grep http
httpd_anon_write --> off
httpd_builtin_scripting --> on
httpd_can_check_spam --> off
httpd_can_connect_ftp --> off
httpd_can_connect_ldap --> off
httpd_can_connect_mythtv --> off
httpd_can_connect_zabbix --> off
httpd_can_network_connect --> off
httpd_can_network_connect_cobbler --> off
httpd_can_network_connect_db --> off
httpd_can_network_memcache --> off
httpd_can_network_relay --> off
httpd_can_sendmail --> off
httpd_dbus_avahi --> off
httpd_dbus_sssd --> off
httpd_dontaudit_search_dirs --> off
httpd_enable_cgi --> on
httpd_enable_ftp_server --> off
httpd_enable_homedirs --> off
httpd_execmem --> off
httpd_graceful_shutdown --> on
httpd_manage_ipa --> off
httpd_mod_auth_ntlm_winbind --> off
httpd_mod_auth_pam --> off
httpd_read_user_content --> off
httpd_run_stickshift --> off
httpd_serve_cobbler_files --> off
httpd_setrlimit --> off
httpd_ssi_exec --> off
httpd_sys_script_anon_write --> off
httpd_tmp_exec --> off
httpd_tty_comm --> off
httpd_unified --> off
httpd_use_cifs --> off
httpd_use_fusefs --> off
httpd_use_gpg --> off
httpd_use_nfs --> off
httpd_use_openstack --> off
httpd_use_sasl --> off
httpd_verify_dns --> off
named_tcp_bind_http_port --> off
prosody_bind_http_port --> off
```

面对如此多的 SELinux 域安全策略规则，实在没有必要逐个理解它们，我们只要能通过名字大致猜测出相关的策略用途就足够了。比如，想要开启 httpd 服务的个人用户主页功能，那么用到的 SELinux 域安全策略应该是 httpd_enable_homedirs 吧？大致确定后就可以用 setsebool 命令来修改 SELinux 策略中各条规则的布尔值了。大家一定要记得在 setsebool 命令后面加上-P 参数，让修改后的 SELinux 策略规则永久生效且立即生效。随后刷新网页，其效果如图 10-10 所示。

```
[root@linuxprobe ~]# setsebool -P httpd_enable_homedirs=on
[root@linuxprobe ~]# firefox
```

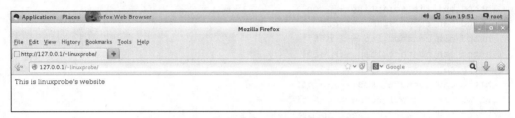

图 10-10　正常看到个人用户主页面中的内容

有时，网站的拥有者并不希望直接将网页内容显示出来，只想让通过身份验证的用户访客看到里面的内容，这时就可以在网站中添加口令功能了。

第 1 步：先使用 htpasswd 命令生成密码数据库。-c 参数表示第一次生成；后面再分别添加密码数据库的存放文件，以及验证要用到的用户名称（该用户不必是系统中已有的本地账户）。

```
[root@linuxprobe ~]# htpasswd -c /etc/httpd/passwd linuxprobe
New password:此处输入用于网页验证的密码
Re-type new password:再输入一遍进行确认
Adding password for user linuxprobe
```

第 2 步：编辑个人用户主页功能的配置文件。把第 31～35 行的参数信息修改成下列内容，其中井号（#）开头的内容为刘遄老师添加的注释信息，可将其忽略。随后保存并退出配置文件，重启 httpd 服务程序即可生效。

```
[root@linuxprobe ~]# vim /etc/httpd/conf.d/userdir.conf
27 #
28 # Control access to UserDir directories. The following is an example
29 # for a site where these directories are restricted to read-only.
30 #
31 <Directory "/home/*/public_html">
32 AllowOverride all
#刚刚生成出来的密码验证文件保存路径
33 authuserfile "/etc/httpd/passwd"
#当用户尝试访问个人用户网站时的提示信息
34 authname "My privately website"
35 authtype basic
#用户进行账户密码登录时需要验证的用户名称
36 require user linuxprobe
37 </Directory>
[root@linuxprobe ~]# systemctl restart httpd
```

此后，当用户再想访问某个用户的个人网站时，就必须要输入账户和密码才能正常访问了。另外，验证时使用的账户和密码是用 htpasswd 命令生成的专门用于网站登录的口令密码，而不是系统中的用户密码，请不要搞错了。登录界面如图 10-11 所示。

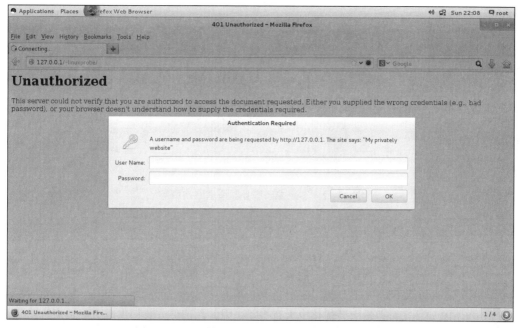

图 10-11　网站提示需要输入账户和密码才能访问

10.5　虚拟主机功能

如果每台运行 Linux 系统的服务器上只能运行一个网站，那么人气低、流量小的草根站长就要被迫承担着高昂的服务器租赁费用了，这显然也会造成硬件资源的浪费。在虚拟专用服务器（Virtual Private Sever，VPS）与云计算技术诞生以前，IDC 服务供应商为了能够更充分地利用服务器资源，同时也为了降低购买门槛，于是纷纷启用了虚拟主机功能。

利用虚拟主机功能，可以把一台处于运行状态的物理服务器分割成多个"虚拟的服务器"。但是，该技术无法实现目前云主机技术的硬件资源隔离，让这些虚拟的服务器共同使用物理服务器的硬件资源，供应商只能限制硬盘的使用空间大小。出于各种考虑的因素（主要是价格低廉），目前依然有很多企业或个人站长在使用虚拟主机的形式来部署网站。

Apache 的虚拟主机功能是服务器基于用户请求的不同 IP 地址、主机域名或端口号，实现提供多个网站同时为外部提供访问服务的技术，如图 10-12 所示，用户请求的资源不同，最终获取到的网页内容也各不相同。如果大家之前没有做过网站，可能不太理解其中的原理，等一会儿搭建出实验环境并看到实验效果之后，您一定就会明白了。

> **注：**
> 　　再次提醒大家，在做每个实验之前请先将虚拟机还原到最初始状态，以免多个实验之间相互产生冲突。

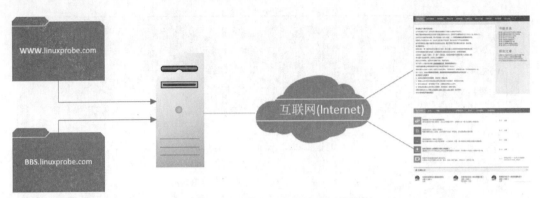

图 10-12　客户端向服务器请求网站服务

10.5.1　基于 IP 地址

如果一台服务器有多个 IP 地址，而且每个 IP 地址与服务器上部署的每个网站一一对应，这样当用户请求访问不同的 IP 地址时，会访问到不同网站的页面资源。而且，每个网站都有一个独立的 IP 地址，对搜索引擎优化也大有裨益。因此以这种方式提供虚拟网站主机功能不仅最常见，也受到了网站站长的欢迎（尤其是草根站长）。

刘遄老师在第 4 章和第 9 章分别讲解了用于配置网络的两种方法，大家在实验中和工作中可随意选择。就当前的实验来讲，需要配置的 IP 地址如图 10-13 所示。在配置完毕并重启网卡服务之后，记得检查网络的连通性，确保三个 IP 地址均可正常访问，如图 10-14 所示（这很重要，一定要测试好，然后再进行下一步！）。

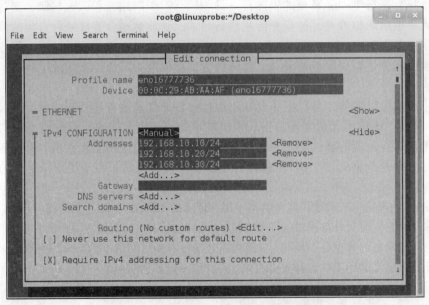

图 10-13　使用 nmtui 命令配置网络参数

第 1 步：分别在/home/wwwroot 中创建用于保存不同网站数据的 3 个目录，并向其中分别写入网站的首页文件。每个首页文件中应有明确区分不同网站内容的信息，方便我们稍后能更直观地检查效果。

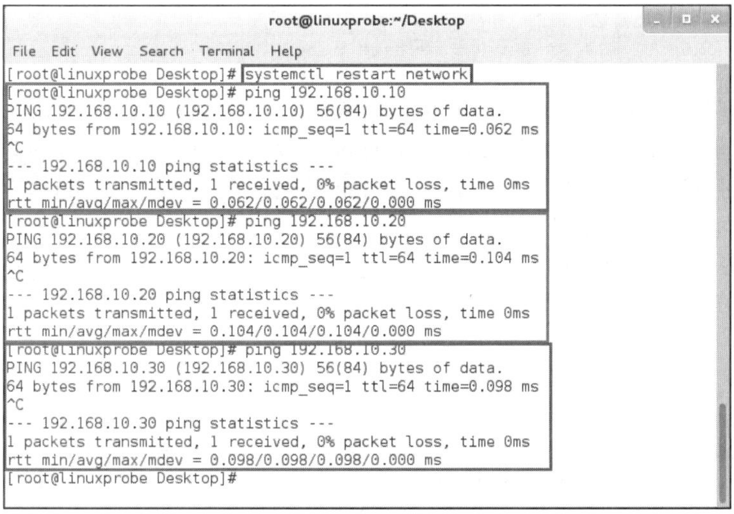

图 10-14 分别检查 3 个 IP 地址的连通性

```
[root@linuxprobe ~]# mkdir -p /home/wwwroot/10
[root@linuxprobe ~]# mkdir -p /home/wwwroot/20
[root@linuxprobe ~]# mkdir -p /home/wwwroot/30
[root@linuxprobe ~]# echo "IP:192.168.10.10" > /home/wwwroot/10/index.html
[root@linuxprobe ~]# echo "IP:192.168.10.20" > /home/wwwroot/20/index.html
[root@linuxprobe ~]# echo "IP:192.168.10.30" > /home/wwwroot/30/index.html
```

第 2 步：在 httpd 服务的配置文件中大约 113 行处开始，分别追加写入三个基于 IP 地址的虚拟主机网站参数，然后保存并退出。记得需要重启 httpd 服务，这些配置才生效。

```
[root@linuxprobe ~]# vim /etc/httpd/conf/httpd.conf
..................省略部分输出信息..................
113 <VirtualHost 192.168.10.10>
114 DocumentRoot /home/wwwroot/10
115 ServerName www.linuxprobe.com
116 <Directory /home/wwwroot/10 >
117 AllowOverride None
118 Require all granted
119 </Directory>
120 </VirtualHost>
121 <VirtualHost 192.168.10.20>
122 DocumentRoot /home/wwwroot/20
123 ServerName bbs.linuxprobe.com
124 <Directory /home/wwwroot/20 >
125 AllowOverride None
126 Require all granted
127 </Directory>
128 </VirtualHost>
129 <VirtualHost 192.168.10.30>
130 DocumentRoot /home/wwwroot/30
131 ServerName tech.linuxprobe.com
132 <Directory /home/wwwroot/30 >
133 AllowOverride None
134 Require all granted
135 </Directory>
136 </VirtualHost>
```

```
..................省略部分输出信息..................
[root@linuxprobe ~]# systemctl restart httpd
```

第 3 步：此时访问网站，则会看到 httpd 服务程序的默认首页面。大家现在应该立刻就反应过来——这是 SELinux 在捣鬼。由于当前的/home/wwwroot 目录及里面的网站数据目录的 SELinux 安全上下文与网站服务不吻合，因此 httpd 服务程序无法获取到这些网站数据目录。我们需要手动把新的网站数据目录的 SELinux 安全上下文设置正确（见前文的实验），并使用 restorecon 命令让新设置的 SELinux 安全上下文立即生效，这样就可以立即看到网站的访问效果了，如图 10-15 所示。

```
[root@linuxprobe ~]# semanage fcontext -a -t httpd_sys_content_t /home/wwwroot
[root@linuxprobe ~]# semanage fcontext -a -t httpd_sys_content_t /home/wwwroot/10
[root@linuxprobe ~]# semanage fcontext -a -t httpd_sys_content_t /home/wwwroot/10/*
[root@linuxprobe ~]# semanage fcontext -a -t httpd_sys_content_t /home/wwwroot/20
[root@linuxprobe ~]# semanage fcontext -a -t httpd_sys_content_t /home/wwwroot/20/*
[root@linuxprobe ~]# semanage fcontext -a -t httpd_sys_content_t /home/wwwroot/30
[root@linuxprobe ~]# semanage fcontext -a -t httpd_sys_content_t /home/wwwroot/30/*
[root@linuxprobe ~]# restorecon -Rv /home/wwwroot
restorecon reset /home/wwwroot context unconfined_u:object_r:home_root_t:s0->
unconfined_u:object_r:httpd_sys_content_t:s0
restorecon reset /home/wwwroot/10 context unconfined_u:object_r:home_root_t:s0-
>unconfined_u:object_r:httpd_sys_content_t:s0
restorecon reset /home/wwwroot/10/index.html context unconfined_u:object_r:home_
root_t:s0->unconfined_u:object_r:httpd_sys_content_t:s0
restorecon reset /home/wwwroot/20 context unconfined_u:object_r:home_root_t:s0->
unconfined_u:object_r:httpd_sys_content_t:s0
restorecon reset /home/wwwroot/20/index.html context unconfined_u:object_r:home_
root_t:s0->unconfined_u:object_r:httpd_sys_content_t:s0
restorecon reset /home/wwwroot/30 context unconfined_u:object_r:home_root_t:s0->
unconfined_u:object_r:httpd_sys_content_t:s0
restorecon reset /home/wwwroot/30/index.html context unconfined_u:object_r:home_
root_t:s0->unconfined_u:object_r:httpd_sys_content_t:s0
[root@linuxprobe ~]# firefox
```

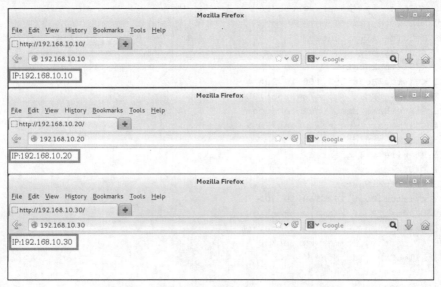

图 10-15　基于不同的 IP 地址访问虚拟主机网站

10.5.2 基于主机域名

当服务器无法为每个网站都分配一个独立 IP 地址的时候，可以尝试让 Apache 自动识别用户请求的域名，从而根据不同的域名请求来传输不同的内容。在这种情况下的配置更加简单，只需要保证位于生产环境中的服务器上有一个可用的 IP 地址（这里以 192.168.10.10 为例）就可以了。由于当前还没有介绍如何配置 DNS 解析服务，因此需要手工定义 IP 地址与域名之间的对应关系。/etc/hosts 是 Linux 系统中用于强制把某个主机域名解析到指定 IP 地址的配置文件。简单来说，只要这个文件配置正确，即使网卡参数中没有 DNS 信息也依然能够将域名解析为某个 IP 地址。

第 1 步：手工定义 IP 地址与域名之间对应关系的配置文件，保存并退出后会立即生效。可以通过分别 ping 这些域名来验证域名是否已经成功解析为 IP 地址。

```
[root@linuxprobe ~]# vim /etc/hosts
127.0.0.1       localhost localhost.localdomain localhost4 localhost4.localdomain4
::1             localhost localhost.localdomain localhost6 localhost6.localdomain6
192.168.10.10 www.linuxprobe.com bbs.linuxprobe.com tech.linuxprobe.com
[root@linuxprobe ~]# ping -c 4 www.linuxprobe.com
PING www.linuxprobe.com (192.168.10.10) 56(84) bytes of data.
64 bytes from www.linuxprobe.com (192.168.10.10): icmp_seq=1 ttl=64 time=0.070 ms
64 bytes from www.linuxprobe.com (192.168.10.10): icmp_seq=2 ttl=64 time=0.077 ms
64 bytes from www.linuxprobe.com (192.168.10.10): icmp_seq=3 ttl=64 time=0.061 ms
64 bytes from www.linuxprobe.com (192.168.10.10): icmp_seq=4 ttl=64 time=0.069 ms
--- www.linuxprobe.com ping statistics ---
4 packets transmitted, 4 received, 0% packet loss, time 2999ms
rtt min/avg/max/mdev = 0.061/0.069/0.077/0.008 ms
[root@linuxprobe ~]#
```

第 2 步：分别在/home/wwwroot 中创建用于保存不同网站数据的三个目录，并向其中分别写入网站的首页文件。每个首页文件中应有明确区分不同网站内容的信息，方便我们稍后能更直观地检查效果。

```
[root@linuxprobe ~]# mkdir -p /home/wwwroot/www
[root@linuxprobe ~]# mkdir -p /home/wwwroot/bbs
[root@linuxprobe ~]# mkdir -p /home/wwwroot/tech
[root@linuxprobe ~]# echo "WWW.linuxprobe.com" > /home/wwwroot/www/index.html
[root@linuxprobe ~]# echo "BBS.linuxprobe.com" > /home/wwwroot/bbs/index.html
[root@linuxprobe ~]# echo "TECH.linuxprobe.com" > /home/wwwroot/tech/index.html
```

第 3 步：在 httpd 服务的配置文件中大约 113 行处开始，分别追加写入三个基于主机名的虚拟主机网站参数，然后保存并退出。记得需要重启 httpd 服务，这些配置才生效。

```
[root@linuxprobe ~]# vim /etc/httpd/conf/httpd.conf
…………省略部分输出信息…………
113 <VirtualHost 192.168.10.10>
114 DocumentRoot "/home/wwwroot/www"
115 ServerName "www.linuxprobe.com"
116 <Directory "/home/wwwroot/www">
117 AllowOverride None
```

```
118 Require all granted
119 </directory>
120 </VirtualHost>
121 <VirtualHost 192.168.10.10>
122 DocumentRoot "/home/wwwroot/bbs"
123 ServerName "bbs.linuxprobe.com"
124 <Directory "/home/wwwroot/bbs">
125 AllowOverride None
126 Require all granted
127 </Directory>
128 </VirtualHost>
129 <VirtualHost 192.168.10.10>
130 DocumentRoot "/home/wwwroot/tech"
131 ServerName "tech.linuxprobe.com"
132 <Directory "/home/wwwroot/tech">
133 AllowOverride None
134 Require all granted
135 </directory>
136 </VirtualHost>
.................省略部分输出信息.................
```

第 4 步：因为当前的网站数据目录还是在/home/wwwroot 目录中，因此还是必须要正确设置网站数据目录文件的 SELinux 安全上下文，使其与网站服务功能相吻合。最后记得用 restorecon 命令让新配置的 SELinux 安全上下文立即生效，这样就可以立即访问到虚拟主机网站了，效果如图 10-16 所示。

```
[root@linuxprobe ~]# semanage fcontext -a -t httpd_sys_content_t /home/wwwroot
[root@linuxprobe ~]# semanage fcontext -a -t httpd_sys_content_t /home/wwwroot/www
[root@linuxprobe ~]# semanage fcontext -a -t httpd_sys_content_t /home/wwwroot/www/*
[root@linuxprobe ~]# semanage fcontext -a -t httpd_sys_content_t /home/wwwroot/bbs
[root@linuxprobe ~]# semanage fcontext -a -t httpd_sys_content_t /home/wwwroot/bbs/*
[root@linuxprobe ~]# semanage fcontext -a -t httpd_sys_content_t /home/wwwroot/tech
[root@linuxprobe ~]# semanage fcontext -a -t httpd_sys_content_t /home/wwwroot/tech/*
[root@linuxprobe ~]# restorecon -Rv /home/wwwroot
reset /home/wwwroot context unconfined_u:object_r:home_root_t:s0->unconfined_u:
object_r:httpd_sys_content_t:s0
restorecon reset /home/wwwroot/www context unconfined_u:object_r:home_root_t:
s0->unconfined_u:object_r:httpd_sys_content_t:s0
restorecon reset /home/wwwroot/www/index.html context unconfined_u:object_r:
home_root_t:s0->unconfined_u:object_r:httpd_sys_content_t:s0
restorecon reset /home/wwwroot/bbs context unconfined_u:object_r:home_root_t:
s0->unconfined_u:object_r:httpd_sys_content_t:s0
restorecon reset /home/wwwroot/bbs/index.html context unconfined_u:object_r:
home_root_t:s0->unconfined_u:object_r:httpd_sys_content_t:s0
restorecon reset /home/wwwroot/tech context unconfined_u:object_r:home_root_t:
s0->unconfined_u:object_r:httpd_sys_content_t:s0
restorecon reset /home/wwwroot/tech/index.html context unconfined_u:object_r:
home_root_t:s0->unconfined_u:object_r:httpd_sys_content_t:s0
[root@linuxprobe ~]# firefox
```

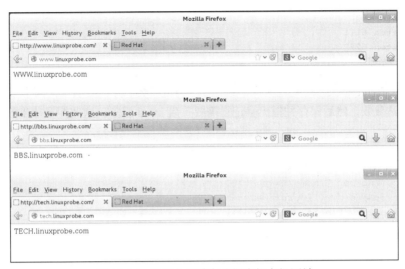

图 10-16　基于主机域名访问虚拟主机网站

10.5.3　基于端口号

基于端口号的虚拟主机功能可以让用户通过指定的端口号来访问服务器上的网站资源。在使用 Apache 配置虚拟网站主机功能时，基于端口号的配置方式是最复杂的。因此我们不仅要考虑 httpd 服务程序的配置因素，还需要考虑到 SELinux 服务对新开设端口的监控。一般来说，使用 80、443、8080 等端口号来提供网站访问服务是比较合理的，如果使用其他端口号则会受到 SELinux 服务的限制。

在接下来的实验中，我们不但要考虑到目录上应用的 SELinux 安全上下文的限制，还需要考虑 SELinux 域对 httpd 服务程序的管控。

第 1 步：分别在/home/wwwroot 中创建用于保存不同网站数据的两个目录，并向其中分别写入网站的首页文件。每个首页文件中应有明确区分不同网站内容的信息，方便我们稍后能更直观地检查效果。

```
[root@linuxprobe ~]# mkdir -p /home/wwwroot/6111
[root@linuxprobe ~]# mkdir -p /home/wwwroot/6222
[root@linuxprobe ~]# echo "port:6111" > /home/wwwroot/6111/index.html
[root@linuxprobe ~]# echo "port:6222" > /home/wwwroot/6222/index.html
```

第 2 步：在 httpd 服务配置文件的第 43 行和第 44 行分别添加用于监听 6111 和 6222 端口的参数。

```
[root@linuxprobe ~]# vim /etc/httpd/conf/httpd.conf
................省略部分输出信息................
 33 #
 34 # Listen: Allows you to bind Apache to specific IP addresses and/or
 35 # ports, instead of the default. See also the <VirtualHost>
 36 # directive.
 37 #
 38 # Change this to Listen on specific IP addresses as shown below to
 39 # prevent Apache from glomming onto all bound IP addresses.
 40 #
 41 #Listen 12.34.56.78:80
```

```
42 Listen 80
43 Listen 6111
44 Listen 6222
```
................省略部分输出信息................

第 3 步：在 httpd 服务的配置文件中大约 113 行处开始，分别追加写入两个基于端口号的
虚拟主机网站参数，然后保存并退出。记得需要重启 httpd 服务，这些配置才生效。

```
[root@linuxprobe ~]# vim /etc/httpd/conf/httpd.conf
................省略部分输出信息................
113 <VirtualHost 192.168.10.10:6111>
114 DocumentRoot "/home/wwwroot/6111"
115 ServerName www.linuxprobe.com
116 <Directory "/home/wwwroot/6111">
117 AllowOverride None
118 Require all granted
119 </Directory>
120 </VirtualHost>
121 <VirtualHost 192.168.10.10:6222>
122 DocumentRoot "/home/wwwroot/6222"
123 ServerName bbs.linuxprobe.com
124 <Directory "/home/wwwroot/6222">
125 AllowOverride None
126 Require all granted
127 </Directory>
128 </VirtualHost>
```
................省略部分输出信息................

第 4 步：因为我们把网站数据目录存放在/home/wwwroot 目录中，因此还是必须要正确
设置网站数据目录文件的 SELinux 安全上下文，使其与网站服务功能相吻合。最后记得用
restorecon 命令让新配置的 SELinux 安全上下文立即生效。

```
[root@linuxprobe ~]# semanage fcontext -a -t httpd_sys_content_t /home/wwwroot
[root@linuxprobe ~]# semanage fcontext -a -t httpd_sys_content_t /home/wwwroot/6111
[root@linuxprobe ~]# semanage fcontext -a -t httpd_sys_content_t /home/wwwroot/6111/*
[root@linuxprobe ~]# semanage fcontext -a -t httpd_sys_content_t /home/wwwroot/6222
[root@linuxprobe ~]# semanage fcontext -a -t httpd_sys_content_t /home/wwwroot/6222/*
[root@linuxprobe ~]# restorecon -Rv /home/wwwroot/
restorecon reset /home/wwwroot context unconfined_u:object_r:home_root_t:s0->
unconfined_u:object_r:—httpd_sys_content_t:s0
restorecon reset /home/wwwroot/6111 context unconfined_u:object_r:home_root_t:
s0->unconfined_u:object_r:httpd_sys_content_t:s0
restorecon reset /home/wwwroot/6111/index.html context unconfined_u:object_r:
home_root_t:s0->unconfined_u:object_r:httpd_sys_content_t:s0
restorecon reset /home/wwwroot/6222 context unconfined_u:object_r:home_root_t:
s0->unconfined_u:object_r:httpd_sys_content_t:s0
restorecon reset /home/wwwroot/6222/index.html context unconfined_u:object_r:
home_root_t:s0->unconfined_u:object_r:httpd_sys_content_t:s0
[root@linuxprobe ~]# systemctl restart httpd
Job for httpd.service failed. See 'systemctl status httpd.service' and 'journalctl-
xn' for details.
```

见鬼了！在妥当配置 httpd 服务程序和 SELinux 安全上下文并重启 httpd 服务后，竟然出
现报错信息。这是因为 SELinux 服务检测到 6111 和 6222 端口原本不属于 Apache 服务应该需
要的资源，但现在却以 httpd 服务程序的名义监听使用了，所以 SELinux 会拒绝使用 Apache

服务使用这两个端口。我们可以使用 semanage 命令查询并过滤出所有与 HTTP 协议相关且 SELinux 服务允许的端口列表。

```
[root@linuxprobe ~]# semanage port -l | grep http
http_cache_port_t tcp 8080, 8118, 8123, 10001-10010
http_cache_port_t udp 3130
http_port_t tcp 80, 81, 443, 488, 8008, 8009, 8443, 9000
pegasus_http_port_t tcp 5988
pegasus_https_port_t tcp 5989
```

第 5 步：SELinux 允许的与 HTTP 协议相关的端口号中默认没有包含 6111 和 6222，因此需要将这两个端口号手动添加进去。该操作会立即生效，而且在系统重启过后依然有效。设置好后再重启 httpd 服务程序，然后就可以看到网页内容了，结果如图 10-17 所示。

```
[root@linuxprobe ~]# semanage port -a -t http_port_t -p tcp 6111
[root@linuxprobe ~]# semanage port -a -t http_port_t -p tcp 6222
[root@linuxprobe ~]# semanage port -l| grep http
http_cache_port_t tcp 8080, 8118, 8123, 10001-10010
http_cache_port_t udp 3130
http_port_t tcp 6222, 6111, 80, 81, 443, 488, 8008, 8009, 8443, 9000
pegasus_http_port_t tcp 5988
pegasus_https_port_t tcp 5989
[root@linuxprobe ~]# systemctl restart httpd
[root@linuxprobe ~]# firefox
```

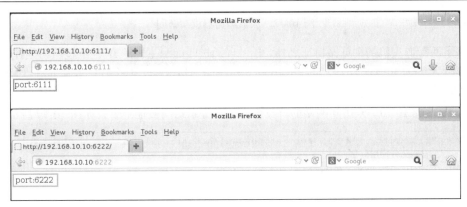

图 10-17 基于端口号访问虚拟主机网站

10.6 Apache 的访问控制

Apache 可以基于源主机名、源 IP 地址或源主机上的浏览器特征等信息对网站上的资源进行访问控制。它通过 Allow 指令允许某个主机访问服务器上的网站资源，通过 Deny 指令实现禁止访问。在允许或禁止访问网站资源时，还会用到 Order 指令，这个指令用来定义 Allow 或 Deny 指令起作用的顺序，其匹配原则是按照顺序进行匹配，若匹配成功则执行后面的默认指令。比如"Order Allow,Deny"表示先将源主机与允许规则进行匹配，若匹配成功则允许访问请求，反之则拒绝访问请求。

第 1 步：先在服务器上的网站数据目录中新建一个子目录，并在这个子目录中创建一个包含 Successful 单词的首页文件。

```
[root@linuxprobe ~]# mkdir /var/www/html/server
[root@linuxprobe ~]# echo "Successful" > /var/www/html/server/index.html
```

第 2 步：打开 httpd 服务的配置文件，在第 129 行后面添加下述规则来限制源主机的访问。这段规则的含义是允许使用 Firefox 浏览器的主机访问服务器上的首页文件，除此之外的所有请求都将被拒绝。使用 Firefxo 浏览器的访问效果如图 10-18 所示。

```
[root@linuxprobe ~]# vim /etc/httpd/conf/httpd.conf
.................省略部分输出信息.................
129 <Directory "/var/www/html/server">
130 SetEnvIf User-Agent "Firefox" ff=1
131 Order allow,deny
132 Allow from env=ff
133 </Directory>
.................省略部分输出信息.................
[root@linuxprobe ~]# systemctl restart httpd
[root@linuxprobe ~]# firefox
```

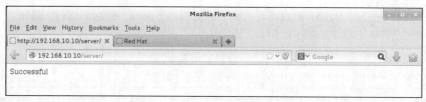

图 10-18　火狐浏览器成功访问

除了匹配源主机的浏览器特征之外，还可以通过匹配源主机的 IP 地址进行访问控制。例如，我们只允许 IP 地址为 192.168.10.20 的主机访问网站资源，那么就可以在 httpd 服务配置文件的第 129 行后面添加下述规则。这样在重启 httpd 服务程序后再用本机（即服务器，其 IP 地址为 192.168.10.10）来访问网站的首页面时就会提示访问被拒绝了，如图 10-19 所示。

```
[root@linuxprobe ~]# vim /etc/httpd/conf/httpd.conf
.................省略部分输出信息.................
129 <Directory "/var/www/html/server">
130 Order allow,deny
131 Allow from 192.168.10.20
132 Order allow,deny
133 Allow from env=ie
134 </Directory>
.................省略部分输出信息.................
[root@linuxprobe ~]# systemctl restart httpd
[root@linuxprobe ~]# firefox
```

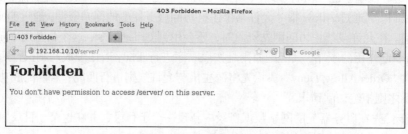

图 10-19　因 IP 地址不符合要求而被拒绝访问

复习题

1. 什么是 Web 网络服务?
   答: 一种允许用户通过浏览器访问到互联网中各种资源的服务。

2. 相较于 Nginx 服务程序, Apache 服务程序最大的优势是什么?
   答: Apache 服务程序具备跨平台特性、安全性, 而且拥有快速、可靠、简单的 API 扩展。

3. httpd 服务程序没有检查到首页文件, 会提示报错信息吗?
   答: 不会, httpd 服务在未找到网站首页文件时, 会向访客显示一个默认页面。

4. 简述 Apache 服务主配置文件中全局配置参数、区域配置参数和注释信息的作用。
   答: 全局配置参数是一种全局性的配置参数, 可作用于对所有的子站点; 区域配置参数则是单独针对于每个独立的子站点进行设置的; 而注释信息一般是对服务程序的功能或某一行参数进行介绍。

5. 简述 SELinux 服务的作用。
   答: 为了让各个服务进程都受到约束, 使其仅获取到本应获取的资源。

6. 在使用 getenforce 命令查看 SELinux 服务模式时, 发现其配置模式为 permissive, 这代表强制开启模式吗?
   答: 不是, 强制开启模式是 enforcing, 而 permissive 是只发出警告而不强制拦截的模式。

7. 在使用 semanage 命令修改了文件上应用的 SELinux 安全上下文后, 还需要执行什么命令才可以让更改立即生效?
   答: 还需要 restorecon 命令即可让新的 SELinux 安全上下文参数立即生效。

8. 要想查询并过滤出所有与 HTTP 协议相关的 SELinux 域策略有哪些, 应该怎么做呢?
   答: 可以结合管道符来实现, 即执行 getsebool -a | grep http 命令。

9. Apache 服务程序可以基于哪些资源来创建虚拟主机网站呢?
   答: 可以基于 IP 地址、主机名(域名)或者端口号创建虚拟主机网站。

10. 相对于基于 IP 地址和基于主机名(域名)配置的虚拟主机网站来说, 使用端口号配置虚拟主机网站有哪些特点?
    答: 在使用端口号来配置虚拟主机网站时, 必须要考虑到 SELinux 域对 httpd 服务程序所用端口号的控制策略, 还要在 httpd 服务程序的主配置文件中使用 Listen 参数来开启要监听的端口号。

第 11 章

使用 vsftpd 服务传输文件

本章讲解了如下内容：

➢ 文件传输协议；

➢ vsftpd 服务程序；

➢ 简单文件传输协议。

本章开篇讲解了什么是文件传输协议（File Transfer Protocol，FTP），以及如何部署 vsftpd 服务程序，然后深度剖析了 vsftpd 主配置文件中最常用的参数及其作用，并完整演示了 vsftpd 服务程序三种认证模式（匿名开放模式、本地用户模式、虚拟用户模式）的配置方法。本章还涵盖了可插拔认证模块（Pluggable Authentication Module，PAM）的原理、作用以及实用配置方法。

读者将通过本章介绍的实战内容进一步练习 SELinux 服务的配置方法，掌握简单文件传输协议（Trivial File Transfer Protocol，TFTP）的理论及配置方法，以及学习刘遄老师在服务部署和排错方面的经验技巧，以便灵活应对生产环境中遇到的各种问题。

11.1 文件传输协议

一般来讲，人们将计算机联网的首要目的就是获取资料，而文件传输是一种非常重要的获取资料的方式。今天的互联网是由几千万台个人计算机、工作站、服务器、小型机、大型机、巨型机等具有不同型号、不同架构的物理设备共同组成的，而且即便是个人计算机，也可能会装有 Windows、Linux、UNIX、Mac 等不同的操作系统。为了能够在如此复杂多样的设备之间解决问题解决文件传输问题，文件传输协议（FTP）应运而生。

FTP 是一种在互联网中进行文件传输的协议，基于客户端/服务器模式，默认使用 20、21 号端口，其中端口 20（数据端口）用于进行数据传输，端口 21（命令端口）用于接受客户端发出的相关 FTP 命令与参数。FTP 服务器普遍部署于内网中，具有容易搭建、方便管理的特点。而且有些 FTP 客户端工具还可以支持文件的多点下载以及断点续传技术，因此 FTP 服务得到了广大用户的青睐。FTP 协议的传输拓扑如图 11-1 所示。

图 11-1　FTP 协议的传输拓扑

FTP 服务器是按照 FTP 协议在互联网上提供文件存储和访问服务的主机，FTP 客户端则是向服务器发送连接请求，以建立数据传输链路的主机。FTP 协议有下面两种工作模式。

> **主动模式**：FTP 服务器主动向客户端发起连接请求。

> **被动模式**：FTP 服务器等待客户端发起连接请求（FTP 的默认工作模式）。

第 8 章在学习防火墙服务配置时曾经讲过，防火墙一般是用于过滤从外网进入内网的流量，因此有些时候需要将 FTP 的工作模式设置为主动模式，才可以传输数据。

vsftpd（very secure ftp daemon，非常安全的 FTP 守护进程）是一款运行在 Linux 操作系统上的 FTP 服务程序，不仅完全开源而且免费，此外，还具有很高的安全性、传输速度，以及支持虚拟用户验证等其他 FTP 服务程序不具备的特点。

在配置妥当 Yum 软件仓库之后，就可以安装 vsftpd 服务程序了。

```
[root@linuxprobe ~]# yum install vsftpd
Loaded plugins: langpacks, product-id, subscription-manager
................省略部分输出信息................
================================================================================
Package Arch Version Repository Size
================================================================================
Installing:
vsftpd x86_64 3.0.2-9.el7 rhel 166 k
Transaction Summary
================================================================================
Install 1 Package
Total download size: 166 k
Installed size: 343 k
Is this ok [y/d/N]: y
Downloading packages:
Running transaction check
Running transaction test
Transaction test succeeded
Running transaction
Installing : vsftpd-3.0.2-9.el7.x86_64 1/1
Verifying : vsftpd-3.0.2-9.el7.x86_64 1/1
Installed:
vsftpd.x86_64 0:3.0.2-9.el7
Complete!
```

iptables 防火墙管理工具默认禁止了 FTP 传输协议的端口号，因此在正式配置 vsftpd 服务程序之前，为了避免这些默认的防火墙策略"捣乱"，还需要清空 iptables 防火墙的默认策略，并把当前已经被清理的防火墙策略状态保存下来：

```
[root@linuxprobe ~]# iptables -F
[root@linuxprobe ~]# service iptables save
iptables: Saving firewall rules to /etc/sysconfig/iptables:[ OK ]
```

vsftpd 服务程序的主配置文件（/etc/vsftpd/vsftpd.conf）内容总长度达到 123 行，但其中大多数参数在开头都添加了井号（#），从而成为注释信息，大家没有必要在注释信息上花费太多的时间。我们可以在 grep 命令后面添加-v 参数，过滤并反选出没有包含井号（#）的参数行（即过滤掉所有的注释信息），然后将过滤后的参数行通过输出重定向符写回原始的主配置文件中：

```
[root@linuxprobe ~]# mv /etc/vsftpd/vsftpd.conf /etc/vsftpd/vsftpd.conf_bak
[root@linuxprobe ~]# grep -v "#" /etc/vsftpd/vsftpd.conf_bak > /etc/vsftpd/vsftpd.conf
[root@linuxprobe ~]# cat /etc/vsftpd/vsftpd.conf
anonymous_enable=YES
local_enable=YES
write_enable=YES
local_umask=022
dirmessage_enable=YES
xferlog_enable=YES
connect_from_port_20=YES
xferlog_std_format=YES
listen=NO
listen_ipv6=YES
pam_service_name=vsftpd
userlist_enable=YES
tcp_wrappers=YES
```

表 11-1 中罗列了 vsftpd 服务程序主配置文件中常用的参数以及作用。当前大家只需要简单了解即可，在后续的实验中将演示这些参数的用法，以帮助大家熟悉并掌握。

表 11-1　　　　　　　　　　　vsftpd 服务程序常用的参数以及作用

参数	作用
listen=[YES|NO]	是否以独立运行的方式监听服务
listen_address=IP 地址	设置要监听的 IP 地址
listen_port=21	设置 FTP 服务的监听端口
download_enable = [YES|NO]	是否允许下载文件
userlist_enable=[YES|NO] userlist_deny=[YES|NO]	设置用户列表为"允许"还是"禁止"操作
max_clients=0	最大客户端连接数，0 为不限制
max_per_ip=0	同一 IP 地址的最大连接数，0 为不限制
anonymous_enable=[YES|NO]	是否允许匿名用户访问
anon_upload_enable=[YES|NO]	是否允许匿名用户上传文件
anon_umask=022	匿名用户上传文件的 umask 值
anon_root=/var/ftp	匿名用户的 FTP 根目录
anon_mkdir_write_enable=[YES|NO]	是否允许匿名用户创建目录
anon_other_write_enable=[YES|NO]	是否开放匿名用户的其他写入权限（包括重命名、删除等操作权限）
anon_max_rate=0	匿名用户的最大传输速率（字节/秒），0 为不限制
local_enable=[YES|NO]	是否允许本地用户登录 FTP
local_umask=022	本地用户上传文件的 umask 值
local_root=/var/ftp	本地用户的 FTP 根目录
chroot_local_user=[YES|NO]	是否将用户权限禁锢在 FTP 目录，以确保安全
local_max_rate=0	本地用户最大传输速率（字节/秒），0 为不限制

11.2　vsftpd 服务程序

vsftpd 作为更加安全的文件传输的服务程序，允许用户以三种认证模式登录到 FTP 服务器上。

➢ **匿名开放模式**：是一种最不安全的认证模式，任何人都可以无需密码验证而直接登录到 FTP 服务器。

➢ **本地用户模式**：是通过 Linux 系统本地的账户密码信息进行认证的模式，相较于匿名开放模式更安全，而且配置起来也很简单。但是如果被黑客破解了账户的信息，就可以畅通无阻地登录 FTP 服务器，从而完全控制整台服务器。

➢ **虚拟用户模式**：是这三种模式中最安全的一种认证模式，它需要为 FTP 服务单独建立用户数据库文件，虚拟出来用来进行口令验证的账户信息，而这些账户信息在服务器系统中实际上是不存在的，仅供 FTP 服务程序进行认证使用。这样，即使黑客破解了账户信息也无法登录服务器，从而有效降低了破坏范围和影响。

ftp 是 Linux 系统中以命令行界面的方式来管理 FTP 传输服务的客户端工具。我们首先手动安装这个 ftp 客户端工具，以便在后续实验中查看结果。

```
[root@linuxprobe ~]# yum install ftp
Loaded plugins: langpacks, product-id, subscription-manager
.................省略部分输出信息.................
Installing:
 ftp x86_64 0.17-66.el7 rhel 61 k
Transaction Summary
=========================================================================
Install 1 Package
Total download size: 61 k
Installed size: 96 k
Is this ok [y/d/N]: y
Downloading packages:
Running transaction check
Running transaction test
Transaction test succeeded
Running transaction
  Installing : ftp-0.17-66.el7.x86_64 1/1
  Verifying : ftp-0.17-66.el7.x86_64 1/1
Installed:
  ftp.x86_64 0:0.17-66.el7
Complete!
```

11.2.1　匿名开放模式

前文提到，在 vsftpd 服务程序中，匿名开放模式是最不安全的一种认证模式。任何人都可以无需密码验证而直接登录到 FTP 服务器。这种模式一般用来访问不重要的公开文件（在生产环境中尽量不要存放重要文件）。当然，如果采用第 8 章中介绍的防火墙管理工具（如 Tcp_wrappers 服务程序）将 vsftpd 服务程序允许访问的主机范围设置为企业内网，也可以提供基本的安全性。

vsftpd 服务程序默认开启了匿名开放模式，我们需要做的就是开放匿名用户的上传、下载文件的权限，以及让匿名用户创建、删除、更名文件的权限。需要注意的是，针对匿名用户放开这些权限会带来潜在危险，我们只是为了在 Linux 系统中练习配置 vsftpd 服务程序而放开了这些权限，不建议在生产环境中如此行事。表 11-2 罗列了可以向匿名用户开放的权限参数以及作用。

表 11-2　　　　　　　　　可以向匿名用户开放的权限参数以及作用

参数	作用
anonymous_enable=YES	允许匿名访问模式
anon_umask=022	匿名用户上传文件的 umask 值
anon_upload_enable=YES	允许匿名用户上传文件
anon_mkdir_write_enable=YES	允许匿名用户创建目录
anon_other_write_enable=YES	允许匿名用户修改目录名称或删除目录

```
[root@linuxprobe ~]# vim /etc/vsftpd/vsftpd.conf
1 anonymous_enable=YES
2 anon_umask=022
3 anon_upload_enable=YES
4 anon_mkdir_write_enable=YES
5 anon_other_write_enable=YES
6 local_enable=YES
7 write_enable=YES
8 local_umask=022
9 dirmessage_enable=YES
10 xferlog_enable=YES
11 connect_from_port_20=YES
12 xferlog_std_format=YES
13 listen=NO
14 listen_ipv6=YES
15 pam_service_name=vsftpd
16 userlist_enable=YES
17 tcp_wrappers=YES
```

在 vsftpd 服务程序的主配置文件中正确填写参数，然后保存并退出。还需要重启 vsftpd 服务程序，让新的配置参数生效。在此需要提醒各位读者，在生产环境中或者在 RHCSA、RHCE、RHCA 认证考试中一定要把配置过的服务程序加入到开机启动项中，以保证服务器在重启后依然能够正常提供传输服务：

```
[root@linuxprobe ~]# systemctl restart vsftpd
[root@linuxprobe ~]# systemctl enable vsftpd
ln -s '/usr/lib/systemd/system/vsftpd.service' '/etc/systemd/system/multi-user.
target.wants/vsftpd.service'
```

现在就可以在客户端执行 ftp 命令连接到远程的 FTP 服务器了。在 vsftpd 服务程序的匿名开放认证模式下，其账户统一为 anonymous，密码为空。而且在连接到 FTP 服务器后，默认访问的是/var/ftp 目录。我们可以切换到该目录下的 pub 目录中，然后尝试创建一个新的目录文件，以检验是否拥有写入权限：

```
[root@linuxprobe ~]# ftp 192.168.10.10
Connected to 192.168.10.10 (192.168.10.10).
220 (vsFTPd 3.0.2)
Name (192.168.10.10:root): anonymous
331 Please specify the password.
Password:此处按下回车键即可
230 Login successful.
Remote system type is UNIX.
Using binary mode to transfer files.
ftp> cd pub
250 Directory successfully changed.
ftp> mkdir files
550 Permission denied.
```

系统显示拒绝创建目录！我们明明在前面清空了 iptables 防火墙策略，而且也在 vsftpd
服务程序的主配置文件中添加了允许匿名用户创建目录和写入文件的权限啊。建议大家先不
要着急往下看，而是自己思考一下这个问题的解决办法，以锻炼您的 Linux 系统排错能力。

前文提到，在 vsftpd 服务程序的匿名开放认证模式下，默认访问的是/var/ftp 目录。查看
该目录的权限得知，只有 root 管理员才有写入权限。怪不得系统会拒绝操作呢！下面将目录
的所有者身份改成系统账户 ftp 即可（该账户在系统中已经存在），这样应该可以了吧：

```
[root@linuxprobe ~]# ls -ld /var/ftp/pub
drwxr-xr-x. 3 root root 16 Jul 13 14:38 /var/ftp/pub
[root@linuxprobe ~]# chown -Rf ftp /var/ftp/pub
[root@linuxprobe ~]# ls -ld /var/ftp/pub
drwxr-xr-x. 3 ftp root 16 Jul 13 14:38 /var/ftp/pub
[root@linuxprobe ~]# ftp 192.168.10.10
Connected to 192.168.10.10 (192.168.10.10).
220 (vsFTPd 3.0.2)
Name (192.168.10.10:root): anonymous
331 Please specify the password.
Password:此处按下回车键即可
230 Login successful.
Remote system type is UNIX.
Using binary mode to transfer files.
ftp> cd pub
250 Directory successfully changed.
ftp> mkdir files
550 Create directory operation failed.
```

系统再次报错！尽管我们在使用 ftp 命令登入 FTP 服务器后，再创建目录时系统依然提
示操作失败，但是报错信息却发生了变化。在没有写入权限时，系统提示"权限拒绝"
（Permission denied）所以刘遄老师怀疑是权限的问题。但现在系统提示"创建目录的操作失
败"（Create directory operation failed），想必各位读者也应该意识到是 SELinux 服务在"捣
乱"了吧。

下面使用 getsebool 命令查看与 FTP 相关的 SELinux 域策略都有哪些：

```
[root@linuxprobe ~]# getsebool -a | grep ftp
ftp_home_dir --> off
ftpd_anon_write --> off
ftpd_connect_all_unreserved --> off
ftpd_connect_db --> off
```

```
ftpd_full_access --> off
ftpd_use_cifs --> off
ftpd_use_fusefs --> off
ftpd_use_nfs --> off
ftpd_use_passive_mode --> off
httpd_can_connect_ftp --> off
httpd_enable_ftp_server --> off
sftpd_anon_write --> off
sftpd_enable_homedirs --> off
sftpd_full_access --> off
sftpd_write_ssh_home --> off
tftp_anon_write --> off
tftp_home_dir --> off
```

我们可以根据经验（需要长期培养，别无它法）和策略的名称判断出是 ftpd_full_access--> off 策略规则导致了操作失败。接下来修改该策略规则，并且在设置时使用-P 参数让修改过的策略永久生效，确保在服务器重启后依然能够顺利写入文件。

```
[root@linuxprobe ~]# setsebool -P ftpd_full_access=on
```

现在便可以顺利执行文件创建、修改及删除等操作了。

注：

　　再次提醒各位读者，在进行下一次实验之前，一定记得将虚拟机还原到最初始的状态，以免多个实验相互产生冲突。

```
[root@linuxprobe ~]# ftp 192.168.10.10
Connected to 192.168.10.10 (192.168.10.10).
220 (vsFTPd 3.0.2)
Name (192.168.10.10:root): anonymous
331 Please specify the password.
Password:此处按下回车键即可
230 Login successful.
Remote system type is UNIX.
Using binary mode to transfer files.
ftp> cd pub
250 Directory successfully changed.
ftp> mkdir files
257 "/pub/files" created
ftp> rename files database
350 Ready for RNTO.
250 Rename successful.
ftp> rmdir database
250 Remove directory operation successful.
ftp> exit
221 Goodbye.
```

11.2.2　本地用户模式

相较于匿名开放模式，本地用户模式要更安全，而且配置起来也很简单。如果大家之前用的是匿名开放模式，现在就可以将它关了，然后开启本地用户模式。针对本地用户模式的权限参数以及作用如表 11-3 所示。

表 11-3   本地用户模式使用的权限参数以及作用

参数	作用
anonymous_enable=NO	禁止匿名访问模式
local_enable=YES	允许本地用户模式
write_enable=YES	设置可写权限
local_umask=022	本地用户模式创建文件的 umask 值
userlist_enable=YES	启用"禁止用户名单",名单文件为 ftpusers 和 user_list
userlist_deny=YES	开启用户作用名单文件功能

```
[root@linuxprobe ~]# vim /etc/vsftpd/vsftpd.conf
 1 anonymous_enable=NO
 2 local_enable=YES
 3 write_enable=YES
 4 local_umask=022
 5 dirmessage_enable=YES
 6 xferlog_enable=YES
 7 connect_from_port_20=YES
 8 xferlog_std_format=YES
 9 listen=NO
10 listen_ipv6=YES
11 pam_service_name=vsftpd
12 userlist_enable=YES
13 tcp_wrappers=YES
```

在 vsftpd 服务程序的主配置文件中正确填写参数,然后保存并退出。还需要重启 vsftpd
服务程序,让新的配置参数生效。在执行完上一个实验后还原了虚拟机的读者,还需要将配
置好的服务添加到开机启动项中,以便在系统重启自后依然可以正常使用 vsftpd 服务。

```
[root@linuxprobe ~]# systemctl restart vsftpd
[root@linuxprobe ~]# systemctl enable vsftpd
ln -s '/usr/lib/systemd/system/vsftpd.service' '/etc/systemd/system/multi-user.
target.wants/vsftpd.service
```

按理来讲,现在已经完全可以本地用户的身份登录 FTP 服务器了。但是在使用 root 管理
员登录后,系统提示如下的错误信息:

```
[root@linuxprobe ~]# ftp 192.168.10.10
Connected to 192.168.10.10 (192.168.10.10).
220 (vsFTPd 3.0.2)
Name (192.168.10.10:root): root
530 Permission denied.
Login failed.
ftp>
```

可见,在我们输入 root 管理员的密码之前,就已经被系统拒绝访问了。这是因为 vsftpd 服务
程序所在的目录中默认存放着两个名为"用户名单"的文件（ftpusers 和 user_list）。不知道大
家是否看过一部日本电影"死亡笔记"（刘遄老师在上学期间的最爱），里面就提到有一个
黑色封皮的小本子,只要将别人的名字写进去,这人就会挂掉。vsftpd 服务程序目录中的这两

个文件也有类似的功能——只要里面写有某位用户的名字，就不再允许这位用户登录到 FTP
服务器上。

```
[root@linuxprobe ~]# cat /etc/vsftpd/user_list
1 # vsftpd userlist
2 # If userlist_deny=NO, only allow users in this file
3 # If userlist_deny=YES (default), never allow users in this file, and
4 # do not even prompt for a password.
5 # Note that the default vsftpd pam config also checks /etc/vsftpd/ftpusers
6 # for users that are denied.
7 root
8 bin
9 daemon
10 adm
11 lp
12 sync
13 shutdown
14 halt
15 mail
16 news
17 uucp
18 operator
19 games
20 nobody
[root@linuxprobe ~]# cat /etc/vsftpd/ftpusers
# Users that are not allowed to login via ftp
1 root
2 bin
3 daemon
4 adm
5 lp
6 sync
7 shutdown
8 halt
9 mail
10 news
11 uucp
12 operator
13 games
14 nobody
```

果然如此！vsftpd 服务程序为了保证服务器的安全性而默认禁止了 root 管理员和大多数
系统用户的登录行为，这样可以有效地避免黑客通过 FTP 服务对 root 管理员密码进行暴力破
解。如果您确认在生产环境中使用 root 管理员不会对系统安全产生影响，只需按照上面的提
示删除掉 root 用户名即可。我们也可以选择 ftpusers 和 user_list 文件中没有的一个普通用户尝
试登录 FTP 服务器：

```
[root@linuxprobe ~]# ftp 192.168.10.10
Connected to 192.168.10.10 (192.168.10.10).
220 (vsFTPd 3.0.2)
Name (192.168.10.10:root): linuxprobe
331 Please specify the password.
Password:此处输入该用户的密码
230 Login successful.
```

```
Remote system type is UNIX.
Using binary mode to transfer files.
ftp> mkdir files
550 Create directory operation failed.
```

在采用本地用户模式登录 FTP 服务器后，默认访问的是该用户的家目录，也就是说，访问的是/home/linuxprobe 目录。而且该目录的默认所有者、所属组都是该用户自己，因此不存在写入权限不足的情况。但是当前的操作仍然被拒绝，是因为我们刚才将虚拟机系统还原到最初的状态了。为此，需要再次开启 SELinux 域中对 FTP 服务的允许策略：

```
[root@linuxprobe ~]# getsebool -a | grep ftp
ftp_home_dir --> off
ftpd_anon_write --> off
ftpd_connect_all_unreserved --> off
ftpd_connect_db --> off
ftpd_full_access --> off
ftpd_use_cifs --> off
ftpd_use_fusefs --> off
ftpd_use_nfs --> off
ftpd_use_passive_mode --> off
httpd_can_connect_ftp --> off
httpd_enable_ftp_server --> off
sftpd_anon_write --> off
sftpd_enable_homedirs --> off
sftpd_full_access --> off
sftpd_write_ssh_home --> off
tftp_anon_write --> off
tftp_home_dir --> off
[root@linuxprobe ~]# setsebool -P ftpd_full_access=on
```

刘遄老师再啰嗦几句。在实验课程和生产环境中设置 SELinux 域策略时，一定记得添加-P 参数，否则服务器在重启后就会按照原有的策略进行控制，从而导致配置过的服务无法使用。

在配置妥当后再使用本地用户尝试登录下 FTP 服务器，分别执行文件的创建、重命名及删除等命令。操作均成功！

```
[root@linuxprobe ~]# ftp 192.168.10.10
Connected to 192.168.10.10 (192.168.10.10).
220 (vsFTPd 3.0.2)
Name (192.168.10.10:root): linuxprobe
331 Please specify the password.
Password:此处输入该用户的密码
230 Login successful.
Remote system type is UNIX.
Using binary mode to transfer files.
ftp> mkdir files
257 "/home/linuxprobe/files" created
ftp> rename files database
350 Ready for RNTO.
250 Rename successful.
ftp> rmdir database
250 Remove directory operation successful.
ftp> exit
221 Goodbye.
```

11.2.3 虚拟用户模式

我们最后讲解的虚拟用户模式是这三种模式中最安全的一种认证模式，当然，因为安全性较之于前面两种模式有了提升，所以配置流程也会稍微复杂一些。

第 1 步：创建用于进行 FTP 认证的用户数据库文件，其中奇数行为账户名，偶数行为密码。例如，我们分别创建出 zhangsan 和 lisi 两个用户，密码均为 redhat：

```
[root@linuxprobe ~]# cd /etc/vsftpd/
[root@linuxprobe vsftpd]# vim vuser.list
zhangsan
redhat
lisi
redhat
```

但是，明文信息既不安全，也不符合让 vsftpd 服务程序直接加载的格式，因此需要使用 db_load 命令用哈希（hash）算法将原始的明文信息文件转换成数据库文件，并且降低数据库文件的权限（避免其他人看到数据库文件的内容），然后再把原始的明文信息文件删除。

```
[root@linuxprobe vsftpd]# db_load -T -t hash -f vuser.list vuser.db
[root@linuxprobe vsftpd]# file vuser.db
vuser.db: Berkeley DB (Hash, version 9, native byte-order)
[root@linuxprobe vsftpd]# chmod 600 vuser.db
[root@linuxprobe vsftpd]# rm -f vuser.list
```

第 2 步：创建 vsftpd 服务程序用于存储文件的根目录以及虚拟用户映射的系统本地用户。FTP 服务用于存储文件的根目录指的是，当虚拟用户登录后所访问的默认位置。

由于 Linux 系统中的每一个文件都有所有者、所属组属性，例如使用虚拟账户"张三"新建了一个文件，但是系统中找不到账户"张三"，就会导致这个文件的权限出现错误。为此，需要再创建一个可以映射到虚拟用户的系统本地用户。简单来说，就是让虚拟用户默认登录到与之有映射关系的这个系统本地用户的家目录中，虚拟用户创建的文件的属性也都归属于这个系统本地用户，从而避免 Linux 系统无法处理虚拟用户所创建文件的属性权限。

为了方便管理 FTP 服务器上的数据，可以把这个系统本地用户的家目录设置为/var 目录（该目录用来存放经常发生改变的数据）。并且为了安全起见，我们将这个系统本地用户设置为不允许登录 FTP 服务器，这不会影响虚拟用户登录，而且还可以避免黑客通过这个系统本地用户进行登录。

```
[root@linuxprobe ~]# useradd -d /var/ftproot -s /sbin/nologin virtual
[root@linuxprobe ~]# ls -ld /var/ftproot/
drwx------. 3 virtual virtual 74 Jul 14 17:50 /var/ftproot/
[root@linuxprobe ~]# chmod -Rf 755 /var/ftproot/
```

第 3 步：建立用于支持虚拟用户的 PAM 文件。

PAM（可插拔认证模块）是一种认证机制，通过一些动态链接库和统一的 API 把系统提供的服务与认证方式分开，使得系统管理员可以根据需求灵活调整服务程序的不同认证方式。要想把 PAM 功能和作用完全讲透，至少要一个章节的篇幅才可以（对该主题感兴趣的读者敬请关注本书的进阶篇，里面会详细讲解 PAM）。

通俗来讲，PAM 是一组安全机制的模块，系统管理员可以用来轻易地调整服务程序的认证方式，而不必对应用程序进行任何修改。PAM 采取了分层设计（应用程序层、应用接口层、鉴别模块层）的思想，其结构如图 11-2 所示。

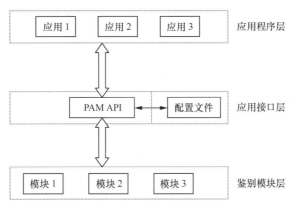

图 11-2　PAM 的分层设计结构

新建一个用于虚拟用户认证的 PAM 文件 vsftpd.vu，其中 PAM 文件内的"db="参数为使用 db_load 命令生成的账户密码数据库文件的路径，但不用写数据库文件的后缀：

```
[root@linuxprobe ~]# vim /etc/pam.d/vsftpd.vu
auth        required        pam_userdb.so db=/etc/vsftpd/vuser
account     required        pam_userdb.so db=/etc/vsftpd/vuser
```

第 4 步：在 vsftpd 服务程序的主配置文件中通过 pam_service_name 参数将 PAM 认证文件的名称修改为 vsftpd.vu，PAM 作为应用程序层与鉴别模块层的连接纽带，可以让应用程序根据需求灵活地在自身插入所需的鉴别功能模块。当应用程序需要 PAM 认证时，则需要在应用程序中定义负责认证的 PAM 配置文件，实现所需的认证功能。

例如，在 vsftpd 服务程序的主配置文件中默认就带有参数 pam_service_name=vsftpd，表示登录 FTP 服务器时是根据/etc/pam.d/vsftpd 文件进行安全认证的。现在我们要做的就是把 vsftpd 主配置文件中原有的 PAM 认证文件 vsftpd 修改为新建的 vsftpd.vu 文件即可。该操作中用到的参数以及作用如表 11-4 所示。

表 11-4　　　　　　　　　利用 PAM 文件进行认证时使用的参数以及作用

参数	作用
anonymous_enable=NO	禁止匿名开放模式
local_enable=YES	允许本地用户模式
guest_enable=YES	开启虚拟用户模式
guest_username=virtual	指定虚拟用户账户
pam_service_name=vsftpd.vu	指定 PAM 文件
allow_writeable_chroot=YES	允许对禁锢的 FTP 根目录执行写入操作，而且不拒绝用户的登录请求

```
[root@linuxprobe ~]# vim /etc/vsftpd/vsftpd.conf
1 anonymous_enable=NO
2 local_enable=YES
3 guest_enable=YES
```

```
 4 guest_username=virtual
 5 allow_writeable_chroot=YES
 6 write_enable=YES
 7 local_umask=022
 8 dirmessage_enable=YES
 9 xferlog_enable=YES
10 connect_from_port_20=YES
11 xferlog_std_format=YES
12 listen=NO
13 listen_ipv6=YES
14 pam_service_name=vsftpd.vu
15 userlist_enable=YES
16 tcp_wrappers=YES
```

第 5 步：为虚拟用户设置不同的权限。虽然账户 zhangsan 和 lisi 都是用于 vsftpd 服务程序认证的虚拟账户，但是我们依然想对这两人进行区别对待。比如，允许张三上传、创建、修改、查看、删除文件，只允许李四查看文件。这可以通过 vsftpd 服务程序来实现。只需新建一个目录，在里面分别创建两个以 zhangsan 和 lisi 命名的文件，其中在名为 zhangsan 的文件中写入允许的相关权限（使用匿名用户的参数）：

```
[root@linuxprobe ~]# mkdir /etc/vsftpd/vusers_dir/
[root@linuxprobe ~]# cd /etc/vsftpd/vusers_dir/
[root@linuxprobe vusers_dir]# touch lisi
[root@linuxprobe vusers_dir]# vim zhangsan
anon_upload_enable=YES
anon_mkdir_write_enable=YES
anon_other_write_enable=YES
```

然后再次修改 vsftpd 主配置文件，通过添加 user_config_dir 参数来定义这两个虚拟用户不同权限的配置文件所存放的路径。为了让修改后的参数立即生效，需要重启 vsftpd 服务程序并将该服务添加到开机启动项中：

```
[root@linuxprobe ~]# vim /etc/vsftpd/vsftpd.conf
anonymous_enable=NO
local_enable=YES
guest_enable=YES
guest_username=virtual
allow_writeable_chroot=YES
write_enable=YES
local_umask=022
dirmessage_enable=YES
xferlog_enable=YES
connect_from_port_20=YES
xferlog_std_format=YES
listen=NO
listen_ipv6=YES
pam_service_name=vsftpd.vu
userlist_enable=YES
tcp_wrappers=YES
user_config_dir=/etc/vsftpd/vusers_dir
[root@linuxprobe ~]# systemctl restart vsftpd
[root@linuxprobe ~]# systemctl enable vsftpd
ln -s '/usr/lib/systemd/system/vsftpd.service' '/etc/systemd/system/multi-
user.target.wants/vsftpd.service
```

第 6 步：设置 SELinux 域允许策略，然后使用虚拟用户模式登录 FTP 服务器。相信大家可以猜到，SELinux 会继续来捣乱。所以，先按照前面实验中的步骤开启 SELinux 域的允许策略，以免再次出现操作失败的情况：

```
[root@linuxprobe ~]# getsebool -a | grep ftp
ftp_home_dir -> off
ftpd_anon_write -> off
ftpd_connect_all_unreserved -> off
ftpd_connect_db -> off
ftpd_full_access -> off
ftpd_use_cifs -> off
ftpd_use_fusefs -> off
ftpd_use_nfs -> off
ftpd_use_passive_mode -> off
httpd_can_connect_ftp -> off
httpd_enable_ftp_server -> off
sftpd_anon_write -> off
sftpd_enable_homedirs -> off
sftpd_full_access -> off
sftpd_write_ssh_home -> off
tftp_anon_write -> off
tftp_home_dir -> off
[root@linuxprobe ~]# setsebool -P ftpd_full_access=on
```

此时，不但可以使用虚拟用户模式成功登录到 FTP 服务器，还可以分别使用账户 zhangsan 和 lisi 来检验他们的权限。当然，读者在生产环境中一定要根据真实需求来灵活配置参数，不要照搬这里的实验操作。

```
[root@linuxprobe ~]# ftp 192.168.10.10
Connected to 192.168.10.10 (192.168.10.10).
220 (vsFTPd 3.0.2)
Name (192.168.10.10:root): lisi
331 Please specify the password.
Password:此处输入虚拟用户的密码
230 Login successful.
Remote system type is UNIX.
Using binary mode to transfer files.
ftp> mkdir files
550 Permission denied.
ftp> exit
221 Goodbye.

[root@linuxprobe ~]# ftp 192.168.10.10
Connected to 192.168.10.10 (192.168.10.10).
220 (vsFTPd 3.0.2)
Name (192.168.10.10:root): zhangsan
331 Please specify the password.
Password:此处输入虚拟用户的密码
230 Login successful.
Remote system type is UNIX.
Using binary mode to transfer files.
ftp> mkdir files
257 "/files" created
ftp> rename files database
350 Ready for RNTO.
```

```
250 Rename successful.
ftp> rmdir database
250 Remove directory operation successful.
ftp> exit
221 Goodbye.
```

11.3　简单文件传输协议

简单文件传输协议（Trivial File Transfer Protocol，TFTP）是一种基于 UDP 协议在客户端和服务器之间进行简单文件传输的协议。顾名思义，它提供不复杂、开销不大的文件传输服务（可将其当作 FTP 协议的简化版本）。

TFTP 的命令功能不如 FTP 服务强大，甚至不能遍历目录，在安全性方面也弱于 FTP 服务。而且，由于 TFTP 在传输文件时采用的是 UDP 协议，占用的端口号为 69，因此文件的传输过程也不像 FTP 协议那样可靠。但是，因为 TFTP 不需要客户端的权限认证，也就减少了无谓的系统和网络带宽消耗，因此在传输琐碎（trivial）不大的文件时，效率更高。

接下来在系统上安装 TFTP 的软件包，进行体验。

```
[root@linuxprobe ~]# yum install tftp-server tftp
Loaded plugins: langpacks, product-id, subscription-manager
................省略部分输出信息................
Installing:
 tftp        x86_64 5.2-11.el7 rhel 35 k
 tftp-server x86_64 5.2-11.el7 rhel 44 k
Installing for dependencies:
 xinetd      x86_64 2:2.3.15-12.el7 rhel 128 k
Transaction Summary
================================================================================
Install 2 Packages (+1 Dependent package)
Total download size: 207 k
Installed size: 373 k
Is this ok [y/d/N]: y
Downloading packages:
................省略部分输出信息................
Installed:
 tftp.x86_64 0:5.2-11.el7 tftp-server.x86_64 0:5.2-11.el7
Dependency Installed:
 xinetd.x86_64 2:2.3.15-12.el7
Complete!
```

在 RHEL 7 系统中，TFTP 服务是使用 xinetd 服务程序来管理的。xinetd 服务可以用来管理多种轻量级的网络服务，而且具有强大的日志功能。简单来说，在安装 TFTP 软件包后，还需要在 xinetd 服务程序中将其开启，把默认的禁用（disable）参数修改为 no：

```
[root@linuxprobe ~.d]# vim /etc/xinetd.d/tftp
service tftp
{
        socket_type             = dgram
        protocol                = udp
```

```
wait                    = yes
user                    = root
server                  = /usr/sbin/in.tftpd
server_args             = -s /var/lib/tftpboot
disable                 = no
per_source              = 11
cps                     = 100 2
flags                   = IPv4
```

然后，重启 xinetd 服务并将它添加到系统的开机启动项中，以确保 TFTP 服务在系统重启后依然处于运行状态。考虑到有些系统的防火墙默认没有允许 UDP 协议的 69 端口，因此需要手动将该端口号加入到防火墙的允许策略中：

```
[root@linuxprobe ~]# systemctl restart xinetd
[root@linuxprobe ~]# systemctl enable xinetd
[root@linuxprobe ~]# firewall-cmd --permanent --add-port=69/udp
success
[root@linuxprobe ~]# firewall-cmd --reload
success
```

TFTP 的根目录为/var/lib/tftpboot。我们可以使用刚安装好的 tftp 命令尝试访问其中的文件，亲身体验 TFTP 服务的文件传输过程。在使用 tftp 命令访问文件时，可能会用到表 11-5 中的参数。

表 11-5　　　　　　　　　tftp 命令中可用的参数以及作用

命令	作用
?	帮助信息
put	上传文件
get	下载文件
verbose	显示详细的处理信息
status	显示当前的状态信息
binary	使用二进制进行传输
ascii	使用 ASCII 码进行传输
timeout	设置重传的超时时间
quit	退出

```
[root@linuxprobe ~]# echo "i love linux" > /var/lib/tftpboot/readme.txt
[root@linuxprobe ~]# tftp 192.168.10.10
tftp> get readme.txt
tftp> quit
[root@linuxprobe ~]# ls
anaconda-ks.cfg    Documents initial-setup-ks.cfg  Pictures readme.txt Videos
Desktop            Downloads Music                 Public   Templates
[root@linuxprobe ~]# cat readme.txt
i love linux
```

当然，TFTP 服务的玩法还不止于此，第 19 章会将 TFTP 服务与其他软件相搭配，组合出一套完整的自动化部署系统方案。大家继续加油！

复习题

1. 简述 FTP 协议的功能作用以及所占用的端口号。

   答： FTP 是一种在互联网中进行文件传输的协议，默认使用 20、21 号端口，其中端口 20（数据端口）用于进行数据传输，端口 21（命令端口）用于接受客户端发起的相关 FTP 命令与参数。

2. vsftpd 服务程序提供的三种用户认证模式各自有什么特点？

   答： 匿名开放模式是任何人都可以无需密码认证即可直接登录到 FTP 服务器的验证方式；本地用户模式是通过系统本地的账户密码信息登录到 FTP 服务器的认证方式；虚拟用户模式是通过创建独立的 FTP 用户数据库文件来进行认证并登录到 FTP 服务器的认证方式，相较来说它也是最安全的认证模式。

3. 使用匿名开放模式登录到一台用 vsftpd 服务程序部署的 FTP 服务器上时，默认的 FTP 根目录是什么？

   答： 使用匿名开放模式登录后的 FTP 根目录是/var/ftp 目录，该目录内默认还会有一个名为 pub 的子目录。

4. 简述 PAM 的功能作用。

   答： PAM 是一组安全机制的模块（插件），系统管理员可以用来轻易地调整服务程序的认证方式，而不必对应用程序进行过多修改。

5. 使用虚拟用户模式登录 FTP 服务器的所有用户的权限都是一样的吗？

   答： 不一定，可以通过分别定义用户权限文件来为每一位用户设置不同的权限。

6. TFTP 协议与 FTP 协议有什么不同？

   答： TFTP 协议提供不复杂、开销不大的文件传输服务（可将其当作 FTP 协议的简化版本）。

## 第 12 章

使用 Samba 或 NFS 实现文件共享

本章讲解了如下内容:

➢ Samba 文件共享服务;

➢ NFS（网络文件系统）;

➢ autofs 自动挂载服务。

本章首先通过比较文件传输和文件共享这两种资源交换方式来引入 Samba 服务的理论知识，并介绍 SMB 协议与 Samba 服务程序的起源和发展过程。然后通过实验的方式部署文件共享服务来深入了解 Samba 服务中相关参数的作用，并在实验最后分别使用 Windows 系统和 Linux 系统访问共享的文件资源，确保读者彻底掌握文件共享服务的配置方法

本章还讲解了如何配置网络文件系统（Network File System，NFS）服务来简化 Linux 系统之间的文件共享工作，以及通过部署 NFS 服务在多台 Linux 系统之间挂载并使用资源。在管理设备挂载信息时，使用 autofs 服务不仅可以正常满足设备挂载的使用需求，还能进一步提高服务器硬件资源和网络带宽的利用率。

刘遄老师相信，当各位读者认真学习完本章内容之后，一定会深刻理解在 Linux 系统之间共享文件资源以及在 Linux 系统与 Windows 系统之间共享文件资源的工作机制，并彻底掌握相应的配置方法。

12.1 Samba 文件共享服务

上一章讲解的 FTP 文件传输服务确实可以让主机之间的文件传输变得简单方便，但是 FTP 协议的本质是传输文件，而非共享文件，因此要想通过客户端直接在服务器上修改文件内容还是一件比较麻烦的事情。

1987 年，微软公司和英特尔公司共同制定了 SMB（Server Messages Block，服务器消息块）协议，旨在解决局域网内的文件或打印机等资源的共享问题，这也使得在多个主机之间共享文件变得越来越简单。到了 1991 年，当时还在读大学的 Tridgwell 为了解决 Linux 系统与 Windows 系统之间的文件共享问题，基于 SMB 协议开发出了 SMBServer 服务程序。这是一款开源的文件共享软件，经过简单配置就能够实现 Linux 系统与 Windows 系统之间的文件共享工作。当时，Tridgwell 想把这款软件的名字 SMBServer 注册成为商标，但却被商标局以 SMB 是没有意义的字符而拒绝了申请。后来 Tridgwell 不断翻看词典，突然看到一个拉丁舞

蹈的名字——Samba，而且这个热情洋溢的舞蹈名字中又恰好包含了 "SMB"，于是 Samba 服务程序的名字由此诞生（见图 12-1）。Samba 服务程序现在已经成为在 Linux 系统与 Windows 系统之间共享文件的最佳选择。

图 12-1　Samba 服务程序的 logo

Samba 服务程序的配置方法与之前讲解的很多服务的配置方法类似，首先需要先通过 Yum 软件仓库来安装 Samba 服务程序（Samba 服务程序的名字也恰巧是软件包的名字）：

```
[root@linuxprobe ~ ]# yum install samba
Loaded plugins: langpacks, product-id, subscription-manager
................省略部分输出信息................
Installing:
 samba x86_64 4.1.1-31.el7 rhel 527 k
Transaction Summary
================================================================================
Install 1 Package
Total download size: 527 k
Installed size: 1.5 M
Is this ok [y/d/N]: y
Downloading packages:
Running transaction check
Running transaction test
Transaction test succeeded
Running transaction
 Installing : samba-4.1.1-31.el7.x86_64 1/1
 Verifying : samba-4.1.1-31.el7.x86_64 1/1
Installed:
 samba.x86_64 0:4.1.1-31.el7
Complete!
```

安装完毕后打开 Samba 服务程序的主配置文件,发现竟然有 320 行之多!有没有被吓到?但仔细一看就会发现，其实大多数都是以井号（#）开头的注释信息行。有刘遄老师在，肯定是不会让大家去 "死啃" 这些内容的。

```
[root@linuxprobe ~]# cat /etc/samba/smb.conf
# This is the main Samba configuration file. For detailed information about the
# options listed here, refer to the smb.conf(5) manual page. Samba has a huge
# number of configurable options, most of which are not shown in this example.
#
# The Official Samba 3.2.x HOWTO and Reference Guide contains step-by-step
# guides for installing, configuring, and using Samba:
# http://www.samba.org/samba/docs/Samba-HOWTO-Collection.pdf
#
# The Samba-3 by Example guide has working examples for smb.conf. This guide is
# generated daily: http://www.samba.org/samba/docs/Samba-Guide.pdf
```

```
#
# In this file, lines starting with a semicolon (;) or a hash (#) are
# comments and are ignored. This file uses hashes to denote commentary and
# semicolons for parts of the file you may wish to configure.
#
# Note: Run the "testparm" command after modifying this file to check for basic
# syntax errors.
#
.................省略部分输出信息.................
```

由于在 Samba 服务程序的主配置文件中，注释信息行实在太多，不便于分析里面的重要参数，因此先把主配置文件改个名字，然后使用 cat 命令读入主配置文件，再在 grep 命令后面添加-v 参数（反向选择），分别去掉所有以井号（#）和分号（;）开头的注释信息行，对于剩余的空白行可以使用^$参数来表示并进行反选过滤，最后把过滤后的可用参数信息通过重定向符覆盖写入到原始文件名称中。执行过滤后剩下的 Samba 服务程序的参数并不复杂，为了更方便读者查阅参数的功能，表 12-1 罗列了这些参数以及相应的注释说明。

表 12-1　　　　　　　　　Samba 服务程序中的参数以及作用

[global]	参数	作用
	workgroup = MYGROUP	#工作组名称
	server string = Samba Server Version %v	#服务器介绍信息，参数%v 为显示 SMB 版本号
	log file = /var/log/samba/log.%m	#定义日志文件的存放位置与名称，参数%m 为来访的主机名
	max log size = 50	#定义日志文件的最大容量为 50KB
	security = user	#安全验证的方式，总共有 4 种
	#share：来访主机无需验证口令；比较方便，但安全性很差	
	#user：需验证来访主机提供的口令后才可以访问；提升了安全性	
	#server：使用独立的远程主机验证来访主机提供的口令（集中管理账户）	
	#domain：使用域控制器进行身份验证	
	passdb backend = tdbsam	#定义用户后台的类型，共有 3 种
	#smbpasswd：使用 smbpasswd 命令为系统用户设置 Samba 服务程序的密码	
	#tdbsam：创建数据库文件并使用 pdbedit 命令建立 Samba 服务程序的用户	
	#ldapsam：基于 LDAP 服务进行账户验证	
	load printers = yes	#设置在 Samba 服务启动时是否共享打印机设备
	cups options = raw	#打印机的选项
[homes]		#共享参数
	comment = Home Directories	#描述信息
	browseable = no	#指定共享信息是否在"网上邻居"中可见
	writable = yes	#定义是否可以执行写入操作，与"read only"相反
[printers]		#打印机共享参数

```
[root@linuxprobe ~]# mv /etc/samba/smb.conf /etc/samba/smb.conf.bak
[root@linuxprobe ~]# cat /etc/samba/smb.conf.bak | grep -v "#" | grep -v ";
" | grep -v "^$" > /etc/samba/smb.conf
[root@linuxprobe ~]# cat /etc/samba/smb.conf
```

12.1.1 配置共享资源

Samba 服务程序的主配置文件与前面学习过的 Apache 服务很相似，包括全局配置参数和区域配置参数。全局配置参数用于设置整体的资源共享环境，对里面的每一个独立的共享资源都有效。区域配置参数则用于设置单独的共享资源，且仅对该资源有效。创建共享资源的方法很简单，只要将表 12-2 中的参数写入到 Samba 服务程序的主配置文件中，然后重启该服务即可。

表 12-2　　　　　　　　用于设置 Samba 服务程序的参数以及作用

参数	作用
[database]	共享名称为 database
comment = Do not arbitrarily modify the database file	警告用户不要随意修改数据库
path = /home/database	共享目录为/home/database
public = no	关闭"所有人可见"
writable = yes	允许写入操作

第 1 步：创建用于访问共享资源的账户信息。在 RHEL 7 系统中，Samba 服务程序默认使用的是用户口令认证模式（user）。这种认证模式可以确保仅让有密码且受信任的用户访问共享资源，而且验证过程也十分简单。不过，只有建立账户信息数据库之后，才能使用用户口令认证模式。另外，Samba 服务程序的数据库要求账户必须在当前系统中已经存在，否则日后创建文件时将导致文件的权限属性混乱不堪，由此引发错误。

pdbedit 命令用于管理 SMB 服务程序的账户信息数据库，格式为"pdbedit [选项] 账户"。在第一次把账户信息写入到数据库时需要使用-a 参数，以后在执行修改密码、删除账户等操作时就不再需要该参数了。pdbedit 命令中使用的参数以及作用如表 12-3 所示。

表 12-3　　　　　　　　用于 pdbedit 命令的参数以及作用

参数	作用
-a 用户名	建立 Samba 账户
-x 用户名	删除 Samba 账户
-L	列出账户列表
-Lv	列出账户详细信息的列表

```
[root@linuxprobe ~]# id linuxprobe
uid=1000(linuxprobe) gid=1000(linuxprobe) groups=1000(linuxprobe)
[root@linuxprobe ~]# pdbedit -a -u linuxprobe
new password:此处输入该账户在 Samba 服务数据库中的密码
retype new password:再次输入密码进行确认
```

```
Unix username: linuxprobe
NT username:
Account Flags:
User SID: S-1-5-21-507407404-3243012849-3065158664-1000
Primary Group SID: S-1-5-21-507407404-3243012849-3065158664-513
Full Name: linuxprobe
Home Directory: \\localhost\linuxprobe
HomeDir Drive:
Logon Script:
Profile Path: \\localhost\linuxprobe\profile
Domain: LOCALHOST
Account desc:
Workstations:
Munged dial:
Logon time: 0
Logoff time: Wed, 06 Feb 2036 10:06:39 EST
Kickoff time: Wed, 06 Feb 2036 10:06:39 EST
Password last set: Mon, 13 Mar 2017 04:22:25 EDT
Password can change: Mon, 13 Mar 2017 04:22:25 EDT
Password must change: never
Last bad password : 0
Bad password count : 0
Logon hours : FFFFFFFFFFFFFFFFFFFFFFFFFFFFFFFFFFFFFFFFFF
```

第 2 步：创建用于共享资源的文件目录。在创建时，不仅要考虑到文件读写权限的问题，而且由于/home 目录是系统中普通用户的家目录，因此还需要考虑应用于该目录的 SELinux 安全上下文所带来的限制。在前面对 Samba 服务程序配置文件中的注释信息进行过滤时，这些过滤的信息中就有关于 SELinux 安全上下文策略的说明，我们只需按照过滤信息中有关 SELinux 安全上下文策略中的说明中给的值进行修改即可。修改完毕后执行 restorecon 命令，让应用于目录的新 SELinux 安全上下文立即生效。

```
[root@linuxprobe ~]# mkdir /home/database
[root@linuxprobe ~]# chown -Rf linuxprobe:linuxprobe /home/database
[root@linuxprobe ~]# semanage fcontext -a -t samba_share_t /home/database
[root@linuxprobe ~]# restorecon -Rv /home/database
restorecon reset /home/database context unconfined_u:object_r:home_root_t:s0->
unconfined_u:object_r:samba_share_t:s0
```

第 3 步：设置 SELinux 服务与策略，使其允许通过 Samba 服务程序访问普通用户家目录。执行 getsebool 命令，筛选出所有与 Samba 服务程序相关的 SELinux 域策略，根据策略的名称（和经验）选择出正确的策略条目进行开启即可：

```
[root@linuxprobe ~]# getsebool -a | grep samba
samba_create_home_dirs --> off
samba_domain_controller --> off
samba_enable_home_dirs --> off
samba_export_all_ro --> off
samba_export_all_rw --> off
samba_portmapper --> off
samba_run_unconfined --> off
samba_share_fusefs --> off
samba_share_nfs --> off
sanlock_use_samba --> off
use_samba_home_dirs --> off
```

```
virt_sandbox_use_samba --> off
virt_use_samba --> off
[root@linuxprobe ~]# setsebool -P samba_enable_home_dirs on
```

第 4 步：在 Samba 服务程序的主配置文件中，根据表 12-2 所提到的格式写入共享信息。在原始的配置文件中，[homes]参数为来访用户的家目录共享信息，[printers]参数为共享的打印机设备。这两项如果在今后的工作中不需要，可以像刘遄老师一样手动删除，这没有任何问题。

```
[root@linuxprobe ~]# vim /etc/samba/smb.conf
1 [global]
2 workgroup = MYGROUP
3 server string = Samba Server Version %v
4 log file = /var/log/samba/log.%m
5 max log size = 50
6 security = user
7 passdb backend = tdbsam
8 load printers = yes
9 cups options = raw
10 [database]
11 comment = Do not arbitrarily modify the database file
12 path = /home/database
13 public = no
14 writable = yes
```

第 5 步：Samba 服务程序的配置工作基本完毕。接下来重启 smb 服务（Samba 服务程序在 Linux 系统中的名字为 smb）并清空 iptables 防火墙，然后就可以检验配置效果了。

```
[root@linuxprobe ~]# systemctl restart smb
[root@linuxprobe ~]# systemctl enable smb
ln -s '/usr/lib/systemd/system/smb.service' '/etc/systemd/system/multi-user.
target.wants/smb.service'
[root@linuxprobe ~]# iptables -F
[root@linuxprobe ~]# service iptables save
iptables: Saving firewall rules to /etc/sysconfig/iptables:[ OK ]
```

12.1.2　Windows 访问文件共享服务

无论 Samba 共享服务是部署 Windows 系统上还是部署在 Linux 系统上，通过 Windows 系统进行访问时，其步骤和方法都是一样的。下面假设 Samba 共享服务部署在 Linux 系统上，并通过 Windows 系统来访问 Samba 服务。Samba 共享服务器和 Windows 客户端的 IP 地址可以根据表 12-4 来设置。

表 12-4　　　　　Samba 服务器和 Windows 客户端使用的操作系统以及 IP 地址

主机名称	操作系统	IP 地址
Samba 共享服务器	RHEL 7	192.168.10.10
Windows 客户端	Windows 7	192.168.10.30

要在 Windows 系统中访问共享资源，只需在 Windows 的"运行"命令框中输入两个反斜杠，然后再加服务器的 IP 地址即可，如图 12-2 所示。

图 12-2　在 Windows 系统中访问共享资源

　　如果已经清空了 Linux 系统上 iptables 防火墙的默认策略（即执行 iptables -F 命令），现在就应该能看到 Samba 共享服务的登录界面了。刘遄老师在这里先使用 linuxprobe 账户的系统本地密码尝试登录，结果出现了如图 12-3 所示的报错信息。由此可以验证，在 RHEL 7 系统中，Samba 服务程序使用的果然是独立的账户信息数据库。所以，即便在 Linux 系统中有一个 linuxprobe 账户，Samba 服务程序使用的账户信息数据库中也有一个同名的 linuxprobe 账户，大家也一定要弄清楚它们各自所对应的密码。

图 12-3　访问 Samba 共享服务时，提示出错

　　正确输入 linuxprobe 账户名以及使用 pdbedit 命令设置的密码后，就可以登录到共享界面中了，如图 12-4 所示。此时，我们可以尝试执行查看、写入、更名、删除文件等操作。

图 12-4　成功访问 Samba 共享服务

由于 Windows 系统的缓存原因，有可能您在第二次登录时提供了正确的账户和密码，依然会报错，这时只需要重新启动一下 Windows 客户端就没问题了（如果 Windows 系统依然报错，请检查上述步骤是否有做错的地方）。

12.1.3　Linux 访问文件共享服务

上面的实验操作可能会让各位读者误以为 Samba 服务程序只是为了解决 Linux 系统和 Windows 系统的资源共享问题而设计的。其实，Samba 服务程序还可以实现 Linux 系统之间的文件共享。请各位读者按照表 12-5 来设置 Samba 服务程序所在主机（即 Samba 共享服务器）和 Linux 客户端使用的 IP 地址，然后在客户端安装支持文件共享服务的软件包（cifs-utils）。

表 12-5　　Samba 共享服务器和 Linux 客户端各自使用的操作系统以及 IP 地址

主机名称	操作系统	IP 地址
Samba 共享服务器	RHEL7 操作系统	192.168.10.10
Linux 客户端	RHEL7 操作系统	192.168.10.20

```
[root@linuxprobe ~]# yum install cifs-utils
Loaded plugins: langpacks, product-id, subscription-manager
rhel | 4.1 kB 00:00
Resolving Dependencies
--> Running transaction check
---> Package cifs-utils.x86_64 0:6.2-6.el7 will be installed
--> Finished Dependency Resolution
Dependencies Resolved
===============================================================================
 Package Arch Version Repository Size
===============================================================================
Installing:
```

```
 cifs-utils x86_64 6.2-6.el7 rhel 83 k
Transaction Summary
================================================================================
Install 1 Package
Total download size: 83 k
Installed size: 174 k
Is this ok [y/d/N]: y
Downloading packages:
Running transaction check
Running transaction test
Transaction test succeeded
Running transaction
 Installing : cifs-utils-6.2-6.el7.x86_64 1/1
 Verifying : cifs-utils-6.2-6.el7.x86_64 1/1
Installed:
 cifs-utils.x86_64 0:6.2-6.el7
Complete!
```

在 Linux 客户端，按照 Samba 服务的用户名、密码、共享域的顺序将相关信息写入到一个认证文件中。为了保证不被其他人随意看到，最后把这个认证文件的权限修改为仅 root 管理员才能够读写：

```
[root@linuxprobe ~]# vim auth.smb
username=smbuser
password=redhat
domain=MYGROUP
[root@linuxprobe ~]# chmod 600 auth.smb
```

现在，在 Linux 客户端上创建一个用于挂载 Samba 服务共享资源的目录，并把挂载信息写入到/etc/fstab 文件中，以确保共享挂载信息在服务器重启后依然生效：

```
[root@linuxprobe ~]# mkdir /database
[root@linuxprobe ~]# vim /etc/fstab
#
# /etc/fstab
# Created by anaconda on Wed May 4 19:26:23 2017
#
# Accessible filesystems, by reference, are maintained under '/dev/disk'
# See man pages fstab(5), findfs(8), mount(8) and/or blkid(8) for more info
#
/dev/mapper/rhel-root                   /          xfs      defaults    1 1
UUID=812b1f7c-8b5b-43da-8c06-b9999e0fe48b /boot     xfs      defaults    1 2
/dev/mapper                             /rhel-swap  swap swap defaults    0 0
/dev/cdrom                              /media/cdrom iso9660 defaults    0 0
//192.168.10.10/database /database cifs credentials=/root/auth.smb 0 0
[root@linuxprobe ~]# mount -a
```

Linux 客户端成功地挂载了 Samba 服务的共享资源。进入到挂载目录/database 后就可以看到 Windows 系统访问 Samba 服务程序时留下来的文件了（即文件 Memo.txt）。当然，我们也可以对该文件进行读写操作并保存。

```
[root@linuxprobe ~]# cat /database/Memo.txt
i can edit it .
```

12.2　NFS（网络文件系统）

如果大家觉得 Samba 服务程序的配置太麻烦，而且恰巧需要共享文件的主机都是 Linux 系统，刘遄老师非常推荐大家在客户端部署 NFS 服务来共享文件。NFS（网络文件系统）服务可以将远程 Linux 系统上的文件共享资源挂载到本地主机的目录上，从而使得本地主机（Linux 客户端）基于 TCP/IP 协议，像使用本地主机上的资源那样读写远程 Linux 系统上的共享文件。

由于 RHEL 7 系统中默认已经安装了 NFS 服务，外加 NFS 服务的配置步骤也很简单，因此刘遄老师在授课时会将 NFS 戏谑为 Need For Speed。接下来，我们准备配置 NFS 服务。首先请使用 Yum 软件仓库检查自己的 RHEL 7 系统中是否已经安装了 NFS 软件包：

```
[root@linuxprobe ~]# yum install nfs-utils
Loaded plugins: langpacks, product-id, subscription-manager
(1/2): rhel7/group_gz | 134 kB 00:00
(2/2): rhel7/primary_db | 3.4 MB 00:00
Package 1:nfs-utils-1.3.0-0.el7.x86_64 already installed and latest version
Nothing to do
```

第 1 步：为了检验 NFS 服务配置的效果，我们需要使用两台 Linux 主机（一台充当 NFS 服务器，一台充当 NFS 客户端），并按照表 12-6 来设置它们所使用的 IP 地址。

表 12-6　　　　　　　　　两台 Linux 主机所使用的操作系统以及 IP 地址

主机名称	操作系统	IP 地址
NFS 服务器	RHEL 7	192.168.10.10
NFS 客户端	RHEL 7	192.168.10.20

另外，不要忘记清空 NFS 服务器上面 iptables 防火墙的默认策略，以免默认的防火墙策略禁止正常的 NFS 共享服务。

```
[root@linuxprobe ~]# iptables -F
[root@linuxprobe ~]# service iptables save
iptables: Saving firewall rules to /etc/sysconfig/iptables:[ OK ]
```

第 2 步：在 NFS 服务器上建立用于 NFS 文件共享的目录，并设置足够的权限确保其他人也有写入权限。

```
[root@linuxprobe ~]# mkdir /nfsfile
[root@linuxprobe ~]# chmod -Rf 777 /nfsfile
[root@linuxprobe ~]# echo "welcome to linuxprobe.com" > /nfsfile/readme
```

第 3 步：NFS 服务程序的配置文件为/etc/exports，默认情况下里面没有任何内容。我们可以按照"共享目录的路径 允许访问的 NFS 客户端（共享权限参数）"的格式，定义要共享的目录与相应的权限。

例如，如果想要把/nfsfile 目录共享给 192.168.10.0/24 网段内的所有主机，让这些主机都拥有读写权限，在将数据写入到 NFS 服务器的硬盘中后才会结束操作，最大限度保证数据不丢失，以及把来访客户端 root 管理员映射为本地的匿名用户等，则可以按照下面命令中的格式，将表 12-7 中的参数写到 NFS 服务程序的配置文件中。

表 12-7　　　　　　　　　用于配置 NFS 服务程序配置文件的参数

参数	作用
ro	只读
rw	读写
root_squash	当 NFS 客户端以 root 管理员访问时，映射为 NFS 服务器的匿名用户
no_root_squash	当 NFS 客户端以 root 管理员访问时，映射为 NFS 服务器的 root 管理员
all_squash	无论 NFS 客户端使用什么账户访问，均映射为 NFS 服务器的匿名用户
sync	同时将数据写入到内存与硬盘中，保证不丢失数据
async	优先将数据保存到内存，然后再写入硬盘；这样效率更高，但可能会丢失数据

请注意，NFS 客户端地址与权限之间没有空格。

```
[root@linuxprobe ~]# vim /etc/exports
/nfsfile 192.168.10.*(rw,sync,root_squash)
```

第 4 步：启动和启用 NFS 服务程序。由于在使用 NFS 服务进行文件共享之前，需要使用 RPC（Remote Procedure Call，远程过程调用）服务将 NFS 服务器的 IP 地址和端口号等信息发送给客户端。因此，在启动 NFS 服务之前，还需要顺带重启并启用 rpcbind 服务程序，并将这两个服务一并加入开机启动项中。

```
[root@linuxprobe ~]# systemctl restart rpcbind
[root@linuxprobe ~]# systemctl enable rpcbind
[root@linuxprobe ~]# systemctl start nfs-server
[root@linuxprobe ~]# systemctl enable nfs-server
ln -s '/usr/lib/systemd/system/nfs-server.service' '/etc/systemd/system/nfs.target.wants/nfs-server.service'
```

NFS 客户端的配置步骤也十分简单。先使用 showmount 命令（以及必要的参数，见表 12-8）查询 NFS 服务器的远程共享信息，其输出格式为"共享的目录名称 允许使用客户端地址"。

表 12-8　　　　　　　　　showmount 命令中可用的参数以及作用

参数	作用
-e	显示 NFS 服务器的共享列表
-a	显示本机挂载的文件资源的情况
-v	显示版本号

```
[root@linuxprobe ~]# showmount -e 192.168.10.10
Export list for 192.168.10.10:
/nfsfile 192.168.10.*
```

然后在 NFS 客户端创建一个挂载目录。使用 mount 命令并结合-t 参数，指定要挂载的文件系统的类型，并在命令后面写上服务器的 IP 地址、服务器上的共享目录以及要挂载到本地系统（即客户端）的目录。

```
[root@linuxprobe ~]# mkdir /nfsfile
[root@linuxprobe ~]# mount -t nfs 192.168.10.10:/nfsfile /nfsfile
```

挂载成功后就应该能够顺利地看到在执行前面的操作时写入的文件内容了。如果希望 NFS 文件共享服务能一直有效，则需要将其写入到 fstab 文件中：

```
[root@linuxprobe ~]# cat /nfsfile/readme
welcome to linuxprobe.com
[root@linuxprobe ~]# vim /etc/fstab
#
# /etc/fstab
# Created by anaconda on Wed May 4 19:26:23 2017
#
# Accessible filesystems, by reference, are maintained under '/dev/disk'
# See man pages fstab(5), findfs(8), mount(8) and/or blkid(8) for more info
#
/dev/mapper/rhel-root                        /            xfs        defaults   1 1
UUID=812b1f7c-8b5b-43da-8c06-b9999e0fe48b /boot        xfs        defaults   1 2
/dev/mapper                                  /rhel-swap   swap swap defaults   0 0
/dev/cdrom                                   /media/cdrom iso9660    defaults   0 0
192.168.10.10:/nfsfile /nfsfile nfs defaults 0 0
```

12.3   autofs 自动挂载服务

无论是 Samba 服务还是 NFS 服务，都要把挂载信息写入到/etc/fstab 中，这样远程共享资源就会自动随服务器开机而进行挂载。虽然这很方便，但是如果挂载的远程资源太多，则会给网络带宽和服务器的硬件资源带来很大负载。如果在资源挂载后长期不使用，也会造成服务器硬件资源的浪费。可能会有读者说，"可以在每次使用之前执行 mount 命令进行手动挂载"。这是一个不错的选择，但是每次都需要先挂载再使用，您不觉得麻烦吗？

autofs 自动挂载服务可以帮我们解决这一问题。与 mount 命令不同，autofs 服务程序是一种 Linux 系统守护进程，当检测到用户视图访问一个尚未挂载的文件系统时，将自动挂载该文件系统。换句话说，我们将挂载信息填入/etc/fstab 文件后，系统在每次开机时都自动将其挂载，而 autofs 服务程序则是在用户需要使用该文件系统时才去动态挂载，从而节约了网络资源和服务器的硬件资源。

```
[root@linuxprobe ~]# yum install autofs
Loaded plugins: langpacks, product-id, subscription-manager
This system is not registered to Red Hat Subscription Management. You can use
subscription-manager to register.
rhel | 4.1 kB 00:00
Resolving Dependencies
--> Running transaction check
---> Package autofs.x86_64 1:5.0.7-40.el7 will be installed
--> Processing Dependency: libhesiod.so.0()(64bit) for package: 1:autofs-5.0.7-
40.el7.x86_64
--> Running transaction check
---> Package hesiod.x86_64 0:3.2.1-3.el7 will be installed
--> Finished Dependency Resolution
Dependencies Resolved
```

```
================================================================================
Package Arch Version Repository Size
================================================================================
Installing:
 autofs x86_64 1:5.0.7-40.el7 rhel 550 k
Installing for dependencies:
 hesiod x86_64 3.2.1-3.el7 rhel 30 k
Transaction Summary
================================================================================
Install 1 Package (+1 Dependent package)
Total download size: 579 k
Installed size: 3.6 M
Is this ok [y/d/N]: y
Downloading packages:
--------------------------------------------------------------------------------
Total 9.4 MB/s | 579 kB 00:00
Running transaction check
Running transaction test
Transaction test succeeded
Running transaction
 Installing : hesiod-3.2.1-3.el7.x86_64 1/2
 Installing : 1:autofs-5.0.7-40.el7.x86_64 2/2
 Verifying : hesiod-3.2.1-3.el7.x86_64 1/2
 Verifying : 1:autofs-5.0.7-40.el7.x86_64 2/2
Installed:
 autofs.x86_64 1:5.0.7-40.el7
Dependency Installed:
 hesiod.x86_64 0:3.2.1-3.el7
Complete!
```

处于生产环境中的 Linux 服务器，一般会同时管理许多设备的挂载操作。如果把这些设备挂载信息都写入到 autofs 服务的主配置文件中，无疑会让主配置文件臃肿不堪，不利于服务执行效率，也不利于日后修改里面的配置内容，因此在 autofs 服务程序的主配置文件中需要按照"挂载目录 子配置文件"的格式进行填写。挂载目录是设备挂载位置的上一级目录。例如，光盘设备一般挂载到/media/cdrom 目录中，那么挂载目录写成/media 即可。对应的子配置文件则是对这个挂载目录内的挂载设备信息作进一步的说明。子配置文件需要用户自行定义，文件名字没有严格要求，但后缀必须以.misc 结束。具体的配置参数如第 7 行的加粗字所示。

```
[root@linuxprobe ~]# vim /etc/auto.master
#
# Sample auto.master file
# This is an automounter map and it has the following format
# key [ -mount-options-separated-by-comma ] location
# For details of the format look at autofs(5).
#
/media /etc/iso.misc
/misc /etc/auto.misc
#
# NOTE: mounts done from a hosts map will be mounted with the
# "nosuid" and "nodev" options unless the "suid" and "dev"
# options are explicitly given.
#
/net -hosts
```

```
#
# Include /etc/auto.master.d/*.autofs
#
+dir:/etc/auto.master.d
#
# Include central master map if it can be found using
# nsswitch sources.
#
# Note that if there are entries for /net or /misc (as
# above) in the included master map any keys that are the
# same will not be seen as the first read key seen takes
# precedence.
#
+auto.master
```

在子配置文件中，应按照"挂载目录 挂载文件类型及权限 :设备名称"的格式进行填写。
例如，要把光盘设备挂载到/media/iso 目录中，可将挂载目录写为 iso，而-ftype 为文件系统格式参
数，iso9660 为光盘设备格式，ro、nosuid 及 nodev 为光盘设备具体的权限参数，/dev/cdrom 则是
定义要挂载的设备名称。配置完成后再顺手将 autofs 服务程序启动并加入到系统启动项中：

```
[root@linuxprobe ~]# vim /etc/iso.misc
iso    -fstype=iso9660,ro,nosuid,nodev :/dev/cdrom
[root@linuxprobe ~]# systemctl start autofs
[root@linuxprobe ~]# systemctl enable autofs
ln -s '/usr/lib/systemd/system/autofs.service' '/etc/systemd/system/multi-user.
target.wants/autofs.service'
```

接下来将发生一件非常有趣的事情。我们先查看当前的光盘设备挂载情况，确认光盘设备没
有被挂载上，而且/media 目录中根本就没有 iso 子目录。但是，我们却可以使用 cd 命令切换到这
个 iso 子目录中，而且光盘设备会被立即自动挂载上。我们也就能顺利查看光盘内的内容了。

```
[root@linuxprobe ~]# df -h
Filesystem           Size  Used Avail Use% Mounted on
/dev/mapper/rhel-root 18G  3.0G   15G  17% /
devtmpfs             905M     0  905M   0% /dev
tmpfs                914M  140K  914M   1% /dev/shm
tmpfs                914M  8.9M  905M   1% /run
tmpfs                914M     0  914M   0% /sys/fs/cgroup
/dev/sda1            497M  119M  379M  24% /boot
[root@linuxprobe ~]# cd /media
[root@linuxprobe media]# ls
[root@linuxprobe media]# cd iso
[root@linuxprobe iso]# ls -l
total 812
dr-xr-xr-x. 4 root root   2048 May 7 2017 addons
dr-xr-xr-x. 3 root root   2048 May 7 2017 EFI
-r--r--r--. 1 root root   8266 Apr 4 2017 EULA
-r--r--r--. 1 root root  18092 Mar 6 2012 GPL
dr-xr-xr-x. 3 root root   2048 May 7 2017 images
dr-xr-xr-x. 2 root root   2048 May 7 2017 isolinux
dr-xr-xr-x. 2 root root   2048 May 7 2017 LiveOS
-r--r--r--. 1 root root    108 May 7 2017 media.repo
dr-xr-xr-x. 2 root root 774144 May 7 2017 Packages
dr-xr-xr-x. 24 root root  6144 May 7 2017 release-notes
```

```
dr-xr-xr-x. 2 root root 4096 May 7 2017 repodata
-r--r--r--. 1 root root 3375 Apr 1 2017 RPM-GPG-KEY-redhat-beta
-r--r--r--. 1 root root 3211 Apr 1 2017 RPM-GPG-KEY-redhat-release
-r--r--r--. 1 root root 1568 May 7 2017 TRANS.TBL
[root@linuxprobe ~]# df -h
Filesystem            Size  Used  Avail  Use%  Mounted on
/dev/mapper/rhel-root  18G  3.0G   15G   17%   /
devtmpfs              905M     0  905M    0%   /dev
tmpfs                 914M  140K  914M    1%   /dev/shm
tmpfs                 914M  8.9M  905M    1%   /run
tmpfs                 914M     0  914M    0%   /sys/fs/cgroup
/dev/cdrom            3.5G  3.5G     0  100%   /media/iso
/dev/sda1             497M  119M  379M   24%   /boot
```

复习题

1. 要想实现 Linux 系统与 Windows 系统之间的文件共享，能否使用 NFS 服务？

   答：不可以，应该使用 Samba 服务程序，NFS 服务仅能实现 Linux 系统之间的文件共享。

2. 用于管理 Samba 服务程序的独立账户信息数据库的命令是什么？

   答：pdbedit 命令用于管理 Samba 服务程序的账户信息数据库。

3. 简述在 Windows 系统中使用 Samba 服务程序来共享资源的方法。

   答：在开始菜单的输入框中按照\\192.168.10.10 的格式输入访问命令并回车执行即可。在 Windows 的"运行"命令框中按照"\\192.168.10.10"的格式输入访问命令并按回车键即可。

4. 简述在 Linux 系统中使用 Samba 服务程序来共享资源的步骤方法。

   答：首先应创建密码认证文件以及挂载目录，然后把挂载信息写入到/etc/fstab 文件中，最后执行 mount -a 命令挂载使用。

5. 如果在 Linux 系统中默认没有安装 NFS 服务程序，则需要安装什么软件包呢？

   答：NFS 服务程序的软件包名字为 nfs-utils，因此执行 yum install nfs-utils 命令即可。

6. 在使用 NFS 服务共享资源时，若希望无论 NFS 客户端使用什么帐户来访问共享资源，都会被映射为本地匿名用户，则需要添加哪个参数。

   答：需要添加 all_squash 参数，以便更好地保证服务器的安全。

7. 客户端在查看到远程 NFS 服务器上的共享资源列表时，需要使用哪个命令？

   答：使用 showmount 命令即可看到 NFS 服务器上的资源共享情况。

8. 简述 autofs 服务程序的作用。

   答：实现动态灵活的设备挂载操作，而且只有检测到用户试图访问一个尚未挂载的文件系统时，才自动挂载该文件系统。

## 第 13 章

使用 BIND 提供域名解析服务

本章讲解了如下内容:

➢ DNS 域名解析服务;

➢ 安装 bind 服务程序;

➢ 部署从服务器;

➢ 安全的加密传输;

➢ 部署缓存服务器;

➢ 分离解析技术。

  本章讲解了 DNS 域名解析服务的原理以及作用,介绍了域名查询功能中正向解析与反向解析的作用,并通过实验的方式演示了如何在 DNS 主服务器上部署正、反解析工作模式,以便让大家深刻体会到 DNS 域名查询的便利以及强大。

  本章还介绍了如何部署 DNS 从服务器以及 DNS 缓存服务器来提升用户的域名查询体验,以及如何使用 chroot 牢笼机制插件来保障 bind 服务程序的可靠性,并向大家演示如何在主服务器与从服务器之间部署 TSIG 密钥加密功能,来进一步保障迭代查询中数据的安全性。最后,本章还从实战层面讲解了 DNS 分析解析技术,让来自不同国家、不同地区的用户都能获得最优的网站访问体验。

  相信大家在学完本章内容之后,一定会对 bind 服务程序有更深入的了解和认识,并能深刻地体会到作为互联网基础设施中重要一环的 DNS 域名解析服务,在互联网中所承担的重要角色和发挥的重要作用。

13.1 DNS 域名解析服务

  相较于由数字构成的 IP 地址,域名更容易被理解和记忆,所以我们通常更习惯通过域名的方式来访问网络中的资源。但是,网络中的计算机之间只能基于 IP 地址来相互识别对方的身份,而且要想在互联网中传输数据,也必须基于外网的 IP 地址来完成。

  为了降低用户访问网络资源的门槛,DNS(Domain Name System,域名系统)技术应运而生。这是一项用于管理和解析域名与 IP 地址对应关系的技术,简单来说,就是能够接受用户输入的域名或 IP 地址,然后自动查找与之匹配(或者说具有映射关系)的 IP 地址或域名,即将域名解析为 IP 地址(正向解析),或将 IP 地址解析为域名(反向解析)。这样一来,我们只需要在浏览器中输入域名就能打开想要访问的网站了。DNS 域名解析技术的正向解析也是我们最常使用的一种工作模式。

鉴于互联网中的域名和 IP 地址对应关系数据库太过庞大，DNS 域名解析服务采用了类似目录树的层次结构来记录域名与 IP 地址之间的对应关系，从而形成了一个分布式的数据库系统，如图 13-1 所示。

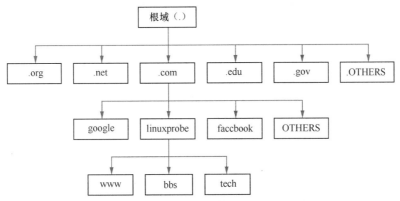

图 13-1 DNS 域名解析服务采用的目录树层次结构

域名后缀一般分为国际域名和国内域名。原则上来讲，域名后缀都有严格的定义，但在实际使用时可以不必严格遵守。目前最常见的域名后缀有.com（商业组织）、.org（非营利组织）、.gov（政府部门）、.net（网络服务商）、.edu（教研机构）、.pub（公共大众）、.cn（中国国家顶级域名）等。

当今世界的信息化程度越来越高，大数据、云计算、物联网、人工智能等新技术不断涌现，全球网民的数量据说也超过了 35 亿，而且每年还在以 10%的速度迅速增长。这些因素导致互联网中的域名数量进一步激增，被访问的频率也进一步加大。假设全球网民每人每天只访问一个网站域名，而且只访问一次，也会产生 35 亿次的查询请求，如此庞大的请求数量肯定无法被某一台服务器全部处理掉。DNS 技术作为互联网基础设施中重要的一环，为了为网民提供不间断、稳定且快速的域名查询服务，保证互联网的正常运转，提供了下面三种类型的服务器。

> **主服务器**：在特定区域内具有唯一性，负责维护该区域内的域名与 IP 地址之间的对应关系。

> **从服务器**：从主服务器中获得域名与 IP 地址的对应关系并进行维护，以防主服务器宕机等情况。

> **缓存服务器**：通过向其他域名解析服务器查询获得域名与 IP 地址的对应关系，并将经常查询的域名信息保存到服务器本地，以此来提高重复查询时的效率。

简单来说，主服务器是用于管理域名和 IP 地址对应关系的真正服务器，从服务器帮助主服务器"打下手"，分散部署在各个国家、省市或地区，以便让用户就近查询域名，从而减轻主服务器的负载压力。缓存服务器不太常用，一般部署在企业内网的网关位置，用于加速用户的域名查询请求。

DNS 域名解析服务采用分布式的数据结构来存放海量的"区域数据"信息，在执行用户发起的域名查询请求时，具有递归查询和迭代查询两种方式。所谓递归查询，是指 DNS 服务器在收到用户发起的请求时，必须向用户返回一个准确的查询结果。如果 DNS 服务器本地没有存储与之对应的信息，则该服务器需要询问其他服务器，并将返回的查询结果提交给用户。

而迭代查询则是指，DNS 服务器在收到用户发起的请求时，并不直接回复查询结果，而是告诉另一台 DNS 服务器的地址，用户再向这台 DNS 服务器提交请求，这样依次反复，直到返回查询结果。

由此可见，当用户向就近的一台 DNS 服务器发起对某个域名的查询请求之后（这里以 www.linuxprobe.com 为例），其查询流程大致如图 13-2 所示。

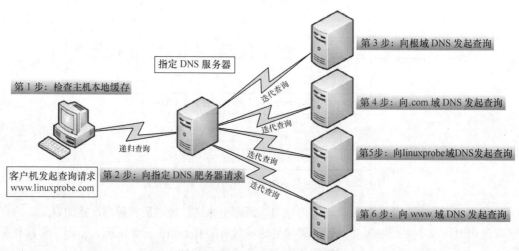

图 13-2　向 DNS 服务器发起域名查询请求的流程

当用户向网络指定的 DNS 服务器发起一个域名请求时，通常情况下会有本地由此 DNS 服务器向上级的 DNS 服务器发送迭代查询请求；如果该 DNS 服务器没有要查询的信息，则会进一步向上级 DNS 服务器发送迭代查询请求，直到获得准确的查询结果为止。其中最高级、最权威的根 DNS 服务器总共有 13 台，分布在世界各地，其管理单位、具体的地理位置，以及 IP 地址如表 13-1 所示。

表 13-1　　　　　　　　　　　　13 台根 DNS 服务器的具体信息

名称	管理单位	地理位置	IP 地址
A	INTERNIC.NET	美国弗吉尼亚州	198.41.0.4
B	美国信息科学研究所	美国加利福尼亚州	128.9.0.107
C	PSINet 公司	美国弗吉尼亚州	192.33.4.12
D	马里兰大学	美国马里兰州	128.8.10.90
E	美国航空航天管理局	美国加利福尼亚州	192.203.230.10
F	因特网软件联盟	美国加利福尼亚州	192.5.5.241
G	美国国防部网络信息中心	美国弗吉尼亚州	192.112.36.4
H	美国陆军研究所	美国马里兰州	128.63.2.53
I	Autonomica 公司	瑞典斯德哥尔摩	192.36.148.17
J	VeriSign 公司	美国弗吉尼亚州	192.58.128.30
K	RIPE NCC	英国伦敦	193.0.14.129
L	IANA	美国弗吉尼亚州	199.7.83.42
M	WIDE Project	日本东京	202.12.27.33

13.2　安装 bind 服务程序

BIND（Berkeley Internet Name Domain，伯克利因特网名称域）服务是全球范围内使用最广泛、最安全可靠且高效的域名解析服务程序。DNS 域名解析服务作为互联网基础设施服务，其责任之重可想而知，因此建议大家在生产环境中安装部署 bind 服务程序时加上 chroot（俗称牢笼机制）扩展包，以便有效地限制 bind 服务程序仅能对自身的配置文件进行操作，以确保整个服务器的安全。

```
[root@linuxprobe ~]# yum install bind-chroot
Loaded plugins: langpacks, product-id, subscription-manager
················省略部分输出信息················
Installing:
 bind-chroot x86_64 32:9.9.4-14.el7 rhel 81 k
Installing for dependencies:
 bind x86_64 32:9.9.4-14.el7 rhel 1.8 M
Transaction Summary
================================================================================
Install 1 Package (+1 Dependent package)
Total download size: 1.8 M
Installed size: 4.3 M
Is this ok [y/d/N]: y
Downloading packages:
--------------------------------------------------------------------------------
Total 28 MB/s | 1.8 MB 00:00
Running transaction check
Running transaction test
Transaction test succeeded
Running transaction
 Installing : 32:bind-9.9.4-14.el7.x86_64 1/2
 Installing : 32:bind-chroot-9.9.4-14.el7.x86_64 2/2
 Verifying : 32:bind-9.9.4-14.el7.x86_64 1/2
 Verifying : 32:bind-chroot-9.9.4-14.el7.x86_64 2/2
Installed:
 bind-chroot.x86_64 32:9.9.4-14.el7
Dependency Installed:
 bind.x86_64 32:9.9.4-14.el7
Complete!
```

bind 服务程序的配置并不简单，因为要想为用户提供健全的 DNS 查询服务，要在本地保存相关的域名数据库，而如果把所有域名和 IP 地址的对应关系都写入到某个配置文件中，估计要有上千万条的参数，这样既不利于程序的执行效率，也不方便日后的修改和维护。因此在 bind 服务程序中有下面这三个比较关键的文件。

> 主配置文件（/etc/named.conf）：只有 58 行，而且在去除注释信息和空行之后，实际有效的参数仅有 30 行左右，这些参数用来定义 bind 服务程序的运行。

> 区域配置文件（/etc/named.rfc1912.zones）：用来保存域名和 IP 地址对应关系的所在位置。类似于图书的目录，对应着每个域和相应 IP 地址所在的具体位置，当需要查看或修改时，可根据这个位置找到相关文件。

> 数据配置文件目录（/var/named）：该目录用来保存域名和 IP 地址真实对应关系的数据配置文件。

在 Linux 系统中，bind 服务程序的名称为 named。首先需要在/etc 目录中找到该服务程序的主配置文件，然后把第 11 行和第 17 行的地址均修改为 any，分别表示服务器上的所有 IP 地址均可提供 DNS 域名解析服务，以及允许所有人对本服务器发送 DNS 查询请求。这两个地方一定要修改准确。

```
[root@linuxprobe ~]# vim /etc/named.conf
1 //
2 // named.conf
3 //
4 // Provided by Red Hat bind package to configure the ISC BIND named(8) DNS
5 // server as a caching only nameserver (as a localhost DNS resolver only).
6 //
7 // See /usr/share/doc/bind*/sample/ for example named configuration files.
8 //
9
10 options {
11 listen-on port 53 { any; };
12 listen-on-v6 port 53 { ::1; };
13 directory "/var/named";
14 dump-file "/var/named/data/cache_dump.db";
15 statistics-file "/var/named/data/named_stats.txt";
16 memstatistics-file "/var/named/data/named_mem_stats.txt";
17 allow-query { any; };
18
19 /*
20 - If you are building an AUTHORITATIVE DNS server, do NOT enable re cursion.
1,1 Top
21 - If you are building a RECURSIVE (caching) DNS server, you need to enable
22 recursion.
23 - If your recursive DNS server has a public IP address, you MUST en able access
24 control to limit queries to your legitimate users. Failing to do so will
25 cause your server to become part of large scale DNS amplification
26 attacks. Implementing BCP38 within your network would greatly
27 reduce such attack surface
28 */
29 recursion yes;
30
31 dnssec-enable yes;
32 dnssec-validation yes;
33 dnssec-lookaside auto;
34
35 /* Path to ISC DLV key */
36 bindkeys-file "/etc/named.iscdlv.key";
37
38 managed-keys-directory "/var/named/dynamic";
39
40 pid-file "/run/named/named.pid";
41 session-keyfile "/run/named/session.key";
42 };
43
44 logging {
45 channel default_debug {
```

```
46 file "data/named.run";
47 severity dynamic;
48 };
49 };
50
51 zone "." IN {
52 type hint;
53 file "named.ca";
54 };
55
56 include "/etc/named.rfc1912.zones";
57 include "/etc/named.root.key";
58
```

如前所述，bind 服务程序的区域配置文件（/etc/named.rfc1912.zones）用来保存域名和 IP 地址对应关系的所在位置。在这个文件中，定义了域名与 IP 地址解析规则保存的文件位置以及服务类型等内容，而没有包含具体的域名、IP 地址对应关系等信息。服务类型有三种，分别为 hint（根区域）、master（主区域）、slave（辅助区域），其中常用的 master 和 slave 指的就是主服务器和从服务器。将域名解析为 IP 地址的正向解析参数和将 IP 地址解析为域名的反向解析参数分别如图 13-3 和图 13-4 所示。

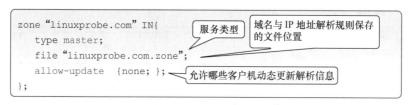

图 13-3　正向解析参数

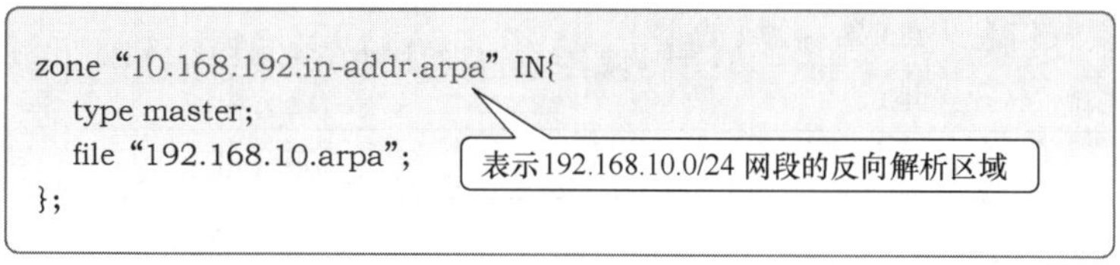

zone "10.168.192.in-addr.arpa" IN{
　type master;
　file "192.168.10.arpa";　表示 192.168.10.0/24 网段的反向解析区域
};

图 13-4　反向解析参数

下面的实验中会分别修改 bind 服务程序的主配置文件、区域配置文件与数据配置文件。如果在实验中遇到了 bind 服务程序启动失败的情况，而您认为这是由于参数写错而导致的，则可以执行 named-checkconf 命令和 named-checkzone 命令，分别检查主配置文件与数据配置文件中语法或参数的错误。

13.2.1　正向解析实验

在 DNS 域名解析服务中，正向解析是指根据域名（主机名）查找到对应的 IP 地址。也就是说，当用户输入了一个域名后，bind 服务程序会自动进行查找，并将匹配到的 IP 地址返给用户。这也是最常用的 DNS 工作模式。

第 1 步：编辑区域配置文件。该文件中默认已经有了一些无关紧要的解析参数，旨在让用户有一个参考。我们可以将下面的参数添加到区域配置文件的最下面，当然，也可以将该文件中的原有信息全部清空，而只保留自己的域名解析信息：

```
[root@linuxprobe ~]# vim /etc/named.rfc1912.zones
zone "linuxprobe.com" IN {
type master;
file "linuxprobe.com.zone";
allow-update {none;};
};
```

第 2 步：编辑数据配置文件。我们可以从/var/named 目录中复制一份正向解析的模板文件（named.localhost），然后把域名和 IP 地址的对应数据填写数据配置文件中并保存。在复制时记得加上-a 参数，这可以保留原始文件的所有者、所属组、权限属性等信息，以便让 bind 服务程序顺利读取文件内容：

```
[root@linuxprobe ~]# cd /var/named/
[root@linuxprobe named]# ls -al named.localhost
-rw-r-----. 1 root named 152 Jun 21 2007 named.localhost
[root@linuxprobe named]# cp -a named.localhost linuxprobe.com.zone
```

编辑数据配置文件。在保存并退出后文件后记得重启 named 服务程序，让新的解析数据生效。考虑到正向解析文件中的参数较多，而且相对都比较重要，刘遄老师在每个参数后面都作了简要的说明。

```
[root@linuxprobe named]# vim linuxprobe.com.zone
[root@linuxprobe named]# systemctl restart named
```

$TTL 1D	#生存周期为 1 天				
@	IN SOA	linuxprobe.com.	root.linuxprobe.com.	(	
	#授权信息开始	#DNS 区域的地址	#域名管理员的邮箱（不要用@符号）		
				0;serial	#更新序列号
				1D;refresh	#更新时间
				1H;retry	#重试延时
				1W;expire	#失效时间
				3H);minimum	#无效解析记录的缓存时间
	NS	ns.linuxprobe.com.		#域名服务器记录	
ns	IN A	192.168.10.10		#地址记录（ns.linuxprobe.com.）	
	IN MX 10	mail.linuxprobe.com.		#邮箱交换记录	
mail	IN A	192.168.10.10		#地址记录（mail.linuxprobe.com.）	
www	IN A	192.168.10.10		#地址记录（www.linuxprobe.com.）	
bbs	IN A	192.168.10.20		#地址记录（bbs.linuxprobe.com.）	

第 3 步：检验解析结果。为了检验解析结果，一定要先把 Linux 系统网卡中的 DNS 地址参数修改成本机 IP 地址，这样就可以使用由本机提供的 DNS 查询服务了。nslookup 命令用

于检测能否从 DNS 服务器中查询到域名与 IP 地址的解析记录，进而更准确地检验 DNS 服务器是否已经能够为用户提供服务。

```
[root@linuxprobe ~]# systemctl restart network
[root@linuxprobe ~]# nslookup
> www.linuxprobe.com
Server: 127.0.0.1
Address: 127.0.0.1#53
Name: www.linuxprobe.com
Address: 192.168.10.10
> bbs.linuxprobe.com
Server: 127.0.0.1
Address: 127.0.0.1#53
Name: bbs.linuxprobe.com
Address: 192.168.10.20
```

13.2.2 反向解析实验

在 DNS 域名解析服务中，反向解析的作用是将用户提交的 IP 地址解析为对应的域名信息，它一般用于对某个 IP 地址上绑定的所有域名进行整体屏蔽，屏蔽由某些域名发送的垃圾邮件。它也可以针对某个 IP 地址进行反向解析，大致判断出有多少个网站运行在上面。当购买虚拟主机时，可以使用这一功能验证虚拟主机提供商是否有严重的超售问题。

第 1 步：编辑区域配置文件。在编辑该文件时，除了不要写错格式之外，还需要记住此处定义的数据配置文件名称，因为一会儿还需要在/var/named 目录中建立与其对应的同名文件。反向解析是把 IP 地址解析成域名格式，因此在定义 zone（区域）时应该要把 IP 地址反写，比如原来是 192.168.10.0，反写后应该就是 10.168.192，而且只需写出 IP 地址的网络位即可。把下列参数添加至正向解析参数的后面。

```
[root@linuxprobe ~]# vim /etc/named.rfc1912.zones
zone "linuxprobe.com" IN {
type master;
file "linuxprobe.com.zone";
allow-update {none;};
};
zone "10.168.192.in-addr.arpa" IN {
type master;
file "192.168.10.arpa";
};
```

第 2 步：编辑数据配置文件。首先从/var/named 目录中复制一份反向解析的模板文件（named.loopback），然后把下面的参数填写到文件中。其中，IP 地址仅需要写主机位，如图 13-5 所示。

图 13-5　反向解析文件中 IP 地址参数规范

```
[root@linuxprobe named]# cp -a named.loopback 192.168.10.arpa
[root@linuxprobe named]# vim 192.168.10.arpa
[root@linuxprobe named]# systemctl restart named
```

$TTL 1D

@	IN SOA	linuxprobe.com.	root.linuxprobe.com.	(
				0;serial
				1D;refresh
				1H;retry
				1W;expire
				3H);minimum
	NS	ns.linuxprobe.com.		
ns	A	192.168.10.10		
10	PTR	ns.linuxprobe.com.	#PTR 为指针记录，仅用于反向解析	
10	PTR	mail.linuxprobe.com.		
10	PTR	www.linuxprobe.com.		
20	PTR	bbs.linuxprobe.com.		

第3步：检验解析结果。在前面的正向解析实验中，已经把系统网卡中的 DNS 地址参数修改成了本机 IP 地址，因此可以直接使用 nslookup 命令来检验解析结果，仅需输入 IP 地址即可查询到对应的域名信息。

```
[root@linuxprobe ~]# nslookup
> 192.168.10.10
Server: 127.0.0.1
Address: 127.0.0.1#53
10.10.168.192.in-addr.arpa name = ns.linuxprobe.com.
10.10.168.192.in-addr.arpa name = www.linuxprobe.com.
10.10.168.192.in-addr.arpa name = mail.linuxprobe.com.
> 192.168.10.20
Server: 127.0.0.1
Address: 127.0.0.1#53
20.10.168.192.in-addr.arpa name = bbs.linuxprobe.com.
```

13.3 部署从服务器

作为重要的互联网基础设施服务，保证 DNS 域名解析服务的正常运转至关重要，只有这样才能提供稳定、快速且不间断的域名查询服务。在 DNS 域名解析服务中，从服务器可以从主服务器上获取指定的区域数据文件，从而起到备份解析记录与负载均衡的作用，因此通过部署从服务器可以减轻主服务器的负载压力，还可以提升用户的查询效率。

在本实验中，主服务器与从服务器分别使用的操作系统和 IP 地址如表 13-2 所示。

表 13-2　　　　　主服务器与从服务器分别使用的操作系统与 IP 地址信息

主机名称	操作系统	IP 地址
主服务器	RHEL 7	192.168.10.10
从服务器	RHEL 7	192.168.10.20

第 1 步：在主服务器的区域配置文件中允许该从服务器的更新请求，即修改 allow-update {允许更新区域信息的主机地址;};参数，然后重启主服务器的 DNS 服务程序。

```
[root@linuxprobe ~]# vim /etc/named.rfc1912.zones
zone "linuxprobe.com" IN {
type master;
file "linuxprobe.com.zone";
allow-update { 192.168.10.20; };
};
zone "10.168.192.in-addr.arpa" IN {
type master;
file "192.168.10.arpa";
allow-update { 192.168.10.20; };
};
[root@linuxprobe ~]# systemctl restart named
```

第 2 步：在从服务器中填写主服务器的 IP 地址与要抓取的区域信息，然后重启服务。注意此时的服务类型应该是 slave（从），而不再是 master（主）。masters 参数后面应该为主服务器的 IP 地址，而且 file 参数后面定义的是同步数据配置文件后要保存到的位置，稍后可以在该目录内看到同步的文件。

```
[root@linuxprobe ~]# vim /etc/named.rfc1912.zones
zone "linuxprobe.com" IN {
type slave;
masters { 192.168.10.10; };
file "slaves/linuxprobe.com.zone";
};
zone "10.168.192.in-addr.arpa" IN {
type slave;
masters { 192.168.10.10; };
file "slaves/192.168.10.arpa";
};
[root@linuxprobe ~]# systemctl restart named
```

第 3 步：检验解析结果。当从服务器的 DNS 服务程序在重启后，一般就已经自动从主服务器上同步了数据配置文件，而且该文件默认会放置在区域配置文件中所定义的目录位置中。随后修改从服务器的网络参数，把 DNS 地址参数修改成 192.168.10.20，这样即可使用从服务器自身提供的 DNS 域名解析服务。最后就可以使用 nslookup 命令顺利看到解析结果了。

```
[root@linuxprobe ~]# cd /var/named/slaves
[root@linuxprobe slaves]# ls
192.168.10.arpa linuxprobe.com.zone
[root@linuxprobe slaves]# nslookup
> www.linuxprobe.com
Server: 192.168.10.20
Address: 192.168.10.20#53
Name: www.linuxprobe.com
```

```
Address: 192.168.10.10
> 192.168.10.10
Server: 192.168.10.20
Address: 192.168.10.20#53
10.10.168.192.in-addr.arpa name = www.linuxprobe.com.
10.10.168.192.in-addr.arpa name = ns.linuxprobe.com.
10.10.168.192.in-addr.arpa name = mail.linuxprobe.com.
```

13.4 安全的加密传输

前文反复提及，域名解析服务是互联网基础设施中重要的一环，几乎所有的网络应用都依赖于 DNS 才能正常运行。如果 DNS 服务发生故障，那么即便 Web 网站或电子邮件系统服务等都正常运行，用户也无法找到并使用它们了。

互联网中的绝大多数 DNS 服务器（超过 95%）都是基于 BIND 域名解析服务搭建的，而 bind 服务程序为了提供安全的解析服务，已经对 TSIG（RFC 2845）加密机制提供了支持。TSIG 主要是利用了密码编码的方式来保护区域信息的传输（Zone Transfer），即 TSIG 加密机制保证了 DNS 服务器之间传输域名区域信息的安全性。

接下来的实验依然使用了表 13-2 中的两台服务器。

书接上回。前面在从服务器上配妥 bind 服务程序并重启后，即可看到从主服务器中获取到的数据配置文件。

```
[root@linuxprobe ~]# ls -al /var/named/slaves/
total 12
drwxrwx---. 2 named named   54 Jun 7 16:02 .
drwxr-x---. 6 root  named 4096 Jun 7 15:58 ..
-rw-r--r--. 1 named named  432 Jun 7 16:02 192.168.10.arpa
-rw-r--r--. 1 named named  439 Jun 7 16:02 linuxprobe.com.zone
```

第 1 步：在主服务器中生成密钥。dnssec-keygen 命令用于生成安全的 DNS 服务密钥，其格式为 "dnssec-keygen [参数]"，常用的参数以及作用如表 13-3 所示。

表 13-3　　　　　　　　　　　　　dnssec-keygen 命令的常用参数

参数	作用
-a	指定加密算法，包括 RSAMD5（RSA）、RSASHA1、DSA、NSEC3RSASHA1、NSEC3DSA 等
-b	密钥长度（HMAC-MD5 的密钥长度在 1~512 位之间）
-n	密钥的类型（HOST 表示与主机相关）

使用下述命令生成一个主机名称为 master-slave 的 128 位 HMAC-MD5 算法的密钥文件。在执行该命令后默认会在当前目录中生成公钥和私钥文件，我们需要把私钥文件中 Key 参数后面的值记录下来，一会儿要将其写入传输配置文件中。

```
[root@linuxprobe ~]# dnssec-keygen -a HMAC-MD5 -b 128 -n HOST master-slave
Kmaster-slave.+157+46845
[root@linuxprobe ~]# ls -al Kmaster-slave.+157+46845.*
-rw-------. 1 root root 56 Jun 7 16:06 Kmaster-slave.+157+46845.key
-rw-------. 1 root root 165 Jun 7 16:06 Kmaster-slave.+157+46845.private
[root@linuxprobe ~]# cat Kmaster-slave.+157+46845.private
```

```
Private-key-format: v1.3
Algorithm: 157 (HMAC_MD5)
Key: 1XEEL3tG5DNLOw+1WHfE3Q==
Bits: AAA=
Created: 20170607080621
Publish: 20170607080621
Activate: 20170607080621
```

第 2 步：在主服务器中创建密钥验证文件。进入 bind 服务程序用于保存配置文件的目录，把刚刚生成的密钥名称、加密算法和私钥加密字符串按照下面格式写入到 tansfer.key 传输配置文件中。为了安全起见，我们需要将文件的所属组修改成 named，并将文件权限设置得要小一点，然后把该文件做一个硬链接到/etc 目录中。

```
[root@linuxprobe ~]# cd /var/named/chroot/etc/
[root@linuxprobe etc]# vim transfer.key
key "master-slave" {
algorithm hmac-md5;
secret "1XEEL3tG5DNLOw+1WHfE3Q==";
};
[root@linuxprobe ~]# chown root:named transfer.key
[root@linuxprobe ~]# chmod 640 transfer.key
[root@linuxprobe ~]# ln transfer.key /etc/transfer.key
```

第 3 步：开启并加载 Bind 服务的密钥验证功能。首先需要在主服务器的主配置文件中加载密钥验证文件，然后进行设置，使得只允许带有 master-slave 密钥认证的 DNS 服务器同步数据配置文件：

```
[root@linuxprobe ~]# vim /etc/named.conf
1 //
2 // named.conf
3 //
4 // Provided by Red Hat bind package to configure the ISC BIND named(8) DNS
5 // server as a caching only nameserver (as a localhost DNS resolver only).
6 //
7 // See /usr/share/doc/bind*/sample/ for example named configuration files.
8 //
9 include "/etc/transfer.key";
10 options {
11 listen-on port 53 { any; };
12 listen-on-v6 port 53 { ::1; };
13 directory "/var/named";
14 dump-file "/var/named/data/cache_dump.db";
15 statistics-file "/var/named/data/named_stats.txt";
16 memstatistics-file "/var/named/data/named_mem_stats.txt";
17 allow-query { any; };
18 allow-transfer { key master-slave; };
………………省略部分输出信息………………
[root@linuxprobe ~]# systemctl restart named
```

至此，DNS 主服务器的 TSIG 密钥加密传输功能就已经配置完成。此时清空 DNS 从服务器同步目录中所有的数据配置文件，然后再次重启 bind 服务程序，这时就已经不能像刚才那样自动获取到数据配置文件了。

```
[root@linuxprobe ~]# rm -rf /var/named/slaves/*
[root@linuxprobe ~]# systemctl restart named
[root@linuxprobe ~]# ls  /var/named/slaves/
```

第 4 步：配置从服务器，使其支持密钥验证。配置 DNS 从服务器和主服务器的方法大致相同，都需要在 bind 服务程序的配置文件目录中创建密钥认证文件，并设置相应的权限，然后把该文件做一个硬链接到/etc 目录中。

```
[root@linuxprobe ~]# cd /var/named/chroot/etc
[root@linuxprobe etc]# vim transfer.key
key "master-slave" {
algorithm hmac-md5;
secret "1XEEL3tG5DNLOw+1WHfE3Q==";
};
[root@linuxprobe etc]# chown root:named transfer.key
[root@linuxprobe etc]# chmod 640 transfer.key
[root@linuxprobe etc]# ln transfer.key /etc/transfer.key
```

第 5 步：开启并加载从服务器的密钥验证功能。这一步的操作步骤也同样是在主配置文件中加载密钥认证文件，然后按照指定格式写上主服务器的 IP 地址和密钥名称。注意，密钥名称等参数位置不要太靠前，大约在第 43 行比较合适，否则 bind 服务程序会因为没有加载完预设参数而报错：

```
[root@linuxprobe etc]# vim /etc/named.conf
 1 //
 2 // named.conf
 3 //
 4 // Provided by Red Hat bind package to configure the ISC BIND named(8) DNS
 5 // server as a caching only nameserver (as a localhost DNS resolver only).
 6 //
 7 // See /usr/share/doc/bind*/sample/ for example named configuration files.
 8 //
 9 include "/etc/transfer.key";
10 options {
11 listen-on port 53 { 127.0.0.1; };
12 listen-on-v6 port 53 { ::1; };
13 directory "/var/named";
14 dump-file "/var/named/data/cache_dump.db";
15 statistics-file "/var/named/data/named_stats.txt";
16 memstatistics-file "/var/named/data/named_mem_stats.txt";
17 allow-query { localhost; };
18
19 /*
20 - If you are building an AUTHORITATIVE DNS server, do NOT enable recursion.
21 - If you are building a RECURSIVE (caching) DNS server, you need to enable
22 recursion.
23 - If your recursive DNS server has a public IP address, you MUST enable access
24 control to limit queries to your legitimate users. Failing to do so will
25 cause your server to become part of large scale DNS amplification
26 attacks. Implementing BCP38 within your network would greatly
27 reduce such attack surface
28 */
29 recursion yes;
30
```

```
31 dnssec-enable yes;
32 dnssec-validation yes;
33 dnssec-lookaside auto;
34
35 /* Path to ISC DLV key */
36 bindkeys-file "/etc/named.iscdlv.key";
37
38 managed-keys-directory "/var/named/dynamic";
39
40 pid-file "/run/named/named.pid";
41 session-keyfile "/run/named/session.key";
42 };
43 server 192.168.10.10
44 {
45 keys { master-slave; };
46 };
47 logging {
48 channel default_debug {
49 file "data/named.run";
50 severity dynamic;
51 };
52 };
53
54 zone "." IN {
55 type hint;
56 file "named.ca";
57 };
58
59 include "/etc/named.rfc1912.zones";
60 include "/etc/named.root.key";
61
```

第 6 步：DNS 从服务器同步域名区域数据。现在，两台服务器的 bind 服务程序都已经配置妥当，并匹配到了相同的密钥认证文件。接下来在从服务器上重启 bind 服务程序，可以发现又能顺利地同步到数据配置文件了。

```
[root@linuxprobe ~]# systemctl restart named
[root@linuxprobe ~]# ls /var/named/slaves/
 192.168.10.arpa  linuxprobe.com.zone
```

13.5 部署缓存服务器

DNS 缓存服务器（Caching DNS Server）是一种不负责域名数据维护的 DNS 服务器。简单来说，缓存服务器就是把用户经常使用到的域名与 IP 地址的解析记录保存在主机本地，从而提升下次解析的效率。DNS 缓存服务器一般用于经常访问某些固定站点而且对这些网站的访问速度有较高要求的企业内网中，但实际的应用并不广泛。而且，缓存服务器是否可以成功解析还与指定的上级 DNS 服务器的允许策略有关，因此当前仅需了解即可。

第 1 步：配置系统的双网卡参数。前面讲到，缓存服务器一般用于企业内网，旨在降低内网用户查询 DNS 的时间消耗。因此，为了更加贴近真实的网络环境，实现外网查询功能，我们需要在缓存服务器中再添加一块网卡，并按照表 13-4 所示的信息来配置出两台 Linux 虚拟机系统。而且，还需要在虚拟机软件中将新添加的网卡设置为"桥接模式"，然后设置成与物理设备相同的网络参数（此处需要大家按照物理设备真实的网络参数来配置，图 13-6 所示为以 DHCP 方式获取 IP 地址与网关等信息，重启网络服务后的效果如图 13-7 所示）。

表 13-4 用于配置 Linux 虚拟机系统所需的参数信息

主机名称	操作系统	IP 地址
缓存服务器	RHEL 7	网卡（外网）：根据物理设备的网络参数进行配置（通过 DHCP 或手动方式指定 IP 地址与网关等信息）
		网卡（内网）：192.168.10.10
客户端	RHEL 7	192.168.10.20

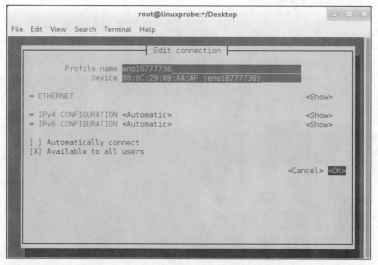

图 13-6 以 DHCP 方式获取网络参数

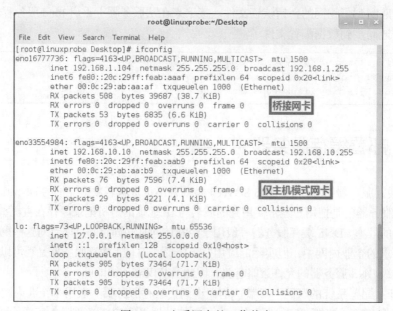

图 13-7 查看网卡的工作状态

第 2 步：在 bind 服务程序的主配置文件中添加缓存转发参数。在大约第 17 行处添加一行参数 "forwarders { 上级 DNS 服务器地址; };"，上级 DNS 服务器地址指的是获取数据配置文件的服务器。考虑到查询速度、稳定性、安全性等因素，刘遄老师在这里使用的是北京市公共 DNS 服务器的地址 210.73.64.1。如果大家也使用该地址，请先测试是否可以 ping 通，以免导致 DNS 域名解析失败。

```
[root@linuxprobe ~]# vim /etc/named.conf
1 //
2 // named.conf
3 //
4 // Provided by Red Hat bind package to configure the ISC BIND named(8) DNS
5 // server as a caching only nameserver (as a localhost DNS resolver only).
6 //
7 // See /usr/share/doc/bind*/sample/ for example named configuration files.
8 //
9 options {
10 listen-on port 53 { any; };
11 listen-on-v6 port 53 { ::1; };
12 directory "/var/named";
13 dump-file "/var/named/data/cache_dump.db";
14 statistics-file "/var/named/data/named_stats.txt";
15 memstatistics-file "/var/named/data/named_mem_stats.txt";
16 allow-query { any; };
17 forwarders { 210.73.64.1; };
................省略部分输出信息................
[root@linuxprobe ~]# systemctl restart named
```

第 3 步：重启 DNS 服务，验证成果。把客户端主机的 DNS 服务器地址参数修改为 DNS 缓存服务器的 IP 地址 192.168.10.10，如图 13-8 所示。这样即可让客户端使用本地 DNS 缓存服务器提供的域名查询解析服务。

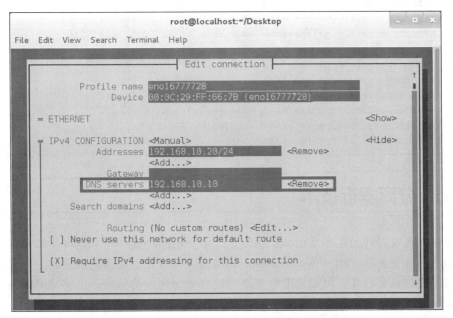

图 13-8　设置客户端主机的 DNS 服务器地址参数

在将客户端主机的网络参数设置妥当后重启网络服务，即可使用 nslookup 命令来验证实验结果（如果解析失败，请读者留意是否是上级 DNS 服务器选择的问题）。其中，Server 参数为域名解析记录提供的服务器地址，因此可见是由本地 DNS 缓存服务器提供的解析内容。

```
[root@linuxprobe ~]# nslookup
> www.linuxprobe.com
Server:  192.168.10.10
Address: 192.168.10.10#53

Non-authoritative answer:
Name: www.linuxprobe.com
Address: 113.207.76.73
Name: www.linuxprobe.com
Address: 116.211.121.154
> 8.8.8.8
Server:  192.168.10.10
Address: 192.168.10.10#53

Non-authoritative answer:
8.8.8.8.in-addr.arpa name = google-public-dns-a.google.com.
Authoritative answers can be found from:
in-addr.arpa nameserver = f.in-addr-servers.arpa.
in-addr.arpa nameserver = b.in-addr-servers.arpa.
in-addr.arpa nameserver = a.in-addr-servers.arpa.
in-addr.arpa nameserver = e.in-addr-servers.arpa.
in-addr.arpa nameserver = d.in-addr-servers.arpa.
in-addr.arpa nameserver = c.in-addr-servers.arpa.
a.in-addr-servers.arpa internet address = 199.212.0.73
a.in-addr-servers.arpa has AAAA address 2001:500:13::73
b.in-addr-servers.arpa internet address = 199.253.183.183
b.in-addr-servers.arpa has AAAA address 2001:500:87::87
c.in-addr-servers.arpa internet address = 196.216.169.10
c.in-addr-servers.arpa has AAAA address 2001:43f8:110::10
d.in-addr-servers.arpa internet address = 200.10.60.53
d.in-addr-servers.arpa has AAAA address 2001:13c7:7010::53
e.in-addr-servers.arpa internet address = 203.119.86.101
e.in-addr-servers.arpa has AAAA address 2001:dd8:6::101
f.in-addr-servers.arpa internet address = 193.0.9.1
f.in-addr-servers.arpa has AAAA address 2001:67c:e0::1
```

13.6 分离解析技术

现在，喜欢看我们这本《Linux 就该这么学》的海外读者越来越多，如果继续把本书配套的网站服务器（http://www.linuxprobe.com）架设在北京市的机房内，则海外读者的访问速度势必会很慢。可如果把服务器架设在美国那边的机房，也将增大国内读者的访问难度。

为了满足海内外读者的需求，外加刘遄老师不差钱，于是可以购买多台服务器并分别部署在全球各地，然后再使用 DNS 服务的分离解析功能，即可让位于不同地理范围内的读者通过访问相同的网址，而从不同的服务器获取到相同的数据。例如，我们可以按照表 13-5 所示，分别为处于北京的 DNS 服务器和处于美国的 DNS 服务器分配不同的 IP 地址，然后让国内读者在访问时自动匹配到北京的服务器，而让海外读者自动匹配到美国的服务器，如图 13-9 所示。

表 13-5 不同主机的操作系统与 IP 地址情况

主机名称	操作系统	IP 地址
DNS 服务器	RHEL 7	北京网络：122.71.115.10
		美国网络：106.185.25.10
国内读者	Windows 7	122.71.115.1
海外读者	Windows7	106.185.25.1

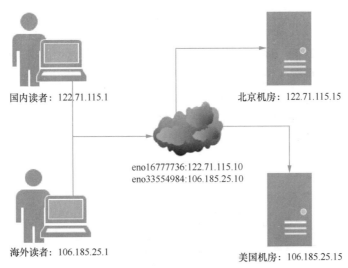

国内读者：122.71.115.1　　北京机房：122.71.115.15

eno16777736:122.71.115.10
eno33554984:106.185.25.10

海外读者：106.185.25.1　　美国机房：106.185.25.15

图 13-9　DNS 分离解析技术

为了解决海外读者访问 http://www.Linuxprobe.com 时的速度问题，刘遄老师已经在美国机房购买并架设好了相应的网站服务器，接下来需要手动部署 DNS 服务器并实现分离解析功能，以便让不同地理区域的读者在访问相同的域名时，能解析出不同的 IP 地址。

> **注：**
>
> 建议大家将虚拟机还原到初始状态，并重新安装 bind 服务程序，以免多个实验之间相互产生冲突。

第 1 步：修改 bind 服务程序的主配置文件，把第 11 行的监听端口与第 17 行的允许查询主机修改为 any。由于配置的 DNS 分离解析功能与 DNS 根服务器配置参数有冲突，所以需要把第 51~54 行的根域信息删除。

```
[root@linuxprobe ~]# vim /etc/named.conf
...............省略部分输出信息...............
44 logging {
```

```
45 channel default_debug {
46 file "data/named.run";
47 severity dynamic;
48 };
49 };
50
51 zone "." IN {
52 type hint;
53 file "named.ca";
54 };
55
56 include "/etc/named.rfc1912.zones";
57 include "/etc/named.root.key";
58
................省略部分输出信息................
```

第 2 步：编辑区域配置文件。把区域配置文件中原有的数据清空，然后按照以下格式写入参数。首先使用 acl 参数分别定义两个变量名称（china 与 american），当下面需要匹配 IP 地址时只需写入变量名称即可，这样不仅容易阅读识别，而且也利于修改维护。这里的难点是理解 view 参数的作用。它的作用是通过判断用户的 IP 地址是中国的还是美国的，然后去分别加载不同的数据配置文件（linuxprobe.com.china 或 linuxprobe.com.american）。这样，当把相应的 IP 地址分别写入到数据配置文件后，即可实现 DNS 的分离解析功能。这样一来，当中国的用户访问 linuxprobe.com 域名时，便会按照 linuxprobe.com.china 数据配置文件内的 IP 地址找到对应的服务器。

```
[root@linuxprobe ~]# vim /etc/named.rfc1912.zones
1 acl "china" { 122.71.115.0/24; };
2 acl "american" { 106.185.25.0/24;};
3 view "china"{
4 match-clients { "china"; };
5 zone "linuxprobe.com" {
6 type master;
7 file "linuxprobe.com.china";
8 };
9 };
10 view "american" {
11 match-clients { "american"; };
12 zone "linuxprobe.com" {
13 type master;
14 file "linuxprobe.com.american";
15 };
16 };
```

第 3 步：建立数据配置文件。分别通过模板文件创建出两份不同名称的区域数据文件，其名称应与上面区域配置文件中的参数相对应。

```
[root@linuxprobe ~]# cd /var/named
[root@linuxprobe named]# cp -a named.localhost linuxprobe.com.china
[root@linuxprobe named]# cp -a named.localhost linuxprobe.com.american
[root@linuxprobe named]# vim linuxprobe.com.china
```

$TTL 1D	#生存周期为 1 天				
@	IN SOA	linuxprobe.com.	root.linuxprobe.com.	(	
#授权信息开始		#DNS 区域的地址	#域名管理员的邮箱（不要用@符号）		
				0;serial	#更新序列号
				1D;refresh	#更新时间
				1H;retry	#重试延时
				1W;expire	#失效时间
				3H);minimum	#无效解析记录的缓存时间
	NS	ns.linuxprobe.com.			#域名服务器记录
ns	IN A	122.71.115.10			#地址记录（ns.linuxprobe.com.）
www	IN A	122.71.115.15			#地址记录（www.linuxprobe.com.）

```
[root@linuxprobe named]# vim linuxprobe.com.American
```

$TTL 1D	#生存周期为 1 天				
@	IN SOA	linuxprobe.com.	root.linuxprobe.com.	(	
#授权信息开始		#DNS 区域的地址	#域名管理员的邮箱（不要用@符号）		
				0;serial	#更新序列号
				1D;refresh	#更新时间
				1H;retry	#重试延时
				1W;expire	#失效时间
				3H);minimum	#无效解析记录的缓存时间
	NS	ns.linuxprobe.com.			#域名服务器记录
ns	IN A	106.185.25.10			#地址记录（ns.linuxprobe.com.）
www	IN A	106.185.25.15			#地址记录（www.linuxprobe.com.）

第 4 步：重新启动 named 服务程序，验证结果。将客户端主机（Windows 系统或 Linux 系统均可）的 IP 地址分别设置为 122.71.115.1 与 106.185.25.1，将 DNS 地址分别设置为服务器主机的两个 IP 地址。这样，当尝试使用 nslookup 命令解析域名时就能清晰地看到解析结果，分别如图 13-10 与图 13-11 所示。

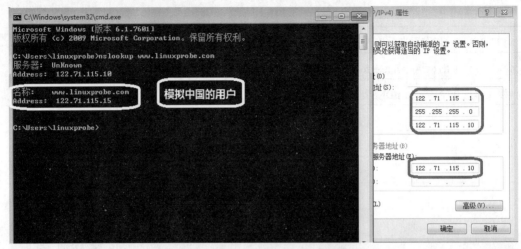

图 13-10　模拟中国用户的域名解析操作

图 13-11　模拟美国用户的域名解析

复习题

1. DNS 技术提供的三种类型的服务器分别是什么?

   答: DNS 主服务器、DNS 从服务器与 DNS 缓存服务器。

2. DNS 服务器之间传输区域数据文件时, 使用的是递归查询还是迭代查询?

   答: DNS 服务器之间是迭代查询, 用户与 DNS 服务器之间是递归查询。

3. 在 Linux 系统中使用 Bind 服务程序部署 DNS 服务时, 为什么推荐安装 chroot 插件?

   答: 能有效地限制 Bind 服务程序仅能对自身的配置文件进行操作, 以确保整个服务器的安全。

4. 在 DNS 服务中，正向解析和反向解析的作用是什么？

    答： 正向解析是将指定的域名转换为 IP 地址，而反向解析则是将 IP 地址转换为域名。正向解析模式更为常用。

5. 是否可以限制使用 DNS 域名解析服务的主机？如何限制？

    答： 是的，修改主配置文件中第 17 行的 allow-query 参数即可。

6. 部署 DNS 从服务器的作用是什么？

    答： 部署从服务器可以减轻主服务器的负载压力，还可以提升用户的查询效率。

7. 当用户与 DNS 服务器之间传输数据配置文件时，是否可以使用 TSIG 加密机制来确保文件内容不被篡改？

    答： 不能，TSIG 加密机制保障的是 DNS 服务器与 DNS 服务器之间迭代查询的安全。

8. 部署 DNS 缓存服务器的作用是什么？

    答： DNS 缓存服务器把用户经常使用到的域名与 IP 地址的解析记录保存在主机本地，从而提升下次解析的效率。一般用于经常访问某些固定站点而且对这些网站的访问速度有较高要求的企业内网中，但实际的应用并不广泛。

9. DNS 分离解析技术的作用是什么？

    答： 可以让位于不同地理范围内的读者通过访问相同的网址，而从不同的服务器获取到相同的数据，以提升访问效率。

第 14 章

使用 DHCP 动态管理主机地址

本章讲解了如下内容:

➢ 动态主机配置协议;

➢ 部署 dhcpd 服务程序;

➢ 自动管理 IP 地址;

➢ 分配固定 IP 地址。

本章讲解动态主机配置协议(DHCP,Dynamic Host Configuration Protocol),该协议用于自动管理局域网内主机的 IP 地址、子网掩码、网关地址及 DNS 地址等参数,可以有效地提升 IP 地址的利用率,提高配置效率,并降低管理与维护成本。

本章详细讲解了在 Linux 系统中配置部署 dhcpd 服务程序的方法,剖析了 dhcpd 服务程序配置文件内每个参数的作用,并通过自动分配 IP 地址、绑定 IP 地址与 MAC 地址等实验,让各位读者更直观地体会 DHCP 协议的强大之处。

14.1 动态主机配置协议

动态主机配置协议(DHCP)是一种基于 UDP 协议且仅限于在局域网内部使用的网络协议,主要用于大型的局域网环境或者存在较多移动办公设备的局域网环境中,其主要用途是为局域网内部的设备或网络供应商自动分配 IP 地址等参数。

简单来说,DHCP 协议就是让局域网中的主机自动获得网络参数的服务。在图 14-1 所示的拓扑图中存在多台主机,如果手动配置每台主机的网络参数会相当麻烦,日后维护起来也让人头大。而且当机房内的主机数量进一步增加时(比如有 100 台,甚至 1000 台),这个手动配置以及维护工作的工作量足以让运维人员崩溃。借助于 DHCP 协议,不仅可以为主机自动分配网络参数,还可以确保主机使用的 IP 地址是唯一的,更重要的是,还能为特定主机分配固定的 IP 地址。

DHCP 协议的应用十分广泛,无论是服务器机房还是家庭、机场、咖啡馆,都会见到它的身影。比如,本书的某位读者开了一家咖啡厅,在为顾客提供咖啡的同时,还为顾客免费提供无线上网服务。这样一来,顾客就可以一边惬意地喝着咖啡,一边连着无线网络刷朋友圈了。但是,作为咖啡厅老板的您,肯定不希望(也没有时间)为每一位造访的顾客手动设置 IP 地址、子网掩码、网关地址等信息。另外,考虑到咖啡馆使用的内网网段一般为192.168.10.0/24(C 类私有地址),最多能容纳的主机数为 200 多台。而咖啡厅一天的客流量肯定不止 200 人。如果采用手动方式为他们分配 IP 地址,则当他们在离开咖啡厅时并不会自动释放这个 IP 地址，这就可能出现 IP 地址不够用的情况。这一方面会造成 IP 地址的浪费，另外一方面也增加的 IP 地址的管理成本。而使用 DHCP 协议，这一切都迎刃而解——老板只需安心服务好顾客，为其提供美味的咖啡；顾客通过运行 DHCP 协议的服务器自动获得上网所需的 IP 地址，等离开咖啡厅时 IP 地址将被 DHCP 服务器收回，以备其他顾客使用。

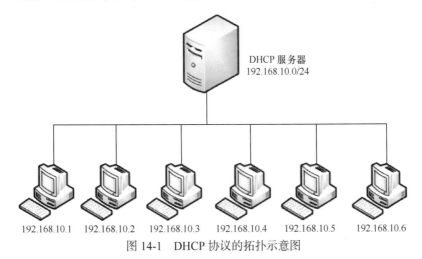

图 14-1　DHCP 协议的拓扑示意图

　　既然确定在今后的生产环境中肯定离不开 DHCP 了，那么也就有必要好好地熟悉一下 DHCP 涉及的常见术语了。

> **作用域**：一个完整的 IP 地址段，DHCP 协议根据作用域来管理网络的分布、分配 IP 地址及其他配置参数。

> **超级作用域**：用于管理处于同一个物理网络中的多个逻辑子网段。超级作用域中包含了可以统一管理的作用域列表。

> **排除范围**：把作用域中的某些 IP 地址排除，确保这些 IP 地址不会分配给 DHCP 客户端。

> **地址池**：在定义了 DHCP 的作用域并应用了排除范围后，剩余的用来动态分配给 DHCP 客户端的 IP 地址范围。

> **租约**：DHCP 客户端能够使用动态分配的 IP 地址的时间。

> **预约**：保证网络中的特定设备总是获取到相同的 IP 地址。

14.2　部署 dhcpd 服务程序

　　dhcpd 是 Linux 系统中用于提供 DHCP 协议的服务程序。尽管 DHCP 协议的功能十分强大，但是 dhcpd 服务程序的配置步骤却十分简单，这也在很大程度上降低了在 Linux 中实现动态主机管理服务的门槛。

　　在确认 Yum 软件仓库配置妥当之后，安装 dhcpd 服务程序：

```
[root@linuxprobe ~]# yum install dhcp
Loaded plugins: langpacks, product-id, subscription-manager
This system is not registered to Red Hat Subscription Management. You can use
subscription-manager to register.
rhel | 4.1 kB 00:00
```

```
Resolving Dependencies
--> Running transaction check
---> Package dhcp.x86_64 12:4.2.5-27.el7 will be installed
--> Finished Dependency Resolution
Dependencies Resolved
================================================================================
 Package Arch Version Repository Size
================================================================================
Installing:
 dhcp x86_64 12:4.2.5-27.el7 rhel 506 k
Transaction Summary
================================================================================
Install 1 Package
Total download size: 506 k
Installed size: 1.4 M
Is this ok [y/d/N]: y
Downloading packages:
Running transaction check
Running transaction test
Transaction test succeeded
Running transaction
 Installing : 12:dhcp-4.2.5-27.el7.x86_64 1/1
 Verifying : 12:dhcp-4.2.5-27.el7.x86_64 1/1
Installed:
 dhcp.x86_64 12:4.2.5-27.el7
Complete!
```

查看dhcpd服务程序的配置文件内容。

```
[root@linuxprobe ~]# cat /etc/dhcp/dhcpd.conf
# DHCP Server Configuration file.
#   see /usr/share/doc/dhcp*/dhcpd.conf.example
#   see dhcpd.conf(5) man page
```

是的,您没有看错!dhcp的服务程序的配置文件中只有3行注释语句,这意味着我们需要自行编写这个文件。如果读者不知道怎么编写,可以看一下配置文件中第2行的参考示例文件,其组成架构如图14-2所示。

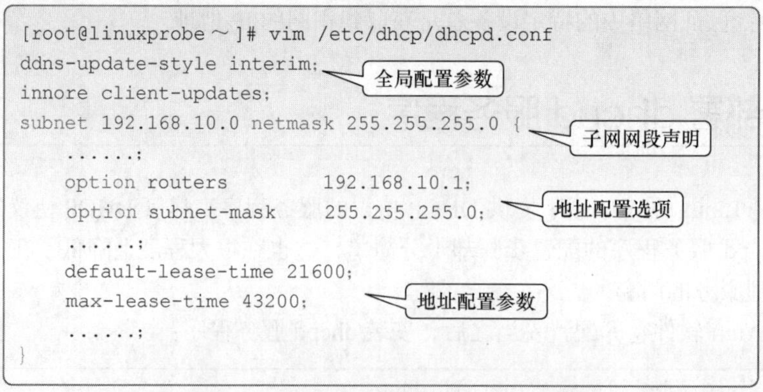

图14-2　dhcpd服务程序配置文件的架构

一个标准的配置文件应该包括全局配置参数、子网网段声明、地址配置选项以及地址配置参数。其中,全局配置参数用于定义dhcpd服务程序的整体运行参数;子网网段声明用于配置整个子网段的地址属性。

考虑到 dhcpd 服务程序配置文件的可用参数比较多,刘遄老师挑选了最常用的参数(见表 14-1),并逐一进行了简单介绍,以便为接下来的实验打好基础。

表 14-1　　　　　dhcpd 服务程序配置文件中使用的常见参数以及作用

参数	作用
ddns-update-style [类型]	定义 DNS 服务动态更新的类型,类型包括 none(不支持动态更新)、interim(互动更新模式)与 ad-hoc(特殊更新模式)
[allow | ignore] client-updates	允许/忽略客户端更新 DNS 记录
default-lease-time [21600]	默认超时时间
max-lease-time [43200]	最大超时时间
option domain-name-servers [8.8.8.8]	定义 DNS 服务器地址
option domain-name ["domain.org"]	定义 DNS 域名
range	定义用于分配的 IP 地址池
option subnet-mask	定义客户端的子网掩码
option routers	定义客户端的网关地址
broadcase-address[广播地址]	定义客户端的广播地址
ntp-server[IP 地址]	定义客户端的网络时间服务器(NTP)
nis-servers[IP 地址]	定义客户端的 NIS 域服务器的地址
Hardware[网卡物理地址]	指定网卡接口的类型与 MAC 地址
server-name[主机名]	向 DHCP 客户端通知 DHCP 服务器的主机名
fixed-address[IP 地址]	将某个固定的 IP 地址分配给指定主机
time-offset[偏移误差]	指定客户端与格林尼治时间的偏移差

14.3　自动管理 IP 地址

DHCP 协议的设计初衷是为了更高效地集中管理局域网内的 IP 地址资源。DHCP 服务器会自动把 IP 地址、子网掩码、网关、DNS 地址等网络信息分配给有需要的客户端,而且当客户端的租约时间到期后还可以自动回收所分配的 IP 地址,以便交给新加入的客户端。

为了让实验更有挑战性,刘遄老师来模拟一个真实生产环境的需求:

"机房运营部门:明天会有 100 名学员自带笔记本电脑来我司培训学习,请保证他们能够使用机房的本地 DHCP 服务器自动获取 IP 地址并正常上网"。

机房所用的网络地址及参数信息如表 14-2 所示。

表 14-2　　　　　机房所用的网络地址以及参数信息

参数名称	值
默认租约时间	21600 秒
最大租约时间	43200 秒
IP 地址范围	192.168.10.50~192.168.10.150

续表

参数名称	值
子网掩码	255.255.255.0
网关地址	192.168.10.1
DNS 服务器地址	192.168.10.1
搜索域	linuxprobe.com

在了解了真实需求以及机房网络中的配置参数之后，我们按照表 14-3 来配置 DHCP 服务器以及客户端。

表 14-3　　　　　　　　　　　DHCP 服务器以及客户端的配置信息

主机类型	操作系统	IP 地址
DHCP 服务器	RHEL 7	192.168.10.1
DHCP 客户端	RHEL 7	自动获取

前文讲到，作用域一般是个完整的 IP 地址段，而地址池中的 IP 地址才是真正供客户端使用的，因此地址池应该小于或等于作用域的 IP 地址范围。另外，由于 VMware Workstation 虚拟机软件自带 DHCP 服务，为了避免与自己配置的 dhcpd 服务程序产生冲突，应该先按照图 14-3 和图 14-4 所示将虚拟机软件自带的 DHCP 功能关闭。

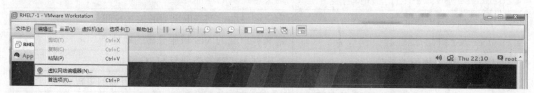

图 14-3　单击虚拟机软件的"虚拟网络编辑器"菜单

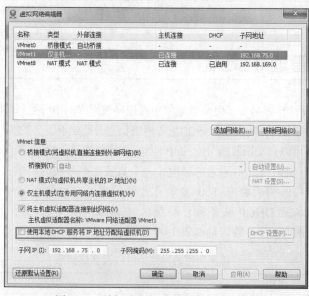

图 14-4　关闭虚拟机自带的 DHCP 功能

可随意开启几台客户端，准备进行验证。但是一定要注意，DHCP 客户端与服务器需要处于同一种网络模式——仅主机模式（Hostonly），否则就会产生物理隔离，从而无法获取 IP

地址。刘遄老师建议开启 1～3 台客户端虚拟机验证一下效果就好，以免物理主机的 CPU 和内存的负载太高。

　　在确认 DHCP 服务器的 IP 地址等网络信息配置妥当后就可以配置 dhcpd 服务程序了。请注意，在配置 dhcpd 服务程序时，配置文件中的每行参数后面都需要以分号（;）结尾，这是规定。另外，dhcpd 服务程序配置文件内的参数都十分重要，因此刘遄老师在表 14-4 中罗列出了每一行参数，并对其用途进行了简单介绍。

```
[root@linuxprobe ~]# vim /etc/dhcp/dhcpd.conf
ddns-update-style none;
ignore client-updates;
subnet 192.168.10.0 netmask 255.255.255.0 {
range 192.168.10.50 192.168.10.150;
option subnet-mask 255.255.255.0;
option routers 192.168.10.1;
option domain-name "linuxprobe.com";
option domain-name-servers 192.168.10.1;
default-lease-time 21600;
max-lease-time 43200;
}
```

表 14-4　　　　　　　　dhcpd 服务程序配置文件中使用的参数以及作用

参数	作用
ddns-update-style none;	设置 DNS 服务不自动进行动态更新
ignore client-updates;	忽略客户端更新 DNS 记录
subnet 192.168.10.0 netmask 255.255.255.0 {	作用域为 192.168.10.0/24 网段
range 192.168.10.50 192.168.10.150;	IP 地址池为 192.168.10.50-150（约 100 个 IP 地址）
option subnet-mask 255.255.255.0;	定义客户端默认的子网掩码
option routers 192.168.10.1;	定义客户端的网关地址
option domain-name "linuxprobe.com";	定义默认的搜索域
option domain-name-servers 192.168.10.1;	定义客户端的 DNS 地址
default-lease-time 21600;	定义默认租约时间（单位：秒）
max-lease-time 43200;	定义最大预约时间（单位：秒）
}	结束符

　　在红帽认证考试以及生产环境中，都需要把配置过的 dhcpd 服务加入到开机启动项中，以确保当服务器下次开机后 dhcpd 服务依然能自动启动，并顺利地为客户端分配 IP 地址等信息。刘遄老师真心建议大家能养成"配置好服务程序，顺手加入开机启动项"的好习惯：

```
[root@linuxprobe ~]# systemctl start dhcpd
[root@linuxprobe ~]# systemctl enable dhcpd
ln -s '/usr/lib/systemd/system/dhcpd.service' '/etc/systemd/system/multi-user.target.wants/dhcpd.service'
```

　　把 dhcpd 服务程序配置妥当之后就可以开启客户端来检验 IP 分配效果了。重启客户端的网卡服务后即可看到自动分配到的 IP 地址，如图 14-5 所示。

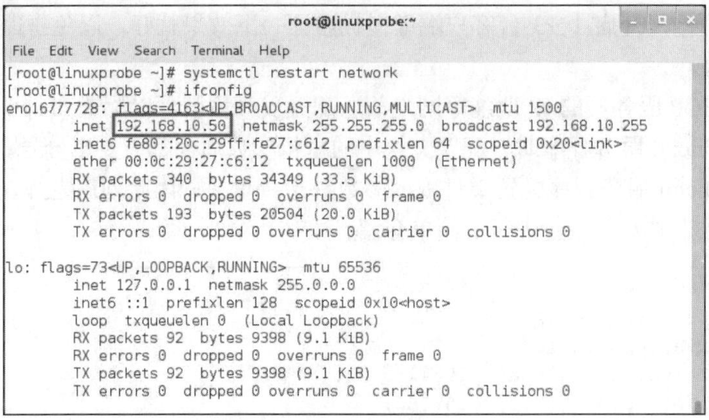

图 14-5　客户端自动获取的 IP 地址

如果有兴趣，大家还可以再开启一台运行 Windows 系统的客户端进行尝试，其效果都是一样的。

14.4　分配固定 IP 地址

在 DHCP 协议中有个术语是"预约"，它用来确保局域网中特定的设备总是获取到固定的 IP 地址。换句话说，就是 dhcpd 服务程序会把某个 IP 地址私藏下来，只将其用于相匹配的特定设备。

要想把某个 IP 地址与某台主机进行绑定，就需要用到这台主机的 MAC 地址。MAC 地址是网卡上面的一串独立的标识符，具备唯一性，因此不会存在冲突的情况，如图 14-6 所示。

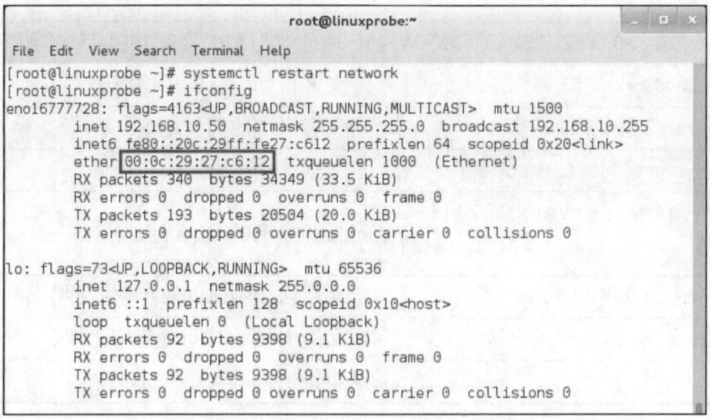

图 14-6　查看运行 Linux 系统的主机 MAC 地址

在 Linux 系统或 Windows 系统中，都可以通过查看网卡的状态来获知主机的 MAC 地址。在 dhcpd 服务程序的配置文件中，按照如下格式将 IP 地址与 MAC 地址进行绑定。

host 主机名称　{		
hardware	ethernet	该主机的 MAC 地址;
fixed-address	欲指定的 IP 地址;	
}		

如果不方便查看主机的 MAC 地址，该怎么办呢？比如，要给老板使用的主机绑定 IP 地址，总不能随便就去查看老板的主机信息吧。针对这种情况，刘遄老师告诉大家一个很好的办法。我们首先启动 dhcpd 服务程序，为老板的主机分配一个 IP 地址，这样就会在 DHCP 服务器本地的日志文件中保存这次的 IP 地址分配记录。然后查看日志文件，就可以获悉主机的 MAC 地址了（即下面加粗的内容）。

```
[root@linuxprobe ~]# tail -f /var/log/messages
Mar 30 05:33:17 localhost dhcpd: Copyright 2004-2013 Internet Systems Consortium.
Mar 30 05:33:17 localhost dhcpd: All rights reserved.
Mar 30 05:33:17 localhost dhcpd: For info, please visit https://www.isc.org/
software/dhcp/
Mar 30 05:33:17 localhost dhcpd: Not searching LDAP since ldap-server, ldap-
port and ldap-base-dn were not specified in the config file
Mar 30 05:33:17 localhost dhcpd: Wrote 0 leases to leases file.
Mar 30 05:33:17 localhost dhcpd: Listening on LPF/eno16777728/00:0c:29:c4:a4:
09/192.168.10.0/24
Mar 30 05:33:17 localhost dhcpd: Sending on LPF/eno16777728/00:0c:29:c4:a4:09/
192.168.10.0/24
Mar 30 05:33:17 localhost dhcpd: Sending on Socket/fallback/fallback-net
Mar 30 05:33:26 localhost dhcpd: DHCPDISCOVER from 00:0c:29:27:c6:12 via eno16777728
Mar 30 05:33:27 localhost dhcpd: DHCPOFFER on 192.168.10.50 to 00:0c:29:27:c6:
12 (WIN-APSS1EANKLR) via eno16777728
Mar 30 05:33:29 localhost dhcpd: DHCPDISCOVER from 00:0c:29:27:c6:12 (WIN-
APSS1EANKLR) via eno16777728
Mar 30 05:33:29 localhost dhcpd: DHCPOFFER on 192.168.10.50 to 00:0c:29:27:c6:
12 (WIN-APSS1EANKLR) via eno16777728
Mar 30 05:33:29 localhost dhcpd: DHCPREQUEST for 192.168.10.50 (192.168.10.10)
from 00:0c:29:27:c6:12 (WIN-APSS1EANKLR) via eno16777728
Mar 30 05:33:29 localhost dhcpd: DHCPACK on 192.168.10.50 to 00:0c:29:27:c6:12
(WIN-APSS1EANKLR) via eno16777728
```

之前我在线下讲课时，讲完 DHCP 服务后总是看到有些学员在挠头。起初我很不理解，毕竟 dhcpd 服务程序是 Linux 系统中一个很简单的实验，总共就那么十几行的配置参数还能写错？后来发现了原因——有些学员是以 Windows 系统为对象做的 IP 与 MAC 地址的绑定实验。而在 Windows 系统中看到的 MAC 地址，其格式类似于 00-0c-29-27-c6-12，间隔符为减号（-）。但是在 Linux 系统中，MAC 地址的间隔符则变成了冒号（:）。

```
[root@linuxprobe ~]# vim /etc/dhcp/dhcpd.conf
1 ddns-update-style none;
2 ignore client-updates;
3 subnet 192.168.10.0 netmask 255.255.255.0 {
4 range 192.168.10.50 192.168.10.150;
5 option subnet-mask 255.255.255.0;
6 option routers 192.168.10.1;
7 option domain-name "linuxprobe.com";
8 option domain-name-servers 192.168.10.1;
9 default-lease-time 21600;
10 max-lease-time 43200;
11 host linuxprobe {
12 hardware ethernet 00:0c:29:27:c6:12;
13 fixed-address 192.168.10.88;
14 }
15 }
```

确认参数填写正确后就可以保存退出配置文件，然后就可以重启 dhcpd 服务程序了。

```
[root@linuxprobe ~]# systemctl restart dhcpd
```

需要说明的是，如果您刚刚为这台主机分配了 IP 地址，则它的 IP 地址租约时间还没有到期，因此不会立即换成新绑定的 IP 地址。要想立即查看绑定效果，则需要重启一下客户端的网络服务，如图 14-7 所示。

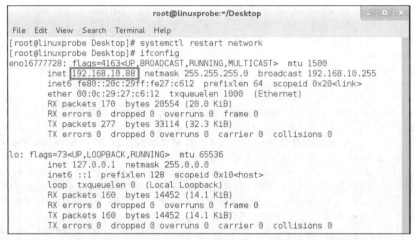

图 14-7　重启客户端的网络服务，查看绑定效果

复习题

1. 简述 DHCP 协议的主要用途。

   答：为局域网内部的设备或网络供应商自动分配 IP 地址等参数。

2. DHCP 协议能够为客户端分配什么网卡资源？

   答：可为客户端分配 IP 地址、子网掩码、网关地址以及 DNS 地址等信息。

3. 真正供用户使用的 IP 地址范围是作用域还是地址池？

   答：地址池，因为作用域内还会包含要排除掉的 IP 地址。

4. 简述 DHCP 协议中"租约"的作用。

   答：租约分为默认租约时间和最大租约时间，用于在租约时间到期后自动回收主机的 IP 地址，以免造成 IP 地址的浪费。

5. 把 IP 地址与主机的什么信息绑定，就可以保证该主机一直获取到固定的 IP 地址？

   答：主机网卡的 MAC 地址。

## 第 15 章

使用 Postifx 与 Dovecot 部署邮件系统

本章讲解了如下内容:

➤ 电子邮件系统;

➤ 部署基础的电子邮件系统;

➤ 设置用户别名信箱。

电子邮件系统是我们在日常工作、生活中最常用的一个网络服务,本章将首先介绍电子邮件系统的起源,然后介绍 SMTP、POP3、IMAP4 等常见的电子邮件协议,以及 MUA、MTA、MDA 这三种服务角色的作用。本章将完整地演示在 Linux 系统中使用 Postfix 和 Dovecot 服务程序配置电子邮件系统服务的方法,并重点讲解常用的配置参数,此外还将结合 BIND 服务程序提供的 DNS 域名解析服务来验证客户端主机与服务器之间的邮件收发功能。本章最后还介绍了如何在电子邮件系统中设置用户别名,以帮助大家在生产环境中更好地控制、管理电子邮件账户以及信箱地址。

15.1　电子邮件系统

20 世纪 60 年代,美苏两国正处于冷战时期。美国军方认为应该在科学技术上保持其领先的地位,这样有助于在未来的战争中取得优势。美国国防部由此发起了一项名为 ARPANET 的科研项目,即大家现在所熟知的阿帕网计划。阿帕网是当今互联网的雏形,它也是世界上第一个运营的封包交换网络。但是很快在 1971 年阿帕网遇到了严峻的问题,如图 15-1 所示,参与阿帕网科研项目的科学家分布在美国不同的地区,甚至还会因为时差的影响而不能及时分享各自的研究成果,因此科学家们迫切需要一种能够借助于网络在计算机之间传输数据的方法。

尽管本书第 10 章和第 11 章介绍的 Web 服务和 FTP 文件传输服务也能实现数据交换,但是这些服务的数据传输方式就像"打电话"那样,需要双方同时在线才能完成传输工作。如果对方的主机宕机或者科研人员因故离开,就有可能错过某些科研成果了。好在当时麻省理工学院的 Ray Tomlinson 博士也参与到了阿帕网计划的科研项目中,他觉得有必要设计一种类似于"信件"的传输服务,并为信件准备一个"信箱",这样即便对方临时离线也能完成数据的接收,等上线后再进行处理即可。于是,Ray Tomlinson 博士用了近一年的时间完成了电子邮件(Email)的设计,并在 1971 年秋天使用 SNDMSG 软件向自己的另一台计算机发送出了人类历史上第一封电子邮件——电子邮件系统在互联网中由此诞生!

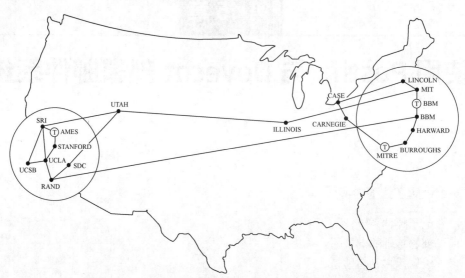

图 15-1　1971 年阿帕网科研项目运营情况历史资料图片

　　既然要在互联网中给他人发送电子邮件，那么对方用户用于接收电子邮件的名称必须是唯一的，否则电子邮件可能会同时发给多个重名的用户，也或者干脆大家都收不到邮件了。因此，Ray Tomlinson 博士决定选择使用"姓名@计算机主机名称"的格式来规范电子信箱的名称。选择使用@符号作为间隔符的原因其实也很简单，因为 Ray Tomlinson 博士觉得人类的名字和计算机主机名称中应该不会有这么一个@符号，所以就选择了这个符号。

　　电子邮件系统基于邮件协议来完成电子邮件的传输，常见的邮件协议有下面这些。

> **简单邮件传输协议（Simple Mail Transfer Protocol，SMTP）**：用于发送和中转发出的电子邮件，占用服务器的 25/TCP 端口。

> **邮局协议版本 3（Post Office Protocol 3）**：用于将电子邮件存储到本地主机，占用服务器的 110/TCP 端口。

> **Internet 消息访问协议版本 4（Internet Message Access Protocol 4）**：用于在本地主机上访问邮件，占用服务器的 143/TCP 端口。

　　在电子邮件系统中，为用户收发邮件的服务器名为邮件用户代理（Mail User Agent，MUA）。另外，既然电子邮件系统能够让用户在离线的情况下依然可以完成数据的接收，肯定得有一个用于保存用户邮件的"信箱"服务器，这个服务器的名字为邮件投递代理（Mail Delivery Agent，MDA），其工作职责是把来自于邮件传输代理（Mail Transfer Agent，MTA）的邮件保存到本地的收件箱中。其中，这个 MTA 的工作职责是转发处理不同电子邮件服务供应商之间的邮件，把来自于 MUA 的邮件转发到合适的 MTA 服务器。例如，我们从新浪信箱向谷歌信箱发送一封电子邮件，这封电子邮件的传输过程如图 15-2 所示。

　　总的来说，一般的网络服务程序在传输信息时就像拨打电话，需要双方同时保持在线，而在电子邮件系统中，当用户发送邮件后不必等待投递工作完成即可下线。如果对方邮件服务器（MTA）宕机或对方临时离线，则发件服务器（MTA）就会把要发送的内容自动的暂时保存到本地，等检测到对方邮件服务器恢复后会立即再次投递，期间一般无需运维人员维护处理，随后收信人（MUA）就能在自己的信箱中找到这封邮件了。

图 15-2 电子邮件的传输过程

大家在生产环境中部署企业级的电子邮件系统时，有 4 个注意事项请留意。

➤ 添加反垃圾与反病毒模块：它能够很有效地阻止垃圾邮件或病毒邮件对企业信箱的干扰。

➤ 对邮件加密：可有效保护邮件内容不被黑客盗取和篡改。

➤ 添加邮件监控审核模块：可有效地监控企业全体员工的邮件中是否有敏感词、是否有透露企业资料等违规行为。

➤ 保障稳定性：电子邮件系统的稳定性至关重要，运维人员应做到保证电子邮件系统的稳定运行，并及时做好防范分布式拒绝服务（Distributed Denial of Service，DDoS）攻击的准备。

15.2 部署基础的电子邮件系统

一个最基础的电子邮件系统肯定要能提供发件服务和收件服务，为此需要使用基于 SMTP 协议的 Postfix 服务程序提供发件服务功能，并使用基于 POP3 协议的 Dovecot 服务程序提供收件服务功能。这样一来，用户就可以使用 Outlook Express 或 Foxmail 等客户端服务程序正常收发邮件了。电子邮件系统的工作流程如图 15-3 所示。

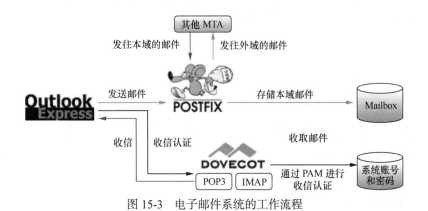

图 15-3 电子邮件系统的工作流程

在 RHEL 5、RHEL 6 以及诸多早期的 Linux 系统中，默认使用的发件服务是由 Sendmail 服务程序提供的，而在 RHEL 7 系统中已经替换为 Postfix 服务程序。相较于 Sendmail 服务程序，Postfix 服务程序减少了很多不必要的配置步骤，而且在稳定性、并发性方面也有很大改进。

一般而言，我们的信箱地址类似于"root@linuxprobe.com"这样，也就是按照"用户名

@主机地址（域名）"格式来规范的。如果您给我一串"root@192.168.10.10"的信息，我可能猜不到这是一个信箱地址，没准会将它当作 SSH 协议的连接信息。因此，要想更好地检验电子邮件系统的配置效果，需要先部署 bind 服务程序，为电子邮件服务器和客户端提供 DNS 域名解析服务。

第 1 步：配置服务器主机名称，需要保证服务器主机名称与发信域名保持一致：

```
[root@linuxprobe ~]# vim /etc/hostname
mail.linuxprobe.com
[root@linuxprobe ~]# hostname
mail.linuxprobe.com
```

第 2 步：清空 iptables 防火墙默认策略，并保存策略状态，避免因防火墙中默认存在的策略阻止了客户端 DNS 解析域名及收发邮件：

```
[root@localhost ~]# iptables -F
[root@localhost ~]# service iptables save
iptables: Saving firewall rules to /etc/sysconfig/iptables:[  OK  ]
```

第 3 步：为电子邮件系统提供域名解析。由于第 13 章已经讲解了 bind-chroot 服务程序的配置方法，因此这里只提供主配置文件、区域配置文件和域名数据文件的配置内容，其余配置步骤请大家自行完成。

```
[root@linuxprobe ~]# cat /etc/named.conf
1 //
2 // named.conf
3 //
4 // Provided by Red Hat bind package to configure the ISC BIND named(8) DNS
5 // server as a caching only nameserver (as a localhost DNS resolver only).
6 //
7 // See /usr/share/doc/bind*/sample/ for example named configuration files.
8 //
9
10 options {
11 listen-on port 53 { any; };
12 listen-on-v6 port 53 { ::1; };
13 directory "/var/named";
14 dump-file "/var/named/data/cache_dump.db";
15 statistics-file "/var/named/data/named_stats.txt";
16 memstatistics-file "/var/named/data/named_mem_stats.txt";
17 allow-query { any; };
18
.................省略部分输出信息.................
[root@linuxprobe ~]# cat /etc/named.rfc1912.zones
zone "linuxprobe.com" IN {
type master;
file "linuxprobe.com.zone";
allow-update {none;};
};
[root@linuxprobe ~]# cat /var/named/linuxprobe.com.zone
```

$TTL 1D				
@	IN SOA	linuxprobe.com.	root.linuxprobe.com.	(
				0;serial
				1D;refresh
				1H;retry
				1W;expire
				3H;minimum
	NS	ns.linuxprobe.com.		
ns	IN A	192.168.10.10		
@	IN MX 10	mail.linuxprobe.com.		
mail	IN A	192.168.10.10		

```
[root@linuxprobe ~]# systemctl restart named
[root@linuxprobe ~]# systemctl enable named
ln -s '/usr/lib/systemd/system/named.service'
'/etc/systemd/system/multi-user.target.wants/named.service'
```

修改好配置文件后记得重启 bind 服务程序，这样电子邮件系统所对应的服务器主机名即为 mail.linuxprobe.com，而邮件域为@linuxprobe.com。把服务器的 DNS 地址修改成本地 IP 地址，如图 15-4 所示。

图 15-4　配置服务器的 DNS 地址

15.2.1　配置 Postfix 服务程序

Postfix 是一款由 IBM 资助研发的免费开源电子邮件服务程序，能够很好地兼容 Sendmail

服务程序,可以方便 Sendmail 用户迁移到 Postfix 服务上。Postfix 服务程序的邮件收发能力强于 Sendmail 服务,而且能自动增加、减少进程的数量来保证电子邮件系统的高性能与稳定性。另外,Postfix 服务程序由许多小模块组成,每个小模块都可以完成特定的功能,因此可在生产工作环境中根据需求灵活搭配它们。

第 1 步:安装 Postfix 服务程序。这一步在 RHEL7 系统中是多余的。刘遄老师之所以还要写上这一步骤,其目的是让大家在学完本书之后不但能掌握 RHEL 系统,还能立即上手 Fedora、CentOS 等主流 Linux 系统。这样,既然这些系统没有默认安装 Postfix 服务程序,我们也可以自行搞定。在安装完 Postfix 服务程序后,需要禁用 iptables 防火墙,否则外部用户无法访问电子邮件系统。

```
[root@linuxprobe ~]# yum install postfix
Loaded plugins: langpacks, product-id, subscription-manager
rhel7 | 4.1 kB 00:00
(1/2): rhel7/group_gz | 134 kB 00:00
(2/2): rhel7/primary_db | 3.4 MB 00:00
Package 2:postfix-2.10.1-6.el7.x86_64 already installed and latest version
Nothing to do
[root@linuxprobe ~]# systemctl disable iptables
```

第 2 步:配置 Postfix 服务程序。大家如果是首次看到 Postfix 服务程序主配置文件(/etc/postfix/main.cf),估计会被 679 行左右的内容给吓到。其实不用担心,这里面绝大多数的内容依然是注释信息。刘遄老师在本书中一直强调正确学习 Linux 系统的方法,并坚信"负责任的好老师不应该是书本的搬运工,而应该一名优质内容的提炼者",因此在翻遍了配置参数的介绍,以及结合多年的运维经验后,最终总结出了 7 个最应该掌握的参数,如表 15-1 所示。

表 15-1 Postfix 服务程序主配置文件中的重要参数

参数	作用
myhostname	邮局系统的主机名
mydomain	邮局系统的域名
myorigin	从本机发出邮件的域名名称
inet_interfaces	监听的网卡接口
mydestination	可接收邮件的主机名或域名
mynetworks	设置可转发哪些主机的邮件
relay_domains	设置可转发哪些网域的邮件

在 Postfix 服务程序的主配置文件中,总计需要修改 5 处。首先是在第 76 行定义一个名为 myhostname 的变量,用来保存服务器的主机名称。请大家记住这个变量的名称,下边的参数需要调用它:

```
[root@linuxprobe ~] # vim /etc/postfix/main.cf
................省略部分输出信息................
68 # INTERNET HOST AND DOMAIN NAMES
69 #
70 # The myhostname parameter specifies the internet hostname of this
71 # mail system. The default is to use the fully-qualified domain name
72 # from gethostname(). $myhostname is used as a default value for many
```

```
73 # other configuration parameters.
74 #
75 #myhostname = host.domain.tld
76 myhostname = mail.linuxprobe.com
```
················省略部分输出信息················

然后在第 83 行定义一个名为 mydomain 的变量，用来保存邮件域的名称。大家也要记住这个变量名称，下面将调用它：

```
78 # The mydomain parameter specifies the local internet domain name.
79 # The default is to use $myhostname minus the first component.
80 # $mydomain is used as a default value for many other configuration
81 # parameters.
82 #
83 mydomain = linuxprobe.com
```

在第 99 行调用前面的 mydomain 变量，用来定义发出邮件的域。调用变量的好处是避免重复写入信息，以及便于日后统一修改：

```
85 # SENDING MAIL
86 #
87 # The myorigin parameter specifies the domain that locally-posted
88 # mail appears to come from. The default is to append $myhostname,
89 # which is fine for small sites. If you run a domain with multiple
90 # machines, you should (1) change this to $mydomain and (2) set up
91 # a domain-wide alias database that aliases each user to
92 # user@that.users.mailhost.
93 #
94 # For the sake of consistency between sender and recipient addresses,
95 # myorigin also specifies the default domain name that is appended
96 # to recipient addresses that have no @domain part.
97 #
98 #myorigin = $myhostname
99 myorigin = $mydomain
```

第 4 处修改是在第 116 行定义网卡监听地址。可以指定要使用服务器的哪些 IP 地址对外提供电子邮件服务；也可以干脆写成 all，代表所有 IP 地址都能提供电子邮件服务：

```
103 # The inet_interfaces parameter specifies the network interface
104 # addresses that this mail system receives mail on. By default,
105 # the software claims all active interfaces on the machine. The
106 # parameter also controls delivery of mail to user@[ip.address].
107 #
108 # See also the proxy_interfaces parameter, for network addresses that
109 # are forwarded to us via a proxy or network address translator.
110 #
111 # Note: you need to stop/start Postfix when this parameter changes.
112 #
113 #inet_interfaces = all
114 #inet_interfaces = $myhostname
115 #inet_interfaces = $myhostname, localhost
116 inet_interfaces = all
```

最后一处修改是在第 164 行定义可接收邮件的主机名或域名列表。这里可以直接调用前面定义好的 myhostname 和 mydomain 变量（如果不想调用变量，也可以直接调用变量中的值）：

```
133 # The mydestination parameter specifies the list of domains that this
134 # machine considers itself the final destination for.
135 #
136 # These domains are routed to the delivery agent specified with the
137 # local_transport parameter setting. By default, that is the UNIX
138 # compatible delivery agent that lookups all recipients in /etc/passwd
139 # and /etc/aliases or their equivalent.
140 #
141 # The default is $myhostname + localhost.$mydomain.  On a mail domain
142 # gateway, you should also include $mydomain.
143 #
144 # Do not specify the names of virtual domains - those domains are
145 # specified elsewhere (see VIRTUAL_README).
146 #
147 # Do not specify the names of domains that this machine is backup MX
148 # host for. Specify those names via the relay_domains settings for
149 # the SMTP server, or use permit_mx_backup if you are lazy (see
150 # STANDARD_CONFIGURATION_README).
151 #
152 # The local machine is always the final destination for mail addressed
153 # to user@[the.net.work.address] of an interface that the mail system
154 # receives mail on (see the inet_interfaces parameter).
155 #
156 # Specify a list of host or domain names, /file/name or type:table
157 # patterns, separated by commas and/or whitespace. A /file/name
158 # pattern is replaced by its contents; a type:table is matched when
159 # a name matches a lookup key (the right-hand side is ignored).
160 # Continue long lines by starting the next line with whitespace.
161 #
162 # See also below, section "REJECTING MAIL FOR UNKNOWN LOCAL USERS".
163 #
164 mydestination = $myhostname , $mydomain
165 #mydestination = $myhostname, localhost.$mydomain, localhost, $mydomain
166 #mydestination = $myhostname, localhost.$mydomain, localhost, $mydomain,
```

第 3 步：创建电子邮件系统的登录账户。Postfix 与 vsftpd 服务程序一样，都可以调用本地系统的账户和密码，因此在本地系统创建常规账户即可。最后重启配置妥当的 postfix 服务程序，并将其添加到开机启动项中。大功告成！

```
[root@linuxprobe ~] # useradd boss
[root@linuxprobe ~] # echo "linuxprobe" | passwd --stdin boss
Changing password for user boss. passwd: all authentication tokens updated
successfully.
[root@linuxprobe ~] # systemctl restart postfix
[root@linuxprobe ~] # systemctl enable postfix
ln -s '/usr/lib/systemd/system/postfix.service' '/etc/systemd/system/multi-user.
target.wants/postfix.service'
```

15.2.2　配置 Dovecot 服务程序

Dovecot 是一款能够为 Linux 系统提供 IMAP 和 POP3 电子邮件服务的开源服务程序，安全性极高，配置简单，执行速度快，而且占用的服务器硬件资源也较少，因此是一款值得推荐的收件服务程序。

第 1 步：安装 Dovecot 服务程序软件包。大家可自行配置 Yum 软件仓库、挂载光盘镜像到指定目录，然后输入要安装的 dovecot 软件包名称即可：

```
[root@linuxprobe ~]# yum install dovecot
Loaded plugins: langpacks, product-id, subscription-manager
................省略部分输出信息................
Installing:
 dovecot x86_64 1:2.2.10-4.el7 rhel 3.2 M
Installing for dependencies:
 clucene-core x86_64 2.3.3.4-11.el7 rhel 528 k
Transaction Summary
================================================================================
Install 1 Package (+1 Dependent package)
Total download size: 3.7 M
Installed size: 12 M
Is this ok [y/d/N]: y
Downloading packages:
--------------------------------------------------------------------------------
Total 44 MB/s | 3.7 MB 00:00
Running transaction check
Running transaction test
Transaction test succeeded
Running transaction
 Installing : clucene-core-2.3.3.4-11.el7.x86_64 1/2
 Installing : 1:dovecot-2.2.10-4.el7.x86_64 2/2
 Verifying : 1:dovecot-2.2.10-4.el7.x86_64 1/2
 Verifying : clucene-core-2.3.3.4-11.el7.x86_64 2/2
Installed:
 dovecot.x86_64 1:2.2.10-4.el7
Dependency Installed:
 clucene-core.x86_64 0:2.3.3.4-11.el7
Complete!
```

第 2 步：配置部署 Dovecot 服务程序。在 Dovecot 服务程序的主配置文件中进行如下修改。首先是第 24 行，把 Dovecot 服务程序支持的电子邮件协议修改为 imap、pop3 和 lmtp。然后在这一行下面添加一行参数，允许用户使用明文进行密码验证。之所以这样操作，是因为 Dovecot 服务程序为了保证电子邮件系统的安全而默认强制用户使用加密方式进行登录，而由于当前还没有加密系统，因此需要添加该参数来允许用户的明文登录。

```
[root@linuxprobe ~] # vim /etc/dovecot/dovecot.conf
................省略部分输出信息................
23 # Protocols we want to be serving.
24 protocols = imap pop3 lmtp
25 disable_plaintext_auth = no
................省略部分输出信息................
```

在主配置文件中的第 48 行，设置允许登录的网段地址，也就是说我们可以在这里限制只有来自于某个网段的用户才能使用电子邮件系统。如果想允许所有人都能使用，则不用修改本参数：

```
44 # Space separated list of trusted network ranges. Connections from these
45 # IPs are allowed to override their IP addresses and ports (for logging and
46 # for authentication checks). disable_plaintext_auth is also ignored for
47 # these networks. Typically you'd specify your IMAP proxy servers here.
48 login_trusted_networks = 192.168.10.0/24
```

第 3 步：配置邮件格式与存储路径。在 Dovecot 服务程序单独的子配置文件中，定义一个路径，用于指定要将收到的邮件存放到服务器本地的哪个位置。这个路径默认已经定义好了，我们只需要将该配置文件中第 24 行前面的井号（#）删除即可。

```
[root@linuxprobe ~] # vim /etc/dovecot/conf.d/10-mail.conf
1 ##
2 ## Mailbox locations and namespaces
3 ##
4 # Location for users' mailboxes. The default is empty, which means that Dovecot
5 # tries to find the mailboxes automatically. This won't work if the user
6 # doesn't yet have any mail, so you should explicitly tell Dovecot the full
7 # location.
8 #
9 # If you're using mbox, giving a path to the INBOX file (eg. /var/mail/%u)
10 # isn't enough. You'll also need to tell Dovecot where the other mailboxes are
11 # kept. This is called the "root mail directory", and it must be the first
12 # path given in the mail_location setting.
13 #
14 # There are a few special variables you can use, eg.:
15 #
16 # %u - username
17 # %n - user part in user@domain, same as %u if there's no domain
18 # %d - domain part in user@domain, empty if there's no domain
19 # %h - home directory
20 #
21 # See doc/wiki/Variables.txt for full list. Some examples:
22 #
23 # mail_location = maildir:~/Maildir
24    mail_location = mbox:~/mail:INBOX=/var/mail/%u
25 # mail_location = mbox:/var/mail/%d/%1n/%n:INDEX=/var/indexes/%d/%1n/%n
.................省略部分输出信息.................
```

然后切换到配置 Postfix 服务程序时创建的 boss 账户，并在家目录中建立用于保存邮件的目录。记得要重启 Dovecot 服务并将其添加到开机启动项中。至此，对 Dovecot 服务程序的配置部署步骤全部结束。

```
[root@linuxprobe ~] # su - boss
Last login: Sat Aug 15 16:15:58 CST 2017 on pts/1
[boss@mail ~]$ mkdir -p mail/.imap/INBOX
[boss@mail ~]$ exit
[root@linuxprobe ~] # systemctl restart dovecot
[root@linuxprobe ~] # systemctl enable dovecot
ln -s '/usr/lib/systemd/system/dovecot.service' '/etc/systemd/system/multi-user.
target.wants/dovecot.service'
```

15.2.3　测试电子邮件系统

如何得知电子邮件系统已经能够正常收发邮件了呢？可以使用 Windows 操作系统中自带的 Outlook 软件来进行测试（也可以使用其他电子邮件客户端来测试，比如 Foxmail）。请按照表 15-2 来设置电子邮件系统及 DNS 服务器和客户端主机的 IP 地址，以便能正常解析邮件域名。设置后的结果如图 15-5 所示。

表 15-2　　　　　　　　　服务器与客户端的操作系统与 IP 地址

主机名称	操作系统	IP 地址
电子邮件系统及 DNS 服务器	RHEL 7	192.168.10.10
客户端主机	Windows 7	192.168.10.30

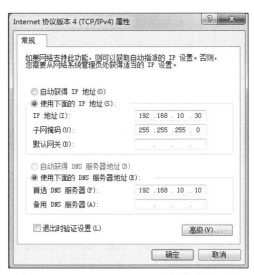

图 15-5　配置 Windows 7 系统的网络参数

第 1 步：在 Windows 7 系统中运行 Outlook 软件程序。由于各位读者使用的 Windows7 系统版本不一定相同，因此刘遄老师决定采用 Outlook 2007 版本为对象进行实验。如果您想要与这里的实验环境尽量保持一致，可在本书配套站点的软件资源库页面（http://www.linuxprobe.com/tools）下载并安装。在初次运行该软件时会出现一个"Outlook 2007 启动"页面，引导大家完成该软件的配置过程，如图 15-6 所示。

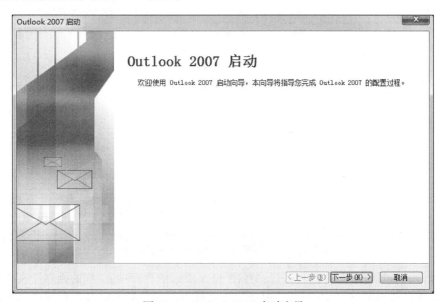

图 15-6　Outlook 2007 启动向导

第 2 步：配置电子邮件账户。在图 15-7 所示的"账户设置"页面中单击"是"单选按钮，然后单击"下一步"按钮。

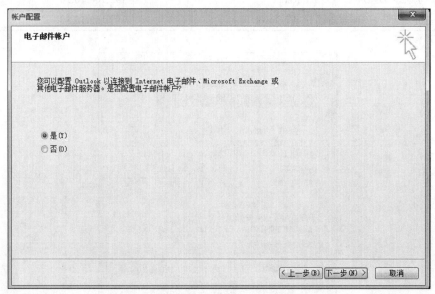

图 15-7　配置电子邮件账户

第 3 步：选择电子邮件服务的协议类型。在图 15-8 所示的页面中接受默认设置，然后单击"下一步"按钮。

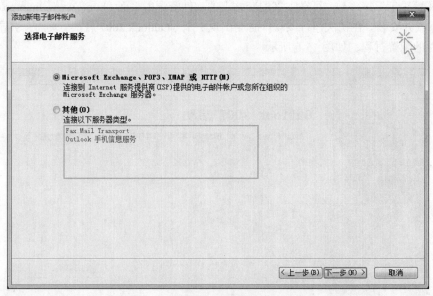

图 15-8　选择电子邮件服务的协议类型

第 4 步：填写电子邮件账户信息，在图 15-9 所示的页面中，"您的姓名"文本框中可以为自定义的任意名字，"电子邮件地址"文本框中则需要输入服务器系统内的账户名外加发件域，"密码"文本框中要输入该账户在服务器内的登录密码。在填写完毕之后，单击"下一步"按钮。

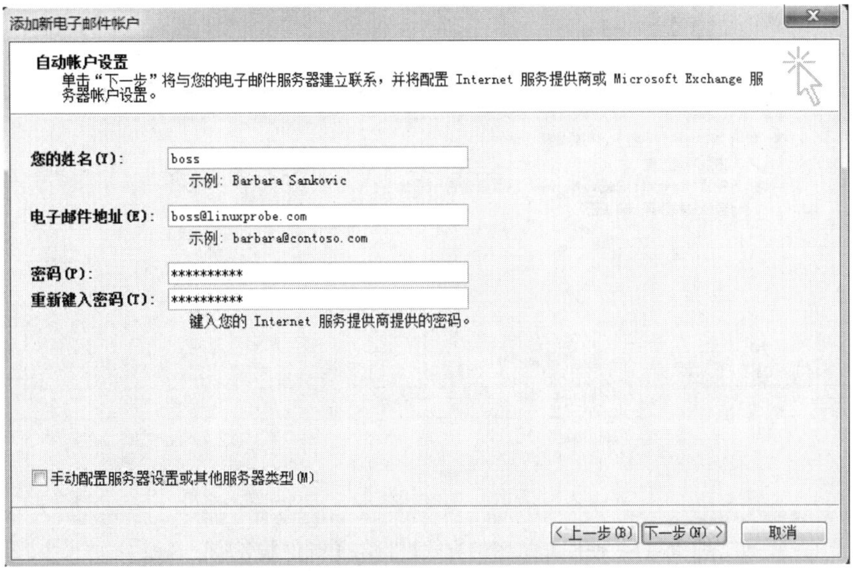

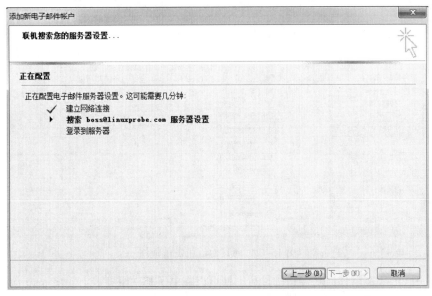

图 15-9 填写电子邮件账户信息

第 5 步：进行电子邮件服务登录验证。由于当前没有可用的 SSL 加密服务，因此在 Dovecot 服务程序的主配置文件中写入了一条参数，让客户可以使用明文登录到电子邮件服务。Outlook 软件默认会通过 SSL 加密协议尝试登录电子邮件服务，所以在进行图 15-10 所示的"搜索 boss@linuxprobe.com 服务器设置"大约 30～60 秒后，系统会出现登录失败的报错信息。此时只需再次单击"下一步"按钮，即可让 Outlook 软件通过非加密的方式验证登录，如图 15-11 所示。

图 15-10 进行电子邮件服务验证登录

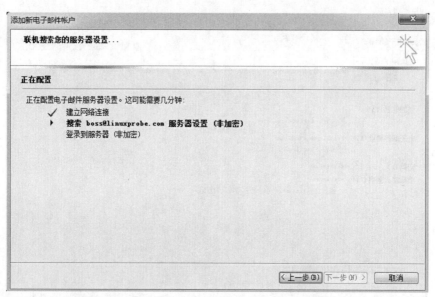

图 15-11　使用非加密的方式进行电子邮件服务验证登录

第 6 步：向其他信箱发送邮件。在成功登录 Outlook 软件后即可尝试编写并发送新邮件了。只需在软件界面的空白处单击鼠标右键，在弹出的菜单中选择"新邮件"命令（见图 15-12），然后在邮件界面中填写收件人的信箱地址以及完整的邮件内容后单击"发送"按钮，如图 15-13 所示。

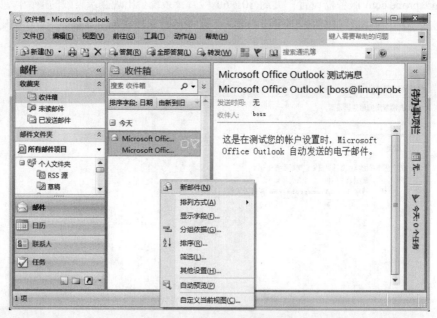

图 15-12　向其他信箱发送邮件

当使用 Outlook 软件成功发送邮件后，便可以在电子邮件服务器上使用 mail 命令查看到新邮件提醒了。如果想查看邮件的完整内容，只需输入收件人姓名前面的编号即可。

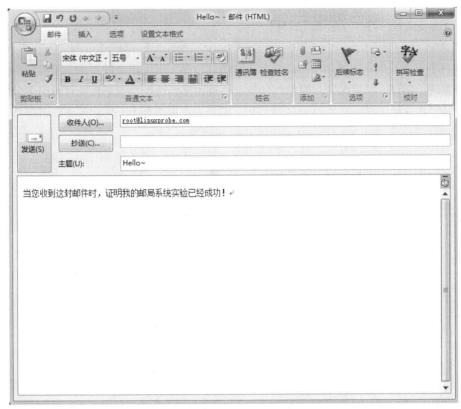

图 15-13　填写收件人信箱地址并编写完整的邮件内容

```
[root@linuxprobe ~] # mail
Heirloom Mail version 12.5 7/5/10.Type ? for help.
"/var/mail/root": 3 messages 3 unread >
U 1 user@localhost.com Fri Jul 10 09:58 1631/123113 "[abrt] full crash r"
U 2 Anacron Sat Aug 15 13:33 18/624 "Anacron job 'cron.dai"
U 3 boss Sat Aug 15 19:02 118/3604 "Hello~"
&> 3
Message 3:
From boss@linuxprobe.com Sat Aug 15 19:02:06 2017
Return-Path:
X-Original-To: root@linuxprobe.com
Delivered-To: root@linuxprobe.com
From: "boss"
To:
Subject: Hello~
Date: Sat, 15 Aug 2017 19:02:06 +0800
Content-Type: text/plain; charset="gb2312"
................省略部分输出信息..................
当您收到这封邮件时，证明我的邮局系统实验已经成功！
> quit
Held 3 messages in /var/mail/root
```

15.3 设置用户别名信箱

用户别名功能是一项简单实用的邮件账户伪装技术，可以用来设置多个虚拟信箱的账户以接受发送的邮件，从而保证自身的邮件地址不被泄露，还可以用来接收自己的多个信箱中的邮件。刚才我们已经顺利地向 root 账户送了邮件，下面再向 bin 账户发送一封邮件，如图 15-14 所示。

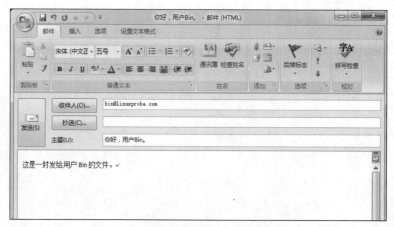

图 15-14 向服务器上的 bin 账户发送邮件

在邮件发送后登录到服务器，然后尝试以 bin 账户的身份登录。由于 bin 账户在 Linux 系统中是系统账户，默认的 Shell 终端是/sbin/nologin，因此在以 bin 账户登录时，系统会提示当前账户不可用。但是，在电子邮件服务器上使用 mail 命令后，却看到这封原本要发送给 bin 账户的邮件已经被存放到了 root 账户的信箱中。

```
[root@linuxprobe ~]# su - bin
This account is currently not available.
[root@linuxprobe ~]# mail
Heirloom Mail version 12.5 7/5/10.
Type ? for help.
"/var/mail/root": 4 messages 4 new >
U 1 user@localhost.com Fri Jul 10 09:58 1630/123103 "[abrt] full crash r"
U 2 Anacron Wed Aug 19 17:47 17/619 "Anacron job 'cron.dai"
U 3 boss Sat Aug 15 19:02 118/3604 "Hello~" U
4 boss Wed Aug 19 18:49 116/3231 "你好，用户Bin。"
&> 4
Message 4:
From boss@linuxprobe.com Wed Aug 19 18:49:05 2017
Return-Path: <boss@linuxprobe.com>
X-Original-To: bin@linuxprobe.com
Delivered-To: bin@linuxprobe.com
From: "boss" <boss@linuxprobe.com>
To: <bin@linuxprobe.com>
Subject: 你好，用户 Bin。
Date: Wed, 19 Aug 2017 18:49:05 +0800
Content-Type: multipart/alternative; boundary="-----_NextPart_000_0006_01D0DAAF.
B9104E90"
```

```
X-Mailer: Microsoft Office Outlook 12.0 Thread-Index: AdDabKrQzUHVBTgRQMaCtUs
VtqfL1Q== Content-Language: zh-cn Status: R Content-Type: text/plain; charset="gb2312"
..................省略部分输出信息..................
这是一封发给用户 Bin 的文件。
&> quit
Held 4 messages in /var/mail/root
```

太奇怪了！明明发送给 bin 账户的邮件怎么会被 root 账户收到了呢？其实，这就是使用用户别名技术来实现的。在 aliases 邮件别名服务的配置文件中可以看到，里面定义了大量的用户别名，这些用户别名大多数是 Linux 系统本地的系统账户，而在冒号（:）间隔符后面的 root 账户则是用来接收这些账户邮件的人。用户别名可以是 Linux 系统内的本地用户，也可以是完全虚构的用户名字。

> **注：**
>
> 下述命令会显示大量的内容，考虑到篇幅限制，这里已经做了部分删减，其实际的输出名单将是这里的两倍多。

```
[root@linuxprobe ~]# cat /etc/aliases
#
# Aliases in this file will NOT be expanded in the header from
# Mail, but WILL be visible over networks or from /bin/mail.
#
# >>>>>>>>>> The program "newaliases" must be run after
# >> NOTE >> this file is updated for any changes to
# >>>>>>>>>> show through to sendmail.
#
# Basic system aliases -- these MUST be present.
mailer-daemon: postmaster
postmaster: root
# General redirections for pseudo accounts.
bin: root
daemon: root
adm: root
lp: root
sync: root
shutdown: root
halt: root
mail: root
www: webmaster
webmaster: root
noc: root
security: root
hostmaster: root
info: postmaster
marketing: postmaster
sales: postmaster
support: postmaster
# trap decode to catch security attacks
decode: root
# Person who should get root's mail
#root: marc
```

现在大家能猜出是怎么一回事了吧。原来 aliases 邮件别名服务的配置文件是专门用来定义用户别名与邮件接收人的映射。除了使用本地系统中系统账户的名称外，我们还可以自行定义一些别名来接收邮件。例如，创建一个名为 xxoo 的账户，而真正接收该账户邮件的应该是 root 账户。

```
[root@linuxprobe ~]# cat /etc/aliases
#
# Aliases in this file will NOT be expanded in the header from
# Mail, but WILL be visible over networks or from /bin/mail.
#
# >>>>>>>>>> The program "newaliases" must be run after
# >> NOTE >> this file is updated for any changes to
# >>>>>>>>>> show through to sendmail.
#
# Basic system aliases -- these MUST be present.
mailer-daemon: postmaster
postmaster: root
# General redirections for pseudo accounts.
xxoo: root
bin: root
daemon: root
adm: root
lp: root
................省略部分输出信息................
```

保存并退出 aliases 邮件别名服务的配置文件后，需要再执行一下 newaliases 命令，其目的是让新的用户别名配置文件立即生效。然后再次尝试发送邮件，如图 15-15 所示：

这时，使用 root 账户在服务器上执行 mail 命令后，就能看到这封原本要发送给 xxoo 账户的邮件了。最后，刘遄老师再啰嗦一句，用户别名技术不仅应用广泛，而且配置也很简单。所以更要提醒大家的是，今后千万不要看到有些网站上提供了很多客服信箱就轻易相信别人，没准发往这些客服信箱的邮件会被同一个人收到。

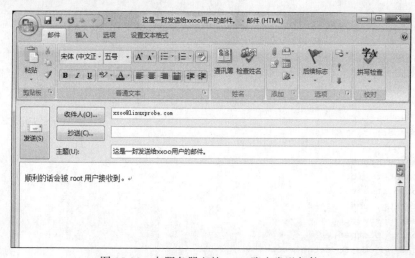

图 15-15　向服务器上的 xxoo 账户发送邮件

```
[root@linuxprobe ~]# mail
Heirloom Mail version 12.5 7/5/10. Type ? for help.
```

```
"/var/mail/root": 5 messages 1 new 4 unread
U 1 user@localhost.com Fri Jul 10 09:58 1631/123113 "[abrt] full crash report"
U 2 Anacron Wed Aug 19 17:47 18/629 "Anacron job 'cron.daily' on mail.linuxprobe.com"
U 3 boss Wed Aug 19 18:44 114/2975 "hello"
4 boss Wed Aug 19 18:49 117/3242 "你好, 用户 Bin。"
>N 5 boss Wed Aug 19 19:18 115/3254 "这是一封发送给 xxoo 用户的邮件。"
```

复习题

1. 电子邮件服务与 HTTP、FTP、NFS 等程序的服务模式的最大区别是什么？
   答：当对方主机宕机或对方临时离线时，使用电子邮件服务依然可以发送数据。

2. 常见的电子邮件协议有那些？
   答：SMTP、POP3 和 MAP4。

3. 电子邮件系统中 MUA、MTA、MDA 三种服务角色的用途分别是什么？
   答：MUA 用于收发邮件、MTA 用于转发邮件、MDA 用于保存邮件。

4. 使用 Postfix 与 Dovecot 部署电子邮件系统前，需要先做什么？
   答：需要先配置部署 DNS 域名解析服务，以便提供信箱地址解析功能。

5. 能否让 Dovecot 服务程序限制允许连接的主机范围？
   答：可以，在 Dovecot 服务程序的主配置文件中修改 login_trusted_networks 参数值即可，这样可在不修改防火墙策略的情况下限制来访的主机范围。

6. 使用 Outlook 软件连接电子邮件服务器的地址 mail.linuxprobe.com 时，提示找不到服务器或连接超时，这可能是什么原因导致的呢？
   答：很有可能是 DNS 域名解析问题引起的连接超时，可在服务器与客户端分别执行 ping mail.linuxprobe.com 命令，测试是否可以正常解析出 IP 地址。

7. 如何定义用户别名信箱以及让其立即生效？
   答：可直接修改邮件别名服务的配置文件，并在保存退出后执行 newaliases 命令即可让新的用户别名立即生效。

第 16 章

使用 Squid 部署代理缓存服务

本章讲解了如下内容:

➤ 代理缓存服务;
➤ 配置 Squid 服务程序;
➤ 正向代理;
➤ 反向代理。

本章首先介绍代理服务的原理以及作用,然后介绍 Squid 服务程序正向解析和反向解析的理论以及配置方法。其中,正向代理模式不仅可以让用户使用 Squid 代理服务器上网,还可以基于指定的 IP 地址、域名关键词、网站地址或下载文件后缀等信息,实现类似于访问控制列表的功能。反向代理模式可以大幅提升网站的访问速度,还可以帮助网站服务器减轻负载压力。

在掌握了 Squid 服务程序的标准正向代理模式、透明正向代理模式、访问控制列表功能以及反向代理等实用功能之后,读者不但可以进一步理解代理服务,提升服务控制能力,而且在步入运维岗位后能够游刃有余地处理相关问题。

16.1 代理缓存服务

Squid 是 Linux 系统中最为流行的一款高性能代理服务软件,通常用作 Web 网站的前置缓存服务,能够代替用户向网站服务器请求页面数据并进行缓存。简单来说,Squid 服务程序会按照收到的用户请求向网站源服务器请求页面、图片等所需的数据,并将服务器返回的数据存储在运行 Squid 服务程序的服务器上。当有用户再请求相同的数据时,则可以直接将存储服务器本地的数据交付给用户,这样不仅减少了用户的等待时间,还缓解了网站服务器的负载压力。

Squid 服务程序具有配置简单、效率高、功能丰富等特点,它能支持 HTTP、FTP、SSL 等多种协议的数据缓存,可以基于访问控制列表(ACL)和访问权限列表(ARL)执行内容过滤与权限管理功能,还可以基于多种条件禁止用户访问存在威胁或不适宜的网站资源,因此可以保护企业内网的安全,提升用户的网络体验,帮助节省网络带宽。

由于缓存代理服务不但会消耗服务器较多的 CPU 计算性能、内存以及硬盘等硬件资源,同时还需要较大的网络带宽来保障数据的传输效率,由此会造成较大的网络带宽开销。因此国内很多 IDC 或 CDN 服务提供商会将缓存代理节点服务器放置在二三线城市以降低运营成本。

在使用 Squid 服务程序为用户提供缓存代理服务时，具有正向代理模式和反向代理模式之分。

所谓正向代理模式，是指让用户通过 Squid 服务程序获取网站页面等资源，以及基于访问控制列表（ACL）功能对用户访问网站行为进行限制，在具体的服务方式上又分为标准代理模式与透明代理模式。标准正向代理模式是把网站数据缓存到服务器本地，提高数据资源被再次访问时的效率，但是用户在上网时必须在浏览器等软件中填写代理服务器的 IP 地址与端口号信息，否则默认不使用代理服务。而透明正向代理模式的作用与标准正向代理模式基本相同，区别是用户不需要手动指定代理服务器的 IP 地址与端口号，所以这种代理服务对于用户来讲是相对透明的。

使用 Squid 服务程序提供正向代理服务的拓扑如图 16-1 所示。局域网内的主机如果想要访问外网，则必须要通过 Squid 服务器提供的代理才行，这样当 Squid 服务器接收到用户的指令后会向外部发出请求，然后将接收到的数据交还给发出指令的那个用户，从而实现了用户的代理上网需求。另外，从拓扑图中也不难看出，企业中的主机要想上网，就必须要经过公司的网关服务器，既然这是一条流量的必经之路，因此企业一般还会把 Squid 服务程序部署到公司服务器位置，并通过稍后讲到的 ACL（访问控制列表）功能对企业内员工进行上网审计及限制。

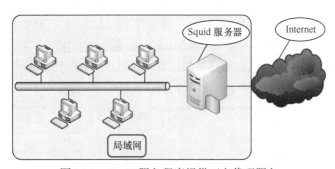

图 16-1　Squid 服务程序提供正向代理服务

反向代理模式是指让多台节点主机反向缓存网站数据，从而加快用户访问速度。因为一般来讲，网站中会普遍加载大量的文字、图片等静态资源，而且它们相对来说都是比较稳定的数据信息，当用户发起网站页面中这些静态资源的访问请求时，我们可以使用 Squid 服务程序提供的反向代理模式来进行响应。而且，如果反向代理服务器中恰巧已经有了用户要访问的静态资源，则直接将缓存的这些静态资源发送给用户，这不仅可以加快用户的网站访问速度，还在一定程度上降低了网站服务器的负载压力。

使用 Squid 服务程序提供反向代理服务的拓扑如图 16-2 所示。当外网用户尝试访问某个网站时，实际请求是被 Squid 服务器所处理的。反向代理服务器会将缓存好的静态资源更快地交付给外网用户，从而加快了网站页面被用户访问的速度。并且由于网站页面数据中的静态资源请求已被 Squid 服务器处理，因此网站服务器负责动态数据查询就可以了，也进而降低了服务器机房中网站服务器的负载压力。

总结来说，正向代理模式一般用于企业局域网之中，让企业用户统一地通过 Squid 服务访问互联网资源，这样不仅可以在一定程度上减少公网带宽的开销，而且还能对用户访问的网站内容进行监管限制，一旦内网用户访问的网站内容与禁止规则相匹配，就会自动屏蔽网站。反向代理模式一般是为大中型网站提供缓存服务的，它把网站中的静态资源保存在国内多个节点机房中，当有用户发起静态资源的访问请求时，可以就近为用户分配节点并传输资源，因此在大中型网站中得到了普遍应用。

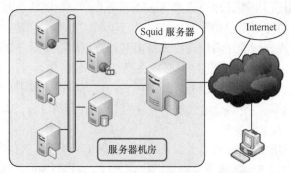

图 16-2　Squid 服务程序提供的反向代理模式

16.2　配置 Squid 服务程序

Squid 服务程序的配置步骤虽然十分简单，但依然需要为大家交代一下实验所需的设备以及相应的设置。首先需要准备两台虚拟机，一台用作 Squid 服务器，另外一台用作 Squid 客户端，后者无论是 Windows 系统还是 Linux 系统皆可（本实验中使用的是 Windows 7 操作系统）。为了能够相互通信，需要将这两台虚拟机都设置为仅主机模式（Hostonly），然后关闭其中一台虚拟机的电源，在添加一块新的网卡后开启电源，如图 16-3 所示。

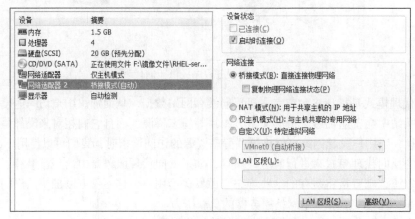

图 16-3　在其中一台虚拟机中添加一块新网卡

需要注意的是，这块新添加的网卡设备必须选择为桥接模式，否则这两台虚拟机都无法访问外网。按照表 16-1 配置这两台虚拟机的 IP 地址。

表 16-1　　　　　　Squid 服务器和客户端的操作系统和 IP 地址信息

主机名称	操作系统	IP 地址
Squid 服务器	RHEL 7	外网卡：桥接 DHCP 模式 内网卡：192.168.10.10
Squid 客户端	Windows 7	192.168.10.20

这样一来，我们就有了一台既能访问内网，又能访问外网的虚拟机了。一会儿需要把 Squid 服务程序部署在这台虚拟机上，然后让另外一台原本只能访问内网的虚拟机（即 Squid 客户端）通过 Squid 服务器进行代理上网，从而使得 Squid 客户端也能访问外部网站。

另外，我们还需要检查 Squid 服务器是否已经可以成功访问外部网络。可以 ping 一个外网域名进行测试（手动按下 Ctrl+c 键停止）。

```
[root@linuxprobe ~]# ping www.linuxprobe.com
PING www.linuxprobe.com (162.159.211.33) 56(84) bytes of data.
64 bytes from 162.159.211.33: icmp_seq=1 ttl=45 time=166 ms
64 bytes from 162.159.211.33: icmp_seq=2 ttl=45 time=168 ms
64 bytes from 162.159.211.33: icmp_seq=3 ttl=45 time=167 ms
64 bytes from 162.159.211.33: icmp_seq=4 ttl=45 time=166 ms
^C
--- www.linuxprobe.com ping statistics ---
4 packets transmitted, 4 received, 0% packet loss, time 3006ms
rtt min/avg/max/mdev = 166.361/167.039/168.109/0.836 ms
```

当配置好 Yum 软件仓库并挂载好设备镜像后，就可以安装 Squid 服务程序了。考虑到本书中大部分服务程序都是通过 Yum 软件仓库安装的，读者应该对此十分熟悉，因此这里不再赘述。当然，大家也不必担心自己过于依赖 Yum 软件仓库来管理软件程序包，第 20 章会讲解如何通过源码包的方式来安装服务程序。

```
[root@linuxprobe ~]# yum install squid
Loaded plugins: langpacks, product-id, subscription-manager
This system is not registered to Red Hat Subscription Management. You can use
subscription-manager to register.
rhel | 4.1 kB 00:00
Resolving Dependencies
--> Running transaction check
………………省略部分输出信息………………
Installed:
 squid.x86_64 7:3.3.8-11.el7
Dependency Installed:
 libecap.x86_64 0:0.2.0-8.el7
 perl-Compress-Raw-Bzip2.x86_64 0:2.061-3.el7
 perl-Compress-Raw-Zlib.x86_64 1:2.061-4.el7
 perl-DBI.x86_64 0:1.627-4.el7
 perl-Data-Dumper.x86_64 0:2.145-3.el7
 perl-Digest.noarch 0:1.17-245.el7
 perl-Digest-MD5.x86_64 0:2.52-3.el7
 perl-IO-Compress.noarch 0:2.061-2.el7
 perl-Net-Daemon.noarch 0:0.48-5.el7
 perl-PlRPC.noarch 0:0.2020-14.el7
Complete!
```

与之前配置过的服务程序大致类似，Squid 服务程序的配置文件也是存放在/etct 目录下一个以服务名称命名的目录中。表 16-2 罗列了一些常用的 Squid 服务程序配置参数，大家可以预先浏览一下。

表 16-2　　　　　　　常用的 Squid 服务程序配置参数以及作用

参数	作用
`http_port 3128`	监听的端口号
`cache_mem 64M`	内存缓冲区的大小
`cache_dir ufs /var/spool/squid 2000 16 256`	硬盘缓冲区的大小
`cache_effective_user squid`	设置缓存的有效用户
`cache_effective_group squid`	设置缓存的有效用户组
`dns_nameservers [IP 地址]`	一般不设置，而是用服务器默认的 DNS 地址
`cache_access_log /var/log/squid/access.log`	访问日志文件的保存路径
`cache_log /var/log/squid/cache.log`	缓存日志文件的保存路径
`visible_hostname linuxprobe.com`	设置 Squid 服务器的名称

16.3　正向代理

16.3.1　标准正向代理

　　Squid 服务程序软件包在正确安装并启动后，默认就已经可以为用户提供标准正向代理模式服务了，而不再需要单独修改配置文件或者进行其他操作。接下来在运行 Windows 7 系统的客户端上面打开任意一款浏览器，然后单击"Internet 选项"命令，如图 16-4 所示。

```
[root@linuxprobe ~]# systemctl restart squid
[root@linuxprobe ~]# systemctl enable squid
ln -s '/usr/lib/systemd/system/squid.service' '/etc/systemd/system/multi-user.
target.wants/squid.service'
```

图 16-4　单击浏览器中的"Internet 选项"命令

要想使用 Squid 服务程序提供的标准正向代理模式服务，就必须在浏览器中填写服务器的 IP 地址以及端口号信息。因此还需要在"连接"选项卡下单击"局域网设置"按钮（见图 16-5），并按照图 16-6 所示填写代理服务器的信息，然后保存并退出配置向导。

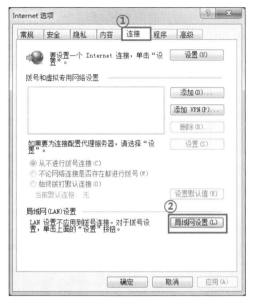

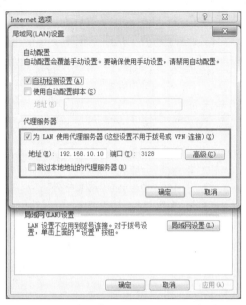

图 16-5　在"连接"选项卡中单击"局域网设置"按钮　　图 16-6　填写代理服务器的 IP 地址与端口号

现在，用户可以使用 Squid 服务程序提供的代理服务了。托代理服务器转发的福，网卡被设置为仅主机模式（Hostonly）的虚拟机也能奇迹般地上网浏览了，如图 16-7 所示。

图 16-7　虚拟机可以正常网络外网

如此公开而没有密码验证的代理服务终归让人觉得不放心，万一有人也来"蹭网"该怎么办呢？Squid 服务程序默认使用 3128、3401 与 4827 等端口号，因此可以把默认使用的端口号修改为其他值，以便起到一定的保护作用。现在大家应该都知道，在 Linux 系统配置服务程序其实就是修改该服务的配置文件，因此直接在/etc 目录下的 Squid 服务程序同名目录中找到配置文件，把 http_port 参数后面原有的 3128 修改为 10000，即把 Squid 服务程序的代理服务端口修改成了新值。最后一定不要忘记重启服务程序。

```
[root@linuxprobe ~]# vim /etc/squid/squid.conf
.................省略部分输出信息.................
45 #
46 # INSERT YOUR OWN RULE(S) HERE TO ALLOW ACCESS FROM YOUR CLIENTS
47 #
48
49 # Example rule allowing access from your local networks.
50 # Adapt localnet in the ACL section to list your (internal) IP networks
51 # from where browsing should be allowed
52 http_access allow localnet
53 http_access allow localhost
54
55 # And finally deny all other access to this proxy
56 http_access deny all
57
58 # Squid normally listens to port 3128
59 http_port 10000
.................省略部分输出信息.................
[root@linuxprobe ~]# systemctl restart squid
[root@linuxprobe ~]# systemctl enable squid
 ln -s '/usr/lib/systemd/system/squid.service' '/etc/systemd/system/multi-user.
target.wants/squid.service'
```

有没有突然觉得这一幕似曾相识？在 10.5.3 节讲解基于端口号来部署 httpd 服务程序的虚拟主机功能时，我们在编辑完 httpd 服务程序的配置文件并重启服务程序后，被系统提示报错。尽管现在重启 Squid 服务程序后系统没有报错，但是用户还不能使用代理服务。SElinux 安全子系统认为 Squid 服务程序使用 3128 端口号是理所当然的，因此在默认策略规则中也是允许的，但是现在 Squid 服务程序却尝试使用新的 10000 端口号，而该端口原本并不属于 Squid 服务程序应该使用的系统资源，因此还需要手动把新的端口号添加到 Squid 服务程序在 SElinux 域的允许列表中。

```
[root@linuxprobe ~]# semanage port -l | grep squid_port_t
squid_port_t                   tcp       3128, 3401, 4827
squid_port_t                   udp       3401, 4827
[root@linuxprobe ~]# semanage port -a -t squid_port_t -p tcp 10000
[root@linuxprobe ~]# semanage port -l | grep squid_port_t
squid_port_t                   tcp       10000, 3128, 3401, 4827
squid_port_t                   udp       3401, 4827
```

16.3.2 ACL 访问控制

在日常工作中，企业员工一般是通过公司内部的网关服务器来访问互联网，当将 Squid 服务程序部署为公司网络的网关服务器后，Squid 服务程序的访问控制列表（ACL）功能将发挥它的用武之地。它可以根据指定的策略条件来缓存数据或限制用户的访问。比如很多公司会分时段地禁止员工逛淘宝、打网页游戏，这些禁止行为都可以通过 Squid 服务程序的 ACL 功能来实现。大家如果日后在人员流动较大的公司中从事运维工作，可以牢记本节内容，在公司网关服务器上部署的 Squid 服务程序中添加某些策略条件，禁止员工访问某些招聘网站或竞争对手的网站，没准还能有效降低员工的流失率。

Squid 服务程序的 ACL 是由多个策略规则组成的，它可以根据指定的策略规则来允许或限制访问请求，而且策略规则的匹配顺序与防火墙策略规则一样都是由上至下；在一旦形成匹配之后，则立即执行相应操作并结束匹配过程。为了避免 ACL 将所有流量全部禁止或全部放行，起不到预期的访问控制效果，运维人员通常会在 ACL 的最下面写上 deny all 或者 allow all 语句，以避免安全隐患。

刘遄老师将通过下面的 4 个实验向大家演示 Squid 服务程序的 ACL 功能有多么强大。

实验 1：只允许 IP 地址为 192.168.10.20 的客户端使用服务器上的 Squid 服务程序提供的代理服务，禁止其余所有的主机代理请求。

下面的配置文件依然是 Squid 服务程序的配置文件，但是需要留心配置参数的填写位置。如果写的太靠前，则有些 Squid 服务程序自身的语句都没有加载完，也会导致策略无效。当然也不用太靠后，大约在 26~32 行的位置就可以，而且采用分行填写的方式也便于日后的修改。

```
[root@linuxprobe ~]# vim /etc/squid/squid.conf
 1 #
 2 # Recommended minimum configuration:
 3 #
 4
 5 # Example rule allowing access from your local networks.
 6 # Adapt to list your (internal) IP networks from where browsing
 7 # should be allowed
 8 acl localnet src 10.0.0.0/8 # RFC1918 possible internal network
 9 acl localnet src 172.16.0.0/12 # RFC1918 possible internal network
10 acl localnet src 192.168.0.0/16 # RFC1918 possible internal network
11 acl localnet src fc00::/7 # RFC 4193 local private network range
12 acl localnet src fe80::/10 # RFC 4291 link-local (directly plugged) mac hines
13
14 acl SSL_ports port 443
15 acl Safe_ports port 80 # http
16 acl Safe_ports port 21 # ftp
17 acl Safe_ports port 443 # https
18 acl Safe_ports port 70 # gopher
19 acl Safe_ports port 210 # wais
20 acl Safe_ports port 1025-65535 # unregistered ports
21 acl Safe_ports port 280 # http-mgmt
22 acl Safe_ports port 488 # gss-http
23 acl Safe_ports port 591 # filemaker
24 acl Safe_ports port 777 # multiling http
25 acl CONNECT method CONNECT
26 acl client src 192.168.10.20
```

```
27 #
28 # Recommended minimum Access Permission configuration:
29 #
30 # Deny requests to certain unsafe ports
31 http_access allow client
32 http_access deny all
33 http_access deny !Safe_ports
34
.................省略部分输出信息.................
[root@linuxprobe ~]# systemctl restart squid
```

　　上面的配置参数其实很容易理解。首先定义了一个名为 client 的别名。这其实类似于13.6 节讲解的 DNS 分离解析技术，当时我们分别定义了两个名为 china 与 american 的别名变量，这样当再遇到这个别名时也就意味着与之定义的 IP 地址了。保存配置文件后重启Squid 服务程序，这时由于客户端主机的 IP 地址不符合我们的允许策略而被禁止使用代理服务，如图 16-8 所示。

图 16-8　使用代理服务浏览网页失败

实验 2：禁止所有客户端访问网址中包含 linux 关键词的网站。

　　Squid 服务程序的这种 ACL 功能模式是比较粗犷暴力的，客户端访问的任何网址中只要包含了某个关键词就会被立即禁止访问，但是这并不影响访问其他网站。

```
[root@linuxprobe ~]# vim /etc/squid/squid.conf
24 acl Safe_ports port 777 # multiling http
25 acl CONNECT method CONNECT
26 acl deny_keyword url_regex -i linux
27 #
28 # Recommended minimum Access Permission configuration:
29 #
30 # Deny requests to certain unsafe ports
```

```
31 http_access deny deny_keyword
33 http_access deny !Safe_ports
34
[root@linuxprobe ~]# systemctl restart squid
```

刘遄老师建议大家在进行实验之前，一定要先把前面实验中的代码清理干净，以免不同的实验之间产生冲突。在当前的实验中，我们直接定义了一个名为 deny_keyword 的别名，然后把所有网址带有 linux 关键词的网站请求统统拒绝掉。当客户端分别访问带有 linux 关键词和不带有 linux 关键词的网站时，其结果如图 16-9 所示。

图 16-9　当客户端分别访问带有 linux 关键词和不带 linux 关键词的网站时，所呈现的结果

实验 3：禁止所有客户端访问某个特定的网站。

在实验 2 中，由于我们禁止所有客户端访问网址中包含 linux 关键词的网站，这将造成一大批网站被误封，从而影响同事们的正常工作。其实通过禁止客户端访问某个特定的网址，也就避免了误封的行为。下面按照如下所示的参数配置 Squid 服务程序并重启，然后进行测试，其测试结果如图 16-10 所示。

```
[root@linuxprobe ~]# vim /etc/squid/squid.conf
24 acl Safe_ports port 777 # multiling http
25 acl CONNECT method CONNECT
26 acl deny_url url_regex http://www.linuxcool.com
27 #
28 # Recommended minimum Access Permission configuration:
29 #
30 # Deny requests to certain unsafe ports
31 http_access deny deny_url
33 http_access deny !Safe_ports
34
[root@linuxprobe ~]# systemctl restart squid
```

图 16-10　无法使用代理服务访问这个特定的网站

实验 4：禁止员工在企业网内部下载带有某些后缀的文件。

在企业网络中，总会有一小部分人利用企业网络的高速带宽私自下载资源（比如游戏安装文件、电影文件等），从而对其他同事的工作效率造成影响。通过禁止所有用户访问.rar 或.avi 等后缀文件的请求，可以防止他们继续下载资源，让他们知难而退。下面按照如下所示的参数配置 Squid 服务程序并重启，然后进行测试，其测试结果如图 16-11 所示。

> **注：**
>
> 　　如果这些员工是使用迅雷等 P2P 下载软件来下载资源的话，就只能使用专业级的应用防火墙来禁止了。

```
24 acl Safe_ports port 777 # multiling http
25 acl CONNECT method CONNECT
26 acl badfile urlpath_regex -i \.rar$ \.avi$
27 #
28 # Recommended minimum Access Permission configuration:
29 #
30 # Deny requests to certain unsafe ports
31 http_access deny badfile
33 http_access deny !Safe_ports
34
[root@linuxprobe ~]# systemctl restart squid
```

图 16-11 无法使用代理服务下载具有指定后缀的文件

16.3.3 透明正向代理

正向代理服务一般是针对企业内部的所有员工设置的，鉴于每位员工所掌握的计算机知识不尽相同，如果您所在的公司不是 IT 行业的公司，想教会大家如何使用代理服务也不是一件容易的事情。再者，无论是什么行业的公司，公司领导都希望能采取某些措施限制员工在公司内的上网行为，这时就需要用到透明的正向代理模式了。

"透明"二字指的是让用户在没有感知的情况下使用代理服务，这样的好处是一方面不需要用户手动配置代理服务器的信息，进而降低了代理服务的使用门槛；另一方面也可以更隐秘地监督员工的上网行为。

在透明代理模式中，用户无须在浏览器或其他软件中配置代理服务器地址、端口号等信息，而是由 DHCP 服务器将网络配置信息分配给客户端主机。这样只要用户打开浏览器便会自动使用代理服务了。如果大家此时并没有配置 DHCP 服务器，可以像如图 16-12 所示来手动配置客户端主机的网卡参数。

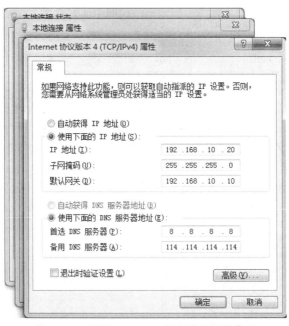

图 16-12 配置 Windows 客户端的网络信息

为了避免实验之间互相影响，更好地体验透明代理技术的效果，我们需要把客户端浏览器的代理信息删除（即图 16-6 的操作），然后再刷新页面，就会看到访问任何网站都失败了，如图 16-13 所示。

图 16-13　停止使用代理服务后无法成功访问网站

> 注：
>
> 　　有些时候会因为 Windows 系统的缓存原因导致依然能看到网页内容，这时可以换个网站尝试一下访问效果。

既然要让用户在无需过多配置系统的情况下就能使用代理服务，作为运维人员就必须提前将网络配置信息与数据转发功能配置好。前面已经配置好的网络参数，接下来要使用 8.3.2 节介绍的 SNAT 技术完成数据的转发，让客户端主机将数据交给 Squid 代理服务器，再由后者转发到外网中。简单来说，就是让 Squid 服务器作为一个中间人，实现内网客户端主机与外部网络之间的数据传输。

由于当前还没有部署 SNAT 功能，因此当前内网中的客户端主机是不能访问外网的：

```
C:\Users\linuxprobe>ping www.linuxprobe.com
ping 请求找不到主机 www.linuxprobe.com。请检查该名称，然后重试。
```

第 8 章已经介绍了 iptables 与 firewalld 防火墙理论知识以及策略规则的配置方法，大家可以任选其中一款完成接下来的实验。刘遄老师觉得 firewalld 防火墙实在太简单了，因此决定使用纯命令行的 iptables 防火墙管理工具来演示部署方法。

要想让内网中的客户端主机能够访问外网，客户端主机首先要能获取到 DNS 地址解析服务的数据，这样才能在互联网中找到对应网站的 IP 地址。下面通过 iptables 命令实现 DNS 地址解析服务 53 端口的数据转发功能，并且允许 Squid 服务器转发 IPv4 数据包。sysctl -p 命令的作用是让转发参数立即生效：

```
[root@linuxprobe ~]# iptables -F
[root@linuxprobe ~]# iptables -t nat -A POSTROUTING -p udp --dport 53 -o
eno33554968 -j MASQUERADE
[root@linuxprobe ~]# echo "net.ipv4.ip_forward=1" >> /etc/sysctl.conf
[root@linuxprobe ~]# sysctl -p
net.ipv4.ip_forward = 1
```

现在回到客户端主机，再次 ping 某个外网地址。此时可以发现，虽然不能连通网站，但是此时已经能够获取到外网 DNS 服务的域名解析数据。这个步骤非常重要，为接下来的 SNAT 技术打下了扎实的基础。

```
C:\Users\linuxprobe>ping www.linuxprobe.com
正在 ping www.linuxprobe.com [116.31.127.233] 具有 32 字节的数据：
请求超时。
请求超时。
请求超时。
请求超时。
116.31.127.233 的 ping 统计信息：
    数据包：已发送 = 4，已接收 = 0，丢失 = 4 (100% 丢失)，
```

与配置 DNS 和 SNAT 技术转发相比，Squid 服务程序透明代理模式的配置过程就十分简单了，只需要在主配置文件中服务器端口号后面追加上 transparent 单词（意思为"透明的"），然后把第 62 行的井号（#）注释符删除，设置缓存的保存路径就可以了。保存主配置文件并退出后再使用 squid -k parse 命令检查主配置文件是否有错误，以及使用 squid -z 命令对 Squid 服务程序的透明代理技术进行初始化。

```
[root@linuxprobe ~]# vim /etc/squid/squid.conf
................省略部分输出信息................
58 # Squid normally listens to port 3128
59 http_port 3128 transparent
60
61 # Uncomment and adjust the following to add a disk cache directory.
62 cache_dir ufs /var/spool/squid 100 16 256
63
................省略部分输出信息................
[root@linuxprobe ~]# squid -k parse
2017/04/13 06:40:44| Startup: Initializing Authentication Schemes ...
2017/04/13 06:40:44| Startup: Initialized Authentication Scheme 'basic'
2017/04/13 06:40:44| Startup: Initialized Authentication Scheme 'digest'
2017/04/13 06:40:44| Startup: Initialized Authentication Scheme 'negotiate'
2017/04/13 06:40:44| Startup: Initialized Authentication Scheme 'ntlm'
2017/04/13 06:40:44| Startup: Initialized Authentication.
................省略部分输出信息................
[root@linuxprobe ~]# squid -z
2017/04/13 06:41:26 kid1| Creating missing swap directories
2017/04/13 06:41:26 kid1| /var/spool/squid exists
2017/04/13 06:41:26 kid1| Making directories in /var/spool/squid/00
2017/04/13 06:41:26 kid1| Making directories in /var/spool/squid/01
2017/04/13 06:41:26 kid1| Making directories in /var/spool/squid/02
2017/04/13 06:41:26 kid1| Making directories in /var/spool/squid/03
2017/04/13 06:41:26 kid1| Making directories in /var/spool/squid/04
2017/04/13 06:41:26 kid1| Making directories in /var/spool/squid/05
2017/04/13 06:41:26 kid1| Making directories in /var/spool/squid/06
2017/04/13 06:41:26 kid1| Making directories in /var/spool/squid/07
```

```
2017/04/13 06:41:26 kid1| Making directories in /var/spool/squid/08
2017/04/13 06:41:26 kid1| Making directories in /var/spool/squid/09
2017/04/13 06:41:26 kid1| Making directories in /var/spool/squid/0A
2017/04/13 06:41:26 kid1| Making directories in /var/spool/squid/0B
2017/04/13 06:41:26 kid1| Making directories in /var/spool/squid/0C
2017/04/13 06:41:26 kid1| Making directories in /var/spool/squid/0D
2017/04/13 06:41:26 kid1| Making directories in /var/spool/squid/0E
2017/04/13 06:41:26 kid1| Making directories in /var/spool/squid/0F
[root@linuxprobe ~]# systemctl restart squid
```

在配置妥当并重启 Squid 服务程序且系统没有提示报错信息后,接下来就可以完成 SNAT 数据转发功能了。它的原理其实很简单,就是使用 iptables 防火墙管理命令把所有客户端主机对网站 80 端口的请求转发至 Squid 服务器本地的 3128 端口上。SNAT 数据转发功能的具体配置参数如下。

```
[root@linuxprobe ~]# iptables -t nat -A PREROUTING  -p tcp -m tcp --dport 80 -j
REDIRECT --to-ports 3128
[root@linuxprobe ~]# iptables -t nat -A POSTROUTING -s 192.168.10.0/24 -
o eno33554968 -j SNAT --to 您的桥接网卡 IP 地址
[root@linuxprobe ~]# service iptables save
iptables: Saving firewall rules to /etc/sysconfig/iptables:[ OK ]
```

这时客户端主机再刷新一下浏览器,就又能访问网络了,如图 16-14 所示。

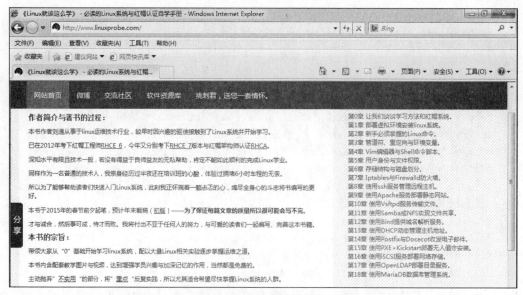

图 16-14　客户端主机借助于透明代理技术成功访问网络

现在肯定有读者在想,如果开启了 SNAT 功能,数据不就直接被转发到外网了么?内网中的客户端主机是否还依然使用 Squid 服务程序提供的代理服务呢?其实,只要仔细看一下 iptables 防火墙命令就会发现,刘遄老师刚才并不是单纯地开启了 SNAT 功能,而是通过把客户端主机访问外网 80 端口的请求转发到 Squid 服务器的 3128 端口号上,从而还是强制客户端主机必须通过 Squid 服务程序来上网。为了验证这个说法，我们编辑 Squid 服务程序的配置文件，单独禁止本书的配套站点（http://www.linuxprobe.com/），然后再次刷新客户端主机的浏览器，发现网页又被禁止显示了，如图 16-15 所示。

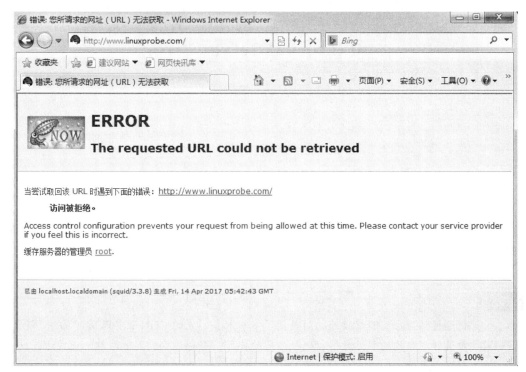

图 16-15　客户端主机再次无法访问网络

16.4　反向代理

网站页面是由静态资源和动态资源一起组成的，其中静态资源包括网站架构 CSS 文件、大量的图片、视频等数据，这些数据相对于动态资源来说更加稳定，一般不会经常发生改变。但是，随着建站技术的更新换代，外加人们不断提升的审美能力，这些静态资源占据的网站空间越来越多。如果能够把这些静态资源从网站页面中抽离出去，然后在全国各地部署静态资源的缓存节点，这样不仅可以提升用户访问网站的速度，而且网站源服务器也会因为这些缓存节点的存在而降低负载。

反向代理是 Squid 服务程序的一种重要模式，其原理是把一部分原本向网站源服务器发起的用户请求交给 Squid 服务器缓存节点来处理。但是这种技术的弊端也很明显，如果有心怀不轨之徒将自己的域名和服务器反向代理到某个知名的网站上面，从理论上来讲，当用户访问到这个域名时，也会看到与那个知名网站一样的内容（有些诈骗网站就是这样骗取用户信任的）。因此，当前许多网站都默认禁止了反向代理功能。开启了 CDN（内容分发网络）服务的网站也可以避免这种窃取行为。如果访问开启了防护功能的网站，一般会看到如图 16-16 所示的报错信息。

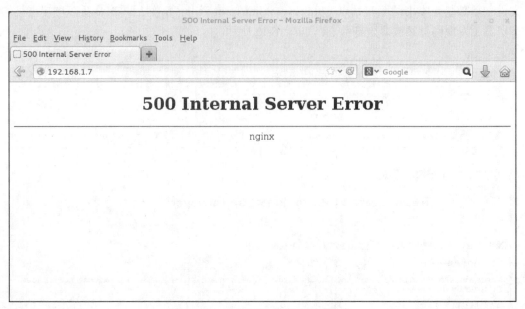

图 16-16　访问网站时提示报错信息

　　使用 Squid 服务程序来配置反向代理服务非常简单。首先找到一个网站源服务器的 IP 地址，然后编辑 Squid 服务程序的主配置文件，把端口号 3128 修改为网站源服务器的地址和端口号，此时正向解析服务会被暂停（它不能与反向代理服务同时使用）。然后按照下面的参数形式写入需要反向代理的网站源服务器的 IP 地址信息，保存退出后重启 Squid 服务程序。正常网站使用反向代理服务的效果如图 16-17 所示。

```
[root@linuxprobe ~]# vim /etc/squid/squid.conf
................省略部分输出信息................
57
58 # Squid normally listens to port 3128
59 http_port 您的桥接网卡 IP 地址:80 vhost
60 cache_peer 网站源服务器 IP 地址 parent 80 0 originserver
61
................省略部分输出信息................
[root@linuxprobe ~]# systemctl restart squid
```

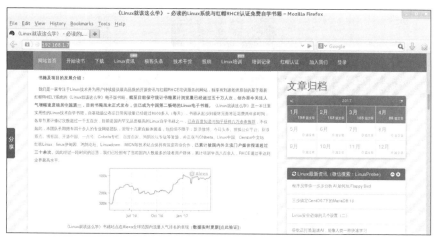

图 16-17　使用反向代理模式访问网站

复习题

1. 简述 Squid 服务程序提供的正向代理服务的主要作用。

   答：实现代理上网、隐藏用户的真实访问信息以及对控制用户访问网站行为的访问控制列表（ACL）进行限制。

2. 简述 Squid 服务程序提供的反向代理服务的主要作用。

   答：加快用户访问网站的速度，降低网站源服务器的负载压力。

3. Squid 服务程序能够提供的代理模式有哪些？

   答：正向代理模式与反向代理模式，其中正向代理模式又分为标准正向代理模式与透明正向代理模式。

4. 标准正向代理模式与透明正向代理模式的区别是什么？

   答：区别在于用户是否需要配置代理服务器的信息。若使用透明代理模式，则用户感知不到代理服务的存在。

5. 使用 Squid 服务程序提供的标准正向代理模式时，需要在浏览器中配置哪些信息？

   答：需要填写 Squid 服务器的 IP 地址及端口号信息。

6. 若需要通过 ACL 功能限制用户不能使用代理服务访问指定网站，参数该怎么写？

   答：以本书的配套学习站点（www.linuxprobe.com）为例，可使用参数 "acl deny_url url_regex http://www.linuxprobe.com" 和 "http_access deny deny_url" 来禁止用户访问这个指定的网站。

7. 若让客户端主机使用透明正向代理模式，则需要用 DHCP 服务器为客户端主机分配什么信息？

   答：需要为客户端主机分配 IP 地址、子网掩码、网关地址以及外部 DNS 服务器地址。

第 17 章

使用 iSCSI 服务部署网络存储

本章讲解了如下内容：

➤ iSCSI 技术概述；

➤ 创建 RAID 磁盘阵列；

➤ 配置 iSCSI 服务端；

➤ 配置 Linux 客户端；

➤ 配置 Windows 客户端。

本章开篇介绍了计算机硬件存储设备的不同接口技术的优缺点，并由此切入 iSCSI 技术主题的讲解。iSCSI 技术实现了物理硬盘设备与 TCP/IP 网络协议的相互结合，使得用户可以通过互联网方便地访问远程机房提供的共享存储资源。本章将带领大家在 Linux 系统上部署 iSCSI 服务端程序，并分别基于 Linux 系统和 Windows 系统来访问远程的存储资源。通过本章以及第 6 章、第 7 章的学习，读者将进一步理解和掌握如何在 Linux 系统中管理硬盘设备和存储资源，为今后走向运营岗位打下坚实的基础。

17.1 iSCSI 技术概述

硬盘是计算机硬件设备中重要的组成部分之一，硬盘存储设备读写速度的快慢也会对服务器的整体性能造成影响。第 6 章、第 7 章讲解的硬盘存储结构、RAID 磁盘阵列技术以及 LVM 技术等都是用于存储设备的技术，尽管这些技术有软件层面和硬件层面之分，但是它们都旨在解决硬盘存储设备的读写速度问题，或者竭力保障存储数据的安全。

为了进一步提升硬盘存储设备的读写速度和性能，人们一直在努力改进物理硬盘设备的接口协议。当前的硬盘接口类型主要有 IDE、SCSI 和 SATA 这 3 种。

➤ IDE 是一种成熟稳定、价格便宜的并行传输接口。

➤ SATA 是一种传输速度更快、数据校验更完整的串行传输接口。

➤ SCSI 是一种用于计算机和硬盘、光驱等设备之间系统级接口的通用标准，具有系统资源占用率低、转速高、传输速度快等优点。

不论使用什么类型的硬盘接口，硬盘上的数据总是要通过计算机主板上的总线与 CPU、内存设备进行数据交换，这种物理环境上的限制给硬盘资源的共享带来了各种不便。后来，IBM 公司开始动手研发基于 TCP/IP 协议和 SCSI 接口协议的新型存储技术，这也就是我们目前能看到的互联网小型计算机系统接口（iSCSI，Internet Small Computer System

Interface）。这是一种将 SCSI 接口与以太网技术相结合的新型存储技术，可以用来在网络中传输 SCSI 接口的命令和数据。这样，不仅克服了传统 SCSI 接口设备的物理局限性，实现了跨区域的存储资源共享，还可以在不停机的状态下扩展存储容量。

为了让各位读者做到知其然，知其所以然，以便在工作中灵活使用这项技术，下面将讲解一下 iSCSI 技术在生产环境中的优势和劣势。首先，iSCSI 存储技术非常便捷，在访问存储资源的形式上发生了很大变化，摆脱了物理环境的限制，同时还可以把存储资源分给多个服务器共同使用，因此是一种非常推荐使用的存储技术。但是，iSCSI 存储技术受到了网速的制约。以往，硬盘设备直接通过主板上的总线进行数据传输，现在则需要让互联网作为数据传输的载体和通道，因此传输速率和稳定性是 iSCSI 技术的瓶颈。随着网络技术的持续发展，相信 iSCSI 技术也会随之得以改善。

既然要通过以太网来传输硬盘设备上的数据，那么数据是通过网卡传入到计算机中的么？这就有必要向大家介绍 iSCSI-HBA 卡了（见图 17-1）。与一般的网卡不同（连接网络总线和内存，供计算机上网使用），iSCSI-HBA 卡连接的则是 SCSI 接口或 FC（光纤通道）总线和内存，专门用于在主机之间交换存储数据，其使用的协议也与一般网卡有本质的不同。运行 Linux 系统的服务器会基于 iSCSI 协议把硬盘设备命令与数据打包成标准的 TCP/IP 数据包，然后通过以太网传输到目标存储设备，而当目标存储设备接收到这些数据包后，还需要基于 iSCSI 协议把 TCP/IP 数据包解压成硬盘设备命令与数据。

图 17-1 iSCSI-HBA 卡实拍图

17.2 创建 RAID 磁盘阵列

既然要使用 iSCSI 存储技术为远程用户提供共享存储资源，首先要保障用于存放资源的服务器的稳定性与可用性，否则一旦在使用过程中出现故障，则维护的难度相较于本地硬盘设备要更加复杂、困难。因此推荐各位读者按照本书第 7 章讲解的知识来部署 RAID 磁盘阵列组，确保数据的安全性。下面以配置 RAID 5 磁盘阵列组为例进行讲解。考虑到第 7 章已经事无巨细地讲解了 RAID 磁盘阵列技术和配置方法，因此本节不会再重复介绍相关参数的意义以及用途，忘记了的读者可以翻回去看一下。

首先在虚拟机中添加 4 块新硬盘，用于创建 RAID 5 磁盘阵列和备份盘，如图 17-2 所示。

图 17-2　添加 4 块用于创建 RAID 5 级别磁盘阵列的新硬盘

启动虚拟机系统，使用 mdadm 命令创建 RAID 磁盘阵列。其中，-Cv 参数为创建阵列并显示过程，/dev/md0 为生成的阵列组名称，-n 3 参数为创建 RAID 5 磁盘阵列所需的硬盘个数，-l 5 参数为 RAID 磁盘阵列的级别，-x 1 参数为磁盘阵列的备份盘个数。在命令后面要逐一写上使用的硬盘名称。另外，还可以使用第 3 章讲解的通配符来指定硬盘设备的名称，有兴趣的读者可以试一下。

```
[root@linuxprobe ~]# mdadm -Cv /dev/md0 -n 3 -l 5 -x 1 /dev/sdb /dev/sdc /dev/
sdd /dev/sde
mdadm: layout defaults to left-symmetric
mdadm: layout defaults to left-symmetric
mdadm: chunk size defaults to 512K
mdadm: size set to 20954624K
mdadm: Defaulting to version 1.2 metadata
mdadm: array /dev/md0 started.
```

在上述命令成功执行之后，得到一块名称为/dev/md0 的新设备，这是一块 RAID 5 级别的磁盘阵列，并且还有一块备份盘为硬盘数据保驾护航。大家可使用 mdadm -D 命令来查看设备的详细信息。另外，由于在使用远程设备时极有可能出现设备识别顺序发生变化的情况，因此，如果直接在 fstab 挂载配置文件中写入/dev/sdb、/dev/sdc 等设备名称的话，就有可能在下一次挂载了错误的存储设备。而 UUID 值是设备的唯一标识符，可以用于精确地区分本地或远程设备。于是我们可以把这个值记录下来，一会儿准备填写到挂载配置文件中。

```
[root@linuxprobe ~]# mdadm -D /dev/md0
/dev/md0:
        Version : 1.2
  Creation Time : Thu Sep 24 21:59:57 2017
```

```
       Raid Level : raid5
       Array Size : 41909248 (39.97 GiB 42.92 GB)
    Used Dev Size : 20954624 (19.98 GiB 21.46 GB)
     Raid Devices : 3
    Total Devices : 4
      Persistence : Superblock is persistent
      Update Time : Thu Sep 24 22:02:23 2017
            State : clean
    Active Devices : 3
   Working Devices : 4
    Failed Devices : 0
     Spare Devices : 1
           Layout : left-symmetric
       Chunk Size : 512K
             Name : linuxprobe.com:0  (local to host linuxprobe.com)
             UUID : 3370f643:c10efd6a:44e91f2a:20c71f3e
           Events : 26
    Number   Major   Minor   RaidDevice State
       0       8       16       0        active sync   /dev/sdb
       1       8       32       1        active sync   /dev/sdc
       4       8       48       2        active sync   /dev/sdd
       3       8       64       -        spare    /dev/sde
```

17.3 配置 iSCSI 服务端

iSCSI 技术在工作形式上分为服务端（target）与客户端（initiator）。iSCSI 服务端即用于存放硬盘存储资源的服务器，它作为前面创建的 RAID 磁盘阵列的存储端，能够为用户提供可用的存储资源。iSCSI 客户端则是用户使用的软件，用于访问远程服务端的存储资源。下面按照表 17-1 来配置 iSCSI 服务端和客户端所用的 IP 地址。

表 17-1　　　　　　iSCSI 服务端和客户端的操作系统以及 IP 地址

主机名称	操作系统	IP 地址
iSCSI 服务端	RHEL 7	192.168.10.10
iSCSI 客户端	RHEL 7	192.168.10.20

第 1 步：配置好 Yum 软件仓库后安装 iSCSI 服务端程序以及配置命令工具。通过在 yum 命令的后面添加-y 参数，在安装过程中就不需要再进行手动确认了：

```
[root@linuxprobe ~]# yum -y install targetd targetcli
Loaded plugins: langpacks, product-id, subscription-manager
…………省略部分输出信息…………
Installing:
 targetcli noarch 2.1.fb34-1.el7 rhel 55 k
 targetd noarch 0.7.1-1.el7 rhel 48 k
Installing for dependencies:
 PyYAML x86_64 3.10-11.el7 rhel 153 k
 libyaml x86_64 0.1.4-10.el7 rhel 55 k
 lvm2-python-libs x86_64 7:2.02.105-14.el7 rhel 153 k
 pyparsing noarch 1.5.6-9.el7 rhel 94 k
 python-configshell noarch 1:1.1.fb11-3.el7 rhel 64 k
```

```
  python-kmod x86_64 0.9-4.el7 rhel 57 k
  python-rtslib noarch 2.1.fb46-1.el7 rhel 75 k
  python-setproctitle x86_64 1.1.6-5.el7 rhel 15 k
  python-urwid x86_64 1.1.1-3.el7 rhel 654 k
...................省略部分输出信息...................
Installed:
  targetcli.noarch 0:2.1.fb34-1.el7 targetd.noarch 0:0.7.1-1.el7
Dependency Installed:
  PyYAML.x86_64 0:3.10-11.el7
  libyaml.x86_64 0:0.1.4-10.el7
  lvm2-python-libs.x86_64 7:2.02.105-14.el7
  pyparsing.noarch 0:1.5.6-9.el7
  python-configshell.noarch 1:1.1.fb11-3.el7
  python-kmod.x86_64 0:0.9-4.el7
  python-rtslib.noarch 0:2.1.fb46-1.el7
  python-setproctitle.x86_64 0:1.1.6-5.el7
  python-urwid.x86_64 0:1.1.1-3.el7
Complete!
```

安装完成后启动 iSCSI 的服务端程序 targetd，然后把这个服务程序加入到开机启动项中，以便下次在服务器重启后依然能够为用户提供 iSCSI 共享存储资源服务：

```
[root@linuxprobe ~]# systemctl start targetd
[root@linuxprobe ~]# systemctl enable targetd
ln -s '/usr/lib/systemd/system/targetd.service' '/etc/systemd/system/multi-user.
target.wants/targetd.service'
```

第 2 步：配置 iSCSI 服务端共享资源。targetcli 是用于管理 iSCSI 服务端存储资源的专用配置命令，它能够提供类似于 fdisk 命令的交互式配置功能，将 iSCSI 共享资源的配置内容抽象成 "目录" 的形式，我们只需将各类配置信息填入到相应的 "目录" 中即可。这里的难点主要在于认识每个 "参数目录" 的作用。当把配置参数正确地填写到 "目录" 中后，iSCSI 服务端也可以提供共享资源服务了。

在执行 targetcli 命令后就能看到交互式的配置界面了。在该界面中可以使用很多 Linux 命令，比如利用 ls 查看目录参数的结构，使用 cd 切换到不同的目录中。/backstores/block 是 iSCSI 服务端配置共享设备的位置。我们需要把刚刚创建的 RAID 5 磁盘阵列 md0 文件加入到配置共享设备的 "资源池" 中，并将该文件重新命名为 disk0，这样用户就不会知道是由服务器中的哪块硬盘来提供共享存储资源，而只会看到一个名为 disk0 的存储设备。

```
[root@linuxprobe ~]# targetcli
Warning: Could not load preferences file /root/.targetcli/prefs.bin.
targetcli shell version 2.1.fb34
Copyright 2011-2013 by Datera, Inc and others.
For help on commands, type 'help'.
/> ls
o- / ......................................................... [...]
o- backstores .............................................. [...]
| o- block ...................................... [Storage Objects: 0]
| o- fileio ..................................... [Storage Objects: 0]
| o- pscsi ...................................... [Storage Objects: 0]
| o- ramdisk .................................... [Storage Objects: 0]
o- iscsi ........................................... [Targets: 0]
o- loopback ........................................ [Targets: 0
/> cd /backstores/block
```

```
/backstores/block> create disk0 /dev/md0
Created block storage object disk0 using /dev/md0.
/backstores/block> cd /
/> ls
o- / ............................. ................................. [...]
  o- backstores ....................................................... [...]
  | o- block ......................................... [Storage Objects: 1]
  | | o- disk0 ................. [/dev/md0 (40.0GiB) write-thru deactivated]
  | o- fileio ....................................... [Storage Objects: 0]
  | o- pscsi ........................................ [Storage Objects: 0]
  | o- ramdisk ...................................... [Storage Objects: 0]
  o- iscsi ................................................... [Targets: 0]
  o- loopback ................................................ [Targets: 0]
```

第 3 步：创建 iSCSI target 名称及配置共享资源。iSCSI target 名称是由系统自动生成的，这是一串用于描述共享资源的唯一字符串。稍后用户在扫描 iSCSI 服务端时即可看到这个字符串，因此我们不需要记住它。系统在生成这个 target 名称后，还会在/iscsi 参数目录中创建一个与其字符串同名的新"目录"用来存放共享资源。我们需要把前面加入到 iSCSI 共享资源池中的硬盘设备添加到这个新目录中，这样用户在登录 iSCSI 服务端后，即可默认使用这硬盘设备提供的共享存储资源了。

```
/> cd iscsi
/iscsi>
/iscsi> create
Created target iqn.2003-01.org.linux-iscsi.linuxprobe.x8664:sn.d497c356ad80.
Created TPG 1.
/iscsi> cd iqn.2003-01.org.linux-iscsi.linuxprobe.x8664:sn.d497c356ad80/
/iscsi/iqn.20....d497c356ad80> ls
o- iqn.2003-01.org.linux-iscsi.linuxprobe.x8664:sn.d497c356ad80 .... [TPGs: 1]
  o- tpg1 ......................................... [no-gen-acls, no-auth]
    o- acls ............................................... [ACLs: 0]
    o- luns ............................................... [LUNs: 0]
    o- portals .......................................... [Portals: 0]
/iscsi/iqn.20....d497c356ad80> cd tpg1/luns
/iscsi/iqn.20...d80/tpg1/luns> create /backstores/block/disk0
Created LUN 0.
```

第 4 步：设置访问控制列表（ACL）。iSCSI 协议是通过客户端名称进行验证的，也就是说，用户在访问存储共享资源时不需要输入密码，只要 iSCSI 客户端的名称与服务端中设置的访问控制列表中某一名称条目一致即可，因此需要在 iSCSI 服务端的配置文件中写入一串能够验证用户信息的名称。acls 参数目录用于存放能够访问 iSCSI 服务端共享存储资源的客户端名称。刘遄老师推荐在刚刚系统生成的 iSCSI target 后面追加上类似于:client 的参数，这样既能保证客户端的名称具有唯一性，又非常便于管理和阅读：

```
/iscsi/iqn.20...d80/tpg1/luns> cd ..
/iscsi/iqn.20...c356ad80/tpg1> cd acls
/iscsi/iqn.20...d80/tpg1/acls> create iqn.2003-01.org.linux-iscsi.linuxprobe.
x8664:sn.d497c356ad80:client
Created Node ACL for iqn.2003-01.org.linux-iscsi.linuxprobe.x8664:sn.d497c356ad80:
client
Created mapped LUN 0.
```

第 5 步：设置 iSCSI 服务端的监听 IP 地址和端口号。位于生产环境中的服务器上可能有多块网卡，那么到底是由哪个网卡或 IP 地址对外提供共享存储资源呢？这就需要我们在配置文件中手动定义 iSCSI 服务端的信息，即在 portals 参数目录中写上服务器的 IP 地址。接下来将由系统自动开启服务器 192.168.10.10 的 3260 端口将向外提供 iSCSI 共享存储资源服务：

```
/iscsi/iqn.20...d80/tpg1/acls> cd ..
/iscsi/iqn.20...c356ad80/tpg1> cd portals
/iscsi/iqn.20.../tpg1/portals> create 192.168.10.10
Using default IP port 3260
Created network portal 192.168.10.10:3260.
```

第 6 步：配置妥当后检查配置信息，重启 iSCSI 服务端程序并配置防火墙策略。在参数文件配置妥当后，可以浏览刚刚配置的信息，确保与下面的信息基本一致。在确认信息无误后输入 exit 命令来退出配置。注意，千万不要习惯性地按 Ctrl + C 组合键结束进程，这样不会保存配置文件，我们的工作也就白费了。最后重启 iSCSI 服务端程序，再设置 firewalld 防火墙策略，使其放行 3260/tcp 端口号的流量。

```
/iscsi/iqn.20.../tpg1/portals> ls /
o- / ...................... [...]
  o- backstores................ [...]
  | o- block ................. [Storage Objects: 1]
  | | o- disk0 ............... [/dev/md0 (40.0GiB) write-thru activated]
  | o- fileio ............... [Storage Objects: 0]
  | o- pscsi ................ [Storage Objects: 0]
  | o- ramdisk .............. [Storage Objects: 0]
  o- iscsi ................. [Targets: 1]
  | o- iqn.2003-01.org.linux-iscsi.linuxprobe.x8664:sn.d497c356ad80 ... [TPGs: 1]
  |   o- tpg1 ................ [no-gen-acls, no-auth]
  |     o- acls ............................................ [ACLs: 1]
  |     | o- iqn.2003-01.org.linux-iscsi.linuxprobe.x8664:sn.d497c356ad80:client
[Mapped LUNs: 1]
  |     |   o- mapped_lun0 ........................ [lun0 block/disk0 (rw)]
  |     o- luns .................. [LUNs: 1]
  |     | o- lun0 ............. [block/disk0 (/dev/md0)]
  |     o- portals ............ [Portals: 1]
  |       o- 192.168.10.10:3260 [OK]
  o- loopback ................. [Targets: 0]
/> exit
Global pref auto_save_on_exit=true
Last 10 configs saved in /etc/target/backup.
Configuration saved to /etc/target/saveconfig.json
[root@linuxprobe ~]# systemctl restart targetd
[root@linuxprobe ~]# firewall-cmd --permanent --add-port=3260/tcp
success
[root@linuxprobe ~]# firewall-cmd --reload
success
```

iSCSI 服务端的配置至此全部完成。

17.4 配置 Linux 客户端

我们在前面的章节中已经配置了很多 Linux 服务，基本上可以说，无论是什么服务，客户端的配置步骤都要比服务端的配置步骤简单一些。在 RHEL 7 系统中，已经默认安装了 iSCSI 客户端服务程序 initiator。如果您的系统没有安装的话，可以使用 Yum 软件仓库手动安装。

```
[root@linuxprobe ~]# yum install iscsi-initiator-utils
Loaded plugins: langpacks, product-id, subscription-manager
Package iscsi-initiator-utils-6.2.0.873-21.el7.x86_64 already installed and
latest version
Nothing to do
```

前面讲到，iSCSI 协议是通过客户端的名称来进行验证，而该名称也是 iSCSI 客户端的唯一标识，而且必须与服务端配置文件中访问控制列表中的信息一致，否则客户端在尝试访问存储共享设备时，系统会弹出验证失败的保存信息。

下面我们编辑 iSCSI 客户端中的 initiator 名称文件，把服务端的访问控制列表名称填写进来，然后重启客户端 iscsid 服务程序并将其加入到开机启动项中：

```
[root@linuxprobe ~]# vim /etc/iscsi/initiatorname.iscsi
InitiatorName=iqn.2003-01.org.linux-iscsi.linuxprobe.x8664:sn.d497c356ad80:client
[root@linuxprobe ~]# systemctl restart iscsid
[root@linuxprobe ~]# systemctl enable iscsid
ln -s '/usr/lib/systemd/system/iscsid.service' '/etc/systemd/system/multi-user.
target.wants/iscsid.service'
```

iSCSI 客户端访问并使用共享存储资源的步骤很简单，只需要记住刘遄老师的一个小口诀"先发现，再登录，最后挂载并使用"。iscsiadm 是用于管理、查询、插入、更新或删除 iSCSI 数据库配置文件的命令行工具，用户需要先使用这个工具扫描发现远程 iSCSI 服务端，然后查看找到的服务端上有哪些可用的共享存储资源。其中，-m discovery 参数的目的是扫描并发现可用的存储资源，-t st 参数为执行扫描操作的类型，-p 192.168.10.10 参数为 iSCSI 服务端的 IP 地址：

```
[root@linuxprobe ~]# iscsiadm -m discovery -t st -p 192.168.10.10
192.168.10.10:3260,1 iqn.2003-01.org.linux-iscsi.linuxprobe.x8664:sn.d497c356ad80
```

在使用 iscsiadm 命令发现了远程服务器上可用的存储资源后，接下来准备登录 iSCSI 服务端。其中，-m node 参数为将客户端所在主机作为一台节点服务器，-T iqn.2003-01.org.linux-iscsi.linuxprobe.x8664:sn.d497c356ad80 参数为要使用的存储资源（大家可以直接复制前面命令中扫描发现的结果，以免录入错误），-p 192.168.10.10 参数依然为对方 iSCSI 服务端的 IP 地址。最后使用--login 或-l 参数进行登录验证。

```
[root@linuxprobe ~]# iscsiadm -m node -T iqn.2003-01.org.linux-iscsi.linuxprobe.
x8664:sn.d497c356ad80 -p 192.168.10.10 --login
Logging in to [iface: default, target: iqn.2003-01.org.linux-iscsi.linuxprobe.
x8664:sn.d497c356ad80, portal: 192.168.10.10,3260] (multiple)
Login to [iface: default, target: iqn.2003-01.org.linux-iscsi.linuxprobe.x8664:
sn.d497c356ad80, portal: 192.168.10.10,3260] successful.
```

在 iSCSI 客户端成功登录之后，会在客户端主机上多出一块名为/dev/sdb 的设备文件。第 6 章曾经讲过，udev 服务在命名硬盘名称时，与硬盘插槽是没有关系的。接下来可以像使用本地主机上的硬盘那样来操作这个设备文件了。

```
[root@linuxprobe ~]# file /dev/sdb
/dev/sdb: block special
```

下面进入标准的磁盘操作流程。考虑到大家已经在第 6 章学习了这部分内容，外加这个设备文件本身只有 40GB 的容量，因此我们不再进行分区，而是直接格式化并挂载使用。

```
[root@linuxprobe ~]# mkfs.xfs /dev/sdb
log stripe unit (524288 bytes) is too large (maximum is 256KiB)
log stripe unit adjusted to 32KiB
meta-data=/dev/sdb               isize=256    agcount=16, agsize=654720 blks
         =                       sectsz=512   attr=2, projid32bit=1
         =                       crc=0
data     =                       bsize=4096   blocks=10475520, imaxpct=25
         =                       sunit=128    swidth=256 blks
naming   =version 2              bsize=4096   ascii-ci=0 ftype=0
log      =internal log           bsize=4096   blocks=5120, version=2
         =                       sectsz=512   sunit=8 blks, lazy-count=1
realtime =none                   extsz=4096   blocks=0, rtextents=0
[root@linuxprobe ~]# mkdir /iscsi
[root@linuxprobe ~]# mount /dev/sdb /iscsi
[root@linuxprobe ~]# df -h
Filesystem               Size  Used Avail Use% Mounted on
/dev/mapper/rhel-root     18G  3.4G   15G  20% /
devtmpfs                 734M     0  734M   0% /dev
tmpfs                    742M  176K  742M   1% /dev/shm
tmpfs                    742M  8.8M  734M   2% /run
tmpfs                    742M     0  742M   0% /sys/fs/cgroup
/dev/sr0                 3.5G  3.5G     0 100% /media/cdrom
/dev/sda1                497M  119M  379M  24% /boot
/dev/sdb                  40G   33M   40G   1% /iscsi
```

从此以后，这个设备文件就如同是客户端本机主机上的硬盘那样工作。需要提醒大家的是，由于 udev 服务是按照系统识别硬盘设备的顺序来命名硬盘设备的，当客户端主机同时使用多个远程存储资源时，如果下一次识别远程设备的顺序发生了变化，则客户端挂载目录中的文件也将随之混乱。为了防止发生这样的问题，我们应该在/etc/fstab 配置文件中使用设备的 UUID 唯一标识符进行挂载，这样，不论远程设备资源的识别顺序再怎么变化，系统也能正确找到设备所对应的目录。

blkid 命令用于查看设备的名称、文件系统及 UUID。可以使用管道符（详见第 3 章）进行过滤，只显示与/dev/sdb 设备相关的信息：

```
[root@linuxprobe ~]# blkid | grep /dev/sdb
/dev/sdb: UUID="eb9cbf2f-fce8-413a-b770-8b0f243e8ad6" TYPE="xfs"
```

刘遄老师还要再啰嗦一句，由于/dev/sdb 是一块网络存储设备，而 iSCSI 协议是基于 TCP/IP 网络传输数据的，因此必须在/etc/fstab 配置文件中添加上_netdev 参数，表示当系统联网后再进行挂载操作，以免系统开机时间过长或开机失败：

```
[root@linuxprobe ~]# vim /etc/fstab
#
```

```
# /etc/fstab
# Created by anaconda on Wed May 4 19:26:23 2017
#
# Accessible filesystems, by reference, are maintained under '/dev/disk'
# See man pages fstab(5), findfs(8), mount(8) and/or blkid(8) for more info
#
/dev/mapper/rhel-root                        /          xfs       defaults    1 1
UUID=812b1f7c-8b5b-43da-8c06-b9999e0fe48b /boot      xfs       defaults    1 2
/dev/mapper                               /rhel-swap  swap swap defaults    0 0
/dev/cdrom                                /media/cdrom iso9660  defaults    0 0
UUID=eb9cbf2f-fce8-413a-b770-8b0f243e8ad6 /iscsi xfs defaults,_netdev      0 0
```

如果我们不再需要使用 iSCSI 共享设备资源了，可以用 iscsiadm 命令的-u 参数将其设备卸载：

```
[root@linuxprobe ~]# iscsiadm -m node -T iqn.2003-01.org.linux-iscsi.linuxprobe.
x8664:sn.d497c356ad80 -u
Logging out of session [sid: 7, target : iqn.2003-01.org.linux-iscsi.linuxprobe.
x8664:sn.d497c356ad80, portal: 192.168.10.10,3260]
Logout of [sid: 7, target: iqn.2003-01.org.linux-iscsi.linuxprobe.x8664:sn.
d497c356ad80,portal:192.168.10.10,3260] successful.
```

17.5 配置 Windows 客户端

使用 Windows 系统的客户端也可以正常访问 iSCSI 服务器上的共享存储资源，而且操作原理及步骤与 Linux 系统的客户端基本相同。在进行下面的实验之前，请先关闭 Linux 系统客户端，以免这两台客户端主机同时使用 iSCSI 共享存储资源而产生潜在问题。下面按照表 17-2 来配置 iSCSI 服务器和 Windows 客户端所用的 IP 地址。

表 17-2　　　　　　　　　iSCSI 服务器和客户端的操作系统以及 IP 地址

主机名称	操作系统	IP 地址
iSCSI 服务器	RHEL 7	192.168.10.10
Windows 系统客户端	Windows 7	192.168.10.30

第 1 步：运行 iSCSI 发起程序。在 Windows 7 操作系统中已经默认安装了 iSCSI 客户端程序，我们只需在控制面板中找到"系统和安全"标签，然后单击"管理工具"（见图 17-3），进入到"管理工具"页面后即可看到"iSCSI 发起程序"图标。双击该图标。在第一次运行 iSCSI 发起程序时，系统会提示"Microsoft iSCSI 服务端未运行"，单击"是"按钮即可自动启动并运行 iSCSI 发起程序，如图 17-4 所示。

第 2 步：扫描发现 iSCSI 服务端上可用的存储资源。不论是 Windows 系统还是 Linux 系统，要想使用 iSCSI 共享存储资源都必须先进行扫描发现操作。运行 iSCSI 发起程序后在"目标"选项卡的"目标"文本框中写入 iSCSI 服务端的 IP 地址，然后单击"快速连接"按钮，如图 17-5 所示。

在弹出的"快速连接"提示框中可看到共享的硬盘存储资源，单击"完成"按钮即可，如图 17-6 所示。

图 17-3 在控制面板中单击"管理工具"

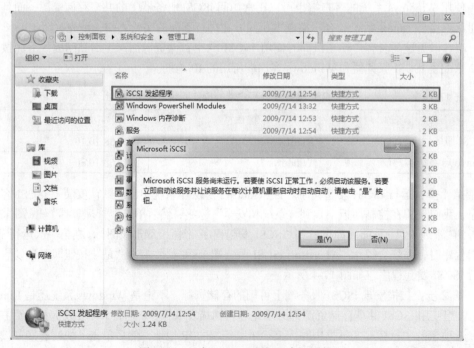

图 17-4 双击"iSCSI 发起程序"图标

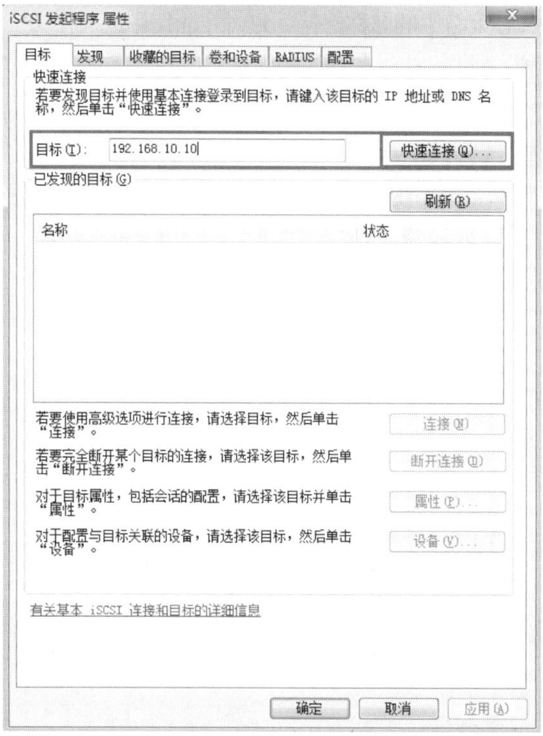

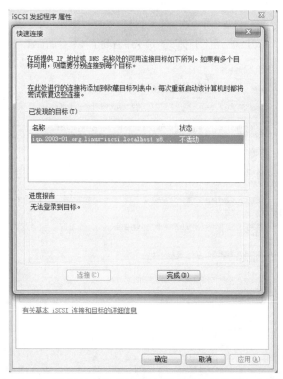

图 17-5 填写 iSCSI 服务端的 IP 地址

图 17-6 在"快速连接"提示框中看到的共享的硬盘存储资源

回到"目标"选项卡页面，可以看到共享存储资源的名称已经出现，如图 17-7 所示。

第 3 步：准备连接 iSCSI 服务端的共享存储资源。由于在 iSCSI 服务端程序上设置了 ACL，使得只有客户端名称与 ACL 策略中的名称保持一致时才能使用远程存储资源，因此需要在"配置"选项卡中单击"更改"按钮，把 iSCSI 发起程序的名称修改为服务端 ACL 所定义的名称，如图 17-8 所示。

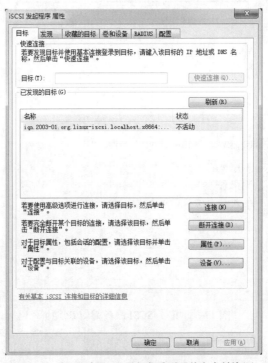

图 17-7　在"目标"选项卡中看到了共享存储资源

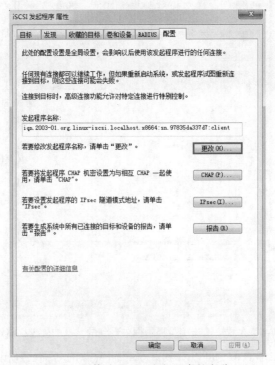

图 17-8　修改 iSCSI 发起程序的名称

在确认客户端发起程序的名称修改正确后即可返回到"目标"选项卡页面中，然后单击"连接"按钮进行连接请求，成功连接到远程共享存储资源的页面如图 17-9 所示。

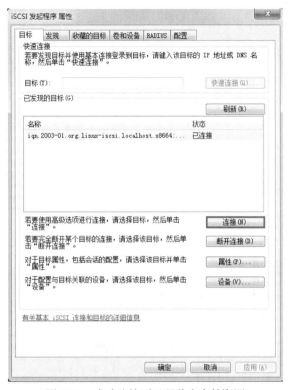

图 17-9　成功连接到远程共享存储资源

第 4 步：访问 iSCSI 远程共享存储资源。右键单击桌面上的"计算机"图标，打开计算机管理程序，如图 17-10 所示。

图 17-10　计算机管理程序的界面

　　开始对磁盘进行初始化操作，如图 17-11 所示。Windows 系统用来初始化磁盘设备的步骤十分简单，各位读者都可以玩得转 Linux 系统，相信 Windows 系统就更不在话下了。Windows 系统的初始化过程步骤如图 17-12 至图 17-18 所示。

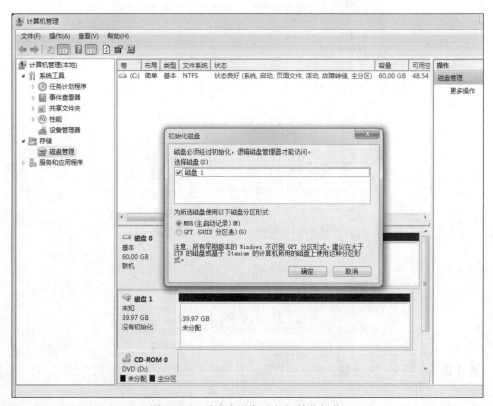

图 17-11　对磁盘设备进行初始化操作

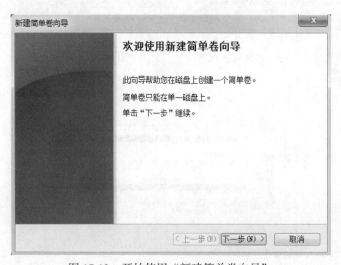

图 17-12　开始使用"新建简单卷向导"

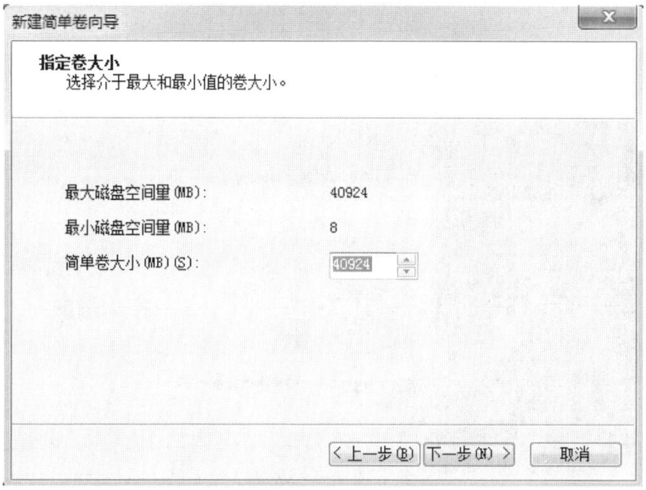

图 17-13　对磁盘设备进行分区操作

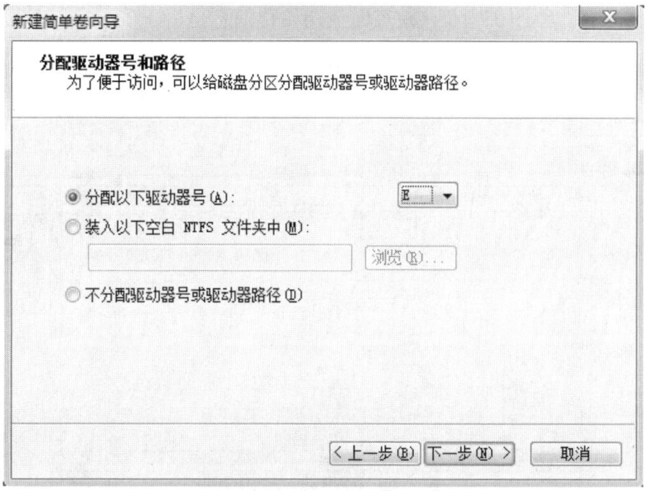

图 17-14　设置系统中显示的盘符

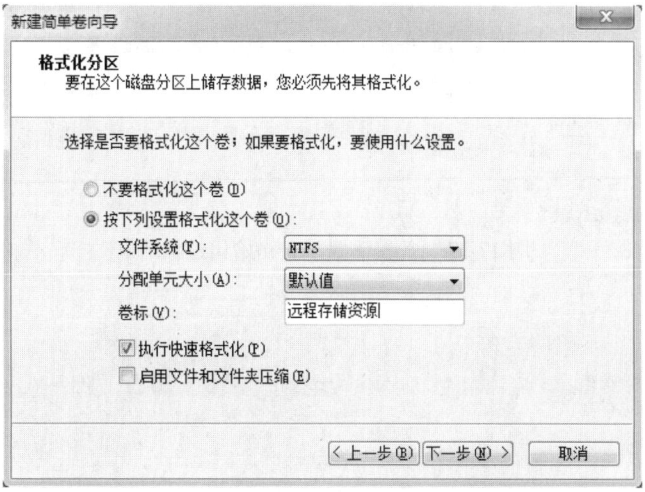

图 17-15　设置磁盘设备的格式以及卷标

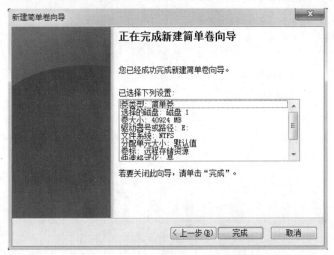

图 17-16　检查磁盘初始化信息是否正确

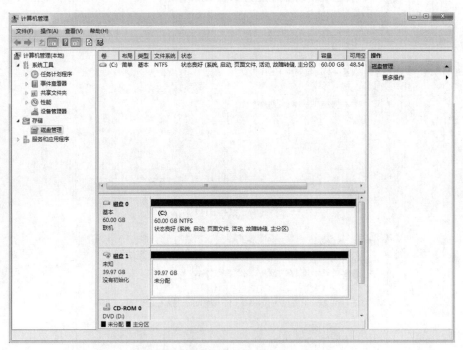

图 17-17　等待磁盘设备初始化过程结束

图 17-18　磁盘初始化完毕后弹出设备图标

复习题

1. 简述 iSCSI 存储技术在生产环境中的作用。

   答：iSCSI 存储技术通过把硬件存储设备与 TCP/IP 网络协议相互结合，使得用户可以通过互联网方面地访问远程机房提供的共享存储资源。

2. 在 Linux 系统中，iSCSI 服务端和 iSCSI 客户端所使用的服务程序分别叫什么？

   答：iSCSI 服务端程序为 targetd，iSCSI 客户端程序为 initiator。

3. 在使用 targetcli 命令配置 iSCSI 服务端配置文件时，acls 与 portals 参数目录中分别存放什么内容？

   答：acls 参数目录用于存放能够访问 iSCSI 服务端共享存储资源的客户端名称，portals 参数目录用于定义由服务器的哪个 IP 地址对外提供共享存储资源服务。

4. iSCSI 协议占用了服务器哪个协议和端口号？

   答：iSCSI 协议占用了服务器 TCP 协议的 3260 端口号。

5. 用户在填写 fstab 设备挂载配置文件时，一般会把远程存储资源的 UUID（而非设备的名称）填写到配置文件中。这是为什么？

   答：在 Linux 系统中，设备名称是由 udev 服务进行管理的，而 udev 服务的设备命名规则是由设备类型及系统识别顺序等信息共同组成的。考虑到网络存储设备具有识别顺序不稳定的特点，所以为了避免识别顺序混乱造成的挂载错误问题，故使用 UUID 进行挂载操作。

6. 在使用 Windows 系统来访问 iSCSI 共享存储资源时，它有两个步骤与 Linux 系统一样。请说明是哪两个步骤。

   答：扫描并发现服务端上可用的 iSCSI 共享存储资源；验证登录。

第 18 章

使用 MariaDB 数据库管理系统

本章讲解了如下内容：

➤ 数据库管理系统；

➤ 初始化 MariaDB 服务；

➤ 管理账户以及授权；

➤ 创建数据库与表单；

➤ 管理表单及数据；

➤ 数据库的备份与恢复。

MySQL 数据库项目自从被 Oracle 公司收购之后，从开源软件转变成为了"闭源"软件，这导致 IT 行业中的很多企业以及厂商纷纷选择使用了数据库软件的后起之秀——MariaDB 数据库管理系统。MariaDB 数据库管理系统也因此快速占据了市场。

本章将介绍数据库以及数据库管理系统的理论知识，然后再介绍 MariaDB 数据库管理系统的内容，最后将通过动手实验的方式，帮助各位读者掌握 MariaDB 数据库管理系统的一些常规操作。比如，账户的创建与管理、账户权限的授权；新建数据库、新建数据库表单；对数据库执行新建、删除、修改和查询等操作。本章最后还介绍了数据库的备份与恢复方法。

在学完本章内容之后，读者不但可以胜任生产环境中的数据库管理工作，还可以掌握 RHCE 考试中数据库管理主题相关的内容。

18.1 数据库管理系统

数据库是指按照某些特定结构来存储数据资料的数据仓库。在当今这个大数据技术迅速崛起的年代，互联网上每天都会生成海量的数据信息，数据库技术也从最初只能存储简单的表格数据的单一集中存储模式，发展到了现如今存储海量数据的大型分布式模式。在信息化社会中，能够充分有效地管理和利用各种数据，挖掘其中的价值，是进行科学研究与决策管理的重要前提。同时，数据库技术也是管理信息系统、办公自动化系统、决策支持系统等各类信息系统的核心组成部分，是进行科学研究和决策管理的重要技术手段。

数据库管理系统是一种能够对数据库中存放的数据进行建立、修改、删除、查找、维护等操作的软件程序。它通过把计算机中具体的物理数据转换成适合用户理解的抽象逻辑数据，有效地降低数据库管理的技术门槛，因此即便是从事 Linux 运维工作的工程师也可以对数据库进行基本的管理操作。但是，刘遄老师有必要提醒各位读者，本书的技术主线依然是 Linux

系统的运维，而数据库管理系统只不过是在此主线上的一个内容不断横向扩展、纵向加深的分支，不能指望在一两天之内就可以精通数据库管理技术。如果有读者在学完本章内容之后对数据库管理技术产生了浓厚兴趣，并希望谋得一份相关的工作，那么就需要额外为自己定制一个学习规划了。

既然是讲解数据库管理技术，就肯定绕不开 MySQL。MySQL 是一款市场占有率非常高的数据库管理系统，技术成熟、配置步骤相对简单，而且具有良好的可扩展性。但是，由于 Oracle 公司在 2009 年收购了 MySQL 的母公司 Sun，因此 MySQL 数据库项目也随之纳入 Oracle 麾下，逐步演变为保持着开源软件的身份，但又申请了多项商业专利的软件系统。开源软件是全球黑客、极客、程序员等技术高手在开源社区的大旗下的公共智慧结晶，自己的劳动成果被其他公司商业化自然也伤了一大批开源工作者的心，因此由 MySQL 项目创始者重新研发了一款名为 MariaDB 的全新数据库管理系统。该软件当前由开源社区进行维护，是 MySQL 的分支产品，而且几乎完全兼容 MySQL。

与此同时，由于各大公司之间存在着竞争关系或利益关系，外加 MySQL 在被收购之后逐渐由开源向闭源软转变，很多公司抛弃了 MySQL。当前，谷歌、维基百科等技术领域决定将 MySQL 数据库上的业务转移道 MariaDB 数据库，Linux 开源系统的领袖红帽公司也决定在 RHEL 7、CentOS 7 以及最新的 Fedora 系统中，将 MariaDB 作为默认的数据库管理系统，而且红帽公司更是首次将数据库知识加入到了 RHCE 认证的考试内容中。随后，还有数十个常见的 Linux 系统（如 openSUSE、Slackware 等）也作出了同样的表态。

但是，坦白来讲，虽然 IT 行业巨头都决定采用 MariaDB 数据库管系统，这并不意味着 MariaDB 较之于 MySQL 有明显的优势。刘遄老师用了近两周的时间测试了 MariaDB 与 MySQL 的区别，并进行了多项性能测试，并没有发现媒体所说的那种明显的优势。可以说，MariaDB 和 MySQL 在性能上基本保持一致，两者的操作命令也十分相似。从务实的角度来讲，在掌握了 MariaDB 数据库的命令和基本操作之后，在今后的工作中即使遇到 MySQL 数据库，也可以快速上手。所以，这两个数据库系统无论选择哪一个来学习都悉听君便，而本书之所以选择以 MariaDB 数据库进行讲解，主要是从 RHCE 认证考试和技术垄断的角度作的决定。

18.2　初始化 MariaDB 服务

相较于 MySQL，MariaDB 数据库管理系统有了很多新鲜的扩展特性，例如对微秒级别的支持、线程池、子查询优化、进程报告等。在配置妥当 Yum 软件仓库后，即可安装部署 MariaDB 数据库主程序及服务端程序了。

> 注：
>
> 在安装完毕后，记得启动服务程序，并将其加入到开机启动项中。

```
[root@linuxprobe ~]# yum install mariadb mariadb-server
Loaded plugins: langpacks, product-id, subscription-manager
................省略部分输出信息................
Installing:
 mariadb x86_64 1:5.5.35-3.el7 rhel 8.9 M
 mariadb-server x86_64 1:5.5.35-3.el7 rhel 11 M
```

```
Installing for dependencies:
 perl-Compress-Raw-Bzip2 x86_64 2.061-3.el7 rhel 32 k
 perl-Compress-Raw-Zlib x86_64 1:2.061-4.el7 rhel 57 k
 perl-DBD-MySQL x86_64 4.023-5.el7 rhel 140 k
 perl-DBI x86_64 1.627-4.el7 rhel 802 k
 perl-Data-Dumper x86_64 2.145-3.el7 rhel 47 k
 perl-IO-Compress noarch 2.061-2.el7 rhel 260 k
 perl-Net-Daemon noarch 0.48-5.el7 rhel 51 k
 perl-PlRPC noarch 0.2020-14.el7 rhel 36 k
Transaction Summary
================================================================================
Install 2 Packages (+8 Dependent packages)
Total download size: 21 M
Installed size: 107 M
Is this ok [y/d/N]: y
Downloading packages:
--------------------------------------------------------------------------------
Total 82 MB/s | 21 MB 00:00
Running transaction check
Running transaction test
Transaction test succeeded
Running transaction
.................省略部分输出信息.................
Installed:
 mariadb.x86_64 1:5.5.35-3.el7 mariadb-server.x86_64 1:5.5.35-3.el7
Dependency Installed:
 perl-Compress-Raw-Bzip2.x86_64 0:2.061-3.el7
 perl-Compress-Raw-Zlib.x86_64 1:2.061-4.el7
 perl-DBD-MySQL.x86_64 0:4.023-5.el7
 perl-DBI.x86_64 0:1.627-4.el7
 perl-Data-Dumper.x86_64 0:2.145-3.el7
 perl-IO-Compress.noarch 0:2.061-2.el7
 perl-Net-Daemon.noarch 0:0.48-5.el7
 perl-PlRPC.noarch 0:0.2020-14.el7
Complete!
[root@linuxprobe ~]# systemctl start mariadb
[root@linuxprobe ~]# systemctl enable mariadb
ln -s '/usr/lib/systemd/system/mariadb.service' '/etc/systemd/system/multi-user.
target.wants/mariadb.service'
```

在确认 MariaDB 数据库软件程序安装完毕并成功启动后请不要立即使用。为了确保数据库的安全性和正常运转，需要先对数据库程序进行初始化操作。这个初始化操作涉及下面 5 个步骤。

➢ 设置 root 管理员在数据库中的密码值（注意，该密码并非 root 管理员在系统中的密码，这里的密码值默认应该为空，可直接按回车键）。

➢ 设置 root 管理员在数据库中的专有密码。

➢ 随后删除匿名账户，并使用 root 管理员从远程登录数据库，以确保数据库上运行的业务的安全性。

➢ 删除默认的测试数据库，取消测试数据库的一系列访问权限。

➢ 刷新授权列表，让初始化的设定立即生效。

对于上述数据库初始化的操作步骤，刘遄老师已经在下面的输出信息旁边进行了简单注释，确保各位读者更直观地了解要输入的内容：

```
[root@linuxprobe ~]# mysql_secure_installation
/usr/bin/mysql_secure_installation: line 379: find_mysql_client: command not found
NOTE: RUNNING ALL PARTS OF THIS SCRIPT IS RECOMMENDED FOR ALL MariaDB
      SERVERS IN PRODUCTION USE!  PLEASE READ EACH STEP CAREFULLY!
In order to log into MariaDB to secure it, we'll need the current
password for the root user.  If you've just installed MariaDB, and
you haven't set the root password yet, the password will be blank,
so you should just press enter here.
Enter current password for root (enter for none): 当前数据库密码为空，直接按回车键
OK, successfully used password, moving on...
Setting the root password ensures that nobody can log into the MariaDB
root user without the proper authorisation.
Set root password? [Y/n] y
New password: 输入要为 root 管理员设置的数据库密码
Re-enter new password: 再次输入密码
Password updated successfully!
Reloading privilege tables..
 ... Success!
By default, a MariaDB installation has an anonymous user, allowing anyone
to log into MariaDB without having to have a user account created for
them.  This is intended only for testing, and to make the installation
go a bit smoother.  You should remove them before moving into a
production environment.
Remove anonymous users? [Y/n] y（删除匿名账户）
 ... Success!
Normally, root should only be allowed to connect from 'localhost'.  This
ensures that someone cannot guess at the root password from the network.
Disallow root login remotely? [Y/n] y（禁止 root 管理员从远程登录）
 ... Success!
By default, MariaDB comes with a database named 'test' that anyone can
access.  This is also intended only for testing, and should be removed
before moving into a production environment.
Remove test database and access to it? [Y/n] y（删除 test 数据库并取消对它的访问权限）
 - Dropping test database...
 ... Success!
 - Removing privileges on test database...
 ... Success!
Reloading the privilege tables will ensure that all changes made so far
will take effect immediately.
Reload privilege tables now? [Y/n] y（刷新授权表，让初始化后的设定立即生效）
 ... Success!
Cleaning up...
All done!  If you've completed all of the above steps, your MariaDB
installation should now be secure.
Thanks for using MariaDB!
```

在很多生产环境中都需要使用站库分离的技术（即网站和数据库不在同一个服务器上），如果需要让 root 管理员远程访问数据库，可在上面的初始化操作中设置策略，以允许 root 管理员从远程访问。然后还需要设置防火墙，使其放行对数据库服务程序的访问请求，数据库服务程序默认会占用 3306 端口，在防火墙策略中服务名称统一叫作 mysql：

```
[root@linuxprobe ~]# firewall-cmd --permanent --add-service=mysql
success
```

```
[root@linuxprobe ~]# firewall-cmd --reload
success
```

一切准备就绪。现在我们将首次登录 MariaDB 数据库。其中，-u 参数用来指定以 root 管理员的身份登录，而-p 参数用来验证该用户在数据库中的密码值。

```
[root@linuxprobe ~]# mysql -u root -p
Enter password: 此处输入 root 管理员在数据库中的密码
Welcome to the MariaDB monitor. Commands end with ; or \g.
Your MariaDB connection id is 5
Server version: 5.5.35-MariaDB MariaDB Server
Copyright (c) 2000, 2013, Oracle, Monty Program Ab and others.
Type 'help;' or '\h' for help. Type '\c' to clear the current input statement.
MariaDB [(none)]>
```

在登录 MariaDB 数据库后执行数据库命令时，都需要在命令后面用分号（;）结尾，这也是与 Linux 命令最显著的区别。大家需要慢慢习惯数据库命令的这种设定。下面执行如下命令查看数据库管理系统中当前都有哪些数据库：

```
MariaDB [(none)]> SHOW databases;
+--------------------+
| Database           |
+--------------------+
| information_schema |
| mysql              |
| performance_schema |
+--------------------+
3 rows in set (0.01 sec)
```

小试牛刀过后，接下来使用数据库命令将 root 管理员在数据库管理系统中的密码值修改为 linuxprobe。这样退出后再尝试登录，如果还坚持输入原先的密码，则将提示访问失败。

```
MariaDB [(none)]> SET password = PASSWORD('linuxprobe');
Query OK, 0 rows affected (0.00 sec)
MariaDB [(none)]> exit
Bye
[root@linuxprobe ~]# mysql -u root -p
Enter password:此处输入 root 管理员在数据库中的新密码
ERROR 1045 (28000): Access denied for user 'root'@'localhost' (using password: YES)
```

18.3 管理账户以及授权

在生产环境中总不能一直"死啃"root 管理员。为了保障数据库系统的安全性，以及让其他用户协同管理数据库，我们可以在 MariaDB 数据库管理系统中为他们创建多个专用的数据库管理账户，然后再分配合理的权限，以满足他们的工作需求。为此，可使用 root 管理员登录数据库管理系统，然后按照"CREATE USER 用户名@主机名 IDENTIFIED BY '密码'; "的格式创建数据库管理账户。再次提醒大家，一定不要忘记每条数据库命令后面的分号（;）。

```
MariaDB [(none)]> CREATE USER luke@localhost IDENTIFIED BY 'linuxprobe';
Query OK, 0 rows affected (0.00 sec)
```

创建的账户信息可以使用 select 命令语句来查询。下面命令查询的是账户 luke 的主机名称、账户名称以及经过加密的密码值信息：

```
MariaDB [(none)]> use mysql
Reading table information for completion of table and column names
You can turn off this feature to get a quicker startup with -A

Database changed
MariaDB [mysql]> SELECT HOST,USER,PASSWORD FROM user WHERE USER="luke";
+-----------+------+-------------------------------------------+
| host      | user | password                                  |
+-----------+------+-------------------------------------------+
| localhost | luke | *55D9962586BE75F4B7D421E6655973DB07D6869F |
+-----------+------+-------------------------------------------+
```

不过，用户 luke 仅仅是一个普通账户，没有数据库的任何操作权限。不信的话，可以切换到 luke 账户来查询数据库管理系统中当前都有哪些数据库。可以发现，该账户甚至没法查看完整的数据库列表（刚才使用 root 账户时可以查看到 3 个数据库列表）：

```
MariaDB [mysql]> exit
Bye
[root@linuxprobe ~]# mysql -u luke -p
Enter password: 此处输入 luke 账户的数据库密码
Welcome to the MariaDB monitor.  Commands end with ; or \g.
Your MariaDB connection id is 6
Server version: 5.5.35-MariaDB MariaDB Server
Copyright (c) 2000, 2013, Oracle, Monty Program Ab and others.
Type 'help;' or '\h' for help. Type '\c' to clear the current input statement.
MariaDB [(none)]> SHOW databases;
+--------------------+
| Database           |
+--------------------+
| information_schema |
+--------------------+
1 row in set (0.03 sec)
```

数据库管理系统所使用的命令一般都比较复杂。我们以 grant 命令为例进行说明。grant 命令用于为账户进行授权，其常见格式如表 18-1 所示。在使用 grant 命令时需要写上要赋予的权限、数据库及表单名称，以及对应的账户及主机信息。其实，只要理解了命令中每个字段的功能含义，也就不觉得命令复杂难懂了。

表 18-1　　　　　　　　　　GRANT 命令的常见格式以及解释

命令	作用
GRANT 权限 ON 数据库.表单名称 TO 账户名@主机名	对某个特定数据库中的特定表单给予授权
GRANT 权限 ON 数据库.*TO 账户名@主机名	对某个特定数据库中的所有表单给予授权
GRANT 权限 ON*.*TO 账户名@主机名	对所有数据库及所有表单给予授权
GRANT 权限 1,权限 2 ON 数据库.*TO 账户名@主机名	对某个数据库中的所有表单给予多个授权
GRANT ALL PRIVILEGES ON *.*TO 账户名@主机名	对所有数据库及所有表单给予全部授权（需谨慎操作）

当然，账户的授权工作肯定是需要数据库管理员来执行的。下面以 root 管理员的身份登录到数据库管理系统中，针对 mysql 数据库中的 user 表单向账户 luke 授予查询、更新、删除以及插入等权限。

```
[root@linuxprobe ~]# mysql -u root -p
Enter password:此处输入 root 管理员在数据库中的密码
MariaDB [(none)]> use mysql;
Reading table information for completion of table and column names
You can turn off this feature to get a quicker startup with -A
Database changed
MariaDB [mysql]> GRANT SELECT,UPDATE,DELETE,INSERT ON mysql.user TO luke@localhost;
Query OK, 0 rows affected (0.00 sec)
```

在执行完上述授权操作之后，我们再查看一下账户 luke 的权限：

```
MariaDB [(none)]> SHOW GRANTS FOR luke@localhost;
+---------------------------------------------------------------------------------+
| Grants for luke@localhost |
+---------------------------------------------------------------------------------+
| GRANT USAGE ON *.* TO 'luke'@'localhost' IDENTIFIED BY PASSWORD '*55D9962586
BE75F4B7D421E6655973DB07D6869F' |
| GRANT SELECT, INSERT, UPDATE, DELETE ON `mysql`.`user` TO 'luke'@'localhost' |
+---------------------------------------------------------------------------------+
2 rows in set (0.00 sec)
```

上面输出信息中显示账户 luke 已经拥有了针对 mysql 数据库中 user 表单的一系列权限了。这时我们再切换到账户 luke，此时就能够看到 mysql 数据库了，而且还能看到表单 user（其余表单会因无权限而被继续隐藏）：

```
[root@linuxprobe ~]# mysql -u luke -p
Enter password:此处输入 luke 用户在数据库中的密码
MariaDB [(none)]> SHOW DATABASES;
+--------------------+
| Database           |
+--------------------+
| information_schema |
| mysql              |
+--------------------+
2 rows in set (0.01 sec)
MariaDB [(none)]> use mysql
Reading table information for completion of table and column names
You can turn off this feature to get a quicker startup with -A
Database changed
MariaDB [mysql]> SHOW TABLES;
+-----------------+
| Tables_in_mysql |
+-----------------+
| user            |
+-----------------+
1 row in set (0.01 sec)
MariaDB [mysql]> exit
Bye
```

大家不要心急，我们接下来会慢慢学习数据库内容的修改方法。当前，先切换回 root 账户，移除刚才的授权。

```
[root@linuxprobe ~]# mysql -u root -p
Enter password:此处输入 root 管理员在数据库中的密码
MariaDB [(none)]> use mysql;
Reading table information for completion of table and column names
You can turn off this feature to get a quicker startup with -A
Database changed
MariaDB [(none)]> REVOKE SELECT,UPDATE,DELETE,INSERT ON mysql.user FROM luke@
localhost;
Query OK, 0 rows affected (0.00 sec)
```

可以看到，除了移除授权的命令（revoke）与授权命令（grant）不同之外，其余部分都是一致的。这不仅好记而且也容易理解。执行移除授权命令后，再来查看账户 luke 的信息：

```
MariaDB [(none)]>SHOW GRANTS FOR luke@localhost;
+-------------------------------------------------------------------------+
| Grants for luke@localhost |
+-------------------------------------------------------------------------+
| GRANT USAGE ON *.* TO 'luke'@'localhost' IDENTIFIED BY PASSWORD '*55D9962586
BE75F4B7D421E6655973DB07D6869F' |
+-------------------------------------------------------------------------+
1 row in set (0.00 sec)
```

18.4 创建数据库与表单

在 MariaDB 数据库管理系统中，一个数据库可以存放多个数据表，数据表单是数据库中最重要最核心的内容。我们可以根据自己的需求自定义数据库表结构，然后在其中合理地存放数据，以便后期轻松地维护和修改。表 18-2 罗列了后文中将使用到的数据库命令以及对应的作用。

表 18-2　　　　　　　　　用于创建数据库的命令以及作用

命令	作用
CREATE DATABASE 数据库名称	创建新的数据库
DESCRIBE 表单名称	描述表单
UPDATE 表单名称 SET attribute=新值 WHERE attribute>原始值	更新表单中的数据
USE 数据库名称	指定使用的数据库
SHOW databases	显示当前已有的数据库
SHOW tables	显示当前数据库中的表单
SELECT * FROM 表单名称	从表单中选中某个记录值
DELETE FROM 表单名 WHERE attribute=值	从表单中删除某个记录值

建立数据库是管理数据的起点。现在尝试创建一个名为 linuxprobe 的数据库，然后再查看数据库列表，此时就能看到它了：

```
MariaDB [(none)]> CREATE DATABASE linuxprobe;
Query OK, 1 row affected (0.00 sec)
MariaDB [(none)]> SHOW databases;
```

```
+--------------------+
| Database           |
+--------------------+
| information_schema |
| linuxprobe         |
| mysql              |
| performance_schema |
+--------------------+
4 rows in set (0.04 sec)
```

要想创建数据表单，需要先切换到某个指定的数据库中。比如在新建的 linuxprobe 数据库中创建表单 mybook，然后进行表单的初始化，即定义存储数据内容的结构。我们分别定义 3 个字段项，其中，长度为 15 个字符的字符型字段 name 用来存放图书名称，整型字段 price 和 pages 分别存储图书的价格和页数。当执行完下述命令之后，就可以看到表单的结构信息了：

```
MariaDB [(none)]> use linuxprobe;
Database changed
MariaDB [linuxprobe]> CREATE TABLE mybook (name char(15),price int,pages int);
Query OK, 0 rows affected (0.16 sec)
MariaDB [linuxprobe]> DESCRIBE mybook;
+-------+----------+------+-----+---------+-------+
| Field | Type     | Null | Key | Default | Extra |
+-------+----------+------+-----+---------+-------+
| name  | char(15) | YES  |     | NULL    |       |
| price | int(11)  | YES  |     | NULL    |       |
| pages | int(11)  | YES  |     | NULL    |       |
+-------+----------+------+-----+---------+-------+
3 rows in set (0.02 sec)
```

18.5　管理表单及数据

接下来向 mybook 数据表单中插一条图书信息。为此需要使用 INSERT 命令，并在命令中写清表单名称以及对应的字段项。执行该命令之后即可完成图书写入信息。下面我们使用该命令插入一条图书信息，其中书名为 linuxprobe，价格和页数分别是 60 元和 518 页。在命令执行后也就意味着图书信息已经成功写入到数据表单中，然后就可以查询表单中的内容了。我们在使用 select 命令查询表单内容时，需要加上想要查询的字段；如果想查看表单中的所有内容，则可以使用星号（*）通配符来显示：

```
MariaDB [linuxprobe]> INSERT INTO mybook(name,price,pages) VALUES('linuxprobe',
'60', '518');
Query OK, 1 row affected (0.00 sec)
MariaDB [linuxprobe]> SELECT * FROM mybook;
+------------+-------+-------+
| name       | price | pages |
+------------+-------+-------+
| linuxprobe |    60 |   518 |
```

```
+-----------+-------+-------+
1 rows in set (0.01 sec)
```

对数据库运维人员来讲，需要做好四门功课——增、删、改、查。这意味着创建数据表单并在其中插入内容仅仅是第一步，还需要掌握数据表单内容的修改方法。例如，我们可以使用 update 命令将刚才插入的 linuxprobe 图书信息的价格修改为 55 元，然后在使用 select 命令查看该图书的名称和定价信息。注意，因为这里只查看图书的名称和定价，而不涉及页码，所以无须再用星号通配符来显示所有内容。

```
MariaDB [linuxprobe]> UPDATE mybook SET price=55 ;
Query OK, 1 row affected (0.00 sec)
Rows matched: 1  Changed: 1  Warnings: 0
MariaDB [linuxprobe]> SELECT name,price FROM mybook;
+-----------+-------+
| name      | price |
+-----------+-------+
| linuxprobe |    55 |
+-----------+-------+
1 row in set (0.00 sec)
```

我们还可以使用 delete 命令删除某个数据表单中的内容。下面我们使用 delete 命令删除数据表单 mybook 中的所有内容，然后再查看该表单中的内容，可以发现该表单内容为空了。

```
MariaDB [linuxprobe]> DELETE FROM mybook;
Query OK, 1 row affected (0.01 sec)
MariaDB [linuxprobe]> SELECT * FROM mybook;
Empty set (0.00 sec)
```

一般来讲，数据表单中会存放成千上万条数据信息。比如我们刚刚创建的用于保存图书信息的 mybook 表单，随着时间的推移，里面的图书信息也会越来越多。在这样的情况下，如果我们只想查看其价格大于某个数值的图书时，又该如何定义查询语句呢？

下面先使用 insert 插入命令依次插入 4 条图书信息：

```
MariaDB [linuxprobe]> INSERT INTO mybook(name,price,pages) VALUES('linuxprobe1',
'30', '518');
Query OK, 1 row affected (0.05 sec)
MariaDB [linuxprobe]> INSERT INTO mybook(name,price,pages) VALUES('linuxprobe2',
'50', '518');
Query OK, 1 row affected (0.05 sec)
MariaDB [linuxprobe]> INSERT INTO mybook(name,price,pages) VALUES('linuxprobe3',
'80', '518');
Query OK, 1 row affected (0.01 sec)
MariaDB [linuxprobe]> INSERT INTO mybook(name,price,pages) VALUES('linuxprobe4',
'100', '518');
Query OK, 1 row affected (0.00 sec)
```

要想让查询结果更加精准，就需要结合使用 select 与 where 命令了。其中，where 命令是在数据库中进行匹配查询的条件命令。通过设置查询条件，就可以仅查找出符合该条件的数据。表 18-3 列出了 where 命令中常用的查询参数以及作用。

表 18-3   where 命令中使用的参数以及作用

参数	作用
=	相等
<>或!=	不相等
>	大于
<	小于
>=	大于或等于
<=	小于或等于
BETWEEN	在某个范围内
LIKE	搜索一个例子
IN	在列中搜索多个值

现在进入动手环节。分别在 mybook 表单中查找出价格大于 75 元或价格不等于 80 元的图书，其对应的命令如下所示。在熟悉了这两个查询条件之后，大家可以自行尝试精确查找图书名为 linuxprobe2 的图书信息。

```
MariaDB [linuxprobe]> SELECT * FROM mybook WHERE price>75;
+-------------+-------+-------+
| name        | price | pages |
+-------------+-------+-------+
| linuxprobe3 |    80 |   518 |
| linuxprobe4 |   100 |   518 |
+-------------+-------+-------+
2 rows in set (0.06 sec)
MariaDB [linuxprobe]> SELECT * FROM mybook WHERE price!=80;
+-------------+-------+-------+
| name        | price | pages       |
+-------------+-------+-------+
| linuxprobe1 | 30    | 518         |
| linuxprobe2 | 50    | 518         |
| linuxprobe4 | 100   | 518         |
+-------------+-------+-------+
3 rows in set (0.01 sec)
MariaDB [mysql]> exit
Bye
```

18.6 数据库的备份及恢复

前文提到，本书的技术主线是 Linux 系统的运维方向，不会对数据库管理系统的操作进行深入的讲解，因此大家掌握了上面这些基本的数据库操作命令之后就足够了。下面要讲解的是数据库的备份以及恢复，这些知识比较实用，希望大家能够掌握。

mysqldump 命令用于备份数据库数据，格式为"mysqldump [参数] [数据库名称]"。其中参数与 mysql 命令大致相同，-u 参数用于定义登录数据库的账户名称，-p 参数代表密码提示符。下面将 linuxprobe 数据库中的内容导出成一个文件，并保存到 root 管理员的家目录中：

```
[root@linuxprobe ~]# mysqldump -u root -p linuxprobe > /root/linuxprobeDB.dump
Enter password: 此处输入 root 管理员在数据库中的密码
```

然后进入 MariaDB 数据库管理系统，彻底删除 linuxprobe 数据库，这样 mybook 数据表单也将被彻底删除。然后重新建立 linuxprobe 数据库：

```
MariaDB [(none)]> DROP DATABASE linuxprobe;
Query OK, 1 row affected (0.04 sec)
MariaDB [(none)]> SHOW databases;
+--------------------+
| Database           |
+--------------------+
| information_schema |
| mysql              |
| performance_schema |
+--------------------+
3 rows in set (0.02 sec)
MariaDB [(none)]> CREATE DATABASE linuxprobe;
Query OK, 1 row affected (0.00 sec)
```

接下来是见证数据恢复效果的时刻！使用输入重定向符把刚刚备份的数据库文件导入到 mysql 命令中，然后执行该命令。接下来登录到 MariaDB 数据库，就又能看到 linuxprobe 数据库以及 mybook 数据表单了。数据库恢复成功！

```
[root@linuxprobe ~]# mysql -u root -p linuxprobe < /root/linuxprobeDB.dump
Enter password: 此处输入 root 管理员在数据库中的密码值
[root@linuxprobe ~]# mysql -u root -p
Enter password: 此处输入 root 管理员在数据库中的密码值
MariaDB [(none)]> use linuxprobe;
Reading table information for completion of table and column names
You can turn off this feature to get a quicker startup with -A
Database changed
MariaDB [linuxprobe]> SHOW tables;
+---------------------+
| Tables_in_linuxprobe |
+---------------------+
| mybook              |
+---------------------+
1 row in set (0.05 sec)
MariaDB [linuxprobe]> DESCRIBE mybook;
+-------+----------+------+-----+---------+-------+
| Field | Type     | Null | Key | Default | Extra |
+-------+----------+------+-----+---------+-------+
| name  | char(15) | YES  |     | NULL    |       |
| price | int(11)  | YES  |     | NULL    |       |
| pages | int(11)  | YES  |     | NULL    |       |
+-------+----------+------+-----+---------+-------+
3 rows in set (0.02 sec)
```

复习题

1. RHEL 7 系统为何选择使用 MariaDB 替代 MySQL 数据库管理系统?

答：因为 MariaDB 由开源社区进行维护，且不受商业专利限制。

2. 初始化 MariaDB 或 MySQL 数据库管理系统的命令是什么？

答：是 mysql_secure_installation 命令，建议每次安装 MariaDB 或 MySQL 数据库管理系统后都执行这条命令。

3. 用来查看已有数据库或数据表单的命令是什么？

答：要查看当前已有的数据库列表，需执行 SHOW databases;命令；要查看已有的数据表单列表，则需执行 SHOW tables;命令。

4. 切换至某个指定数据库的命令是什么？

答：执行"use 数据库名称"命令即可切换成功。

5. 若想针对某个账户进行授权或取消授权操作，应该执行什么命令？

答：针对账户进行授权，需执行 GRANT 命令；取消授权则需执行 REVOKE 命令。

6. 若只想查看 mybook 表单中的 name 字段，应该执行什么命令？

答：应执行 SELECT name FROM mybook 命令。

7. 若只想查看 mybook 表单中价格大于 75 元的图书信息，应该执行什么命令？

答：应执行 SELECT * FROM mybook WHERE price>75 命令。

8. 要想把 linuxprobe 数据库中的内容导出为一个文件（保存到 root 管理员的家目录中），应该执行什么命令？

答：应执行 mysqldump -u root -p linuxprobe > /root/linuxprobeDB.dump 命令。

## 第 19 章

使用 PXE+Kickstart 无人值守安装服务

本章讲解了如下内容：

➢ 无人值守安装系统；

➢ 部署相关服务程序；

➢ 自动部署客户端主机。

刚入职的运维新手经常会被要求去做一些安装操作系统的工作。如果按照第 1 章讲解的用光盘镜像来安装操作系统，其效率会相当低下。本章将介绍可以实现无人值守安装服务的 PXE+Kickstart 服务程序，并带领大家动手安装部署 PXE + TFTP + FTP + DHCP + Kickstart 等服务程序，从而搭建出一套可批量安装 Linux 系统的无人值守安装系统。在学完本章内容之后，运维新手就可以避免枯燥乏味的重复性工作，大大提供系统安装的效率。

19.1 无人值守安装系统

本书在第 1 章讲解了使用光盘镜像来安装 Linux 系统的方法，坦白讲，该方法适用于只安装少量 Linux 系统的情况。如果生产环境中有数百台服务器都需要安装系统，这种方式就不合时宜了。这时，我们就需要使用 PXE + TFTP +FTP + DHCP + Kickstart 服务搭建出一个无人值守安装系统。这种无人值守安装系统可以自动地为数十台服务器安装系统，这一方面将运维人员从重复性的工作中解救出来，也大大提升了系统安装的效率。

无人值守安装系统的工作流程如图 19-1 所示。

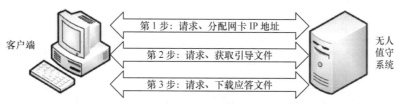

图 19-1 无人值守安装系统的工作流程

PXE（Preboot eXecute Environment，预启动执行环境）是由 Intel 公司开发的技术，可以让计算机通过网络来启动操作系统（前提是计算机上安装的网卡支持 PXE 技术），主要用于在无人机值守安装系统中引导客户端主机安装 Linux 操作系统。Kickstart 是一种无人值守的安装方式，其工作原理是预先把原本需要运维人员手工填写的参数保存成一个 ks.cfg 文件，当安装过程中需要填写参数时则自动匹配 Kickstart 生成的文件。所以只要

Kickstart 文件包含了安装过程中需要人工填写的所有参数，那么从理论上来讲完全不需要运维人员的干预，就可以自动完成安装工作。TFTP、FTP 以及 DHCP 服务程序的配置与部署已经在第 11 章和第 14 章进行了详细讲解，这里不再赘述。

由于当前的客户端主机并没有完整的操作系统，也就不能完成 FTP 协议的验证了，所以需要使用 TFTP 协议帮助客户端获取引导及驱动文件。vsftpd 服务程序用于将完整的系统安装镜像通过网络传输给客户端。当然，只要能将系统安装镜像成功传输给客户端即可，因此也可以使用 httpd 来替代 vsftpd 服务程序。

19.2　部署相关服务程序

19.2.1　配置 DHCP 服务程序

DHCP 服务程序用于为客户端主机分配可用的 IP 地址，而且这是服务器与客户端主机进行文件传输的基础，因此我们先行配置 DHCP 服务程序。首先按照表 19-1 为无人值守系统设置 IP 地址，然后按照图 19-2 和图 19-3 在虚拟机的虚拟网络编辑器中关闭自身的 DHCP 服务。

表 19-1　　　　　　　　　　　　　无人值守系统与客户端的设置

主机名称	操作系统	IP 地址
无人值守系统	RHEL 7	192.168.10.10
客户端主机	未安装操作系统	-

图 19-2　打开虚拟机的虚拟网络编辑器

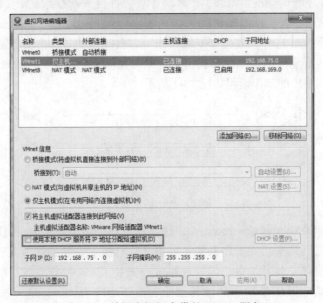

图 19-3　关闭虚拟机自带的 DHCP 服务

当挂载好光盘镜像并把 Yum 仓库文件配置妥当后，就可以安装 DHCP 服务程序软件包了。

```
[root@linuxprobe ~]# yum install dhcp
Loaded plugins: langpacks, product-id, subscription-manager
This system is not registered to Red Hat Subscription Management. You can use
subscription-manager to register.
rhel | 4.1 kB 00:00
Resolving Dependencies
--> Running transaction check
---> Package dhcp.x86_64 12:4.2.5-27.el7 will be installed
--> Finished Dependency Resolution
Dependencies Resolved
================================================================================
 Package Arch Version Repository Size
================================================================================
Installing:
 dhcp x86_64 12:4.2.5-27.el7 rhel 506 k
Transaction Summary
================================================================================
Install 1 Package
Total download size: 506 k
Installed size: 1.4 M
Is this ok [y/d/N]: y
Downloading packages:
Running transaction check
Running transaction test
Transaction test succeeded
Running transaction
 Installing : 12:dhcp-4.2.5-27.el7.x86_64 1/1
 Verifying : 12:dhcp-4.2.5-27.el7.x86_64 1/1
Installed:
 dhcp.x86_64 12:4.2.5-27.el7
Complete!
```

第 14 章已经详细讲解了 DHCP 服务程序的配置以及部署方法，相信各位读者对相关的配置参数还有一些印象。但是，我们在这里使用的配置文件与第 14 章中的配置文件有两个主要区别：允许了 BOOTP 引导程序协议，旨在让局域网内暂时没有操作系统的主机也能获取静态 IP 地址；在配置文件的最下面加载了引导驱动文件 pxelinux.0（这个文件会在下面的步骤中创建），其目的是让客户端主机获取到 IP 地址后主动获取引导驱动文件，自行进入下一步的安装过程。

```
[root@linuxprobe ~]# vim /etc/dhcp/dhcpd.conf
allow booting;
allow bootp;
ddns-update-style interim;
ignore client-updates;
subnet 192.168.10.0 netmask 255.255.255.0 {
        option subnet-mask        255.255.255.0;
        option domain-name-servers  192.168.10.10;
        range dynamic-bootp 192.168.10.100 192.168.10.200;
        default-lease-time        21600;
        max-lease-time            43200;
        next-server               192.168.10.10;
        filename                  "pxelinux.0";
}
```

在确认 DHCP 服务程序的参数都填写正确后，重新启动该服务程序，并将其添加到开机启动项中。这样在设备下一次重启之后，在无须人工干预的情况下，自动为客户端主机安装系统。

```
[root@linuxprobe ~]# systemctl restart dhcpd
[root@linuxprobe ~]# systemctl enable dhcpd
ln -s '/usr/lib/systemd/system/dhcpd.service' '/etc/systemd/system/multi-user.
target.wants/dhcpd.service'
```

19.2.2 配置 TFTP 服务程序

我们曾经在第 11 章中学习过 vsftpd 服务与 TFTP 服务。vsftpd 是一款功能丰富的文件传输服务程序，允许用户以匿名开放模式、本地用户模式、虚拟用户模式来进行访问认证。但是，当前的客户端主机还没有安装操作系统，该如何进行登录认证呢？而 TFTP 作为一种基于 UDP 协议的简单文件传输协议，不需要进行用户认证即可获取到所需的文件资源。因此接下来配置 TFTP 服务程序，为客户端主机提供引导及驱动文件。当客户端主机有了基本的驱动程序之后，再通过 vsftpd 服务程序将完整的光盘镜像文件传输过去。

```
[root@linuxprobe ~]# yum install tftp-server
Loaded plugins: langpacks, product-id, subscription-manager
This system is not registered to Red Hat Subscription Management. You can use
subscription-manager to register.
Resolving Dependencies
--> Running transaction check
---> Package tftp-server.x86_64 0:5.2-11.el7 will be installed
--> Processing Dependency: xinetd for package: tftp-server-5.2-11.el7.x86_64
--> Running transaction check
---> Package xinetd.x86_64 2:2.3.15-12.el7 will be installed
--> Finished Dependency Resolution
Dependencies Resolved
================================================================================
 Package Arch Version Repository Size
================================================================================
Installing:
 tftp-server x86_64 5.2-11.el7 rhel 44 k
Installing for dependencies:
 xinetd x86_64 2:2.3.15-12.el7 rhel 128 k
Transaction Summary
================================================================================
Install 1 Package (+1 Dependent package)
Total download size: 172 k
Installed size: 325 k
Is this ok [y/d/N]: y
Downloading packages:
--------------------------------------------------------------------------------
Total 1.7 MB/s | 172 kB 00:00
Running transaction check
Running transaction test
Transaction test succeeded
Running transaction
  Installing : 2:xinetd-2.3.15-12.el7.x86_64 1/2
  Installing : tftp-server-5.2-11.el7.x86_64 2/2
  Verifying : 2:xinetd-2.3.15-12.el7.x86_64 1/2
```

```
       Verifying : tftp-server-5.2-11.el7.x86_64 2/2
Installed:
  tftp-server.x86_64 0:5.2-11.el7
Dependency Installed:
  xinetd.x86_64 2:2.3.15-12.el7
Complete!
```

TFTP 是一种非常精简的文件传输服务程序，它的运行和关闭是由 xinetd 网络守护进程服务来管理的。xinetd 服务程序会同时监听系统的多个端口，然后根据用户请求的端口号调取相应的服务程序来响应用户的请求。需要开启 TFTP 服务程序，只需在 xinetd 服务程序的配置文件中把 disable 参数改成 no 就可以了。保存配置文件并退出，然后重启 xinetd 服务程序，并将其加入到开机启动项中（在 RHEL 7 系统中，已经默认启用了 xinetd 服务程序，因此在将其添加到开机启动项中的时候没有输出信息属于正常情况）。

```
[root@linuxprobe ~.d]# vim /etc/xinetd.d/tftp
service tftp
{
        socket_type             = dgram
        protocol                = udp
        wait                    = yes
        user                    = root
        server                  = /usr/sbin/in.tftpd
        server_args             = -s /var/lib/tftpboot
        disable                 = no
        per_source              = 11
        cps                     = 100 2
        flags                   = IPv4
[root@linuxprobe xinetd.d]# systemctl restart xinetd
[root@linuxprobe xinetd.d]# systemctl enable xinetd
```

TFTP 服务程序默认使用的是 UDP 协议，占用的端口号为 69，所以在生产环境中还需要在 firewalld 防火墙管理工具中写入使其永久生效的允许策略，以便让客户端主机顺利获取到引导文件。

```
[root@linuxprobe ~]# firewall-cmd --permanent --add-port=69/udp
success
[root@linuxprobe ~]# firewall-cmd --reload
success
```

19.2.3 配置 SYSLinux 服务程序

SYSLinux 是一个用于提供引导加载的服务程序。与其说 SYSLinux 是一个服务程序，不如说更需要里面的引导文件，在安装好 SYSLinux 服务程序软件包后，/usr/share/syslinux 目录中会出现很多引导文件。

```
[root@linuxprobe ~]# yum install syslinux
Loaded plugins: langpacks, product-id, subscription-manager
This system is not registered to Red Hat Subscription Management. You can use
subscription-manager to register.
Resolving Dependencies
--> Running transaction check
```

```
---> Package syslinux.x86_64 0:4.05-8.el7 will be installed
--> Finished Dependency Resolution
Dependencies Resolved
================================================================================
 Package Arch Version Repository Size
================================================================================
Installing:
 syslinux x86_64 4.05-8.el7 rhel 1.0 M
Transaction Summary
================================================================================
Install 1 Package
Total download size: 1.0 M
Installed size: 2.3 M
Is this ok [y/d/N]: y
Downloading packages:
Running transaction check
Running transaction test
Transaction test succeeded
Running transaction
 Installing : syslinux-4.05-8.el7.x86_64 1/1
 Verifying : syslinux-4.05-8.el7.x86_64 1/1
Installed:
 syslinux.x86_64 0:4.05-8.el7
Complete!
```

我们首先需要把 SYSLinux 提供的引导文件复制到 TFTP 服务程序的默认目录中，也就是前文提到的文件 pxelinux.0，这样客户端主机就能够顺利地获取到引导文件了。另外在 RHEL 7 系统光盘镜像中也有一些我们需要调取的引导文件。确认光盘镜像已经被挂载到/media/cdrom 目录后，使用复制命令将光盘镜像中自带的一些引导文件也复制到 TFTP 服务程序的默认目录中。

```
[root@linuxprobe ~]# cd /var/lib/tftpboot
[root@linuxprobe tftpboot]# cp /usr/share/syslinux/pxelinux.0 .
[root@linuxprobe tftpboot]# cp /media/cdrom/images/pxeboot/{vmlinuz,initrd.img} .
[root@linuxprobe tftpboot]# cp /media/cdrom/isolinux/{vesamenu.c32,boot.msg} .
```

然后在 TFTP 服务程序的目录中新建 pxelinux.cfg 目录，虽然该目录的名字带有后缀，但依然也是目录，而非文件！将系统光盘中的开机选项菜单复制到该目录中，并命名为 default。这个 default 文件就是开机时的选项菜单，如图 19-4 所示。

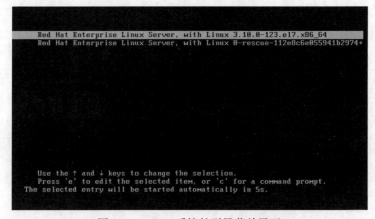

图 19-4　Linux 系统的引导菜单界面

```
[root@linuxprobe tftpboot]# mkdir pxelinux.cfg
[root@linuxprobe tftpboot]# cp /media/cdrom/isolinux/isolinux.cfg pxelinux.cfg/
default
```

默认的开机菜单中有两个选项，要么是安装系统，要么是对安装介质进行检验。既然我们已经确定采用无人值守的方式安装系统，还需要为每台主机手动选择相应的选项，未免与我们的主旨（无人值守安装）相悖。现在我们编辑这个 default 文件，把第 1 行的 default 参数修改为 linux，这样系统在开机时就会默认执行那个名称为 linux 的选项了。对应的 linux 选项大约在 64 行，我们将默认的光盘镜像安装方式修改成 FTP 文件传输方式，并指定好光盘镜像的获取网址以及 Kickstart 应答文件的获取路径：

```
[root@linuxprobe tftpboot]# vim pxelinux.cfg/default
 1 default linux
 2 timeout 600
 3
 4 display boot.msg
 5
 6 # Clear the screen when exiting the menu, instead of leaving the menu displa yed.
 7 # For vesamenu, this means the graphical background is still displayed witho ut
 8 # the menu itself for as long as the screen remains in graphics mode.
 9 menu clear
10 menu background splash.png
11 menu title Red Hat Enterprise Linux 7.0
12 menu vshift 8
13 menu rows 18
14 menu margin 8
15 #menu hidden
16 menu helpmsgrow 15
17 menu tabmsgrow 13
18
19 # Border Area
20 menu color border * #00000000 #00000000 none
21
22 # Selected item
23 menu color sel 0 #ffffffff #00000000 none
24
25 # Title bar
26 menu color title 0 #ff7ba3d0 #00000000 none
27
28 # Press [Tab] message
29 menu color tabmsg 0 #ff3a6496 #00000000 none
30
31 # Unselected menu item
32 menu color unsel 0 #84b8ffff #00000000 none
33
34 # Selected hotkey
35 menu color hotsel 0 #84b8ffff #00000000 none
36
37 # Unselected hotkey
38 menu color hotkey 0 #ffffffff #00000000 none
39
40 # Help text
```

```
41 menu color help 0 #ffffffff #00000000 none
42
43 # A scrollbar of some type? Not sure.
44 menu color scrollbar 0 #ffffffff #ff355594 none
45
46 # Timeout msg
47 menu color timeout 0 #ffffffff #00000000 none
48 menu color timeout_msg 0 #ffffffff #00000000 none
49
50 # Command prompt text
51 menu color cmdmark 0 #84b8ffff #00000000 none
52 menu color cmdline 0 #ffffffff #00000000 none
53
54 # Do not display the actual menu unless the user presses a key. All that is
displayed is a timeout message.
55
56 menu tabmsg Press Tab for full configuration options on menu items.
57
58 menu separator # insert an empty line
59 menu separator # insert an empty line
59 menu separator # insert an empty line
60
61 label linux
62 menu label ^Install Red Hat Enterprise Linux 7.0
63 kernel vmlinuz
64 append initrd=initrd.img inst.stage2=ftp://192.168.10.10 ks=ftp://192.168.
10.10/pub/ks.cfg quiet
65
................省略部分输出信息................
```

19.2.4 配置 vsftpd 服务程序

在我们这套无人值守安装系统的服务中，光盘镜像是通过 FTP 协议传输的，因此势必要用到 vsftpd 服务程序。当然，也可以使用 httpd 服务程序来提供 Web 网站访问的方式，只要能确保将光盘镜像顺利传输给客户端主机即可。如果打算使用 Web 网站服务来提供光盘镜像，一定记得将上面配置文件中的光盘镜像获取网址和 Kickstart 应答文件获取网址修改一下。

```
[root@linuxprobe ~]# yum install vsftpd
Loaded plugins: langpacks, product-id, subscription-manager
This system is not registered to Red Hat Subscription Management. You can use
subscription-manager to register.
Resolving Dependencies
--> Running transaction check
---> Package vsftpd.x86_64 0:3.0.2-9.el7 will be installed
--> Finished Dependency Resolution
Dependencies Resolved
================================================================================
 Package Arch Version Repository Size
================================================================================
Installing:
 vsftpd x86_64 3.0.2-9.el7 rhel 166 k
```

```
Transaction Summary
================================================================================
Install 1 Package
Total download size: 166 k
Installed size: 343 k
Is this ok [y/d/N]: y
Downloading packages:
Running transaction check
Running transaction test
Transaction test succeeded
Running transaction
  Installing : vsftpd-3.0.2-9.el7.x86_64 1/1
  Verifying  : vsftpd-3.0.2-9.el7.x86_64 1/1
Installed:
  vsftpd.x86_64 0:3.0.2-9.el7
Complete!
```

刘遄老师再啰嗦一句，在配置文件修改正确之后，一定将相应的服务程序添加到开机启动项中，这样无论是在生产环境中还是在红帽认证考试中，都可以在设备重启之后依然能提供相应的服务。希望各位读者一定养成这个好习惯。

```
[root@linuxprobe ~]# systemctl restart vsftpd
[root@linuxprobe ~]# systemctl enable vsftpd
ln -s '/usr/lib/systemd/system/vsftpd.service' '/etc/systemd/system/multi-user.
target.wants/vsftpd.service'
```

在确认系统光盘镜像已经正常挂载到/media/cdrom 目录后，把目录中的光盘镜像文件全部复制到 vsftpd 服务程序的工作目录中。

```
[root@linuxprobe ~]# cp -r /media/cdrom/* /var/ftp
```

这个过程大约需要 3~5 分钟。在此期间，我们也别闲着，在 firewalld 防火墙管理工具中写入使 FTP 协议永久生效的允许策略，然后在 SELinux 中放行 FTP 传输：

```
[root@linuxprobe ~]# firewall-cmd --permanent --add-service=ftp
success
[root@linuxprobe ~]# firewall-cmd --reload
success
[root@linuxprobe ~]# setsebool -P ftpd_connect_all_unreserved=on
```

19.2.5　创建 KickStart 应答文件

毕竟，我们使用 PXE + Kickstart 部署的是一套"无人值守安装系统服务"，而不是"无人值守传输系统光盘镜像服务"，因此还需要让客户端主机能够一边获取光盘镜像，还能够一边自动帮我们填写好安装过程中出现的选项。简单来说，如果生产环境中有 100 台服务器，它们需要安装相同的系统环境，那么在安装过程中单击的按钮和填写的信息也应该都是相同的。那么，为什么不创建一个类似于备忘录的需求清单呢？这样，在无人值守安装系统时，可以从这个需求清单中找到相应的选项值，从而免去了手动输入之苦，更重要的是，也彻底解放了人的干预，彻底实现无人值守自动安装系统，而不是单纯地传输系统光盘镜像。

有了上文做铺垫，相信大家现在应该可以猜到 Kickstart 其实并不是一个服务程序，而是一个应答文件了。是的！Kickstart 应答文件中包含了系统安装过程中需要使用的选项和参数信息，系统可以自动调取这个应答文件的内容，从而彻底实现了无人值守安装系统。那么，既然这个文件如此重要，该去哪里找呢？其实在 root 管理员的家目录中有一个名为 anaconda-ks.cfg 的文件，它就是应答文件。下面将这个文件复制到 vsftpd 服务程序的工作目录中（在开机选项菜单的配置文件中已经定义了该文件的获取路径，也就是 vsftpd 服务程序数据目录中的 pub 子目录中）。使用 chmod 命令设置该文件的权限，确保所有人都有可读的权限，以保证客户端主机可以顺利获取到应答文件及里面的内容：

```
[root@linuxprobe ~]# cp ~/anaconda-ks.cfg /var/ftp/pub/ks.cfg
[root@linuxprobe ~]# chmod +r /var/ftp/pub/ks.cfg
```

Kickstart 应答文件并没有想象中的那么复杂，它总共只有 46 行左右的参数和注释内容，大家完全可以通过参数的名称及介绍来快速了解每个参数的作用。刘遄老师在这里挑选几个比较有代表性的参数进行讲解，其他参数建议大家自行修改测试。

首先把第 6 行的光盘镜像安装方式修改成 FTP 协议，仔细填写好 FTP 服务器的 IP 地址，并用本地浏览器尝试打开下检查有没有报错。然后把第 21 行的时区修改成上海(Asia/Shanghai)，最后再把 29 行的磁盘选项设置为清空所有磁盘内容并初始化磁盘：

```
[root@linuxprobe ~]# vim /var/ftp/pub/ks.cfg
 1 #version=RHEL7
 2 # System authorization information
 3 auth --enableshadow --passalgo=sha512
 4
 5 # Use CDROM installation media
 6 url --url=ftp://192.168.10.10
 7 # Run the Setup Agent on first boot
 8 firstboot --enable
 9 ignoredisk --only-use=sda
10 # Keyboard layouts
11 keyboard --vckeymap=us --xlayouts='us'
12 # System language
13 lang en_US.UTF-8
14
15 # Network information
16 network --bootproto=dhcp --device=eno16777728 --onboot=off --ipv6=auto
17 network --hostname=localhost.localdomain
18 # Root password
19 rootpw --iscrypted $6$pDjJf42g8C6pL069$iI.PX/yFaqpo0ENw2pa7MomkjLyoae2zjMz2
UZJ7b H3UO4oWtR1.Wk/hxZ3XIGmzGJPcs/MgpYssoi8hPCt8b/
20 # System timezone
21 timezone Asia/Shanghai --isUtc
22 user --name=linuxprobe --password=$6$a9v3InSTNbweIR7D$JegfYWbCdoOokj9sodEccdO.
zL F4oSH2AZ2ss2R05B6Lz2A0v2K.RjwsBALL2FeKQVgf640oa/tok6J.7GUtO/ --iscrypted --gecos =
"linuxprobe"
23 # X Window System configuration information
24 xconfig --startxonboot
25 # System bootloader configuration
26 bootloader --location=mbr --boot-drive=sda
27 autopart --type=lvm
28 # Partition clearing information
29 clearpart --all --initlabel
30
31 %packages
```

```
32 @base
33 @core
34 @desktop-debugging
35 @dial-up
36 @fonts
37 @gnome-desktop
38 @guest-agents
39 @guest-desktop-agents
40 @input-methods
41 @internet-browser
42 @multimedia
43 @print-client
44 @x11
45
46 %end
```

如果觉得系统默认自带的应答文件参数较少,不能满足生产环境的需求,则可以通过 Yum 软件仓库来安装 system-config-kickstart 软件包。这是一款图形化的 Kickstart 应答文件生成工具,可以根据自己的需求生成自定义的应答文件,然后将生成的文件放到/var/ftp/pub 目录中并将名字修改为 ks.cfg 即可。

19.3 自动部署客户端主机

在按照上文讲解的方法成功部署各个相关的服务程序后,就可以使用 PXE + Kickstart 无人值守安装系统了。在采用下面的步骤建立虚拟主机时,一定要把客户端的网卡模式设定成与服务端一致的"仅主机模式",否则两台设备无法进行通信,也就更别提自动安装系统了。其余硬件配置选项并没有强制性要求,大家可参考这里的配置选项来设定。

第1步:打开"新建虚拟机向导"程序,选择"典型(推荐)"配置类型,然后单击"下一步"按钮,如图 19-5 所示。

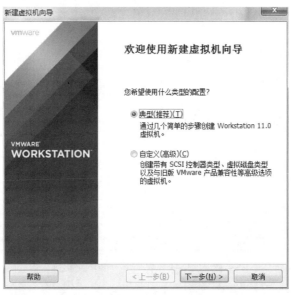

图 19-5 选择虚拟机的配置类型

第 2 步：将虚拟机操作系统的安装来源设置为"稍后安装操作系统"。这样做的目的是让虚拟机真正从网络中获取系统安装镜像，同时也可避免 VMware Workstation 虚拟机软件按照内设的方法自行安装系统。单击"下一步"按钮，如图 19-6 所示。

图 19-6　设置虚拟机操作系统的安装来源

第 3 步：将"客户机操作系统"设置为"Red Hat Enterprise Linux 7 64 位"，然后单击"下一步"按钮，如图 19-7 所示。

图 19-7　选择客户端主机的操作系统

第 4 步：对虚拟机进行命名并设置安装位置。大家可自行定义虚拟机的名称，而安装位置则尽量选择磁盘空间较大的分区。然后单击"下一步"按钮，如图 19-8 所示。

图 19-8　命名虚拟机并设置虚拟机的安装位置

第 5 步：指定磁盘容量。这里将"最大磁盘大小"设置为 20GB，指的是虚拟机系统能够使用的最大上限，而不是会被立即占满，因此设置得稍微大一些也没有关系。然后单击"下一步"按钮，如图 19-9 所示。

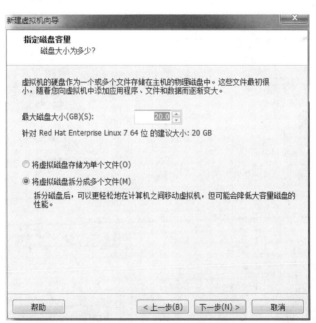

图 19-9　将磁盘容量指定为 20GB

第 6 步：结束"新建虚拟机向导程序"后，先不要着急打开虚拟机系统。大家还需要单击图 19-10 中的"自定义硬件"按钮，在弹出的如图 19-11 所示的界面中，把"网络适配器"设备同样也设置为"仅主机模式"（这个步骤非常重要），然后单击"确定"按钮。

图 19-10　单击虚拟机的"自定义硬件"按钮

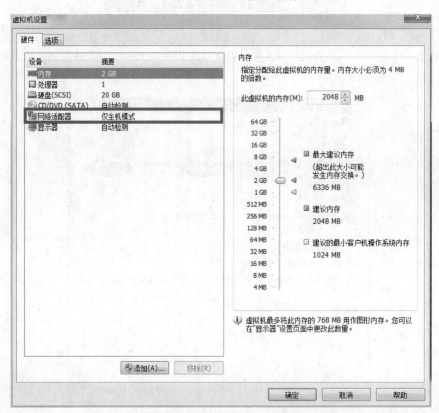

图 19-11　设置虚拟机网络适配器设备为仅主机模式

现在，我们就同时准备好了 PXE + Kickstart 无人值守安装系统与虚拟主机。在生产环境中，大家只需要将配置妥当的服务器上架，接通服务器和客户端主机之间的网线，然后启动客户端主机即可。接下来就会按照图 19-12 和图 19-13 那样，开始传输光盘镜像文件并进行自动安装了——期间完全无须人工干预，直到安装完毕时才需要运维人员进行简单的初始化工作。

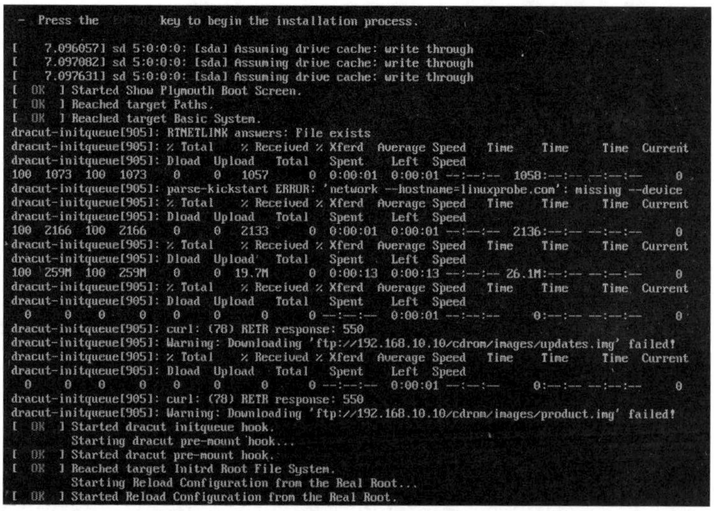

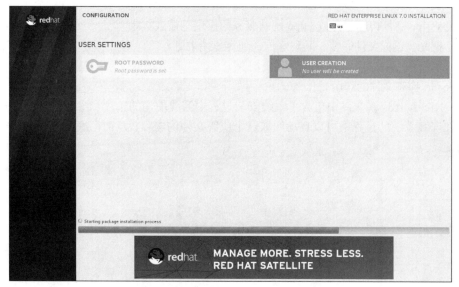

图 19-12　自动传输光盘镜像文件并安装系统

图 19-13　自动安装系统，无须人工干预

　　由此可见，当生产环境工作中有数百台服务器需要批量安装系统时，使用无人值守安装系统的便捷性是不言而喻的。

复习题

1. 部署无人值守安装系统，需要用到哪些服务程序？

　　答：需要用到 SYSLinux 引导服务、DHCP 服务、vsftpd 文件传输服务（或 httpd 网站服务）、

TFTP 服务以及 KickStart 应答文件。

2. 在 Vmware Workstation 虚拟机软件中，DHCP 服务总是分配错误 IP 地址的原因可能是什么？

   答：虚拟机的虚拟网络编辑器中自带的 DHCP 服务可能没有关闭，由此产生了错误分配 IP 地址的情况。

3. 如何启用 TFTP 服务？

   答：需要在 xinetd 服务程序的配置文件中把 disable 参数改成 no。

4. 成功安装 SYSLinux 服务程序后，可以在哪个目录中找到引导文件？

   答：在安装好 SYSLinux 服务程序软件包后，在/usr/share/syslinux 目录中会出现很多引导文件。

5. 在开机选项菜单文件中，把 default 参数设置成 linux 的作用是什么？

   答：目的是让系统自动开始安装过程，而不需要运维人员再去选择是安装系统还是校验镜像文件。

6. 安装 vsftpd 文件传输服务或 httpd 网站服务的作用是什么？

   答：把光盘镜像文件完整、顺利地传送到客户端主机。

7. Kickstart 应答文件的作用是什么？

   答：Kickstart 应答文件中包含了系统安装过程中需要使用的选项和参数信息，客户端主机在安装系统的过程中可以自动调取这个应答文件的内容，从而彻底实现无人值守安装系统。

第 20 章

使用 LNMP 架构部署动态网站环境

本章讲解了如下内容:

➢ 源码包程序;

➢ LNMP 动态网站架构;

➢ 搭建 Discuz!论坛;

➢ 选购服务器主机。

LNMP 动态网站部署架构是一套由 Linux + Nginx + MySQL + PHP 组成的动态网站系统解决方案,具有免费、高效、扩展性强且资源消耗低等优良特性。本章首先对比了使用源码包安装服务程序与使用 RPM 软件包安装服务程序的区别,然后讲解了如何手工编译源码包并安装各个服务程序,以及如何使用 Discuz! X3.2 版本论坛系统验证架构环境。

本章是本书的最后一章内容,刘遄老师不仅希望各位读者在学完本书之后,能够顺利找到满意的高薪工作,也希望您能利用书中所学知识搭建自己的博客或论坛系统,并以此为平台,将自己工作中积攒的 Linux 经验以及技巧分享给更多人,为美好的开源世界贡献自己的力量。

20.1　源码包程序

本书第 1 章中曾经讲到,在 RPM(红帽软件包管理器)技术出现之前,Linux 系统运维人员只能通过源码包的方式来安装各种服务程序,这是一件非常繁琐且极易消耗时间与耐心的事情;而且在安装、升级、卸载程序时还要考虑到与其他程序或函数库的相互依赖关系,这就要求运维人员不仅要掌握更多的 Linux 系统理论知识以及高超的实操技能,还需要有极好的耐心才能安装好一个源码软件包。考虑到本书的读者都是刚入门或准备入门的运维新人,因为本书在前面的章节中一直都是采用 Yum 软件仓库的方式来安装服务程序。但是,现在依然有很多软件程序只有源码包的形式,如果我们只会使用 Yum 软件仓库的方式来安装程序,则面对这些只有源码包的软件程序时,将充满无力感,要么需要等到第三方组织将这些软件程序编写成 RPM 软件包之后再行使用,要么就只能寻找相关软件程序的替代品了(而且替代软件还必须具备 RPM 软件包的形式)。由此可见,如果运维人员只会使用 Yum 软件仓库来安装服务程序,将会形成知识短板,对日后的运维工作带来不利。

本着不能让自己的读者在运维工作中吃亏的想法,刘遄老师接下来会详细讲解如何使用源码包的方式来安装服务程序。

其实,使用源码包来安装服务程序具有两个优势。

> 源码包的可移植性非常好，几乎可以在任何 Linux 系统中安装使用，而 RPM 软件包是针对特定系统和架构编写的指令集，必须严格地符合执行环境才能顺利安装（即只会去"生硬地"安装服务程序）。

> 使用源码包安装服务程序时会有一个编译过程，因此可以更好地适应安装主机的系统环境，运行效率和优化程度都会强于使用 RPM 软件包安装的服务程序。也就是说，可以将采用源码包安装服务程序的方式看作是针对系统的"量体裁衣"。

一般来讲，在安装软件时，如果能通过 Yum 软件仓库来安装，就用 Yum 方式；反之则去寻找合适的 RPM 软件包来安装；如果是在没有资源可用，那就只能使用源码包来安装了。

使用源码包安装服务程序的过程看似复杂，其实在归纳汇总后只需要 4～5 个步骤即可完成安装。刘遄老师接下来会对每一个步骤进行详解。

注：

需要提前说明的是，在使用源码包安装程序时，会输出大量的过程信息，这些信息的意义并不大，因此本章会省略这部分输出信息而不作特殊备注，请大家在具体操作时以实际为准。

第 1 步：下载及解压源码包文件。为了方便在网络中传输，源码包文件通常会在归档后使用 gzip 或 bzip2 等格式进行压缩，因此一般会具有.tar.gz 与.tar.bz2 的后缀。要想使用源码包安装服务程序，必须先把里面的内容解压出来，然后再切换到源码包文件的目录中：

```
[root@linuxprobe ~]# tar xzvf FileName.tar.gz
[root@linuxprobe ~]# cd FileDirectory
```

第 2 步：编译源码包代码。在正式使用源码包安装服务程序之前，还需要使用编译脚本针对当前系统进行一系列的评估工作，包括对源码包文件、软件之间及函数库之间的依赖关系、编译器、汇编器及连接器进行检查。我们还可以根据需要来追加--prefix 参数，以指定稍后源码包程序的安装路径，从而对服务程序的安装过程更加可控。当编译工作结束后，如果系统环境符合安装要求，一般会自动在当前目录下生成一个 Makefile 安装文件。

```
[root@linuxprobe ~]# ./configure --prefix=/usr/local/program
```

第 3 步：生成二进制安装程序。刚刚生成的 Makefile 文件中会保存有关系统环境、软件依赖关系和安装规则等内容，接下来便可以使用 make 命令来根据 Makefile 文件内容提供的合适规则编译生成出真正可供用户安装服务程序的二进制可执行文件了。

```
[root@linuxprobe ~]# make
```

第 4 步：运行二进制的服务程序安装包。由于不需要再检查系统环境，也不需要再编译代码，因此运行二进制的服务程序安装包应该是速度最快的步骤。如果在源码包编译阶段使用了--prefix 参数，那么此时服务程序就会被安装到那个目录，如果没有自行使用参数定义目录的话，一般会被默认安装到/usr/local/bin 目录中。

```
[root@linuxprobe ~]# make install
```

第 5 步：清理源码包临时文件。由于在安装服务程序的过程中进行了代码编译的工作，因此在安装后目录中会遗留下很多临时垃圾文件，本着尽量不要浪费磁盘存储空间的原则，可以使用 make clean 命令对临时文件进行彻底的清理工作。

```
[root@linuxprobe ~]# make clean
```

估计有读者会有疑问，为什么通常是安装一个服务程序，源码包的编译工作（configure）与生成二进制文件的工作（make）会使用这么长的时间，而采用 RPM 软件包安装就特别有效率呢？其实原因很简单，在 RHCA 认证的 RH401 考试中，会要求考生写一个 RPM 软件包。刘遄老师会在本书的进阶篇中讲到，其实 RPM 软件包就是把软件的源码包和一个针对特定系统、架构、环境编写的安装规定打包成一起的指令集，因此为了让用户都能使用这个软件包来安装程序，通常一个软件程序会发布多种格式的 RPM 软件包（例如 i386、x86_64 等架构）来让用户选择。而源码包的软件作者肯定希望自己的软件能够被安装到更多的系统上面，能够被更多的用户所了解、使用，因此便会在编译阶段（configure）来检查用户当前系统的情况，然后制定出一份可行的安装方案，所以会占用很多的系统资源，需要更长的等待时间。

20.2 LNMP 动态网站架构

LNMP 动态网站部署架构是一套由 Linux + Nginx + MySQL + PHP 组成的动态网站系统解决方案（其 logo 见图 20-1）。LNMP 中的字母 L 是 Linux 系统的意思，不仅可以是 RHEL、CentOS、Fedora，还可以是 Debian、Ubuntu 等系统。本书的配套站点 http://www.linuxprobe.com 就是基于 LNMP 部署出来的，目前的运行一直很稳定，访问速度也很快。

图 20-1　LNMP 动态网站部署架构的 Logo

在使用源码包安装服务程序之前，首先要让安装主机具备编译程序源码的环境，他需要具备 C 语言、C++语言、Perl 语言的编译器，以及各种常见的编译支持函数库程序。因此请先配置妥当 Yum 软件仓库，然后把下面列出的这些软件包都统统安装上：

```
[root@linuxprobe ~]# yum install -y apr* autoconf automake bison bzip2 bzip2*
compat* cpp curl curl-devel fontconfig fontconfig-devel freetype freetype* freetype-
devel gcc gcc-c++ gd gettext gettext-devel glibc kernel kernel-headers keyutils
keyutils-libs-devel krb5-devel libcom_err-devel libpng libpng-devel libjpeg* libsepol-
devel libselinux-devel libstdc++-devel libtool* libgomp libxml2 libxml2-devel libXpm*
libtifflibtiff* make mpfr ncurses* ntp openssl openssl-devel patch pcre-devel perl
php-common php-gd policycoreutils telnet t1lib t1lib* nasm nasm* wget zlib-devel
Loaded plugins: langpacks, product-id, subscription-manager
This system is not registered to Red Hat Subscription Management. You can use
subscription-manager to register.
………………省略部分安装过程……………
Installing:
 apr                      x86_64         1.4.8-3.el7          rhel7          103 k
 apr-devel                x86_64         1.4.8-3.el7          rhel7          188 k
 apr-util                 x86_64         1.5.2-6.el7          rhel7           92 k
 apr-util-devel           x86_64         1.5.2-6.el7          rhel7           76 k
```

autoconf	noarch	2.69-11.el7	rhel7	701 k
automake	noarch	1.13.4-3.el7	rhel7	679 k
bison	x86_64	2.7-4.el7	rhel7	578 k
bzip2-devel	x86_64	1.0.6-12.el7	rhel7	218 k
compat-dapl	x86_64	1:1.2.19-3.el7	rhel7	109 k
compat-db-headers	noarch	4.7.25-27.el7	rhel7	48 k
compat-db47	x86_64	4.7.25-27.el7	rhel7	795 k
compat-gcc-44	x86_64	4.4.7-8.el7	rhel7	10 M
compat-gcc-44-c++	x86_64	4.4.7-8.el7	rhel7	6.3 M
compat-glibc	x86_64	1:2.12-4.el7	rhel7	1.2 M
compat-glibc-headers	x86_64	1:2.12-4.el7	rhel7	452 k
compat-libcap1	x86_64	1.10-7.el7	rhel7	19 k
compat-libf2c-34	x86_64	3.4.6-32.el7	rhel7	155 k
compat-libgfortran-41	x86_64	4.1.2-44.el7	rhel7	142 k
compat-libtiff3	x86_64	3.9.4-11.el7	rhel7	135 k
compat-openldap	x86_64	1:2.3.43-5.el7	rhel7	174 k
cpp	x86_64	4.8.2-16.el7	rhel7	5.9 M
fontconfig-devel	x86_64	2.10.95-7.el7	rhel7	128 k
freetype-devel	x86_64	2.4.11-9.el7	rhel7	355 k
gcc	x86_64	4.8.2-16.el7	rhel7	16 M
gcc-c++	x86_64	4.8.2-16.el7	rhel7	7.1 M

```
.................省略部分安装过程..................
Complete!
```

刘遄老师已经把安装 LNMP 动态网站部署架构所需的 16 个软件源码包和 1 个用于检查效果的论坛网站系统软件包上传到与本书配套的站点服务器上。大家可以在 Windows 系统中下载后通过 ssh 服务传送到打算部署 LNMP 动态网站架构的 Linux 服务器中，也可以直接在 Linux 服务器中使用 wget 命令下载这些源码包文件。根据第 6 章讲解的 FHS 协议，建议把要安装的软件包存放在/usr/local/src 目录中：

```
[root@linuxprobe ~] # cd /usr/local/src
[root@linuxprobe src] # wget http://www.linuxprobe.com/Software/cmake-2.8.11.2.tar.gz
[root@linuxprobe src] # wget http://www.linuxprobe.com/Software/Discuz_X3.2_SC_GBK.zip
[root@linuxprobe src] # wget http://www.linuxprobe.com/Software/freetype-2.5.3.tar.gz
[root@linuxprobe src] # wget http://www.linuxprobe.com/Software/jpegsrc.v9a.tar.gz
[root@linuxprobe src] # wget http://www.linuxprobe.com/Software/libgd-2.1.0.tar.gz
[root@linuxprobe src] # wget http://www.linuxprobe.com/Software/libmcrypt-2.5.8.tar.gz
[root@linuxprobe src] # wget http://www.linuxprobe.com/Software/libpng-1.6.12.tar.gz
[root@linuxprobe src] # wget http://www.linuxprobe.com/Software/libvpx-v1.3.0.tar.bz2
[root@linuxprobe src] # wget http://www.linuxprobe.com/Software/mysql-5.6.19.tar.gz
[root@linuxprobe src] # wget http://www.linuxprobe.com/Software/nginx-1.6.0.tar.gz
[root@linuxprobe src] # wget http://www.linuxprobe.com/Software/openssl-1.0.1h.tar.gz
[root@linuxprobe src] # wget http://www.linuxprobe.com/Software/php-5.5.14.tar.gz
[root@linuxprobe src] # wget http://www.linuxprobe.com/Software/pcre-8.35.tar.gz
[root@linuxprobe src] # wget http://www.linuxprobe.com/Software/t1lib-5.1.2.tar.gz
[root@linuxprobe src] # wget http://www.linuxprobe.com/Software/tiff-4.0.3.tar.gz
[root@linuxprobe src] # wget http://www.linuxprobe.com/Software/yasm-1.2.0.tar.gz
[root@linuxprobe src] # wget http://www.linuxprobe.com/Software/zlib-1.2.8.tar.gz
[root@linuxprobe src]# ls
zlib-1.2.8.tar.gz          libmcrypt-2.5.8.tar.gz    pcre-8.35.tar.gz
cmake-2.8.11.2.tar.gz      libpng-1.6.12.tar.gz      php-5.5.14.tar.gz
Discuz_X3.2_SC_GBK.zip     libvpx-v1.3.0.tar.bz2     t1lib-5.1.2.tar.gz
freetype-2.5.3.tar.gz      mysql-5.6.19.tar.gz       tiff-4.0.3.tar.gz
jpegsrc.v9a.tar.gz         nginx-1.6.0.tar.gz        yasm-1.2.0.tar.gz
libgd-2.1.0.tar.gz         openssl-1.0.1h.tar.gz
```

CMake 是 Linux 系统中一款常用的编译工具。要想通过源码包安装服务程序，就一定要严格遵守上面总结的安装步骤——下载及解压源码包文件、编译源码包代码、生成二进制安装程序、运行二进制的服务程序安装包。接下来在解压、编译各个软件包源码程序时，都会生成大量的输出信息，下文中将其省略，请读者以实际操作为准。

```
[root@linuxprobe src]# tar xzvf cmake-2.8.11.2.tar.gz
[root@linuxprobe src]# cd cmake-2.8.11.2/
[root@linuxprobe cmake-2.8.11.2]# ./configure
[root@linuxprobe cmake-2.8.11.2]# make
[root@linuxprobe cmake-2.8.11.2]# make install
```

20.2.1　配置 MySQL 服务

本书在第 18 章讲解过 MySQL 和 MariaDB 数据库管理系统之间的因缘和特性，也狠狠地夸奖了 MariaDB 数据库，但是 MySQL 数据库当前依然是生产环境中最常使用的关系型数据库管理系统之一，坐拥极大的市场份额，并且已经通过十几年不断的发展向业界证明了自身的稳定性和安全性。另外，虽然第 18 章已经讲解了基本的数据库管理知识，但是为了进一步帮助大家夯实基础，本章依然在这里整合了 MySQL 数据库内容，使大家在温故的同时可以知新。

在使用 Yum 软件仓库安装服务程序时，系统会自动根据 RPM 软件包中的指令集完整软件配置等工作。但是一旦选择使用源码包的方式来安装，这一切就需要自己来完成了。针对 MySQL 数据库来讲，我们需要在系统中创建一个名为 mysql 的用户，专门用于负责运行 MySQL 数据库。请记得要把这类账户的 Bash 终端设置成 nologin 解释器，避免黑客通过该用户登录到服务器中，从而提高系统安全性。

```
[root@linuxprobe cmake-2.8.11.2]# cd ..
[root@linuxprobe src]# useradd mysql -s /sbin/nologin
```

创建一个用于保存 MySQL 数据库程序和数据库文件的目录，并把该目录的所有者和所属组身份修改为 mysql。其中，/usr/local/mysql 是用于保存 MySQL 数据库服务程序的目录，/usr/local/mysql/var 则是用于保存真实数据库文件的目录。

```
[root@linuxprobe src]# mkdir -p /usr/local/mysql/var
[root@linuxprobe src]# chown -Rf mysql:mysql /usr/local/mysql
```

接下来解压、编译、安装 MySQL 数据库服务程序。在编译数据库时使用的是 cmake 命令，其中，-DCMAKE_INSTALL_PREFIX 参数用于定义数据库服务程序的保存目录，-DMYSQL_DATADIR 参数用于定义真实数据库文件的目录，-DSYSCONFDIR 则是定义 MySQL 数据库配置文件的保存目录。由于 MySQL 数据库服务程序比较大，因此编译的过程比较漫长，在此期间可以稍微休息一下。

```
[root@linuxprobe src]# tar xzvf mysql-5.6.19.tar.gz
[root@linuxprobe src]# cd mysql-5.6.19/
[root@linuxprobe mysql-5.6.19]# cmake . -DCMAKE_INSTALL_PREFIX=/usr/local/mysql-
DMYSQL_DATADIR=/usr/local/mysql/var -DSYSCONFDIR=/etc
[root@linuxprobe mysql-5.6.19]# make
[root@linuxprobe mysql-5.6.19]# make install
```

　　为了让 MySQL 数据库程序正常运转起来，需要先删除/etc 目录中的默认配置文件，然后在 MySQL 数据库程序的保存目录 scripts 内找到一个名为 mysql_install_db 的脚本程序，执行这个脚本程序并使用--user 参数指定 MySQL 服务的对应账号名称（在前面步骤已经创建），使用--basedir 参数指定 MySQL 服务程序的保存目录，使用--datadir 参数指定 MySQL 真实数据库的文件保存目录，这样即可生成系统数据库文件，也会生成出新的 MySQL 服务配置文件。

```
[root@linuxprobe mysql-5.6.19]# rm -rf /etc/my.cnf
[root@linuxprobe mysql-5.6.19]# cd /usr/local/mysql
[root@linuxprobe mysql]# ./scripts/mysql_install_db --user=mysql --basedir=/usr/
local/mysql --datadir=/usr/local/mysql/var
```

　　把系统新生成的 MySQL 数据库配置文件链接到/etc 目录中，然后把程序目录中的开机程序文件复制到/etc/rc.d/init.d 目录中，以便通过 service 命令来管理 MySQL 数据库服务程序。记得把数据库脚本文件的权限修改成 755 以便于让用户有执行该脚本的权限：

```
[root@linuxprobe mysql]# ln -s my.cnf /etc/my.cnf
[root@linuxprobe mysql]# cp ./support-files/mysql.server /etc/rc.d/init.d/mysqld
[root@linuxprobe mysql]# chmod 755 /etc/rc.d/init.d/mysqld
```

　　编辑刚复制的 MySQL 数据库脚本文件，把第 46、47 行的 basedir 与 datadir 参数分别修改为 MySQL 数据库程序的保存目录和真实数据库的文件内容。

```
[root@linuxprobe mysql]# vim /etc/rc.d/init.d/mysqld
...............省略部分输出信息...............
 39 #
 40 # If you want to affect other MySQL variables, you should make your changes
 41 # in the /etc/my.cnf, ~/.my.cnf or other MySQL configuration files.
 42
 43 # If you change base dir, you must also change datadir. These may get
 44 # overwritten by settings in the MySQL configuration files.
 45
 46 basedir=/usr/local/mysql
 47 datadir=/usr/local/mysql/var
 48
...............省略部分输出信息...............
```

　　配置好脚本文件后便可以用 service 命令启动 mysqld 数据库服务了。mysqld 是 MySQL 数据库程序的服务名称，注意不要写错。顺带再使用 chkconfig 命令把 mysqld 服务程序加入到开机启动项中。

```
[root@Linuxprobe mysql]# service mysqld start
Starting MySQL. SUCCESS!
[root@linuxprobe mysql]# chkconfig mysqld on
```

　　MySQL 数据库程序自带了许多命令，但是 Bash 终端的 PATH 变量并不会包含这些命令所存放的目录，因此我们也无法顺利地对 MySQL 数据库进行初始化，也就不能使用 MySQL 数据库自带的命令了。想要把命令所保存的目录永久性地定义到 PATH 变量中，需要编辑/etc/profile 文件并写入追加的命令目录，这样当物理设备在下一次重启时就会永久生效了。如果不想通过重启设备的方式来生效，也可以使用 source 命令加载一下/ect/profile 文件，此时新的 PATH 变量也可以立即生效了。

```
[root@linuxprobe mysql]# vim /etc/profile
................省略部分输出信息................
 64
 65 for i in /etc/profile.d/*.sh ; do
 66 if [ -r "$i" ]; then
 67 if [ "${-#*i}" != "$-" ]; then
 68 . "$i"
 69 else
 70 . "$i" >/dev/null
 71 fi
 72 fi
 73 done
 74 export PATH=$PATH:/usr/local/mysql/bin
 75 unset i
 76 unset -f pathmunge
[root@linuxprobe mysql]# source /etc/profile
```

　　MySQL 数据库服务程序还会调用到一些程序文件和函数库文件。由于当前是通过源码包方式安装 MySQL 数据库，因此现在也必须以手动方式把这些文件链接过来。

```
[root@linuxprobe mysql]# mkdir /var/lib/mysql
[root@linuxprobe mysql]# ln -s /usr/local/mysql/lib/mysql /usr/lib/mysql
[root@linuxprobe mysql]# ln -s /tmp/mysql.sock /var/lib/mysql/mysql.sock
[root@linuxprobe mysql]# ln -s /usr/local/mysql/include/mysql /usr/include/mysql
```

　　现在，MySQL 数据库服务程序已经启动，调用的各个函数文件已经就位，PATH 环境变量中也加入了 MySQL 数据库命令的所在目录。接下来准备对 MySQL 数据库进行初始化，这个初始化的配置过程与 MariaDB 数据库是一样的，只是最后变成了 Thanks for using MySQL!

```
[root@linuxprobe mysql]# mysql_secure_installation
NOTE: RUNNING ALL PARTS OF THIS SCRIPT IS RECOMMENDED FOR ALL MySQL
      SERVERS IN PRODUCTION USE!  PLEASE READ EACH STEP CAREFULLY!
In order to log into MySQL to secure it, we'll need the current
password for the root user.  If you've just installed MySQL, and
you haven't set the root password yet, the password will be blank,
so you should just press enter here.
Enter current password for root (enter for none)：此处只需按下回车键
OK, successfully used password, moving on...
Setting the root password ensures that nobody can log into the MySQL
root user without the proper authorisation.
Set root password? [Y/n] y （要为 root 管理员设置数据库的密码）
New password：输入要为 root 管理员设置的数据库密码
Re-enter new password：再输入一次密码
Password updated successfully!
Reloading privilege tables..
 ... Success!
By default, a MySQL installation has an anonymous user, allowing anyone
to log into MySQL without having to have a user account created for
them.  This is intended only for testing, and to make the installation
go a bit smoother.  You should remove them before moving into a
production environment.
Remove anonymous users? [Y/n] y （删除匿名账户）
 ... Success!
Normally, root should only be allowed to connect from 'localhost'.  This
ensures that someone cannot guess at the root password from the network.
```

```
Disallow root login remotely? [Y/n] y （禁止 root 管理员从远程登录）
 ... Success!
By default, MySQL comes with a database named 'test' that anyone can
access.  This is also intended only for testing, and should be removed
before moving into a production environment.
Remove test database and access to it? [Y/n] y （删除 test 数据库并取消对其的访问权限）
 - Dropping test database...
 ... Success!
 - Removing privileges on test database...
 ... Success!
Reloading the privilege tables will ensure that all changes made so far
will take effect immediately.
Reload privilege tables now? [Y/n] y （刷新授权表，让初始化后的设定立即生效）
 ... Success!
All done!  If you've completed all of the above steps, your MySQL
installation should now be secure.
Thanks for using MySQL!
Cleaning up...
```

20.2.2　配置 Nginx 服务

Nginx 是一款相当优秀的用于部署动态网站的轻量级服务程序，它最初是为俄罗斯门户站点而开发的，因其稳定性、功能丰富、占用内存少且并发能力强而备受用户的信赖。目前国内诸如新浪、网易、腾讯等门户站点均已使用了此服务。

Nginx 服务程序的稳定性源自于采用了分阶段的资源分配技术，降低了 CPU 与内存的占用率，所以使用 Nginx 程序部署的动态网站环境不仅十分稳定、高效，而且消耗的系统资源也很少。此外，Nginx 具备的模块数量与 Apache 具备的模块数量几乎相同，而且现在已经完全支持 proxy、rewrite、mod_fcgi、ssl、vhosts 等常用模块。更重要的是，Nginx 还支持热部署技术，可以 7×24 不间断提供服务，还可以在不暂停服务的情况下直接对 Nginx 服务程序进行升级。

坦白来讲，虽然 Nginx 程序的代码质量非常高，代码很规范，技术成熟，模块扩展也很容易，但依然存在不少问题，比如是由俄罗斯人开发的，所以在资料文档方面还并不完善，中文资料的质量更是鱼龙混杂。但是 Nginx 服务程序在近年来增长势头迅猛，相信会在轻量级 Web 服务器市场具有不错的未来。

在正式安装 Nginx 服务程序之前，我们还需要为其解决相关的软件依赖关系，例如用于提供 Perl 语言兼容的正则表达式库的软件包 pcre，就是 Nginx 服务程序用于实现伪静态功能必不可少的依赖包。下面来解压、编译、生成、安装 Nginx 服务程序的源码文件：

```
[root@linuxprobe ~]# cd /usr/local/src
[root@linuxprobe src]# tar xzvf pcre-8.35.tar.gz
[root@linuxprobe src]# cd pcre-8.35
[root@linuxprobe pcre-8.35]# ./configure --prefix=/usr/local/pcre
[root@linuxprobe pcre-8.35]# make
[root@linuxprobe pcre-8.35]# make install
```

openssl 软件包是用于提供网站加密证书服务的程序文件，在安装该程序时需要自定义服务程序的安装目录，以便于稍后调用它们的时候更可控。

```
[root@linuxprobe pcre-8.35]# cd /usr/local/src
[root@linuxprobe src]# tar xzvf openssl-1.0.1h.tar.gz
```

```
[root@linuxprobe src]# cd openssl-1.0.1h
[root@linuxprobe openssl-1.0.1h]# ./config --prefix=/usr/local/openssl
[root@linuxprobe openssl-1.0.1h]# make
[root@linuxprobe openssl-1.0.1h]# make install
```

openssl 软件包安装后默认会在/usr/local/openssl/bin 目录中提供很多的可用命令,我们需要像前面的操作那样,将这个目录添加到 PATH 环境变量中,并写入到配置文件中,最后执行 source 命令以便让新的 PATH 环境变量内容可以立即生效:

```
[root@linuxprobe pcre-8.35]# vim /etc/profile
...............省略部分输出信息.................
 64
 65 for i in /etc/profile.d/*.sh ; do
 66 if [ -r "$i" ]; then
 67 if [ "${-#*i}" != "$-" ]; then
 68 . "$i"
 69 else
 70 . "$i" >/dev/null
 71 fi
 72 fi
 73 done
 74 export PATH=$PATH:/usr/local/mysql/bin:/usr/local/openssl/bin
 75 unset i
 76 unset -f pathmunge
[root@linuxprobe pcre-8.35]# source /etc/profile
```

zlib 软件包是用于提供压缩功能的函数库文件。其实 Nginx 服务程序调用的这些服务程序无需深入了解,只要大致了解其作用就已经足够了:

```
[root@linuxprobe pcre-8.35]# cd /usr/local/src
[root@linuxprobe src]# tar xzvf zlib-1.2.8.tar.gz
[root@linuxprobe src]# cd zlib-1.2.8
[root@linuxprobe zlib-1.2.8]# ./configure --prefix=/usr/local/zlib
[root@linuxprobe zlib-1.2.8]# make
[root@linuxprobe zlib-1.2.8]# make install
```

在安装部署好具有依赖关系的软件包之后,创建一个用于执行 Nginx 服务程序的账户。账户名称可以自定义,但一定别忘记,因为在后续需要调用:

```
[root@linuxprobe zlib-1.2.8]# cd ..
[root@linuxprobe src]# useradd www -s /sbin/nologin
```

在使用命令编译 Nginx 服务程序时,需要设置特别多的参数,其中,--prefix 参数用于定义服务程序稍后安装到的位置,--user 与--group 参数用于指定执行 Nginx 服务程序的用户名和用户组。在使用参数调用 openssl、zlib、pcre 软件包时,请写出软件源码包的解压路径,而不是程序的安装路径:

```
[root@linuxprobe src]# tar xzvf nginx-1.6.0.tar.gz
[root@linuxprobe src]# cd nginx-1.6.0/
[root@linuxprobe nginx-1.6.0]# ./configure --prefix=/usr/local/nginx --without-
http_memcached_module --user=www --group=www --with-http_stub_status_module --with-
http_ssl_module --with-http_gzip_static_module --with-openssl=/usr/local/src/openssl-
1.0.1h --with-zlib=/usr/local/src/zlib-1.2.8 --with-pcre=/usr/local/src/pcre-8.35
```

```
[root@linuxprobe nginx-1.6.0]# make
[root@linuxprobe nginx-1.6.0]# make install
```

要想启动 Nginx 服务程序以及将其加入到开机启动项中，也需要有脚本文件。可惜的是，在安装完 Nginx 软件包之后默认并没有为用户提供脚本文件，因此刘遄老师给各位读者准备了一份可用的启动脚本文件，大家只需在/etc/rc.d/init.d 目录中创建脚本文件并直接复制下面的脚本内容即可（相信各位读者在掌握了第 4 章的内容之后，应该可以顺利看懂这个脚本文件）。

注:
　　这个脚本文件的内容较多，读者可通过本书的配套网站在线获得，地址为 http://www.linuxprobe.com/chapter-20.html。

```
[root@linuxprobe nginx-1.6.0]# vim /etc/rc.d/init.d/nginx
#!/bin/bash
# nginx - this script starts and stops the nginx daemon
# chkconfig: - 85 15
# description: Nginx is an HTTP(S) server, HTTP(S) reverse \
# proxy and IMAP/POP3 proxy server
# processname: nginx
# config: /etc/nginx/nginx.conf
# config: /usr/local/nginx/conf/nginx.conf
# pidfile: /usr/local/nginx/logs/nginx.pid
# Source function library.
. /etc/rc.d/init.d/functions
# Source networking configuration.
. /etc/sysconfig/network
# Check that networking is up.
[ "$NETWORKING" = "no" ] && exit 0
nginx="/usr/local/nginx/sbin/nginx"
prog=$(basename $nginx)
NGINX_CONF_FILE="/usr/local/nginx/conf/nginx.conf"
[ -f /etc/sysconfig/nginx ] && . /etc/sysconfig/nginx
lockfile=/var/lock/subsys/nginx
make_dirs() {
# make required directories
user=`$nginx -V 2>&1 | grep "configure arguments:" | sed 's/[^*]*--user=\([^ ]*\).*/\1/g' -`
        if [ -z "`grep $user /etc/passwd`" ]; then
                useradd -M -s /bin/nologin $user
        fi
options=`$nginx -V 2>&1 | grep 'configure arguments:'`
for opt in $options; do
        if [ `echo $opt | grep '.*-temp-path'` ]; then
                value=`echo $opt | cut -d "=" -f 2`
                if [ ! -d "$value" ]; then
                        # echo "creating" $value
                        mkdir -p $value && chown -R $user $value
                fi
        fi
done
}
start() {
```

```
[ -x $nginx ] || exit 5
[ -f $NGINX_CONF_FILE ] || exit 6
make_dirs
echo -n $"Starting $prog: "
daemon $nginx -c $NGINX_CONF_FILE
retval=$?
echo
[ $retval -eq 0 ] && touch $lockfile
return $retval
}
stop() {
echo -n $"Stopping $prog: "
killproc $prog -QUIT
retval=$?
echo
[ $retval -eq 0 ] && rm -f $lockfile
return $retval
}
restart() {
#configtest || return $?
stop
sleep 1
start
}
reload() {
#configtest || return $?
echo -n $"Reloading $prog: "
killproc $nginx -HUP
RETVAL=$?
echo
}
force_reload() {
restart
}
configtest() {
$nginx -t -c $NGINX_CONF_FILE
}
rh_status() {
status $prog
}
rh_status_q() {
rh_status >/dev/null 2>&1
}
case "$1" in
start)
        rh_status_q && exit 0
        $1
        ;;
stop)
        rh_status_q || exit 0
        $1
        ;;
restart|configtest)
$1
;;
reload)
```

```
            rh_status_q || exit 7
            $1
            ;;
force-reload)
            force_reload
            ;;
status)
            rh_status
            ;;
condrestart|try-restart)
            rh_status_q || exit 0
            ;;
*)
echo $"Usage: $0 {start|stop|status|restart|condrestart|try-restart|reload|force-
reload|configtest}"
exit 2
esac
```

保存脚本文件后记得为其赋予 755 权限, 以便能够执行这个脚本。然后以绝对路径的方式执行这个脚本, 通过 restart 参数重启 Nginx 服务程序, 最后再使用 chkconfig 命令将 Nginx 服务程序添加至开机启动项中。大功告成!

```
[root@linuxprobe nginx-1.6.0]# chmod 755 /etc/rc.d/init.d/nginx
[root@linuxprobe nginx-1.6.0]# /etc/rc.d/init.d/nginx restart
Restarting nginx (via systemctl):                          [  OK  ]
[root@linuxprobe nginx-1.6.0]# chkconfig nginx on
```

Nginx 服务程序在启动后就可以在浏览器中输入服务器的 IP 地址来查看到默认网页了。相较于 Apache 服务程序的红色默认页面, Nginx 服务程序的默认页面显得更加简洁, 如图 20-2 所示。

图 20-2　Nginx 服务程序的默认页面

20.2.3　配置 PHP 服务

PHP (Hypertxt Preprocessor, 超文本预处理器) 是一种通用的开源脚本语言, 发明于 1995 年, 它吸取了 C 语言、Java 语言及 Perl 语言的很多优点, 具有开源、免费、快捷、跨平台性强、效率高等优良特性, 是目前 Web 开发领域最常用的语言之一。本书的配套站点就是基于

PHP 语言编写的。

使用源码包的方式编译安装 PHP 语言环境其实并不复杂，难点在于解决 PHP 的程序包和其他软件的依赖关系。为此需要先安装部署将近十个用于搭建网站页面的软件程序包，然后才能正式安装 PHP 程序。

yasm 源码包是一款常见的开源汇编器，其解压、编译、安装过程中生成的输出信息均已省略：

```
[root@linuxprobe nginx-1.6.0]# cd ..
[root@linuxprobe src]# tar zxvf yasm-1.2.0.tar.gz
[root@linuxprobe src]# cd yasm-1.2.0
[root@linuxprobe yasm-1.2.0]# ./configure
[root@linuxprobe yasm-1.2.0]# make
[root@linuxprobe yasm-1.2.0]# make install
```

libmcrypt 源码包是用于加密算法的扩展库程序，其解压、编译、安装过程中生成的输出信息均已省略：

```
[root@linuxprobe yasm-1.2.0]# cd ..
[root@linuxprobe src]# tar zxvf libmcrypt-2.5.8.tar.gz
[root@linuxprobe src]# cd libmcrypt-2.5.8
[root@linuxprobe libmcrypt-2.5.8]# ./configure
[root@linuxprobe libmcrypt-2.5.8]# make
[root@linuxprobe libmcrypt-2.5.8]# make install
```

libvpx 源码包是用于提供视频编码器的服务程序，其解压、编译、安装过程中生成的输出信息均已省略。相信会有很多粗心的读者顺手使用了 tar 命令的 xzvf 参数，但如果仔细观察就会发现 libvpx 源码包的后缀是.tar.bz2，即表示使用 bzip2 格式进行的压缩，因此正确的解压参数应该是 xjvf：

```
[root@linuxprobe libmcrypt-2.5.8]# cd ..
[root@linuxprobe src]# tar xjvf libvpx-v1.3.0.tar.bz2
[root@linuxprobe src]# cd libvpx-v1.3.0
[root@linuxprobe libvpx-v1.3.0]# ./configure --prefix=/usr/local/libvpx --enable-shared --enable-vp9
[root@linuxprobe libvpx-v1.3.0]# make
[root@linuxprobe libvpx-v1.3.0]# make install
```

tiff 源码包是用于提供标签图像文件格式的服务程序，其解压、编译、安装过程中生成的输出信息均已省略：

```
[root@linuxprobe libvpx-v1.3.0]# cd ..
[root@linuxprobe src]# tar zxvf tiff-4.0.3.tar.gz
[root@linuxprobe src]# cd tiff-4.0.3
[root@linuxprobe tiff-4.0.3]# ./configure --prefix=/usr/local/tiff --enable-shared
[root@linuxprobe tiff-4.0.3]# make
[root@linuxprobe tiff-4.0.3]# make install
```

libpng 源码包是用于提供 png 图片格式支持函数库的服务程序，其解压、编译、安装过程中生成的输出信息均已省略：

```
[root@linuxprobe tiff-4.0.3]# cd ..
[root@linuxprobe src]# tar zxvf libpng-1.6.12.tar.gz
```

```
[root@linuxprobe src]# cd libpng-1.6.12
[root@linuxprobe libpng-1.6.12]# ./configure --prefix=/usr/local/libpng --enable-
shared
[root@linuxprobe libpng-1.6.12]# make
[root@linuxprobe libpng-1.6.12]# make install
```

freetype 源码包是用于提供字体支持引擎的服务程序，其解压、编译、安装过程中生成的输出信息均已省略：

```
[root@linuxprobe libpng-1.6.12]# cd ..
[root@linuxprobe src]# tar zxvf freetype-2.5.3.tar.gz
[root@linuxprobe src]# cd freetype-2.5.3
[root@linuxprobe freetype-2.5.3]# ./configure --prefix=/usr/local/freetype -
enable-shared
[root@linuxprobe freetype-2.5.3]# make
[root@linuxprobe freetype-2.5.3]# make install
```

jpeg 源码包是用于提供 jpeg 图片格式支持函数库的服务程序，其解压、编译、安装过程中生成的输出信息均已省略：

```
[root@linuxprobe freetype-2.5.3]# cd ..
[root@linuxprobe src]# tar zxvf jpegsrc.v9a.tar.gz
[root@linuxprobe src]# cd jpeg-9a
[root@linuxprobe jpeg-9a]# ./configure --prefix=/usr/local/jpeg --enable-shared
[root@linuxprobe jpeg-9a]# make
[root@linuxprobe jpeg-9a]# make install
```

libgd 源码包是用于提供图形处理的服务程序，其解压、编译、安装过程中生成的输出信息均已省略。在编译 libgd 源码包时，请记得写入的是 jpeg、libpng、freetype、tiff、libvpx 等服务程序在系统中的安装路径，即在上面安装过程中使用--prefix 参数指定的目录路径：

```
[root@linuxprobe jpeg-9a]# cd ..
[root@linuxprobe src]# tar zxvf libgd-2.1.0.tar.gz
[root@linuxprobe src]# cd libgd-2.1.0
[root@linuxprobe libgd-2.1.0]# ./configure --prefix=/usr/local/libgd --enable-
shared --with-jpeg=/usr/local/jpeg --with-png=/usr/local/libpng --with-freetype=
/usr/local/freetype --with-fontconfig=/usr/local/freetype --with-xpm=/usr/ --
with-tiff=/usr/local/tiff --with-vpx=/usr/local/libvpx
[root@linuxprobe libgd-2.1.0]# make
[root@linuxprobe libgd-2.1.0]# make install
```

t1lib 源码包是用于提供图片生成函数库的服务程序，其解压、编译、安装过程中生成的输出信息均已省略。安装后把/usr/lib64 目录中的函数文件链接到/usr/lib 目录中，以便系统能够顺利调取到函数文件：

```
[root@linuxprobe cd libgd-2.1.0]# cd ..
[root@linuxprobe src]# tar zxvf t1lib-5.1.2.tar.gz
[root@linuxprobe src]# cd t1lib-5.1.2
[root@linuxprobe t1lib-5.1.2]# ./configure --prefix=/usr/local/t1lib --enable-
shared
[root@linuxprobe t1lib-5.1.2]# make
[root@linuxprobe t1lib-5.1.2]# make install
[root@linuxprobe t1lib-5.1.2]# ln -s /usr/lib64/libltdl.so /usr/lib/libltdl.so
[root@linuxprobe t1lib-5.1.2]# cp -frp /usr/lib64/libXpm.so* /usr/lib/
```

此时终于把编译 php 服务源码包的相关软件包都已经安装部署妥当了。在开始编译 php 源码包之前，先定义一个名为 **LD_LIBRARY_PATH** 的全局环境变量，该环境变量的作用是帮助系统找到指定的动态链接库文件，这些文件是编译 php 服务源码包的必须元素之一。编译 php 服务源码包时，除了定义要安装到的目录以外，还需要依次定义配置 php 服务程序配置文件的保存目录、MySQL 数据库服务程序所在目录、MySQL 数据库服务程序配置文件所在目录，以及 libpng、jpeg、freetype、libvpx、zlib、t1lib 等服务程序的安装目录路径，并通过参数启动 php 服务程序的诸多默认功能：

```
[root@linuxprobe t1lib-5.1.2]# cd ..
[root@linuxprobe src]# tar -zvxf php-5.5.14.tar.gz
[root@linuxprobe src]# cd php-5.5.14
[root@linuxprobe php-5.5.14]# export LD_LIBRARY_PATH=/usr/local/libgd/lib
[root@linuxprobe php-5.5.14]# ./configure --prefix=/usr/local/php --with-config-
file-path=/usr/local/php/etc --with-mysql=/usr/local/mysql --with-mysqli=/usr/local/
mysql/bin/mysql_config --with-mysql-sock=/tmp/mysql.sock --with-pdo-mysql=/usr/local/
mysql --with-gd --with-png-dir=/usr/local/libpng --with-jpeg-dir=/usr/local/
jpeg --with-freetype-dir=/usr/local/freetype --with-xpm-dir=/usr/ --with-vpx-dir=
/usr/local/libvpx/ --with-zlib-dir=/usr/local/zlib --with-t1lib=/usr/local/t1lib
--with-iconv --enable-libxml --enable-xml --enable-bcmath --enable-shmop --enable-
sysvsem --enable-inline-optimization --enable-opcache --enable-mbregex --enable-
fpm --enable-mbstring --enable-ftp --enable-gd-native-ttf --with-openssl --enable-
pcntl --enable-sockets --with-xmlrpc --enable-zip --enable-soap --without-
pear --with-gettext --enable-session --with-mcrypt --with-curl --enable-ctype
[root@linuxprobe php-5.5.14]# make
[root@linuxprobe php-5.5.14]# make install
```

在 php 源码包程序安装完成后，需要删除当前默认的配置文件，然后将 php 服务程序目录中相应的配置文件复制过来：

```
[root@linuxprobe php-5.5.14]# rm -rf /etc/php.ini
[root@linuxprobe php-5.5.14]# cp php.ini-production /usr/local/php/etc/php.ini
[root@linuxprobe php-5.5.14]# ln -s /usr/local/php/etc/php.ini /etc/php.ini
[root@linuxprobe php-5.5.14]# cp /usr/local/php/etc/php-fpm.conf.default /usr/
local/php/etc/php-fpm.conf
[root@linuxprobe php-5.5.14]# ln -s /usr/local/php/etc/php-fpm.conf /etc/php-
fpm.conf
```

php-fpm.conf 是 php 服务程序重要的配置文件之一，我们需要启用该配置文件中第 25 行左右的 pid 文件保存目录，然后分别将第 148 和 149 行的 user 与 group 参数分别修改为 www 账户和用户组名称：

```
[root@linuxprobe php-5.5.14]# vim /usr/local/MySQL/etc/php-fpm.conf
1 ;;;;;;;;;;;;;;;;;;;;;
2 ; FPM Configuration ;
3 ;;;;;;;;;;;;;;;;;;;;;
4
5 ; All relative paths in this configuration file are relative to PHP's instal l
6 ; prefix (/usr/local/php). This prefix can be dynamically changed by using t he
7 ; '-p' argument from the command line.
8
9 ; Include one or more files. If glob(3) exists, it is used to include a bunc h of
10 ; files from a glob(3) pattern. This directive can be used everywhere in the
11 ; file.
```

```
12 ; Relative path can also be used. They will be prefixed by:
13 ; - the global prefix if it's been set (-p argument)
14 ; - /usr/local/php otherwise
15 ;include=etc/fpm.d/*.conf
16
17 ;;;;;;;;;;;;;;;;;;;;
18 ; Global Options ;
19 ;;;;;;;;;;;;;;;;;;;;
20
21 [global]
22 ; Pid file
23 ; Note: the default prefix is /usr/local/php/var
24 ; Default Value: none
25 pid = run/php-fpm.pid
26
.................省略部分输出信息.................
145 ; Unix user/group of processes
146 ; Note: The user is mandatory. If the group is not set, the default user's g roup
147 ; will be used.
148 user = www
149 group = www
150
.................省略部分输出信息.................
```

配置妥当后便可把用于管理 php 服务的脚本文件复制到/etc/rc.d/init.d 中了。为了能够执行脚本，请记得为脚本赋予 755 权限。最后把 php-fpm 服务程序加入到开机启动项中：

```
[root@linuxprobe php-5.5.14]# cp sapi/fpm/init.d.php-fpm /etc/rc.d/init.d/php-fpm
[root@linuxprobe php-5.5.14]# chmod 755 /etc/rc.d/init.d/php-fpm
[root@linuxprobe php-5.5.14]# chkconfig php-fpm on
```

由于 php 服务程序的配置参数直接会影响到 Web 服务服务的运行环境，因此，如果默认开启了一些不必要且高危的功能（如允许用户在网页中执行 Linux 命令），则会降低网站被入侵的难度，入侵人员甚至可以拿到整台 Web 服务器的管理权限。因此我们需要编辑 php.ini 配置文件，在 305 行的 disable_functions 参数后面追加上要禁止的功能。下面的禁用功能名单是刘遄老师依据网站运行的经验而定制的，不见得适合每个生产环境，建议大家在此基础上根据自身工作需求酌情删减：

```
[root@linuxprobe php-5.5.14]# vim /usr/local/php/etc/php.ini
.................省略部分输出信息.................
300
301 ; This directive allows you to disable certain functions for security reasons.
302 ; It receives a comma-delimited list of function names. This directive is
303 ; *NOT* affected by whether Safe Mode is turned On or Off.
304 ; http://php.net/disable-functions
305 disable_functions = passthru,exec,system,chroot,scandir,chgrp,chown,shell_
exec,proc_open,proc_get_status,ini_alter,ini_alter,ini_restor e,dl,openlog,
syslog,readlink,symlink,popepassthru,stream_socket_server,escapeshellcmd,dll,
popen,disk_free_space,checkdnsrr,checkdnsrr,g etservbyname,getservbyport,disk_
total_space,posix_ termid,posix_get_last_error,posix_getcwd,posix_getegid,posix_ geteuid,
posix_getgid,po six_getgrgid,posix_getgrnam,posix_getgroups,posix_getlogin,posix_
getpgid,posix_getpgrp,posix_getpid,posix_getppid,posix_getpwnam,posix_ getpwuid,
```

```
posix_getrlimit,posix_getsid,posix_getuid,posix_isatty,posix_kill,posix_mkfifo,
posix_setegid,posix_seteuid,posix_setgid,posix_ setpgid,posix_setsid,posix_setuid,
posix_strerror,posix_times,posix_ttyname,posix_uname
306
................省略部分输出信息................
```

这样就把 php 服务程序配置妥当了。最后，还需要编辑 Nginx 服务程序的主配置文件，把第 2 行的井号（#）删除，然后在后面写上负责运行 Nginx 服务程序的账户名称和用户组名称；在第 45 行的 index 参数后面写上网站的首页名称。最后是将第 65～71 行参数前的井号（#）删除来启用参数，主要是修改第 69 行的脚本名称路径参数，其中$document_root 变量即为网站信息存储的根目录路径，若没有设置该变量，则 Nginx 服务程序无法找到网站信息，因此会提示"404 页面未找到"的报错信息。在确认参数信息填写正确后便可重启 Nginx 服务与 php-fpm 服务。

```
[root@linuxprobe php-5.5.14]# vim /usr/local/nginx/conf/nginx.conf
1
2 user www www;
3 worker_processes 1;
4
5 #error_log logs/error.log;
6 #error_log logs/error.log notice;
7 #error_log logs/error.log info;
8
9 #pid logs/nginx.pid;
10
11
................省略部分输出信息................
40
41 #access_log logs/host.access.log main;
42
43 location / {
44 root html;
45 index index.html index.htm index.php;
46 }
47
................省略部分输出信息................
62
63 #pass the PHP scripts to FastCGI server listening on 127.0.0.1:9000
64
65 location ~ \.php$ {
66 root html;
67 fastcgi_pass 127.0.0.1:9000;
68 fastcgi_index index.php;
69 fastcgi_param SCRIPT_FILENAME $document_root$fastcgi_script_name;
70 include fastcgi_params;
71 }
72
................省略部分输出信息................
[root@linuxprobe php-5.5.14]# systemctl restart nginx
[root@linuxprobe php-5.5.14]# systemctl restart php-fpm
```

至此，LNMP 动态网站环境架构的配置实验全部结束。

20.3 搭建 Discuz!论坛

为了检验 LNMP 动态网站环境是否配置妥当，可以使用在上面部署 Discuz!系统，然后查看结果。如果能够在 LNMP 动态网站环境中成功安装使用 Discuz!论坛系统，也就意味着这套架构是可用的。Discuz! X3.2 是国内最常见的社区论坛系统，在经过十多年的研发后已经成为了全球成熟度最高、覆盖率最广的论坛网站系统之一。

Discuz! X3.2 软件包的后缀是.zip 格式，因此应当使用专用的 unzip 命令来进行解压。解压后会在当前目录中出现一个名为 upload 的文件目录，这里面保存的就是 Discuz! 论坛的系统程序。我们把 Nginx 服务程序网站根目录的内容清空后，就可以把这些这个目录中的文件都复制进去了。记得把 Nginx 服务程序的网站根目录的所有者和所属组修改为本地的 www 用户（已在 20.2.2 小节创建），并为其赋予 755 权限以便于能够读、写、执行该论坛系统内的文件。

```
[root@linuxprobe php-5.5.14 ]# cd /usr/local/src/
[root@linuxprobe src]# unzip Discuz_X3.2_SC_GBK.zip
[root@linuxprobe src]# rm -rf /usr/local/nginx/html/{index.html,50x.html}*
[root@linuxprobe src]# mv upload/* /usr/local/nginx/html/
[root@linuxprobe src]# chown -Rf www:www /usr/local/nginx/html
[root@linuxprobe src]# chmod -Rf 755 /usr/local/nginx/html
```

第 1 步：接受 Discuz!安装向导的许可协议。在把 Discuz!论坛系统程序（即刚才 upload 目录中的内容）复制 Nginx 服务网站根目录后便可刷新浏览器页面，这将自动跳转到 Discuz! X3.2 论坛系统的安装界面，此处需单击"我同意"按钮，进入下一步的安装过程中，如图 20-3 所示。

图 20-3　接受 Discuz! X3.2 论坛系统的安装许可

第 2 步：检查 Discuz! X3.2 论坛系统的安装环境及目录权限。我们部署的 LNMP 动态网站环境版本和软件都与 Discuz!论坛的要求相符合，如果图 20-4 框中的目录状态为不可写，请自行检查目录的所有者和所属组是否为 www 用户，以及是否对目录设置了 755 权限，然后单击"下一步"按钮。

图 20-4　检查 Discuz! X3.2 论坛系统的安装环境及目录权限

第 3 步：选择"全新安装 Discuz! X（含 UCenter Server）"。UCenter Server 是站点的管理平台，能够在多个站点之间同步会员账户及密码信息，单击"下一步"按钮，如图 20-5 所示。

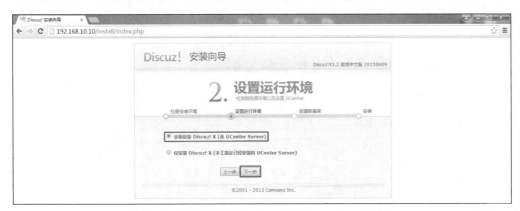

图 20-5　选择全新安装 Discuz!论坛及 UCenter Server

第 4 步：填写服务器的数据库信息与论坛系统管理员信息。网站系统使用由服务器本地（localhost）提供的数据库服务，数据名称与数据表前缀可由用户自行填写，其中数据库的用户名和密码则为用于登录 MySQL 数据库的信息（以初始化 MySQL 服务程序时填写的信息为准）。论坛系统的管理员账户为今后登录、管理 Discuz!论坛时使用的验证信息，其中账户可以设置得简单好记一些，但是要将密码设置得尽可能复杂一下。在信息填写正确后单击"下一步"按钮，如图 20-6 所示。

图 20-6　填写服务器的数据库信息与论坛系统管理员信息

第 5 步：等待 Discuz! X3.2 论坛系统安装完毕，如图 20-7 所示。这个安装过程是非常快速的，大概只需要 30 秒左右，然后就可看到论坛安装完成的欢迎界面了。由于虚拟机主机可能并没有连接到互联网，因此该界面中可能无法正常显示 Discuz! 论坛系统的广告信息。在接入了互联网的服务器上成功安装完 Discuz! X3.2 论坛系统之后，其界面如图 20-8 所示。随后单击"您的论坛已完成安装，点此访问"按钮，即可访问到论坛首页，如图 20-9 所示。

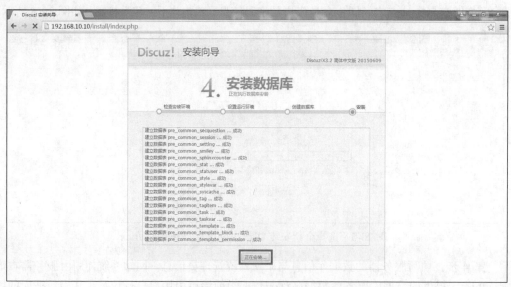

图 20-7　等待 Discuz! X3.2 论坛系统安装完毕

图 20-8　成功安装 Discuz! X3.2 论坛系统后的欢迎界面

图 20-9　Discuz! X3.2 论坛系统的首页界面

20.4　选购服务器主机

我们日常访问的网站是由域名、网站源程序和主机共同组成的，其中，主机则是用于存放网页源代码并能够把网页内容展示给用户的服务器。在本书即将结束之际，刘遄老师再啰嗦几句有关服务器主机的知识以及选购技巧，这些技巧都是在近几年做网站时总结出来的，希望能对大家有所帮助。

> **虚拟主机**：在一台服务器中划分一定的磁盘空间供用户放置网站信息、存放数据等；仅提供基础的网站访问、数据存放与传输功能；能够极大地降低用户费用，也几乎不需要用户来维护网站以外的服务；适合小型网站。

> **VPS（Virtual Private Server，虚拟专用服务器）**：在一台服务器中利用 OpenVZ、Xen 或 KVM 等虚拟化技术模拟出多台"主机"（即 VPS），每个主机都有独立的 IP 地址、操作系统；不同 VPS 之间的磁盘空间、内存、CPU、进程与系统配置完全隔离，用户可自由使用分配到的主机中的所有资源，为此需要具备一定的维护系统的能力；适合小型网站。

> **ECS（Elastic Compute Service，云服务器）**：是一种整合了计算、存储、网络，能够做到弹性伸缩的计算服务；使用起来与 VPS 几乎一样，差别是云服务器是建立在一组集群服务器中，每个服务器都会保存一个主机的镜像（备份），从而大大提升了安全性和稳定性；另

外还具备灵活性与扩展性；用户只需按使用量付费即可；适合大中小型网站。

> **独立服务器**：这台服务器仅提供给用户一个人使用，其使用方式分为租用方式与托管方式。租用方式是用户将服务器的硬件配置要求告知 IDC 服务商，按照月、季、年为单位来租用它们的硬件设备。这些硬件设备由 IDC 服务商的机房负责维护，用户一般需要自行安装相应的软件并部署网站服务，这减轻了用户在硬件设备上的投入，适合大中型网站。托管方式则是用户需要自行购置服务器硬件设备，并将其交给 IDC 服务供应商进行管理（需要缴纳管理服务费）。用户对服务器硬件配置有完全的控制权，自主性强，但需要自行维护、修理服务器硬件设备，适合大中型网站。

另外需要提醒读者的是，在选择服务器主机供应商时请一定要注意查看口碑，并在综合分析后再决定购买。某些供应商会有限制功能、强制添加广告、隐藏扣费或强制扣费等恶劣行为，请各位读者一定擦亮眼睛，不要上当！

复习题

1. 使用源码包安装服务程序的最大有点和缺点是什么？

   答：使用源码包安装服务程序的最大优势是，服务程序的可移植性好，而且能更好地提升服务程序的运行效率；缺点是源码包程序的安装、管理、卸载和维护都比较麻烦。

2. 使用源码包的方式来安装软件服务的大致步骤是什么？

   答：基本分为 4 个步骤，分别为下载及解压源码包文件、编译源码包代码、生成二进制安装程序、运行二进制的服务程序安装包。

3. LNMP 动态网站部署架构通常包含了哪些服务程序？

   答：LNMP 动态网站部署架构通常包含 Linux 系统、Nginx 网站服务、MySQL 数据库管理系统，以及 PHP 脚本语言。

4. 在 MySQL 数据库服务程序中，/usr/local/mysql 与/usr/local/mysql/var 目录的作用是什么？

   答：/usr/local/mysql 用于保存 MySQL 数据库服务程序的目录，/usr/local/mysql/var 则用于保存真实数据库文件的目录。

5. 较之于 Apache 服务程序，Nginx 最显著的优势是什么？

   答：Nginx 服务程序比较稳定，原因是采用了的资源分配技术，降低了 CPU 与内存的占用率，所以使用 Nginx 程序部署的动态网站环境不仅十分稳定、高效，而且消耗的系统资源也很少。

6. 如何禁止 php 服务程序中不安全的功能？

   答：编辑 php 服务程序的配置文件（/usr/local/php/etc/php.ini），把要禁用的功能追加到 disable_functions 参数之后即可。

7. 对于处于创业阶段的小站长群体来说，适合购买哪种服务器类型呢？

   答：刘遄老师建议他们选择云服务器类型，不但费用便宜（每个月费用不超过 100 元人民币），而且性能也十分强劲。

欢迎来到异步社区！

异步社区的来历

异步社区（www.epubit.com.cn）是人民邮电出版社旗下 IT 专业图书旗舰社区，于 2015 年 8 月上线运营。

异步社区依托于人民邮电出版社 20 余年的 IT 专业优质出版资源和编辑策划团队，打造传统出版与电子出版和自出版结合、纸质书与电子书结合、传统印刷与 POD 按需印刷结合的出版平台，提供最新技术资讯，为作者和读者打造交流互动的平台。

社区里都有什么？

购买图书

我们出版的图书涵盖主流 IT 技术，在编程语言、Web 技术、数据科学等领域有众多经典畅销图书。社区现已上线图书 1000 余种，电子书 400 多种，部分新书实现纸书、电子书同步出版。我们还会定期发布新书书讯。

下载资源

社区内提供随书附赠的资源，如书中的案例或程序源代码。

另外，社区还提供了大量的免费电子书，只要注册成为社区用户就可以免费下载。

与作译者互动

很多图书的作译者已经入驻社区，您可以关注他们，咨询技术问题；可以阅读不断更新的技术文章，听作译者和编辑畅聊好书背后有趣的故事；还可以参与社区的作者访谈栏目，向您关注的作者提出采访题目。

灵活优惠的购书

您可以方便地下单购买纸质图书或电子图书，纸质图书直接从人民邮电出版社书库发货，电子书提供多种阅读格式。

对于重磅新书，社区提供预售和新书首发服务，用户可以第一时间买到心仪的新书。

用户账户中的积分可以用于购书优惠。100 积分 =1 元，购买图书时，在 里填入可使用的积分数值，即可扣减相应金额。

特 别 优 惠

购买本书的读者专享异步社区购书优惠券。

使用方法：注册成为社区用户，在下单购书时输入 S4XC5 使用优惠码，然后点击"使用优惠码"，即可在原折扣基础上享受全单9折优惠。（订单满39元即可使用，本优惠券只可使用一次）

纸电图书组合购买

社区独家提供纸质图书和电子书组合购买方式，价格优惠，一次购买，多种阅读选择。

社区里还可以做什么？

提交勘误

您可以在图书页面下方提交勘误，每条勘误被确认后可以获得100积分。热心勘误的读者还有机会参与书稿的审校和翻译工作。

写作

社区提供基于 Markdown 的写作环境，喜欢写作的您可以在此一试身手，在社区里分享您的技术心得和读书体会，更可以体验自出版的乐趣，轻松实现出版的梦想。

如果成为社区认证作译者，还可以享受异步社区提供的作者专享特色服务。

会议活动早知道

您可以掌握 IT 圈的技术会议资讯，更有机会免费获赠大会门票。

加入异步

扫描任意二维码都能找到我们：

异步社区	微信服务号	微信订阅号	官方微博	QQ 群：436746675

社区网址：www.epubit.com.cn

投稿 & 咨询：contact@epubit.com.cn